湖南锡田-邓阜仙矿集区钨锡多金属复合成矿系统及找矿预测

Compound Metallogenic System and Ore Prospecting and
Predication of W–Sn–polymetallic Mineralization
in the Xitian–Dengfuxian Ore District，Hunan

伍式崇　熊伊曲　张　雄　　等著
邵拥军　刘　飚　严长华

中南大学出版社
www.csupress.com.cn
·长沙·

图书在版编目(CIP)数据

湖南锡田-邓阜仙矿集区钨锡多金属复合成矿系统及找矿预测／伍式崇等著. —长沙：中南大学出版社，2023.2
ISBN 978-7-5487-5209-7

Ⅰ.①湖… Ⅱ.①伍… Ⅲ.①钨矿床—锡矿床—多金属矿床—成矿规律—研究—湖南②钨矿床—锡矿床—多金属矿床—找矿—研究—湖南 Ⅳ.①P618.2

中国版本图书馆 CIP 数据核字(2022)第 230592 号

湖南锡田-邓阜仙矿集区钨锡多金属复合成矿系统及找矿预测

**HUNAN XITIAN-DENGFUXIAN KUANGJIQU WUXI DUOJINSHU
FUHE CHENGKUANG XITONG JI ZHAOKUANG YUCE**

伍式崇　熊伊曲　张　雄　　等著
邵拥军　刘　飚　严长华

□出 版 人	吴湘华
□责任编辑	伍华进
□责任印制	李月腾
□出版发行	中南大学出版社
	社址：长沙市麓山南路　　　　邮编：410083
	发行科电话：0731-88876770　　传真：0731-88710482
□印　　装	长沙鸿和印务有限公司

□开　　本　787 mm×1092 mm　1/16　□印张 23.25　□字数 605 千字
□互联网+图书　二维码内容　字数 4436 千字　图片 174 张
□版　　次　2023 年 2 月第 1 版　　□印次 2023 年 2 月第 1 次印刷
□书　　号　ISBN 978-7-5487-5209-7
□定　　价　128.00 元

内容简介 / Introduction

　　本书以湖南茶陵锡田-邓阜仙矿集区为研究区域，以研究区域的复式岩体及与其相关的钨锡多金属矿产为研究对象，系统收集整理研究区域地质矿产及相关资料，通过剖析典型矿床成矿作用特征，研究主要复式岩体与钨锡多金属成矿的时空关系以及成岩成矿模型和成矿环境，在成矿模型的基础上，建立三维可视化立体模型，并结合高精度重力剖面、磁法测量、可控源音频大地电磁和地气剖面测量等物化探方法，建立找矿模型，综合优选找矿靶区，并进行工程验证，指导矿集区找矿勘查。

　　研究内容主要包括：

　　（1）复式岩体多期次岩浆活动时限及演化特征

　　通过对锡田和邓阜仙复式岩体进行详细的地质观察，厘清不同岩性接触关系，系统采集样品。在此基础上，挑选不同岩性花岗岩中的锆石进行 U-Pb 定年和原位 Hf-O 同位素分析，精确厘定花岗岩的形成时代，并结合不同岩性花岗岩的主量元素、微量-稀土元素以及 Sr-Nd-Pb 同位素分析，讨论岩浆源区性质，探讨成岩演化。

　　（2）典型矿床成因和矿集区成矿模式

　　对锡田和邓阜仙矿田中典型矿床进行详细的剖析。在详细的矿床地质、构造地质学、矿物学、同位素地球化学、流体包裹体等研究基础上，综合厘定矿床成因和控矿因素，并建立成矿模式。

　　（3）三维可视化立体模型

　　以地质背景与地球化学样品测试结果分析为基础，利用 GIS 技术的数据管理预处理功能，结合三维可视化软件建立钻孔数据库，并综合建立三维可视化模型。

　　（4）物化探方法有效性对比研究

　　对高精度重力剖面、磁法测量、可控源音频大地电磁和地气剖面测量等物化探方法进行有效性对比研究，针对不同矿化类型优选出最佳找矿方法组合。

　　（5）找矿预测研究

　　基于成矿模型和物化探综合方法的地质解译，建立找矿模型，并在找矿模型基础上对矿集区进行成矿预测。

作者简介 / About the Author

伍式崇　男，中共党员，研究员级高级工程师，1967年12月出生，1990年7月毕业于长春地质学院地质矿产勘查专业，获工学学士学位，2012年获硕士学位，现任湖南省水文地质环境地质调查监测所副所长，享受国务院政府特殊津贴和湖南省政府特殊津贴，入选自然资源部高层次科技创新人才第三梯队，获中国有色金属工业科学技术一等奖（排1）等荣誉。

熊伊曲　男，中共党员，博士后，中南大学地球科学与信息物理学院副研究员，1988年10月出生。主要研究方向为华南地区钨锡稀有金属成矿作用及高分异花岗质岩浆活动，主持国家自然科学基金面上项目4项、省部级项目4项，以第一作者或通讯作者在 Economic Geology 等国内外期刊上发表科技论文十余篇，现任《矿床地质》《矿产勘查》期刊编委，获中国有色金属工业科学技术一等奖和湖南省青年地质科技奖等荣誉。

张雄　男，中共党员，硕士研究生，地质调查与矿产勘查高级工程师，1986年10月出生，2011年毕业于中国地质大学（武汉）地球探测与信息技术专业，现任湖南省水文地质环境地质调查监测所自然资源调查院院长，曾获中国有色金属工业科学技术一等奖、"省直优秀青年""株洲市青年岗位能手"和"湖南省青年地质科技奖"等荣誉。

前言

Preface

  锡田-邓阜仙矿集区主要位于湖南省茶陵县境内,大地构造位置位于扬子地块与华南地块的接合带东侧,属南岭东西向构造-岩浆-成矿带中段北东部,成矿条件优越。前人通常把该地区统称为锡田地区,实际上该区包括北部的邓阜仙矿田和南部的锡田矿田。中华人民共和国成立前就有人在矿集区开采钨、铅、锌、铁、煤等矿产,老一辈地质工作者对区内矿产做过概略性调查。区内较为系统和大规模地开展地质工作,始于20世纪60—90年代,先后有湖南地矿系统区调队、物探队、416队、408队、湘南地质队,冶金系统214队、238队,核工业系统309队、302队等单位对邓阜仙、锡田、诸广山、万洋山岩体内外接触带开展钨锡、铅锌、铁、铀等矿产普查勘探工作。据不完全统计,2000年前区内提交各类普查、勘探报告20余份。

  2002—2007年,湖南省水文地质环境地质调查监测所(原湖南省地质矿产勘查开发局416队)以湖南省地质调查院株洲矿产地质调查所的名义,承担完成了中国地质调查局国土资源大调查项目"湖南诸广山—万洋山地区锡铅锌多金属矿评价",所属计划项目为"南岭地区锡多金属矿评价"。该项目以诸广山和万洋山岩体为重点,综合应用勘查地质学、矿床学、岩浆岩岩石学、固体地球物理学及成矿地球化学等多学科的基本原理和方法,通过地质和物化探测量、化探异常查证和矿点检查、地表工程揭露和深部钻探等多种手段,在矽卡岩型矿床成矿理论的指导下,结合工作区地质特征进行了创新,实现了找矿理论、成果的重大突破,生产应用效果突出,产生了良好的经济社会效益。此次项目取得的主要成果和科技创新有:(1)发现并评价了锡田超大型矽卡岩型钨锡矿床。在项目重点工作区——锡田矿区共发现21条主要钨锡矿脉,提交推断潜在钨、锡矿产资源25.35万吨;新发现垄上、桐木山、晒禾岭、青石岭、青山里、曾子坳6处矿产地,圈出鸡冠石、太和仙、风米凹3个成矿远景区,为湘东地区找矿提供了一批后备基地和靶区。(2)创新了多期次叠加成矿理论,建立了该区钨锡矿床成矿模式;提出在岩体凸出部位找云英岩型、岩体凹部及侧凹部位找矽卡岩型钨锡矿的理论,经深部工程验证取得了极好的找矿成果。

（3）重新划分了锡田岩体的成岩时代。1∶20 万攸县幅区调资料将锡田岩体主体划为燕山早期，补体划分为燕山晚期。该项目将锡田岩体重新进行了划分，认为锡田岩体可分为三期：第一期（主体）为印支期，第二期（补体）为燕山早期，第三期（晚期侵入体）也为燕山早期。

基于锡田-邓阜仙矿集区突出的找矿成果，2007 年 8 月，湖南有色金属股份有限公司与湖南省地勘局 416 队签订了"合作勘探开发茶陵县锡田锡钨多金属矿协议"，并于 2008 年 4 月合作组建了湖南有色锡田矿业股份有限公司，向国家缴纳价款共计 2176.51 万元。2008 年 7 月，中国地质调查局、湖南省国土资源厅、株洲市人民政府、湖南省地质矿产勘查开发局、湖南有色金属控股集团有限公司共同签订了部省合作协议"共同推进诸广山-万洋山地区矿产勘查合作协议书"，开展勘查示范项目"湖南省茶陵县锡田矿区锡矿普查"工作，先后投入勘查经费约 5600 万元。

2008—2010 年，在锡田-邓阜仙矿集区续作开展国土资源大调查项目"湖南锡田地区锡铅锌多金属矿勘查"，投入大调查专项资金 2600 万元。从 1∶5 万矿产地质调查、矿区评价、勘查示范、靶区验证、综合研究 5 个方面开展工作，在锡田矿区发现垄上、晒禾岭、桐木山、山田 4 处大型钨锡多金属矿，邓阜仙矿田发现鸡冠石 1 处中型钨锡矿以及风米凹等 3 处具中型规模潜力的钨锡矿，累计探求控制、推断和潜在钨、锡矿产资源 30.18 万吨；首次提出锡田地区岩浆、构造、岩性（地层）三位一体控矿模式，同时提出锡田钨锡矿床成矿流体为地幔、地壳和大气水的混合产物，但以地幔流体为主；完成了湘东地区花岗岩与成矿关系及选区专题研究，对湘东地区岩浆岩的形成时代、花岗岩就位机制、成因类型、基本特征及成矿专属性进行了研究和探讨，圈出找矿远景区 7 个。

锡田-邓阜仙矿集区突出的找矿成果直接促成了"锡田模式"的诞生，产生了巨大的社会经济效益。2010 年 8 月，中国地质调查局在长沙组织召开了湖南锡田地区勘查新机制示范与成果交流研讨会，100 余名资深专家参会，会上总结出"公益先行、商业跟进；统一部署、有序推进；矿权整合、地方支持；快速突破、多方共赢"的"锡田模式"。"锡田模式"的建立，成为继"泥河模式""嵩县模式"之后我国地质找矿新机制的又一成功范例，对推动全国地质勘查工作具有十分重要的指导意义。

锡田-邓阜仙矿集区突出的找矿成果、创新性的找矿机制，得到了上级相关部门和社会各界的广泛关注。《中国国土资源报》《湖南日报》《湖南矿业报》等报刊对锡田地区取得的成果进行了大量报道，如《"空白地"缘何能找到 300 亿大矿》《空白区上的"核聚变"——湖南省锡田地区超大型多金属矿找矿纪实》《探秘锡田找矿——湖南锡田地区勘查新机制探索与实践》等。牵头单位先后获得湖南省"十一五"地质找矿成果奖一等奖、国土资源科学技术奖二等奖、中国地质调查成果奖二等奖 3 项省部级奖励和湖南省地勘局地质科学技术特等奖等多项厅局级奖励。

2010—2012 年，中国地质调查局在锡田地区先后实施了"湖南茶陵太和仙–鸡冠石锡矿远景调查""湖南锡田地区锡多金属矿调查评价""湖南省茶陵县湘东钨矿接替资源勘查"等多个地质调查项目，区内的找矿成效和综合研究程度进一步提升。2012 年 9 月，湖南省地勘局 416 队成功申报了国家级整装勘查区"湖南茶陵锡田锡铅锌多金属矿整装勘查区"，近年来各级财政和社会资金在整装勘查区内共投入约 1.43 亿元，开展了大垄铅锌矿、羊古脑锑金矿、麻石岭铅锌矿、麦子坑金铅锌银矿等 11 个勘查项目。迄今为止锡田地区主要矿体已探获钨锡矿产资源近 40 万吨。

与此同时，2012 年，湖南省地勘局 416 队作为项目承担单位与中国科学院大学、中国科学院广州地球化学研究所、中国地质科学院矿产资源研究所共同成功申报了国土资源部公益性行业科研项目"湖南锡田地区钨锡矿成矿规律及靶区预测研究"，研究经费达 1387 万元。通过多年的工作，项目取得的主要科研成果、创新点及成效如下：首次对区域老山坳剪切带进行了重点研究；首次厘定了锡田花岗岩侵入年代与地球化学特征，总结出了岩浆岩构造共同制约矿体的富集规律，提出了锡田燕山期北东向"地堑式"找矿预测模型；借助 3DMine 平台完成了锡田三维地质模型的建立；建立了锡田地区深边部评价技术体系，预测了 2 处有利成矿部位；为地质调查和矿产勘查项目提供了理论支撑与技术服务，指导了勘查工程部署，提高了钻孔见矿率；实施的 4 个科研钻孔均见矿，新增了 2 个中型规模的钨矿床，验证了找矿模型，实现了产学研相结合；依托项目发表科技论文 63 篇，其中 SCI 收录 18 篇。

湖南省地勘局 416 队与中南大学、中国科学院大学、中国科学院广州地球化学研究所、中国地质科学院矿产研究所等科研单位紧密合作，以锡田–邓阜仙地区科研项目为依托，整装勘查项目为实践基础，其"湘东钨锡矿成矿规律科技创新团队"于 2013 年 6 月入选"第一批国土资源科技创新团队"，为湖南省唯一获此殊荣的团队，并于 2017 年通过国土资源部组织的中期考核。湖南省地勘局 416 队亦荣获"国土资源部'十二五'科技与国际合作先进集体"称号。

为系统梳理、总结锡田–邓阜仙矿集区钨锡多金属矿丰硕的找矿和科研工作成果，凝练出"复式岩体，复合成矿；地堑为主，构造叠加；由远及近，看锌找稀；成矿模型，综合勘探"的找矿方针，加强本区成果集成和转化，更好地发挥科技引领与创新作用，为华南乃至全国的找矿勘查工作提供有益启示，特撰写本专著《湖南锡田–邓阜仙矿集区钨锡多金属复合成矿系统及找矿预测》。

全书主要内容是由原国土资源部公益性行业科研专项计划湖南锡田地区钨锡矿成矿规律及靶区预测研究（20121124）、中国地质调查局整装勘查区找矿预测与技术应用示范项目湖南茶陵锡田锡铅锌多金属矿整装勘查区专项填图与技术应用示范（12120114052101）、国家自然科学基金（41803044）、湖南省科技创新团队（2021RC4055）、中南大学创新驱动计划（2015CX008）和中南大学自主探索创新基金（2016zzts082）等项目的研究成果组成，在此对自然资源部、中国地质调查局、国家自然科学基金委员会和中南大学表示衷心感谢。朱浩锋、陈梅、胡磊、景营利、李兆宏、吉德平、孙杨艳、张洋、吴堑虹、孔华等作者参与了撰写工作。同时，本书参阅和借鉴了国内外相关文献资料，在此向文献资料原著作者表示诚挚的感谢。

限于作者的学识和水平，书中难免有疏漏和不妥之处，敬请广大同行专家和读者朋友予以批评指正。

目录 / Contents

第 1 章　以往研究及勘查现状

1.1　研究现状

1.1.1　锡田矿田

　　锡田钨锡多金属矿田位于南岭成矿带东段(周云等,2021),大地构造位置上处于扬子板块和华夏板块结合部位的中段(刘飚等,2021),区内经历了加里东运动、印支运动和燕山运动等多次构造事件,褶皱、断裂、构造盆地比较发育,构成了矿区的基本骨架(韩文坤等,2020)。区内发育有大量的钨锡、铅锌、萤石矿床(伍式崇等,2004,2011),矿产资源丰富。矿区内的地层从寒武系—古近系均有分布,以寒武系、奥陶系、泥盆系、石炭系为主;区内发育一系列 NE-NEE 向的褶皱和断裂,与 NW 向多组断裂、褶皱交会(王艳丽等,2015)。

　　锡田矿田发育一系列中大型的石英脉型钨锡多金属矿床(如狗打栏钨锡矿)与少量的矽卡岩型钨锡矿床(伍式崇等,2004,2011;Liang et al.,2016;Xiong et al.,2017;Cao et al.,2018;Xiong et al.,2019),拥有超过 30 万吨的钨锡金属资源(伍式崇等,2011)。前人已做了大量的研究,主要涉及以下几个方面。

　　(一)矿田构造与成矿

　　矿田位于 NE 向茶陵-郴州-临武区域大断层与 NW 向安仁-龙南区域大断层交会部位南东侧的醴陵-攸县断陷盆地带中(湖南锡田地区锡铅锌多金属矿勘查报告,2010),茶陵-郴州-临武断层(锡田段为茶汉断层)是研究区最主要的区域断层,也是华南板块的主要构造(柏道远等,2008;Wang et al.,2008;Chu et al.,2012;Wei et al.,2018),断层两侧基性岩的 Sr-Nd 和 Pb 同位素组成存在显著差异,地震调查揭示断层规模为地壳尺度级别(Zhang and Wang,2007),认为该断层形成于前寒武纪,并在三叠纪期间重新活动(Wang et al.,2008;Chu et al.,2012;Faure et al.,2016),控制着矿田的整体构造格局。矿田分布有一系列与之近似平行的 NE 向断层,这些断层对狗打栏石英脉型钨锡矿、荷树下石英脉型钨锡矿、尧岭破碎带型铅锌矿等矿床有明显的控制作用(曹荆亚,2016;Cao et al.,2018)。

　　(二)成矿时代与矿床成因

　　锡田矿田矿床类型主要为矽卡岩型、石英脉型与断层破碎带型(曾桂华等,2005;徐辉煌等,2006;伍式崇等,2004,2011;龙宝林等,2009),可分为两期成矿。早期为 220 Ma 左右的矽卡岩型钨锡矿化,例如垄上钨锡矿,其辉钼矿 Re-Os 等时线年龄为(225.5±3.6)Ma(邓湘伟等,2016),晚期为 157~150 Ma 的石英脉型钨锡矿床,如南部的狗打栏钨锡矿,其白云母^{40}Ar/^{39}Ar 坪年龄为(152.8±1.6)Ma(Liang et al.,2016),其锡石 U-Pb 等时线年龄为(155.2±1.8)Ma

(He et al., 2018);荷树下钨锡矿,其白云母^{40}Ar/^{39}Ar坪年龄为(156.6±0.7)Ma与(149.5±0.8)Ma(Cao et al., 2018)。矽卡岩型矿体主要产出于岩体和泥盆系碳酸盐岩的接触带或者层间破碎带附近,呈层状、似层状、透镜状(曾桂华等,2005;徐辉煌等,2006;伍式崇等,2011);石英脉型矿体产出于印支期花岗岩内的NE向或NNW向裂隙带中(伍式崇等,2012)。

垄上钨锡矿硫化物硫同位素指示印支期成矿物质主要源自深部岩浆(邓湘伟,2015),辉钼矿的Re含量指示其为壳幔混合来源(邓湘伟等,2016)。矿田内钨锡矿床与铅锌矿床硫化物S同位素、Sr-Nd同位素特征证实燕山期成矿流体来自地壳重熔的燕山期花岗岩(蔡杨,2013;黄鸿新,2014;郑明泓,2015;Xiong et al., 2017;Cao et al., 2018)。狗打栏钨锡矿等燕山期钨锡矿床中辉钼矿的Re含量,黄铁矿流体包裹体的He、Ar同位素,流体包裹体激光拉曼气相组分均指示燕山期成矿物质有地幔物质的加入(刘云华等,2006;杨晓君等,2007;邓湘伟,2015;Liang et al., 2016),并且可能有部分地层物质参与成矿(罗洪文等,2005)。

因此,矿田内的矿化为岩浆热液成因已为人所公认。

(三)矿田花岗岩时空分布及成因

前人认为矿田内主要出露印支期(230~220 Ma)、燕山期(160~150 Ma)两期岩体(马铁球等,2004,2005;刘国庆等,2008;付建明等,2009,2012;姚远等,2013;牛睿等,2015;Zhou et al., 2015;Wu et al., 2016;Xiong et al., 2020)。

印支期岩体主要呈岩基产出,是矽卡岩型钨锡矿的成矿地质体;燕山期岩体以岩株、岩脉侵入印支期花岗岩中,且主要分布在NE向断层带附近,早期以粗粒黑云母花岗岩、二云母花岗岩为主,晚期主要为细粒二云母花岗岩、白云母花岗岩以及少量的细粒黑云母花岗岩(黄鸿新,2014;邓渲桐等,2017;周云等,2017),其中普遍认为约154 Ma的二云母花岗岩是石英脉型钨锡矿的成矿地质体(陈迪等,2013)。

矿集区内的花岗岩被茶陵盆地分为南北两个岩体,南部与北部的印支期花岗岩成岩时代相近,均有较高的A/CNK,较低的10000Ga/Al值和Zr、Y值,为S型花岗岩(曹荆亚,2016;Wu et al., 2016;Cao et al., 2020)。另外,二者有相似的Lu-Hf同位素组成、$\varepsilon_{Nd}(t)$值与两阶Nd模式年龄(T_{2DM})(蔡杨,2013;Wu et al., 2016;Cao et al., 2020),因此两区印支期花岗岩应起源于相似的源区。南北两区的燕山期花岗岩成岩年龄也相近,但南部锡田地区燕山期花岗岩更富Si、Na和K,贫Ca、Mg,也更富集Rb、Th、Ta等微量元素,亏损Sr、Ba、P等元素,具有显著的负Eu异常、高的10000 Ga/Al值,指示其可能为A型花岗岩(Collins et al., 1982;Whalen et al., 1987;马铁球等,2004;Zhou et al., 2015)。另外,南部锡田矿田的燕山期花岗岩还具有更负的$\varepsilon_{Nd}(t)$值与更年轻的两阶Nd模式年龄(T_{2DM}),指示南部燕山期花岗岩可能具有更多的幔源物质加入(姚远,2013;邓渲桐等,2017;Cao et al., 2020)。

(四)区域成矿系统

曹荆亚(2016)基于地质特征、成矿年代、成矿物质来源、控矿因素及成矿作用,将锡田的成矿归为两大岩浆热液成矿系统:印支期成矿系统(成矿时限为225~208 Ma)、燕山期成矿系统(成矿时限为157~149 Ma)(Cao et al., 2018;Cao et al., 2020)。但前人对锡田矿田的南部地区是否存在成矿分带并不清楚,对南北两个成矿区域是否为同一成矿系统也不清楚。

1.1.2 邓阜仙矿田

邓阜仙矿田位于湖南省茶陵县东北部，钦杭结合带西南段，南岭成矿带东段，大地构造位置上处于赣南隆起与湘桂坳陷的交接部位（何苗等，2018）。区内矿产资源丰富，发育钨锡、铅锌、铌钽等稀有金属矿床，典型矿床包括湘东钨矿床、金竹垄铌钽矿床、鸡冠石钨矿床、大垄铅锌矿床、太和仙铅锌矿床，均为岩浆期后热液成矿作用成矿，成矿潜力巨大，且形成一个完整的高–中–低温热液成矿系列。区内出露的地层主要为寒武系和泥盆系的碎屑岩，同时经历了多期的构造活动，相互叠加，形成了三组断裂，呈 NW 向、NNW 向、NNE 向，其中 NW 向最为发育，在区内表现为两条规模较大的老山坳断层和金竹垄断层。区内花岗岩大量发育，形成多期多阶段侵入的复式岩体，主要分为三期：印支期黑云母花岗岩、燕山期二云母花岗岩和白云母花岗岩（Xiong et al.，2020）。

（一）矿床地质特征

前人的工作显示湘东钨矿的矿体赋存在邓阜仙复式花岗岩体裂隙破碎带中，矿脉的形态严格受断裂控制，北组、中组、南组脉的产状特征及其形态特征，从西至东，由下而上，具有矿脉形态从简单变复杂的规律（孙振家，1990；陈子龙等，1991；马德成和柳智，2010；蔡杨等，2012；湘东钨矿第三期详查报告，2010；叶诗文，2014；黄鸿新，2014）。对邓阜仙矿田矿物特征的研究主要集中在湘东钨矿，明确了石英脉型黑钨矿脉中主要矿物有黑钨矿、锡石、白钨矿，次要矿物有黄铜矿、辉钼矿、方铅矿、闪锌矿等金属硫化物（黄鸿新，2014；陈子龙等，1991；湘东钨矿第三期详查报告，2010）。湘东钨矿南组脉中黑钨矿的 Nb、Ta 含量的变化特征为：由北向南 Nb、Ta 含量依次增加（陈子龙等，1991），云英岩化、硅化、绢云母化是成矿蚀变，云英岩化、硅化与矿化最为密切。

大垄铅锌矿的矿体主要呈脉状产出，受 SN 向断裂控制，矿物组合主要为闪锌矿、方铅矿、黄铁矿等，脉石矿物以石英为主，含少量萤石，成矿与硅化蚀变密切相关（郑明泓，2016）。

早期学者认为茶汉断层为逆断层，并且错断了湘东钨矿的南北两组矿脉（湘东钨矿第三期详查报告，2010），认为其可能为成矿后断层，后来研究者通过对该断层（老山坳段）的节理分析、上盘堆埤现象以及断层两盘矿脉对比，认为该断层具有正断层的性质，断距可达1.5 km（倪永进等，2015；宋超等，2016）。断层泥的磁化率（AMS）测量结果显示断层整体倾向 SE，断层可能与八团岩体[锆石 U-Pb 年龄（159.2±4.6）Ma]的侵位同时形成，张性裂隙条件为成矿流体向浅部运移提供了通道，并且其次级断层系统为石英脉矿石提供了赋矿空间（Wei et al.，2018）。

（二）成矿物理化学条件

叶诗文（2014）测得湘东钨矿的包裹体组合各阶段均一温度范围较集中，可大致分为三个阶段：①240~270℃；②180~210℃；③140~160℃。测试中次生裂隙中包裹体爆裂或不发育，未获得温度数据，但综合分析，仍可以推断邓阜仙钨矿在成矿期有至少三期热液活动。郑明泓（2016）对大垄铅锌矿的流体包裹体进行了研究，认为大垄铅锌矿为一个中低温、低盐度的热液矿床。

（三）成矿物质及成矿流体来源

湘东钨矿中辉钼矿的 Re 含量为 $2.927×10^{-9}~98.13×10^{-9}$，指示成矿物质具有壳源特征。

黄铁矿、毒砂和辉钼矿等硫化物的 $\delta^{34}S$ 范围为 $-1.36‰\sim +0.61‰$，说明成矿物质中硫的来源主要为燕山期重熔型二云母花岗岩(蔡杨等，2012)。黄鸿新(2014)对湘东钨矿硫同位素进行了研究，发现硫同位素主要集中在 0 值附近，具有明显的塔式效应，说明成矿热液中生成的硫化物硫源单一，为火成来源，反映出与成矿有关的重要物质硫源来自高温的硫同位素均一化的岩浆热液，而无地层中外来的硫加入，指示成矿过程中硫可能主要来自区内古地壳重熔形成的深部岩浆。前人对 H-O 同位素的研究指示，邓阜仙钨矿的成矿流体以岩浆水为主，同时存在有较大比例古大气降水混合(陈子龙等，1991；蔡杨等，2012，2013；黄鸿新，2014)。郑明泓等(2016)对大垄铅锌矿的 Sr 同位素进行研究，认为成矿物质主要来自地壳，但可能有地幔物质混入。

(四)成矿时代

前人认为湘东钨矿的成矿时代为燕山早期，其与矿化相关的辉钼矿 Re-Os 等时线年龄为 (150.5 ± 5.2) Ma(蔡杨等，2012)。郑明泓等(2016)对大垄铅锌矿中闪锌矿进行了 Rb-Sr 定年，获得等时线年龄为 (154 ± 8.0) Ma，指示其铅锌成矿时代为燕山早期。

(五)成矿作用及矿床成因

陈子龙等(1991)对邓阜仙钨矿(湘东钨矿)进行了矿床地质地球化学研究，认为湘东钨矿与邓阜仙复式岩体密切相关，且成矿是多次岩浆热液活动的产物。杨毅(2014)通过对邓阜仙花岗岩进行岩相学、岩石地球化学等研究，认为湘东钨矿不仅仅是传统意义上的岩浆期后热液矿床，石英脉型钨矿在岩浆晚期就已经开始形成了。叶诗文(2014)通过对湘东钨矿的流体包裹体进行研究，认为湘东钨矿为与邓阜仙岩体密切相关的中高温热液矿床。郑明泓(2016)通过综合研究认为大垄铅锌矿为一个与燕山期岩浆侵入活动有关的中低温岩浆热液铅锌矿床。熊伊曲(2017)识别出以湘东钨矿为中心的 W-Sn、Pb-Zn 空间分带，并认为不同矿带的成矿有相似的成矿时代、成矿物质及流体来源、成矿环境等(Xiong et al.，2019；Xiong et al.，2020)。

1.2 以往地质勘查工作

1.2.1 基础地质工作

1928—1949 年，先后有王竹泉、梁津、刘祖彝、程裕淇、高平、徐克勤、王晓春等人来区内做过调查，并撰写了专报和踏勘简报。

1961—1965 年，地质部湖南省地质局区域地质测量队三分队完成了 1:20 万区域地质矿产调查，提交了《攸县幅区域地质报告》和《攸县幅区域矿产报告》。

1988 年 12 月，罗海晏等提交了《湖南岩石地层单位研究》及《1:50 万湖南岩石地层单位地质图》，提出了省内岩石地层单位方案。1995 年张纯臣等提交了《湖南岩石地层》，确定了省内岩石地层单位。

1995 年 10 月，湖南省地勘局编制了《湖南花岗岩类岩体地质图及说明书》，对省内花岗岩进行了单元—超单元划分。

2008—2010 年，湖南省地质调查院株洲矿产地质调查所在实施国土资源大调查项目"湖南锡田地区锡铅锌多金属矿勘查"期间，完成了银坑(G49E006023)、莲花县(G49E006024)、腰陂（G49E007023）、高陇（G49E007024）四个图幅 1∶5 万矿产地质调查 1440 km²。

2010—2012 年，湖南省地质调查院完成了"湖南 1∶25 万株洲市幅（G49C001004）区调修测"，修测进一步对全区内的地层、构造、岩浆岩进行了系统的整理与研究。

2010—2012 年，湖南省地质调查院完成了"湖南 1∶5 万腰陂（G49E007023）、高陇（G49E007024）、茶陵县幅（G49E008023）、宁冈县幅（G49E008024）区调"工作，对锡田地区地层进行了重新划分。

2016—2018 年，湖南省地勘局 416 队承担的中国地质调查局地质调查项目"湖南茶陵锡田锡铅锌多金属矿整装勘查区矿产调查与找矿预测"，完成了宁冈县幅（G49E008024）、茶陵县幅（G49E008023）、银坑幅（G49E006023）1∶5 万矿产专项地质调查 1360 km²，提交了图幅成果地质报告、图幅说明书及数据库。

1.2.2　物探、化探、遥感地质工作

（一）区域化探与自然重砂工作

20 世纪 80 年代锡田地区进行的 1∶5 万土壤测量，为寻找钨锡多金属矿床提供了最有利的找矿靶区。在排除干扰异常和保持自然景观的条件下，土壤化探异常地段是寻找矿化带和矿脉的最有效找矿标志。

1980—1985 年湖南省地质矿产局物探队提交了 1∶20 万攸县幅区域化探报告（水系沉积物测量）。

1982—1983 年湖南省地质局 416 队提交了茶陵县锡田地区 1∶5 万地球化学土壤测量报告，其范围包括锡田岩体及其外接触带，圈定了钨、锡、铅、锌、银、铜甲类综合异常 8 处。但受当时条件所限，只注重分析了钨、锡及其相关元素，且采样点过稀，对区内圈定的异常未进行系统查证。

1982 年，湖南省地质局区调队提交了《湖南省 1∶50 万区域重砂异常图说明书》。认为锡田地区重砂异常发育，主要矿物有黑钨矿、白钨矿、锡石等，用重砂测量方法圈出的异常区可以直接指示找矿方向，异常区的主要矿物一般为区内的主要矿种。

2008—2010 年，湖南省地质调查院株洲矿产地质调查所承担的国土资源大调查项目"湖南锡田地区锡铅锌多金属矿勘查"，完成了银坑（G49E006023）、莲花县（G49E006024）、腰陂（G49E007023）、高陇（G49E007024）四个图幅湖南部分共 1440 km² 范围内的 1∶5 万矿产地质测量、1∶5 万遥感解译、1∶5 万水系沉积物测量。

2016—2018 年，湖南省地勘局 416 队承担的中国地质调查局地质调查项目"湖南茶陵锡田锡铅锌多金属矿整装勘查区矿产调查与找矿预测"，完成了宁冈县幅（G49E008024）、茶陵县幅（G49E008023）1∶5 万水系沉积物测量 908 km²，圈定地球化学综合异常甲类 8 处、乙类 10 处、丙类 9 处。

（二）区域物探工作

1978 年，湖南省地质局物探队提交了《湘潭-茶攸地区航空磁测结果补充报告》。

1979 年，国家地质总局航空物探大队 904 队提交了《湘东地区航空磁测结果报告》。

1983 年，湖南省地质局提交了包括本区在内的《1∶50 万湖南省区域重磁成果研究报告》。

1983—1990 年，湖南省地矿局物探队开展了 1∶50 万攸县幅区域重力调查。

1985—1986 年，湖南省物探队提交了《湖南省物化探工作研究程度图说明书》。

1.2.3 矿产地质工作

早在中华人民共和国成立前就有人在锡田地区开采钨、锡、铅、锌、铁、煤等矿产，老一辈地质工作者对区内矿产作过概略性调查。区内较为系统和大规模开展地质工作，始于20世纪60年代至90年代，先后有地矿系统区调队、物探队、406队、416队、408队，冶金系统214队、238队，核工业系统309队、302队等单位对锡田、邓阜仙岩体内外接触带钨锡、铅锌、金银、铁、铀等矿产进行了踏勘检查评价工作，因工作程度低，未提交系统的地质资料。

工作程度较高的主要有：

1954—1966年，湖南冶金局地质勘探公司214地质勘探队在茶陵县邓阜仙一带开展钨多金属矿勘探工作，先后提交了《湖南省茶陵邓阜仙钨矿地质勘探工作总结报告》《邓阜仙钨矿第二期地质勘探工作总结报告》，共探明邓阜仙钨矿床黑钨矿A+B+C级金属量 WO_3 6573 t、Cu 5071 t、Sn 1941 t。2007—2010年，湖南有色214队对湘东钨矿北西侧老山里和茶园山一带的矿（化）脉进行了地质详查工作，2010年12月提交了"湖南省茶陵县邓阜仙钨矿区第三期地质详查报告"，该报告2011年3月由湖南省国土资源厅以"湘国土资储备字[2011]019号"备案，保有资源储量：(122b+333) WO_3 金属量7788.88 t，伴生Sn金属量1203 t。

1977—1981年，湖南省地矿局416队在邓阜仙岩体北部开展了茶陵县大垄矿区铅锌矿详查，提交C+D级储量铅24012 t、锌46434 t、锡431 t，并于1981年提交《湖南省茶陵县大垄矿区铅锌矿详细普查地质报告》。

1978—1979年，湖南冶金局在茶陵县湘东铌钽矿区开展详查勘探工作，提交了《湖南省茶陵县湘东铌钽矿区金竹垄矿段详细勘探地质报告》，湖南省以"(79)湘革储决第05号"文批准报告C级矿石量1474.8万t，金属量 Ta_2O_5 1878 t、Nb_2O_5 1558 t；D级矿石量670.5万t，金属量 Ta_2O_5 709 t、Nb_2O_5 740 t。

1980—1984年，湖南省地质矿产局416队对垄上矿段钨锡矿开展了初步普查工作，并于1985年编有《湖南省茶陵县垄上矿区钨锡矿初步普查地质报告》，提交D级储量 WO_3 5419.3 t、Sn 6686.5 t、Cu 1663.5 t、Pb 1404 t、Zn 956 t、萤石(CaF_2)39000t。报告于1985年由湖南省地质矿产局416队进行了内部评审，对报告所提交的储量未进行备案和上报。

1982—1984年，湖南省地矿局416队在锡田岩体中部东外接触带开展了茶陵县松树山矿区铅锌矿普查，提交D级储量铅13847 t、锌410 t、锡431 t、银21.35 t，并于1986年提交了《湖南省茶陵县松树山矿区铅锌多金属矿普查地质报告》。

2002—2007年，湖南省地质调查院株洲矿产地质调查所实施的国土资源大调查项目"湖南诸广山–万洋山地区锡铅锌多金属矿评价"全面开展了锡田矿区评价工作，选择锡田矿区垄上、晒禾岭、桐木山等地矽卡岩型锡矿的21、13、11、43号矿体，构造蚀变带–矽卡岩复合型的22号矿脉进行了中、深部解剖研究。

2008—2010年，湖南省地质调查院株洲矿产地质调查所实施的国土资源大调查项目"湖南锡田地区锡铅锌多金属矿勘查"继续在锡田地区开展了系统的地质找矿工作，主要针对邓阜仙矿田和锡田矿区开展矿产地质调查、矿区评价、勘查示范、靶区验证和综合研究等方面的工作，发现垄上、晒禾岭、桐木山、山田4处大型钨锡多金属矿，鸡冠石中型钨锡矿以及风米凹等3处具中型规模潜力的钨锡矿，累计探求332+333+334资源量 Sn+WO_3 30.18万t，其中332资源量 Sn+WO_3 8958.11 t。

　　2008—2014 年，湖南省地勘局 416 队开展了"湖南省茶陵县锡田矿区锡矿普查"工作，重点开展了垄上矿段 28 线以北 21、21-1 号矿脉的详查评价和桐木山矿段 30、31、43 号矿脉及荷树下隐伏云英岩型钨锡矿脉的普查评价，对晒禾岭矿段岩体内构造蚀变岩型 1、2、3、10 号锡铅锌多金属矿脉和垄上矿段 28 线以南进行了预查评价，于 2011 年 5 月和 2014 年 7 月先后提交了《湖南省茶陵县锡田矿区垄上矿段锡矿详查地质报告》和《湖南省茶陵县锡田矿区锡矿普查报告》。锡田矿区探矿权范围内累计探求 332+333+334 资源量 $Sn+WO_3$ 54147.02 t，其中 332+333 资源量 $Sn+WO_3$ 23654.53 t。

　　2007—2010 年，湖南省有色地质勘查研究院在茶陵县婆婆仙矿区开展了普查-详查工作，于 2010 年 4 月提交了《湖南省茶陵县婆婆仙矿区笔架山矿段锡钨矿详查报告》和《湖南省茶陵县婆婆仙矿区笔架山矿段外围锡钨矿普查报告》，对笔架山矿段 V21、V21-1、V22 号矿体情况进行系统控制，并在笔架山矿段外围发现锡钨矿体 17 个，笔架山矿段提交 Sn 资源量 4261 t、WO_3 资源量 7881 t。

　　2010—2012 年，湖南省地质调查院株洲矿产地质调查所承担国土资源大调查项目《湖南茶陵太和仙-鸡冠石锡多金属矿远景调查》，全面对邓阜仙岩体进行评价工作，于 2013 年提交"湖南茶陵太和仙-鸡冠石锡多金属矿远景调查报告"，大致查明了该区锡多金属矿成矿地质条件、成矿规律和成矿控制因素等地质特征以及主要矿脉地质特征及找矿标志，估算了 333+334 资源量 WO_3 4306.82 t、334 资源量 Au 3.71 t。

　　2011—2013 年，湖南省地勘局 416 队实施的中国地质调查局地质矿产调查评价专项项目"湖南茶陵锡田整装勘查区锡多金属矿调查评价与综合研究"以锡田矿区、万洋山找矿远景区为主攻区段，以钨、锡、铅、锌、金、银为主攻矿种，按照异常检查、矿点评价、已知矿脉深边部找矿、综合研究 4 个层次开展工作，新发现庙背冲等 3 处矿产地，系统总结了成矿规律，建立了找矿标志和找矿模型，提出了垄上深部等 4 个预测靶区。

　　2012—2014 年，湖南省地勘局 416 队实施中国地质调查局危机矿山专项项目"湖南省茶陵县湘东钨矿接替资源勘查"，估算了 11 个矿体的资源储量，新增（122b+333+334）WO_3 13207 t 以及伴生矿产 Sn（333+334）金属量 1154 t、铜（122b+333+334）金属量 1949 t。

　　2012—2013 年，湖南省有色地勘局 214 队开展了"湖南省茶陵县八团矿区铅锌矿预查"，共发现矿化硅化石英破碎带 2 条，因达不到工业指标推断矿体要求，未做资源储量估算。

　　2013—2014 年，湖南省地勘局 416 队开展了"湖南省茶陵县大垄矿区大垅、八团铅锌矿深部普查"，大致查明 3 个工业矿体深部铅锌新增资源量 333+334 金属量 92817 t。

　　2013—2014 年，湖南省地勘局 416 队开展了"湖南省茶陵县麻石岭矿区铅锌多金属矿预查"，共发现 4 条铅锌矿脉，圈定矿体 3 个，初步估算了主要铅锌矿体 334 铅金属量 1386.4 t。

　　2013—2014 年，湖南省有色地勘局 214 队开展了"湖南省茶陵县麦子坑矿区金铅锌银多金属矿预查"，地表工程揭露了 3 条矿化脉，均因规模太小或达不到工业指标推断矿体要求，未做资源储量估算。

　　2016—2018 年，湖南省地勘局 416 队承担的中国地质调查局地质调查项目"湖南茶陵锡田锡铅锌多金属矿整装勘查区矿产调查与找矿预测"，在开展 1∶5 万矿产地质调查和水系沉积物测量的基础上，新发现钨矿（化）点 14 处，圈定 27 处综合异常，并预测资源量钨、锡、铅、锌 64.6 万 t。

第 2 章　成矿地质背景

扫码查看本章彩图

2.1　大地构造位置

　　矿集区位于湘东南北东部，大地构造位置位于扬子地块与华南地块的接合带东侧，属南岭东西向构造–岩浆–成矿带中段北东部（图2-1）。区内出露的地层中钨、锡、锌等主要成矿元素含量较高，此外，区内岩浆岩发育，以酸性岩为主。围岩与岩体的接触带是形成矽卡岩型钨锡多金属矿的有利部位。而已有研究表明，已知矿床（点）受构造控制明显。区内大面积出露的钨、锡、锌等主要成矿元素含量较高的地层层位、断裂及褶皱构造的发育和大面积出露的岩浆岩，均反映出本区成矿地质条件好。同时，区域化探异常显示，化探异常区与含矿地层、构造叠合明显，反映本区找矿潜力巨大。

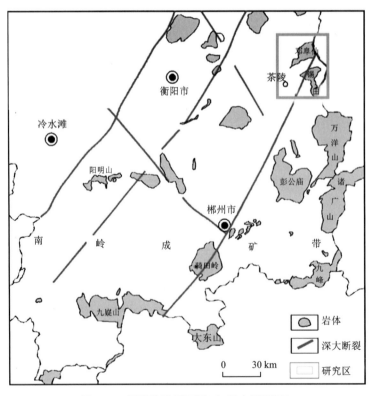

图 2-1　区域构造纲要图（扫码查看彩图）

2.2　区域地质概况

矿集区位于华南南岭-钦杭成矿带交会区。华南是我国重要的有色金属、稀有金属矿产区，区内南岭成矿带与钦杭成矿带交会、叠加。这一区域同时也是全球有名的花岗岩省，以广泛发育各时期的花岗岩而闻名于世。钦杭成矿带同时也是扬子与华夏两大古陆块碰撞拼贴形成的巨型板块结合带，呈 NEE 向横贯于区内。南岭成矿带与钦杭成矿带交会区主要集中在湖南、江西、广西、广东四省，是重要的有色金属、稀有金属成矿带。

关于南岭成矿带，前人已经做了大量的综述研究，本书不再详细介绍。南岭成矿带位于新元古-早古生代造山带和我国东南沿海中生代火山-侵入岩浆活动带之间。区域内的沉积地层主要为一套新元古界和寒武系的碎屑沉积岩，且大部分华夏和扬子地台的地层在加里东运动时期变质成碳质片岩、板岩、千枚岩和碳硅质角闪岩等（Mao et al.，2013）。区内主要的构造方向为 NNE-NE 向和 EW 向，其构造演化与区内几条区域断裂带有着密切的联系。这些断裂带既是区内前中生代基底的边界断裂，同时也是构造单元的区划性断裂。由于断裂切割深度大，构成上地幔岩浆底侵的有利通道，制约着中、新生代地质体的长轴方向，同时也制约着中、新生代岩体和盆地的分布、规模。此外，区域断裂和前中生代基底的性质还影响着中、新生代构造作用的流变强度。临武-郴州-茶陵断裂带走向 NE，向北与绍兴-江山断裂相连，是一条陆内俯冲带，控制了华南中生代的构造格局和岩浆活动的分布（徐先兵等，2009）。

南岭成矿带岩浆活动频繁，除地表出露的大小数百个岩体外，还有很多隐伏岩体。岩石类型以酸性、中酸性为主，包括火山岩、基性-超基性侵入岩、煌斑岩、花岗质-花岗闪长质岩体等；主要的形成时代可以分为加里东期、印支期和燕山期。这些不同时代形成的岩体往往在空间位置上叠生在一起，故也被称为复式岩体，如邓阜仙复式岩体、锡田复式岩体、大吉山复式岩体、西华山复式岩体、大瑶山复式岩体等。同时，这些复式岩体通常发育一系列大型-超大型的钨锡多金属矿床（蒋少涌等，2020；Xiong et al.，2020b）。

2.3　矿集区地质特征

2.3.1　地层

矿集区出露的地层主要为寒武系、奥陶系、泥盆系、石炭系，其次为二叠系、三叠系、侏罗系、白垩系、古近系和第四系。

1）寒武系—奥陶系（Є—O）

寒武系在本区为浅变质的深海相泥砂质浊流沉积，是钨、锡、银、金重要赋矿层位。

奥陶系主要为浅变质的含笔石泥砂质、碳硅质、硅泥质建造，中上部出现砂岩、砾岩，局部夹火山岩、碳酸盐岩层，为银、铅赋矿层位。

2）泥盆系—三叠系（D—T）

泥盆系为连续的地台型沉积。泥盆系岩相复杂，工作区沉积区为碳酸盐岩和碎屑岩沉积，它是钨、锡、铅、锌、金的重要赋矿层。

石炭系下统为浅海相碳酸盐岩夹海陆交互相含煤碎屑岩建造，向东西两侧渐变为海陆交互相含煤碎屑岩建造、陆相含煤碎屑岩建造或碎屑岩建造；上统岩性稳定，主要为一套浅海相碳酸盐岩建造。该层位中的碳酸盐岩为锡多金属矿产重要赋矿岩性。

二叠系下统主要为浅海相碳酸盐岩建造；上统以滨海沼泽相、海陆交互相的含煤碎屑岩建造为主。

三叠系中下统为滨浅海碳酸盐岩和碎屑岩建造；上统岩相差异大，主要有陆相含煤碎屑岩建造、以陆相为主的海陆交互相含煤碎屑岩建造、浅海相铁磷碳酸盐岩–碎屑岩建造等。

3）侏罗系—古近系（J—E）

侏罗系—古近系沉积反映了燕山期构造运动的特点。侏罗系中下统主要为陆相盆地堆积，假整合于上三叠统之上，为陆相含煤碎屑岩建造的砾岩、砂砾岩、长石石英砂岩、碳质页岩夹煤线等，局部夹火山碎屑岩；上统为陆相喷发–沉积或陆相盆地砂砾岩建造，局部夹煤线。

白垩系为陆相沉积，散布于大小不等的盆地中，主要为滨湖、浅湖相砂、泥岩，山麓相砾岩，局部夹盐湖相膏泥岩。下统含石膏、钙芒硝；上统产铜、铀及石膏矿。

古近系和新近系属陆相沉积，主要分布于衡阳盆地。古近系为淡水浅湖相砂泥岩及盐湖相岩盐、泥膏岩、钙芒硝，局部有碳酸盐岩及油页岩。新近系为河流相砾岩、砂岩。

上述地层根据其岩相组合，沉积环境及沉积间断，可划分为三个构造层。下构造层由前震旦系—奥陶系组成；中构造层由泥盆系、石炭系、二叠系、三叠系下统构成；上构造层由三叠系上统、侏罗系、白垩系、古近系组成。

2.3.2 构造

从区内已有的地层记录、地质体接触关系、花岗岩浆活动及同位素年代学资料等方面进行综合分析，区内地壳演化历史可上溯至古生代寒武纪，直至第四纪；经历的构造运动就地表岩石变形、变质而言，主要有加里东运动、印支运动、燕山运动及喜马拉雅运动，从而形成大量不同时代和期次，不同方向与规模，不同性质的断裂、褶皱、构造盆地等构造形迹。

整体而言，研究区基底构造层由炎陵县–桂东 SN 向隆起带和炎陵县–汤市 NW 向褶断带组成，主要形成于加里东期，最后定型于印支期。前者由一系列复式岩体组成，主要由万洋山岩体、彭公庙岩体、诸广山岩体和一些小的岩株、岩脉群组成，这些地质体构成隆起带的主体，侵位于震旦系、寒武系、奥陶系组成的复式背斜中，总体走向近南北向伸展。后者由短轴状的褶皱组成，轴向从北往南由 300° 至 330°。

盖层构造层分布于区内中部，由一系列北北东向–北东向复式背向斜和断裂组成。褶皱构造由广塘背斜、严塘向斜、大塘里背斜组成。断裂主要有莲花山断裂带、严塘断裂带、炎陵–睦村断裂带等，它们的组成长度大于 30 km，组成宽度为 10~20 km，走向 15°~30°，呈平行展布，具有一定的等距性，距离 5~10 km，是区内的主要控矿构造。

整体而言，锡田地区所建立的构造序列见表 2-1。

表 2-1 构造变形序列表

时代	变形期次	构造类型及其他有关地质作用	构造体质
E_2—Q	D9	茶永盆地中近 SN 向褶皱，盆地边缘 NNE 向逆断裂；NW 向左旋走滑断裂	近 EW 向挤压

续表2-1

时代	变形期次	构造类型及其他有关地质作用	构造体质
K—E₂	D8	NEE 向正断裂，NW 向调整断裂；"冷"伸展盆岭构造	NWW-SEE 向伸展
J₃ 末	D6	切割侏罗纪花岗岩体的 NNE-NE 向压扭性断裂行迹	NWW-SEE 向挤压
J₂ 早期—J₃	D5	先期断裂的张性活动，如赋矿张性断裂；后期造山花岗岩侵位；大规模成矿	后造山伸展
J₂ 初	D4	NNE 向左旋压扭性断裂、地表逆冲断裂及正花状构造；NW 向右旋走滑断裂；NE 向压扭性断裂；山前冲断收缩盆地	NNE 向剪切（兼挤压）
T₃ 末—J₁	D3	NNE 向造山上隆伸展盆地及张性断裂，张性断裂因后期构造叠加等原因无清晰表现	NEE-SNN 向伸展
T₂ 后期	D2	严塘 NE-NNE 向构造；NE-NNE 向构造及逆冲断裂	NWW-SEE 向挤压
S	D1	寒武纪-奥陶纪地层中倒转紧闭褶皱，走向韧-脆性断裂，轴面劈理等。发生区域浅变质作用	区域近 SN 向挤压，叠加岩体侵位挤压

2.3.3　岩浆岩

区内岩浆岩发育，酸性、中性、基性、超基性岩类均有出露，出露面积以酸性岩最大，中性岩及超基性岩最小。侵入岩多，喷出岩很少，单个岩体规模大小悬殊，大的岩体出露面积大于 500 km²，小的呈岩脉产出，地表仅几平方米，另尚有一些由地质和物化探资料推测可能存在的隐伏岩体。地表出露的岩浆岩主要形成于印支期和燕山期，其中燕山期中、酸性侵入岩与钨、锡、铜、铋、铌钽、铅锌及稀有稀土及放射性等矿产关系密切。

印支期花岗岩体为锡田、邓阜仙等。岩石类型主要有黑云母二长花岗岩、二云母二长花岗岩、黑云母花岗闪长岩等，地球化学特征显示其形成于造山环境。

燕山早期花岗岩呈岩株、岩枝状侵入锡田、邓阜仙花岗岩体中，岩石主要有黑云母二长花岗岩、二云母二长花岗岩、二云母碱长花岗岩、黑云母正长花岗岩、黑云母花岗闪长岩等，地球化学特征显示其形成于后造山环境。

岩体多侵入下古生界浅变质岩及上古生界碳酸盐岩，岩体内及岩体附近花岗斑岩、石英斑岩和石英脉较发育。岩体侵位的深度为浅至中等，剥蚀程度较低。与岩体有关的矿产丰富，除钨、锡、铜、铅锌、黄铁矿、萤石外，还有稀有金属、稀土金属等。

2.4　矿集区地球物理特征

2.4.1　矿集区重力特征

根据 1∶50 万重力测量成果，矿集区属于重力低异常区（图 2-2），重力低异常呈北北西向展布，与邓阜仙-锡田岩浆岩带分布一致。异常分布范围比岩体出露面积大，反映岩体往周边隐伏延伸。

该区重力异常表现为圈闭的重力低场，重力低值区位于锡田、邓阜仙岩体中，与低密度的花岗岩体有关。异常等值线方向性强，呈近 SN 向，低值中心多呈椭圆或带状展布，反映了低密度值的侵入体(隐伏与出露)相互交织在一起，且构造发育的地质特征。

2.4.2 矿集区航磁异常特征

根据航磁测量编图成果，区内航磁 ΔT 异常总体特征是：由东南向西北逐步增强。异常多为浑圆状，异常中心突出，中心面积有数平方千米至数十平方千米，均伴有负值。区内异常带主要呈北东向分布(图2-2)，强度为 0~100 nT，主要分布在侏罗系、三叠系–泥盆系、奥陶系–震旦系地层中。

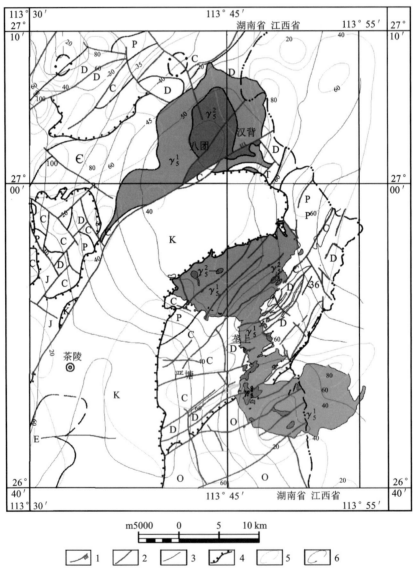

E—古近系；K—白垩系；J—侏罗系；T—三叠系；P—二叠系；C—石炭系；D—泥盆系；O—奥陶系；
Є—寒武系；γ_5^2—燕山早期花岗岩；γ_5^1—印支期花岗岩；1—压性断层；2—断层；3—地质界线；
4—不整合地质界线；5—航磁异常等值线；6—重力异常等值线。

图2-2 矿集区重力–航磁异常图(扫码查看彩图)

航磁异常的分布特征反映了区内磁性体的分布特征。区内现有资料表明,沉积岩系和正常花岗岩一般不具磁性,变质岩系或蚀变花岗岩中因含磁铁矿或磁黄铁矿而具弱-中等磁性。区内各类变质和蚀变作用都与岩浆活动有关,且严格受成矿期接触带构造控制并常伴有钨、锡、钼、铜、铅、锌、锑、砷等内生矿床产出。所以,该区局部航磁异常带的分布范围往往是寻找内生钨、锡多金属矿床的有利地区。

2.5　矿集区地球化学特征

应用 1：20 万攸县幅区域化探报告成果资料,对区域地球化学特征归纳如下。

2.5.1　元素区域地球化学背景特征

1：20 万攸县幅水系沉积物元素平均值列于表 2-2。1：20 万攸县幅区域浓度克拉克值 Kk 为攸县幅丰度与地壳丰度之比,1：20 万攸县幅区域浓集系数 Kc 为 1：20 万攸县幅丰度与全国水系沉积物平均值之比。

Kk 大于 1 的元素有 Bi、As、W、Sn、Sb、Pb、Li、Be、F、Ag、Y、Cd、Nb、La,表示这些元素在 1：20 万攸县幅相对于地壳丰度偏高。

Kc 大于 1 的元素有 W、Sn、Sb、As、Bi、Li、Be、Hg、Nb、Cu、Y、F、Ag、La,说明它们相对于全国水系沉积物平均值高,其中 W、Sn、Sb、As、Bi 元素的 Kc 值大于 2,呈强富集状态。Kk 和 Kc 值均大于 1 的元素为 W、Sn、Sb、As、Bi、Li、Be、Nb、Y、F、Ag、La,主要为高温元素和低温元素,反映 1：20 万攸县幅内酸性岩浆岩活动和钨锡等矿化。

表 2-2　区域元素丰度分布特征表

元素	攸县幅丰度	地壳丰度	全国水系沉积物平均值	Kk	Kc
W	10.1	1.1	2.7	9.2	3.7
Sn	11.3	1.7	4.1	6.6	2.8
Bi	1.06	0.004	0.5	265	2.1
Mo	1.06	1.3	1.13	0.8	0.9
Au	1.66	4	2.03	0.4	0.8
Ag	104.3	80	94	1.3	1.1
Cu	30.3	63	26	0.5	1.2
Pb	29.4	12	29	2.5	1
Zn	69.9	94	77	0.7	0.9
Cd	0.234	0.2	0.26	1.2	0.9
As	28.7	2.2	13.3	13	2.2
Sb	3.65	0.6	1.42	6.1	2.6
Hg	84.9	89	69	1	1.2

续表2-2

元素	攸县幅丰度	地壳丰度	全国水系沉积物平均值	Kk	Kc
Cr	62.4	110	68	0.6	0.9
Ni	25.3	89	29	0.3	0.9
Co	12.2	25	13.1	0.5	0.9
V	76	140	87	0.5	0.9
Ba	310.3	390	520	0.8	0.6
F	590	450	530	1.3	1.1
Y	29.5	24	26	1.2	1.1
La	43.7	39	41	1.1	1.1
Li	45.3	21	34	2.2	1.3
Nb	20.2	19	17	1.1	1.2
Be	2.9	1.3	2.3	2.2	1.3

注：元素含量单位 Au、Ag、Hg 为 10^{-9}，其余元素为 10^{-6}。地壳丰度数据来源于黎彤（1967）。

按浓集系数 Kc 大小可将 1∶20 万攸县幅元素分为三类：

（1）含量偏低型：$Kc \leq 0.7$，有 Ba 元素。

（2）含量相近型：$0.7 < Kc \leq 1.3$，有 Li、Be、Cu、Hg、Nb、Ag、F、Y、La、Pb、Mo、Zn、Cd、Cr、Ni、Co、V、Au 元素。这反映大部分元素丰度与全国水系沉积物平均值相当。

（3）含量偏高型：$Kc > 1.3$，为 W、Sn、Sb、As、Bi 元素。

1∶20 万攸县幅主要产有钨锡、铅锌矿产，钨锡为区域特色矿产，高温元素 W、Sn、Bi 等具有高背景值，其高背景区、异常区与区内酸性岩体及钨矿床相对应，区域中 W、Sn 高丰度为钨、锡等成矿提供了有利的地球化学条件。

2.5.2 矿集区地质单元元素丰度特征

1∶20 万攸县幅各地质单元区平均值列于表 2-3。

表 2-3 区域各地质单元区元素丰度表

元素	奥陶系	泥盆系	石炭系	二叠系	白垩系	古近系	燕山早期花岗岩	中国水系沉积物平均值
W	5.2	8.7	3.5	2.8	3.3	1.8	53.1	2.7
Sn	11.9	9.4	8.9	6.1	6.9	3.1	50	4.1
Bi	0.69	0.96	0.53	0.44	0.57	0.56	4.82	0.5
Mo	0.76	1.25	1.5	2.04	0.6	0.37	1.04	1.13
Au	1.07	2.74	1.69	1.3	1.09	0.93	1.62	2.03
Ag	79.6	92.8	71.6	92.9	89.1	69	213.6	94

续表2-3

元素	奥陶系	泥盆系	石炭系	二叠系	白垩系	古近系	燕山早期花岗岩	中国水系沉积物平均值
Cu	23.3	27.3	28.3	30.2	23.7	21.3	41.5	26
Pb	19.1	33.8	38	32.7	18.9	21.7	29.4	29
Zn	58.6	70.9	93.5	84.8	44.2	44.1	75	77
Cd	0.148	0.223	0.293	0.437	0.117	0.122	0.235	0.26
As	25	32.3	31.5	19.3	22.1	20.6	31.5	13.3
Sb	1.54	5.76	4.71	2.17	2.55	2.25	5.52	1.42
Hg	55.4	117.4	133.1	90.5	67.7	48.6	99.2	69
Cr	44.8	62.1	84.8	69.1	49.9	47.2	26.2	68
Ni	22.9	24.9	34.9	37.7	16.9	16.9	19.7	29
Co	11.6	12.7	12.9	15.8	7.3	9.4	6.9	13.1
V	61.5	77.2	101.9	99.8	56.1	52.8	47.2	87
Ba	231.5	303.2	299.1	299.3	261.2	249.6	266.6	520
F	432.1	688.6	782	788	400.4	399.3	1051.8	530
Y	29.1	28.6	29	30.2	23	24.7	47.9	26
La	39.1	44.2	48.9	52.9	31.4	31.7	48.3	41
Li	32.6	36.7	44.5	37.5	37.2	42.1	137.9	34
Nb	20.3	20	22	21	17.2	15.7	29.9	17
Be	3.4	2.1	2	2	2.1	1.8	10.6	2.3

注：元素含量单位 Au、Ag、Hg 为 10^{-9}，其余元素为 10^{-6}。

（1）花岗岩分布区元素丰度大于沉积岩区的元素为 W、Sn、Bi、Ag、Cu、F、Y、Li、Nb、Be，其中花岗岩分布区 W、Sn、Bi、Be、Li、Ag、F 元素丰度显著高于沉积岩区，表现了酸性岩体高温元素组合的特点，说明 W、Sn、Bi、F 等高温元素在花岗岩体中背景值高，为钨锡成矿提供了物质条件。

（2）工作区地层从老至新(奥陶系—古近系)，W、Sn、Bi、Be 元素含量呈现降低的趋势，在奥陶系、泥盆系地层中丰度达到最高。

（3）不同时代地层分布区具有较明显的元素丰度差别，在泥盆系、石炭系、二叠系地层中富集的成矿元素最多，而在白垩系、第三系地层中成矿元素最为贫化，几乎没有元素呈富集分布状态。

（4）奥陶系中富集 Sn、Be。

（5）泥盆系中 W、Bi、Mo、Au、Pb、As、Sb、Hg、Ba、F 元素相对富集，其中 Au、Sb、Hg 元素显著富集。

（6）石炭系 Mo、Au、Cu、Pb、Zn、Cd、As、Sb、Hg、Cr、Ni、V、F、La、Li、Nb 呈富集分布，其中 Pb、Zn、Cd、Sb、Hg、Cr、Ni、V 元素显著富集。

（7）二叠系地层富集 Mo、Cu、Pb、Zn、Cd、Cr、Ni、Co、V、F、Y、La 等元素，其中 Mo、Zn、Ni、Co、V、F、La 元素显著富集。

从以上分析可以得出，从区域地球化学角度来看，1∶20万攸县幅内花岗岩是找钨锡等矿床的重要地质单元，奥陶系、泥盆系是找钨锡、金、铅锌、锑等矿床的重要地层层位，石炭系、二叠系是找铅锌、锑矿的有利层位。

2.5.3 矿集区地球化学特征

区内1∶20万水系沉积物测量资料显示，分布有大面积钨、锡、铅、锌、金、砷化探异常，这些异常一般分布在邓阜仙、锡田岩体内外接触带以及区域性断裂带，异常成群成带出现，规模大、强度高、浓集中心明显。异常水平分带特征明显，异常中心向外侧，组合元素呈现由高温元素到低温元素的变化趋势，其内带以钨、锡为主，中带以锡、铅、锌、银为主，外带为金、银、锑(铅锌)。一般来说，异常区内丰度最大的元素即为主要成矿元素，而银、砷、锑、氟、铍等异常是铅锌多金属矿床的重要指示标志。

区内重砂矿物种类繁多，以锡石分布最广，次为白钨矿、黑钨矿、铜矿物、汞矿物、金等(图2-3)，主要围绕锡田、邓阜仙岩体内外接触带分布，异常规模大、强度高、浓集中心明显，且与化探异常重叠性较好。

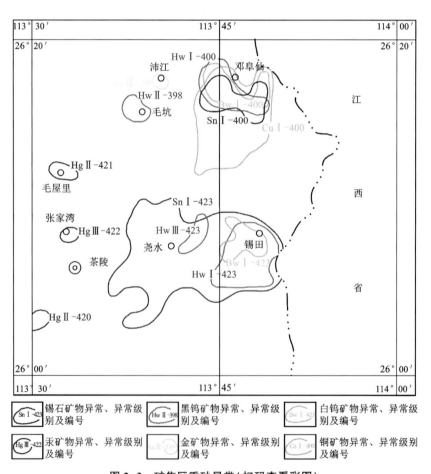

图2-3 矿集区重砂异常(扫码查看彩图)

纵观全区，具有多期次岩浆活动，并伴有断裂活动，具元素组合齐全、强度高等特点，是寻找钨、锡、铅、锌、金、银等矿产的重要找矿远景区。

2.6　矿集区遥感地质特征

2.6.1　带要素概况

攸县幅(1：20 万)区域矿产调查表明，图区内锡多金属矿产分布与断裂构造密切相关，锡矿一般赋存于岩浆岩体中，当断裂切割的古生界岩层中有碳酸盐岩层分布时，对成矿、容矿更有利。

2.6.2　线要素概况

(一)褶皱轴

加里东期褶皱轴(X1)——太和仙背斜：核部为寒武系中组，翼部为寒武系上组，褶皱开阔，褶皱轴走向 NE60°，延伸长约 13 km，两端被泥盆系覆盖，未见转折端出露。

印支期褶皱轴(X2)——发育在泥盆系—三叠系下统构造层中的褶皱。区内规模较大，保存较完整的褶皱有三处：

(1)江中-蛮山向斜：轴向 NE45°~50°，核部为锡矿山组、二叠系上统龙潭组，出露长约 20 km。

(2)杨梅塘向斜：核部为二叠系下统茅口组，轴向 NE55°，出露长 5 km，南西端被岩浆岩体破坏，北东端被白垩系掩盖。

(3)献最里背斜：核部为泥盆系吴家坊组，轴向 NE50°~55°出露长约 3 km，北东端被锡田岩体侵入破坏，但是在锡田岩体中发育有 NE50°~55°走向的娘上寨断裂，推测是印支期构造带继承性活动造成的。

燕山早期——侏罗系构造盆地：沿深大断裂带展布，主要分布在图区以外，构造带走向呈 NNE 东向。

燕山晚期——白垩系上统戴家坪组构成的茶陵腰陂构造盆地：主要呈 NEE 向，分布在邓阜仙岩体与锡田岩体之间。

(二)深断裂带

攸县酒埠江地壳断裂带(X9)：位于图区北西侧，攸县断陷红色盆地东界，白垩系与侏罗系断层相接，断裂带隶属郴州东坡-攸县酒埠江-浏阳七室山地壳断裂带的一部分。

(三)中型断裂及伴生的脆性 X 型剪裂隙带

图区内中型断裂在地表断续延伸一般在 10 km 以上，并且沿断裂旁侧分布有与其相伴出现的 X 型剪裂隙带。由于主要分布在燕山早期锡田岩体及邓阜仙汉背岩体中，其形成活动时期推测为燕山早期—晚期。

北东向墨庄断裂带(X3)：分布在图区中北部印支期汉背岩体及燕山早期八团岩体中。断裂带由主干断裂及 X 型剪裂隙带构成。墨庄主干压扭性断裂展布在断裂带东南侧，走向 NE30°~35°，沿断裂深切沟谷发育，线带状图像断续延伸长约 13 km。伴生的 X 型剪裂隙带展布在北西侧，分布在实地宽 4~7 km 的广阔岩体中，剪裂隙带呈直线状冲沟等间距展布，以走向 NW340° 的剪裂隙最发育，延伸长 3~5 km；走向 NW280° 的剪裂隙延伸长多为 1 km 左右。X 型剪裂隙相交的锐角等分线走向约 NW310°，推测与主压应力相垂直的压性结构面走向为 NE40°，与墨庄主干压扭性断裂走向相近。表明断裂带形成时处于北西-南东向的平面挤压状态。

北东东向锡坑断裂带（X4）：分布在图区东南部，走向 NE70°，断裂切割锡田岩体及泥盆系砂页岩、灰岩，由两条主干断裂及展布在其间的伴生 X 型剪裂隙组成，图区内断裂带宽 2~3 km，长 4~7 km。主干断裂影像呈粗线状，斜切地层及岩体，连续延伸。X 型剪裂隙分布在主干断裂两侧，呈短直细线状影像，两组 X 型剪裂隙的走向分别为 NE45° 及 NW295°。两组剪裂隙交会构成的水平锐角平分线指向 NE75°，与主干断裂走向相近，表明断裂带形成、活动时处于隆起抬升状态。

北东东向蜘蛛形断裂带（X5）：分布在图区东南部，X4 断裂带北侧，其间被走向 NE55° 的印支期娘上寨断裂带继承性活动分隔。X5 蜘蛛断裂带走向 NE65°~70°，主要展布在锡田岩体燕山早期中细粒黑云母二长花岗岩中。主干断裂带是 6~7 条相互平行排列的断裂，构成宽约 4 km 的断裂构造带，沿走向长 10~14 km，断裂图像呈粗直线状线性构造。分布在主干断裂之间的 X 型剪裂隙，呈短细直线状，走向分别为 NW285° 及 NE20°，两组剪裂隙交会构成的锐角平分线指向 NE62°，与主干断裂走向相近，表明断裂形成时处于隆起抬升状态。

北东东向汉背断裂带（X6）：分布在图区中北部，邓阜仙岩体南侧，茶陵腰陂白垩系红色盆地北缘。断裂带走向 NE55°~68°，沿走向长约 20 km，南北宽 5~8 km。断裂带由 6~13 条断续延伸相互平行的断裂构成，其中以断裂带南侧的邓阜仙主干断裂规模最大，连续延伸长约 20 km，在断裂东段，邓阜仙钨矿展布在主干断裂南北两侧，断裂西段，使石炭系岩体与白垩系断层相接，石炭系岩层发生硅化蚀变。其余主干断裂都展布在岩体内部，尤其是在燕山早期八团岩体中，断裂粗线状图像清晰易辨，并切割燕山早期形成的 X3 断裂带。分布在主干断裂之间的 X 型剪裂隙，呈短细直线状，走向分别为 NE32° 及 NW285°，两组剪裂隙相互交会构成的锐角平分线指向 NE68°，与主干断裂走向相近，表明断裂形成时正处于隆起抬升状态。

北北东向黄宜陂断裂带（X7）：位于图区东部，断裂带走向 NE15°，带宽约 4 km，图区内断续延伸长约 20 km。断裂带北段为界化垄地区，断裂切割寒武系、二叠系、三叠系及白垩系上统，图像呈线状直线延伸；在断裂南段关头-黄宜陂一带，断裂切割燕山早期锡田岩体，上古生界泥盆—石炭系，断裂图像呈粗线状，尤其在九等-锡坑间的锡田岩体中粗线状断裂图像最发育，但是又显示有被 X4 北东东向锡坑断裂带切割破坏的图像。

北北东向麦子坑断裂带（X8）：位于图区西部，走向 NE25°，断裂北段，主要分布在寒武系中，沿邓阜仙岩体西侧接触带外围分布，规模较小，断裂呈细线状断续展布。断裂南段白垩系上统与侏罗系呈断层相接，断裂图像呈粗线状，是两侧地形地貌迥然不同的分界线。断裂带上有茶陵县麦子坑铅锌矿脉，沿北北东向小断裂充填。

北东向娘上寨断裂（X10）：位于图区南部锡田岩体中，X4 及 X5 北东东向断裂带之间。断裂走向 NE55°，图像呈粗线状连续延伸长 6 km。断裂走向与位于南西侧的印支期献最里背斜走向相近，又与燕山期 X4 及 X5 断裂带走向不同，推测本断裂应属印支构造，在燕山期时发生继承性活动。

2.6.3　环要素（H）

经解译，图区环要素有两类，即已知岩浆岩体构成的环要素和环形构造（H）。

（一）已知岩浆岩体构成的环要素

（1）邓阜仙复式岩体：包括印支期汉背岩体和燕山早期八团岩体。八团岩体长轴走向呈北北东向。

（2）锡田岩体：主体为印支期岩体，笔架山燕山早期岩体长轴走向呈北北东向展布。

（二）环形构造（H）

关头环形构造（H1）：位于锡田岩体东北角，面积 14 km²，遥感图像显示，其地形地貌特征与锡田岩体黑云母二长花岗岩块状低山地貌特征不同，而属低矮丘陵山地，图像中细条状蠕虫状冲沟密集展布，山脊平缓，色调较浅。

推测其为与锡田岩体黑云母二长花岗岩岩性不同的岩体。

路水环形构造（H2）：位于图区西侧上古生界沉积盆地中，面积 12 km²，遥感图像显示，山脊地形呈弧形转折，弧形横穿地层走向切割上古生界岩层。

推测其为断裂构造活动次级断裂交会引起。

2.6.4　色要素（S）

经解译，由于植被等众多因素干扰，目视解译很难区分出正常与非正常色调。图区内表示的色要素：角岩化、硅化、大理岩化，主要分布在岩浆岩侵入体与围岩相接处。

2.7　矿集区矿产资源分布

2.7.1　锡田矿田

研究区矿产较为丰富，内生矿产有钨、锡、铅、锌等有色金属及少量的铌、钽等稀有金属与萤石非金属矿产，外生矿产有煤、铁等矿产（图 2-4）。

区内发育垄上钨锡矿，合江口铜矿，荷树下、狗打栏、花里泉、园树山钨矿床，茶陵、尧岭铅锌矿床，星高、光明萤石矿。印支期的矿化主要分布在印支期岩基的周围，主要为矽卡岩型钨锡矿；燕山期的矿化大多在印支期或者燕山期二云母花岗岩体内部断层带中，主要为石英脉矿床，包括钨锡、铅锌、萤石矿床。

2.7.2　邓阜仙矿田

矿田内生矿产有铅、锌、铜、钨、锡等有色金属及铌、钽等稀有金属，外生矿产有煤、铁。有色金属矿产主要分布在邓阜仙岩体内部及内外接触带（图 2-5），分布有金竹垄铌钽矿、湘东钨矿（又名邓阜仙钨矿）、大垄铅锌矿、太和仙铅锌矿、羊古脑锑金矿等矿床（点），其中勘探程度较高的为湘东钨矿和大垄铅锌矿。外生矿产多分布于隆起带边缘或断陷盆地中，主要有滴玉石、牛岭至江冲一带的铁矿，峦山、界化垅的煤矿。

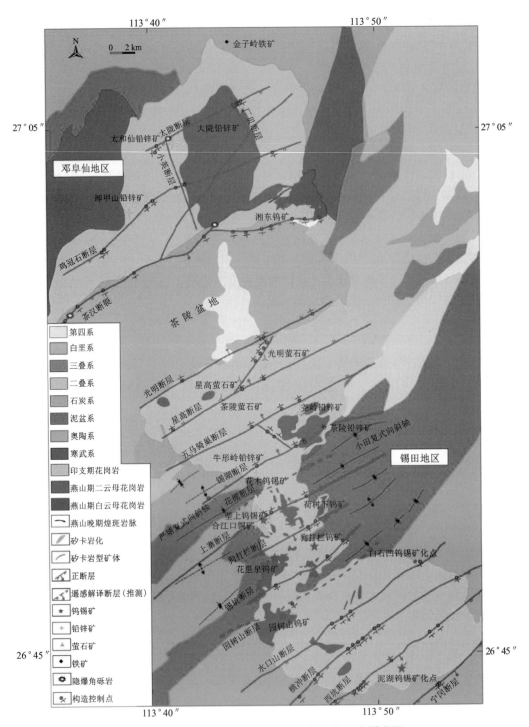

图 2-4 湖南锡田-邓阜仙矿集区地质图(扫码查看彩图)

[注：据湖南锡田地区锡铅锌多金属矿勘查报告(2010)、湘东钨矿第三期详查报告(2010)修改]

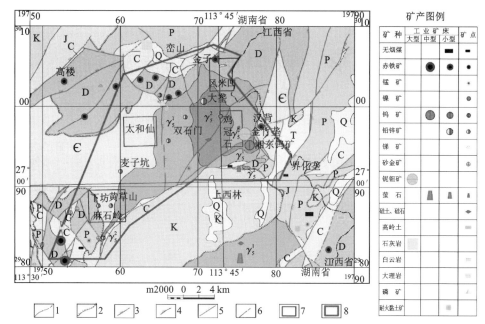

矿产图例

Q—第四系；K—白垩系；J—侏罗系；P—二叠系；C—石炭系；D—泥盆系；O—奥陶系；Є—寒武系；γ_5^2—燕山早期花岗岩；γ_5^1—印支期花岗岩；1—实、推测地质界线；2—不整合界线；3—压性断裂；4—压扭性断裂；5—扭性断裂；6—实、推测性质不明断裂；7—矿区范围；8—矿田范围。

图 2-5　邓阜仙矿田地质矿产分布图(扫码查看彩图)

(注：据湖南省地矿局 416 队，2013)

第 3 章　锡田矿田钨锡铅锌
岩浆热液成矿系统

扫码查看本章彩图

3.1　矿田地质概况

矿田地层分布广，出露齐全，由老到新出露有寒武系、奥陶系、泥盆系、石炭系、二叠系、侏罗系、白垩系、古近系、第四系地层，尤以奥陶系、泥盆系和白垩系地层最为发育。寒武系—奥陶系地层为一套浅变质陆源碎屑岩夹少量硅质岩、碳酸盐岩，变质程度为低绿片岩相；泥盆系—二叠系地层为浅海相碳酸盐岩夹陆源碎屑岩沉积，化石极为丰富；侏罗系—古近系地层为陆相含煤沉积和陆相红盆沉积；第四系沉积物主要为冲积层，其次有山麓前缘洪积层和残坡积层。地层特征简述如下。

寒武系地层，与泥盆系跳马涧组角度不整合接触，或受花岗岩侵入，其底、顶不全，区内仅出露上部爵山沟组，与上覆奥陶系桥亭子组呈假整合接触，系一套深水相浊流沉积，产海绵骨针化石。据其岩石组合、生物组合特征，自下而上可划分为小紫荆组、爵山沟组两个岩石地层单位。其中，爵山沟组的沉积时限可能达到奥陶系早期。

奥陶系地层，大面积分布于区内永新县三湾-宁冈县杨梅岭、茶陵县坑口圩-上坪一带，底部与寒武系爵山沟组接触，顶部泥盆系跳马涧组角度不整合覆盖其上，系一套浅海复理石-类复理石碎屑沉积夹硅质沉积，富产笔石。根据其岩石组合特征、古生物组合，可划分为桥亭子组、烟溪组、天马山组，其中天马山组未见顶。

泥盆系地层，加里东运动之后，该区进入稳定的滨浅海-碳酸盐台地沉积环境；晚泥盆世，该区受贝水-大屋北东向断裂作用，岩相分异明显，在断裂南东盘滨浅海碎屑沉积形成了以碳酸盐岩沉积为主的台地沉积(锡矿山组)。泥盆系地层主要分布于茶陵县潞水、尧水及永新县乌石山一带，其次在茶陵县背子坳、垄上等地有小面积分布，根据其岩石组合特征、沉积序列、古生物组合及与区域性特征的对比，由下而上划分为跳马涧组、易家湾组、棋梓桥组、吴家坊组、锡矿山组、岳麓山组、孟公坳组七个岩石地层单位。

锡田矿田经历了加里东运动、印支运动和燕山运动等多次构造事件，形成大量不同时代和期次、不同方向与规模、不同性质的断裂、褶皱和构造盆地，它们构成了矿区的基本构造格架。加里东期形成了 SN 向隆起带和 NW 向褶断带；印支期发育 NNE-NE 向复式背向斜和断层构造，并且印支期岩体沿 NW 向基底构造侵位；燕山期形成一系列 NE-NEE 向断层，控制了区内花岗岩及矿化的分布，局部被晚期 NNW 向断层错开。

1)基底构造层

炎陵-桂东隆起带走向 SN,主要由万洋山复式花岗岩体和一些小的岩株、岩脉群组成,岩体侵位于寒武系、奥陶系中,该隆起带形成于加里东期,最后定型于印支期。

2)印支期褶皱构造

印支期构造主要由 NEE-NE 向复式背向斜组成,最为明显的就是严塘复式向斜和小田复式向斜。严塘复式向斜轴向为 NE 向,由从北往南的一系列次级背斜、次级向斜相间排列组成,核部地层为石炭系—二叠系,两翼地层为泥盆系,两翼地层产状大多较平缓。小田复式向斜轴向总体也是 NE-NEE 向,发育在泥盆系中,由平行排布的次级背斜与向斜组成,次级背向斜的两翼产状较陡。整体上褶皱带出露宽度为 2~10 km,沿走向出露长度大于 10 km。

3)燕山期断层构造

燕山期构造主要由一系列 NE 向断层和次级 NW 向断层组成,形成了 NE-NEE 向的构造格局,为本区重要的控岩控矿构造,其中规模最大的为茶陵-郴州临武地区断层(邓阜仙段为茶汉断层)。该断层长度大于 300 km,走向 15°~45°,从矿集区的中心穿过,控制了矿集区的整体构造格局(Wei et al.,2018)。除茶汉断层外还分布有一系列其他 NE 向断层,如锡湖断层、水口山断层、横冲断层、西坑断层等(曹荆亚,2016;Cao et al.,2018)。

3.2　成矿岩体特征和成岩机制

3.2.1　岩体地质特征

湖南锡田岩体大地构造位置上位于南岭中段,扬子板块与华夏板块间的钦杭结合带中部,茶陵-郴州深大断裂东侧。该区茶陵-郴州断裂是扬子板块与华夏板块间杭州湾-钦州湾北东向拼贴断裂带(属岩石圈断裂)的组成部分,也是该区最重要的控岩控矿断裂。锡田岩体位于湘东茶陵县城东 25 km 处,属湖南省茶陵县、江西省宁冈县境内,出露面积约 238 km^2,有大小不等的侵入体 40 多个(各侵入体分布范围见图 3-1);岩体西北部与茶陵-永兴断陷盆地毗邻,北西侧被白垩系红层覆盖;东南部伸入江西省境内,与奥陶系呈侵入接触;中部紧缩、狭小,与上古生界(以泥盆系、石炭系为主)之碳酸盐岩、碎屑岩地层呈侵入接触。区内褶皱构造总体为一印支期轴向 NE30°~50°的复式向斜,中部被锡田岩体穿切,形成岩体西侧为北东扬起、南西倾伏的严塘复式向斜,东侧为南西扬起、北东倾伏的皇图复式向斜。

依据前人研究,锡田复式花岗岩体的岩性主体包括黑云母二长花岗岩、黑云母钾长花岗岩等,并可见暗色闪长质、石英闪长质包体(付建明等,2009;伍式崇等,2009)。本项目重点对研究区内出露岩石进行详细野外考察及面式样品采集,旨在厘清锡田地区花岗岩及伴生岩石的时空格架,以及不同期次岩浆源区及岩石成因,查明岩体的成矿专属性。

根据锡田地区花岗岩的暗色矿物含量、长石含量及斑晶发育程度,将其划分为含钾长石巨晶黑云母花岗岩、似斑状黑云母花岗岩、黑云母二长花岗岩、中细粒黑云母花岗岩及细粒花岗岩 5 类。采样信息见表 3-1,本项目样品的采集原则是尽可能包含锡田地区所有花岗岩种类,同时还兼顾采集了局部出露的暗色包体和矿化及含矿标本(图 3-2)。

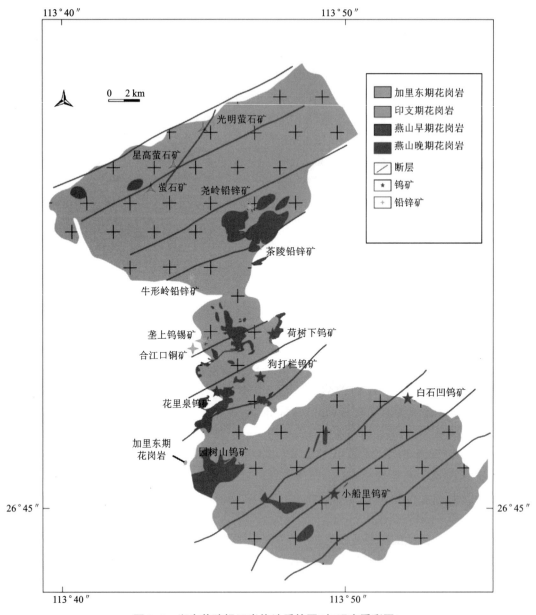

图 3-1 湖南茶陵锡田岩体地质简图(扫码查看彩图)

表 3-1　锡田花岗岩的采样位置

样品编号	采样点	岩性
2504	点 2：子母岭乌口堂东侧	黑云母二长花岗岩
2506	点 3：车泉龙东侧	黑云母花岗岩
2511	点 4：石鼓里泥坑村公路旁	黑云母花岗岩
2608	点 10：荷树下 31 号矿体附近	黑云母花岗岩
2609	点 10：荷树下 31 号矿体附近	黑云母二长花岗岩
2614	点 10：荷树下 31 号矿体附近	黑云母花岗岩
2713	点 10：荷树下 31 号矿体附近	黑云母花岗岩
2619	点 11：大湾里 40 号矿体矿洞中	黑云母花岗岩
2706	点 12：岩体中部	黑云母二长花岗岩
2708	点 12：岩体中部	黑云母花岗岩
2702	点 12：岩体中部	黑云母二长花岗岩
2704	点 12：岩体中部	黑云母二长花岗岩
2711	点 14：31 号矿体西端钨锡矿洞中	似斑状黑云母花岗岩
2801	点 15：垄上 22 号矿体附近	黑云母花岗岩
2803	点 15：垄上 22 号矿体附近	黑云母二长花岗岩
2812	点 17：垄上 21 号矿体矿洞中	黑云母二长花岗岩
2813	点 17：垄上 21 号矿体矿洞中	黑云母花岗岩
2814	点 17：垄上 21 号矿体矿洞中	黑云母花岗岩
2815	点 17：垄上 21 号矿体矿洞中	蚀变花岗岩
2817	点 17：垄上 21 号矿体矿洞中	蚀变花岗岩
XTS-1	点 18：头湾河沟	闪长质包体
XTS-2A	点 18：头湾河沟	闪长质包体
XTS-2B	点 18：头湾河沟	闪长质包体

1）含钾长石巨晶黑云母花岗岩

含钾长石巨晶黑云母花岗岩主要矿物组成为碱性长石（30%~35%）+斜长石（25%~30%）+石英（25%~30%）+黑云母（10%），含少量锆石、磷灰石、榍石、磁铁矿等副矿物。样品 2608 为含钾长石巨晶似斑状黑云母花岗岩，其碱性长石多为正长石，斑晶可达 1 cm×2.5 cm，见卡式双晶；斜长石见环带并从内部开始蚀变。样品 2704、2708、2801 与样品 2608 同为含钾长石巨晶似斑状黑云母花岗岩，长石多高岭土化，碱性长石为正长石和条纹长石，巨晶斑晶可达 2 cm 以上，黑云母部分蚀变为绿泥石。样品 2812 为含钾长石巨晶粗粒黑云母花岗岩，手标本中钾长石斑晶可达 3 cm 以上，除斑晶外其余矿物粒度较大且近似相等。

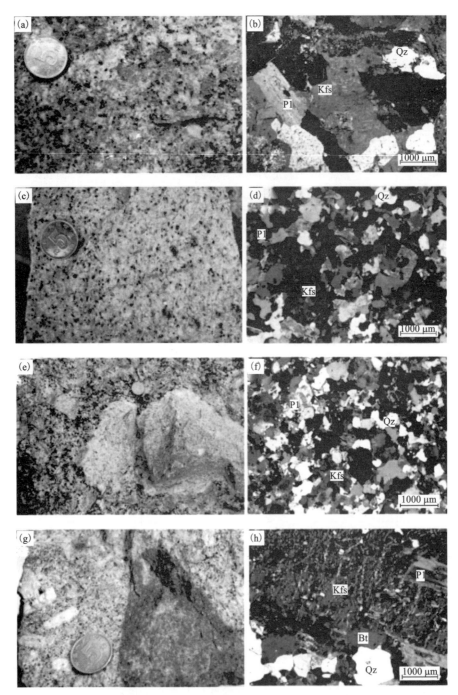

（a）、（b）黑云母二长花岗岩；（c）、（d）中细粒黑云母花岗岩；（e）含钾长石巨晶斑晶似斑状黑云母花岗岩与细粒花岗岩接触关系；（f）细粒花岗岩；（g）寄主岩与包体；（h）含钾长石巨晶斑晶似斑状黑云母花岗岩。

图 3-2 锡田不同种类花岗岩（扫码查看彩图）

2）似斑状黑云母花岗岩

其基本矿物组成为碱性长石（35%）+斜长石（25%）+石英（30%）+黑云母（10%）。样品2619中碱性长石多为正长石，斜长石可见聚片双晶、贯穿双晶以及部分中长石的环带结构。样品2711和样品2813矿物组成与样品2619相似，但未见斜长石环带。

3）黑云母二长花岗岩

黑云母二长花岗岩的矿物组成为碱性长石（30%）+斜长石（30%）+石英（30%）+黑云母（10%）。样品2504为灰-灰黑色似斑状黑云母二长花岗岩，碱性长石多高岭土化蚀变，主要为交代成因的条纹长石；斜长石自形程度较高，发育聚片双晶和贯穿双晶，见绢云母化蚀变；石英无色透明它形充填，副矿物有锆石、榍石等。样品2702为中粗粒黑云母二长花岗岩，在矿物组成及含量上与样品2504相似，但碱性长石主要为正长石，而斜长石可见环带，矿物颗粒大小均匀粒径1~2.5 mm。

4）中细粒黑云母花岗岩

其基本矿物组成为碱性长石（35%）+斜长石（25%）+石英（30%~35%）+黑云母（10%）。样品2506为灰白色中细粒黑云母花岗岩，矿物组成中碱性长石为条纹长石和正长石，发育卡氏双晶，含量（指质量分数，下同）在35%以上；斜长石发育卡纳复合双晶，并可见中长石环带，含量约25%；石英含量约30%；黑云母部分蚀变为绿泥石，含量较高，约10%。样品2713为中细粒黑云母花岗岩，其碱性长石多为正长石，少数为条纹长石，斜长石见绢云母化。样品2803为中粒黑云母花岗岩，矿物颗粒多为中粒，石英含量约为35%，黑云母含量略低（约5%）。样品2814为中细粒黑云母花岗岩，该样品蚀变严重，正长石多高岭土及绢云母化，而斜长石主要为绢云母化，由黑云母蚀变的白云母和磁铁矿等矿物聚合在一起呈黑云母假象出现。

5）细粒花岗岩

细粒花岗岩矿物组成为碱性长石（35%）+斜长石（30%）+石英（30%）+黑云母（2%~3%），见锆石、独居石等副矿物。样品2609的碱性长石可见正长石和条纹长石，斜长石发育聚片双晶和贯穿双晶，石英它形充填。样品2511由于接近围岩而发生蚀变，矿物组成及含量与样品2609相似，但蚀变较严重，长石多高岭土及绢云母化。样品2614中碱性长石多为正长石，斜长石基本无蚀变，石英含量较高，达到40%，少见黑云母。

6）暗色包体

其矿物组成为碱性长石（35%）+斜长石（25%）+石英（30%）+黑云母（10%），碱性长石为条纹长石和正长石，条纹长石多呈斑晶，斜长石见环带结构，部分包裹有黑云母。

7）含白钨矿蚀变花岗岩及白钨矿化蚀变花岗岩

含白钨矿蚀变花岗岩（2815）中高岭土化严重，碱性长石含量较高，达45%以上，斜长石近20%，石英约25%，见白云母，含量在10%左右。白钨矿化蚀变花岗岩（2817）中碱性长石主要为正长石（40%），斜长石含量较低（25%）且都发生蚀变，石英含量约30%，见黑云母和白云母，黑云母含量较高（约7%）。

3.2.2　岩石地球化学

（一）全岩地球化学特征

锡田矿田中晚三叠世花岗岩在主量元素组成上具有以下特征（见图3-3）：（1）富硅，

$w(SiO_2) = 67.6\% \sim 83.9\%$（平均为73.4%），分异指数高（$DI = 81 \sim 93$），反映岩体经历了高度分异演化作用。（2）铝饱和指数（ASI）均>1，为弱过铝质岩石，其中样品2512具有较低的Na_2O含量而导致其铝饱和指数（$ASI = 2.6$）明显高于其他样品，可能与岩石样品成岩过程中沉积物质的混染或后期蚀变有关。同时，在碱铝指数图解中，样品投点基本全部落入过铝质花岗岩区域。（3）全碱含量中等偏低（6.76%~10.7%），相对富钾，$w(K_2O) = 3.2\% \sim 7.6\%$，且具高$K_2O/Na_2O$值（1.4~19.1，均值3.5），表明岩石属于高钾钙碱系列。岩石的碱度率指数（AR）变化在2.02~9.40，均值为3.51；碱铝指数（AKI值）大部分<0.9，低于A型花岗岩的平均值（0.95，Whalen et al.，1987）。（4）岩石的Fe、Mn、Mg、Ca、Ti及P元素含量均较低，这一特征同样指示岩浆经历过高度分异演化作用。样品相对高的P_2O_5含量（0.01%~0.21%）与典型的S型花岗岩（>0.2%，Chappell，1999）相似。从微量元素特征来看（如图3-4），锡田中晚三叠世花岗岩富集Rb、Th、U，亏损Ba、Nb、Sr、P、Ti。较高的Rb含量（$>300 \times 10^{-6}$）、较大的Rb/Sr（均值5.01）及Rb/Ba值（均值2.75），加上较小的K/Rb值（均值<100），指示岩体分异演化程度较高。稀土总含量较高（$108 \times 10^{-6} \sim 362 \times 10^{-6}$，均值$212 \times 10^{-6}$），轻稀土元素富集（LREE/HREE = 3.28~17.5），且轻重稀土分馏度大[$(La/Yb)_N = 2.58 \sim 23.03$]，轻稀土的分馏[$(La/Sm)_N = 2.6 \sim 6$]较重稀土的分馏[$(Gd/Yb)_N = 0.7 \sim 2.14$]更为明显。从岩石的稀土元素球粒陨石标准化配分图解（图3-4）中可以看出呈明显的右倾，且具有明显的负铕异常（$Eu/Eu^* = 0.16 \sim 0.86$）。

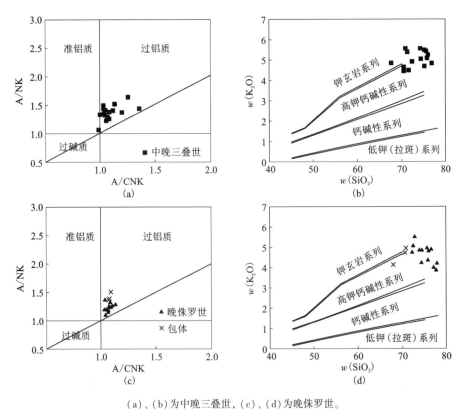

（a）、（b）为中晚三叠世，（c）、（d）为晚侏罗世。

图3-3 锡田地区花岗岩铝质过铝质判别图解及硅碱图

（注：据Peccerillo and Taylor，1976）

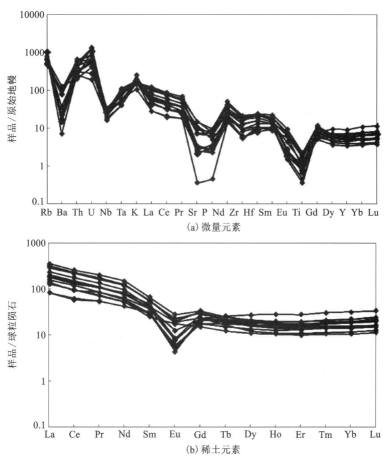

(a) 微量元素

(b) 稀土元素

图 3-4　中晚三叠世花岗岩微量元素原始地幔标准化及稀土元素球粒陨石标准化配分曲线

[注: 原始地幔(PM)和球粒陨石(chondrite)的标准值引自 Sun and McDonough, 1989]

锡田地区晚侏罗世花岗岩与中晚三叠世花岗岩相比(图 3-3), 除具有更高的 SiO_2 含量 (72.2%~77.9%, 均值 75.2%), 更高的分异指数(DI=87~96), 更低的 Fe、Mn、Mg、Ca、Ti 及 P 元素含量之外, 在铝饱和指数、全碱含量及碱铝指数方面并没有太大的差别, 说明晚侏罗世的花岗岩分异演化程度更高。晚侏罗世的花岗岩同样具有富集 Rb、Th、U 而亏损 Ba、Nb、Sr、P、Ti 等元素的特点(图 3-5)。另外, 更高的 Rb 含量($376×10^{-6}$~$843×10^{-6}$), 更大的 Rb/Sr 值(均值 23.3)、Rb/Ba 值(均值 12.07)和更小的 K/Rb 值(均值<68), 也表明晚侏罗世的花岗岩具有更高的分异演化程度。同样, 更低的轻重稀土分馏[$(La/Yb)_N$=0.54~10.67]及负铕异常(Eu/Eu^*=0.01~0.34)也说明了同样的演化趋势。这是因为重稀土元素(HREE)形成络合物的能力及迁移能力大于轻稀土元素(LREE), 所以分异演化程度越高, 轻重稀土分馏越不明显。同样, 多次分馏、广泛交代作用和多阶段分离结晶会造成 Eu 的严重亏损(任耀武, 1998)。

此外, 对包体的分析结果显示包体的主量元素组成仅在 SiO_2 及 Fe、Mn、Mg 等元素含量上与花岗质寄主岩略有差别, 甚至在分异指数(DI=80~86)上已经接近晚侏罗世的花岗质寄主岩。分析结果显示包体已经与寄主岩进行了充分的岩浆混合作用，这可能与并没有采集到最基性的包体以及包体样品点数过少有关。

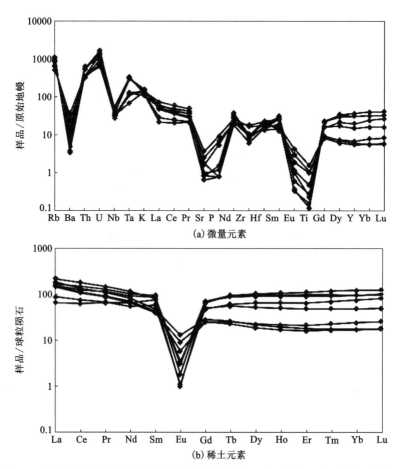

图 3-5　晚侏罗世微量元素原始地幔标准化及稀土元素球粒陨石标准化配分曲线

[注：原始地幔(PM)和球粒陨石(chondrite)的标准值引自 Sun and McDonough, 1989]

(二)锆石 Hf-O 同位素

本项目选取了 12 件晚三叠世岩石样品进行锆石 Hf 同位素分析，并选取其中 6 件代表性样品进行了原位 O 同位素测试(表 3-2)。由此可见，锡田岩体中晚三叠世不同类型的花岗岩锆石 Hf 同位素的组成相对均一，具有晚三叠世结晶年龄的锆石，$\varepsilon_{Hf}(t)$ 值为 -10.90 ~ -4.33，Hf 的两阶段模式年龄 (T_{2DM}) 为 1.61 ~ 1.95 Ga。$\delta^{18}O$ 值均呈正值，分布于 8‰ ~ 10‰，具有古老地壳的性质。选取 8 件晚侏罗世样品进行锆石 Hf 同位素分析，整体上来说，晚侏罗世花岗岩 $\varepsilon_{Hf}(t)$ 值均为负值，且具有相对较大的变化幅度，$\varepsilon_{Hf}(t)$ 值变化范围为 -9.15 ~ -3.16，两阶段模式年龄为 1.40 ~ 1.78 Ga，揭示了该期花岗岩源区组成可能存在不均一性。

表 3-2　锡田花岗岩的 Hf-O 同位素分析结果统计

样品编号		$\varepsilon_{Hf}(t)$	$T_{2DM}(Hf)/Ma$	$\delta^{18}O/‰$
中晚三叠世	2504	$-8.55 \sim -5.49$	$1613 \sim 1806$	
	2506	$-10.22 \sim -5.66$	$1622 \sim 1911$	
	2511	$-10.04 \sim -6.92$	$1702 \sim 1900$	
	2608	$-8.41 \sim -4.33$	$1617 \sim 1906$	$8.06 \sim 9.61$
	2619	$-8.39 \sim -5.65$	$1622 \sim 1796$	
	2801	$-8.80 \sim -5.78$	$1631 \sim 1822$	
	2803	$-9.61 \sim -5.65$	$1622 \sim 1872$	
	2812	$-10.20 \sim -5.91$	$1638 \sim 1909$	
	2813	$-10.09 \sim -5.64$	$1621 \sim 1903$	
	2814	$-10.90 \sim -8.05$	$1773 \sim 1954$	
	2815	$-9.40 \sim -6.04$	$1524 \sim 1871$	$8.60 \sim 10.82$
	2817	$-10.13 \sim -7.06$	$1543 \sim 1825$	$7.84 \sim 10.22$
晚侏罗世	2609	$-7.28 \sim -5.26$	$1583 \sim 1982$	$8.76 \sim 9.40$
	2614	$-9.15 \sim -3.16$	$1403 \sim 1783$	
	2702	$-8.08 \sim -4.62$	$1497 \sim 1716$	
	2704	$-8.07 \sim -4.36$	$1480 \sim 1716$	
	2706	$-7.28 \sim -2.66$	$1596 \sim 1871$	$8.35 \sim 9.53$
	2708	$-6.26 \sim -2.40$	$1606 \sim 11825$	$8.10 \sim 9.18$
	2711	$-8.30 \sim -4.96$	$1519 \sim 1731$	
	2713	$-8.35 \sim -5.11$	$1527 \sim 1733$	

注：继承锆石除外。

3.2.3　成岩年代学

(一)研究方法

锆石 SIMS U-Pb 定年在中国科学院地质与地球物理研究所离子探针实验室的 Cameca IMS-1280 型二次离子质谱仪(SIMS)上进行，详细分析方法据 Li et al. (2009a, 2009b)。其基本原理是：当待测样品放在真空环境中被带有几千电子伏能量的一次离子束轰击时，一次离子(本例中使用 O_2^-)通过复杂的碰撞过程将其部分能量传导至样品表面，使样品表面的结构破坏，并逸出带有样品信息的碎片(本例中吹氧以增大 Pb 离子的产生效率)和粒子以及在碰撞过程中一部分被样品弹回的一次离子，其中小部分粒子($0.01\% \sim 1.0\%$)被电离。被电离的粒子称为二次离子，通过样品表面的高压加速后进入后续的质谱仪按照荷质比实现质谱分离，最后通过接收器测量并与标准样品对比后就可以得到样品表面的元素、同位素丰度、比值等信息和图像,在本例中采用单接收系统以跳峰方式循环测量信号。由于 SIMS 的剥蚀深度仅为 1~2 μm,其测试结果就是表面部分的年龄。而 LA-ICP-MS 的剥蚀深度为 20~30 μm,深度太大而使取样的范围比较宽泛。

测试时,将锆石标样与待测样品按照 1:3 的比例交替测定。U-Th-Pb 同位素比值用标准锆石 Plešovice(337 Ma, Sláma et al.,2008)校正获得,U 含量采用标准锆石 91500(81× 10^{-6}, Wiedenbeck et al.,1995)校正获得,以长期监测标准样品获得的标准偏差(1SD = 1.5%, Li et al.,2010)和单点测试内部精度共同传递得到样品单点误差,并以标准样品 Qinghu(159.5 Ma, Li et al.,2009b)作为未知样监测数据的精确度。普通 Pb 校正采用实测 ^{204}Pb 值。由于普通 Pb 含量非常低,假定普通 Pb 主要来源于制样过程中带入的表面 Pb 污染,以现代地壳的平均 Pb 同位素组成(Stacey et al.,1975)作为普通 Pb 组成进行校正。同位素比值及年龄误差为 1σ。数据结果处理采用 Isoplot(Ludwig,2003)软件。

锆石 LA-ICP-MS U-Pb 定年在中国科学院地质与地球物理研究所多接收等离子体质谱(MC-ICP-MS)实验室完成。测试仪器为 Agilent 7500a 型四级杆电感耦合等离子体质谱仪(Q-ICP-MS),加载德国 Lambla Physik 公司制造的 GeoLas 型 193nm ArF 准分子激光剥蚀系统。样品槽为 GeoLas 激光剥蚀器标配,呈圆柱体,体积约为 10 cm³。将待测样品靶和标样一起放入样品槽中,并摆放在样品槽进气口和出气口的连接方向上。详细的仪器参数详见 Yuan et al.,2008。

测试时考虑待测样品的锆石颗粒大小和 U、Pb 含量,激光剥蚀的束斑直径为 44~60 μm,脉冲频率为 8~10 Hz,并以 He 气作为剥蚀物质的载气。采用国际锆石 91500 作为外标进行同位素质量分馏校正,样品的同位素比值及元素含量计算使用 Glitter(Version 4.0)软件,并采用 Andersen(2002)提出的未知普通 Pb 校正方法对 Pb 同位素组成进行校正,测试结果谐和图的绘制和加权平均年龄的计算采用 Isoplot(Ludwig,2003)软件。

(二)成岩时代

采集不同地区出露的多种花岗岩并测年,以尽可能包含锡田地区所有的花岗岩种类。

本项目选取不同地区出露的多种花岗岩样品进行测年,以尽可能包含锡田地区所有的花岗岩种类。共选取含钾长石巨晶黑云母花岗岩、似斑状黑云母花岗岩、黑云母二长花岗岩、中细粒黑云母花岗岩及细粒花岗岩 5 类一共 14 个样品用于锆石激光剥蚀 U-Pb 测年。锆石 CL 图特征及 LA-ICP-MS U-Pb 数据结果分别如图 3-6~图 3-8 所示。

1)含钾长石巨晶斑晶黑云母花岗岩

样品 2704 的锆石多为长柱状,振荡环带发育较为宽缓,部分为规则的条带状结构。19 个较好测年点的加权平均年龄为(152.9±1.2)Ma(MSWD = 0.9)。样品 2801 的锆石多为长宽比小于 2:1 的短柱状,发育振荡环带。15 个较好年龄点的加权平均值为(233.1±1.9)Ma(MSWD = 0.6)。样品 2812 的锆石颗粒多为长柱状(长宽比近 3:1)及短柱状(长宽比近 1.5:1),振荡环带发育较好。16 个较好年龄测点的加权平均值为(231.5±1.9)Ma(MSWD = 0.76)。由此可见,该种类型的花岗岩样品来源于三叠纪和侏罗纪两次岩浆事件。

2)似斑状黑云母花岗岩

样品 2711 的锆石多为长宽比大于 3:1 的长柱状,发育振荡环带。选取 14 个较好测点的年龄加权平均得出成岩年龄为(153.6±1.4)Ma(MSWD = 0.42)。样品 2619 的锆石多为 1:1~2:1 的短柱状,振荡环带发育较差,多为不规则条带状结构。14 个测点的加权平均年

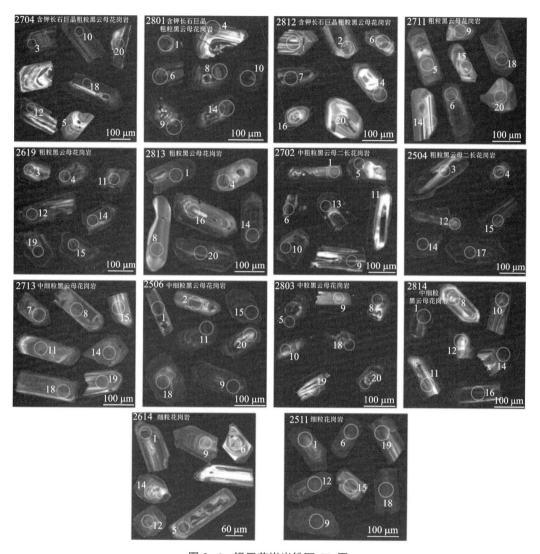

图 3-6　锡田花岗岩锆石 CL 图

龄为（232.6±2.1）Ma（*MSWD* = 0.07）。样品 2813 的锆石也多为长宽比大于 3∶1 的长柱状，以条带状结构和振荡环带为主。12 个较好测点的加权平均值为（232.4±2.3）Ma（*MSWD* = 0.17）。从上面的数据看出，该类型的花岗岩样品分别来源于三叠纪和侏罗纪两次岩浆活动。

3）黑云母二长花岗岩

通过阴极发光图像观察发现，样品 2702 的锆石 CL 图中锆石多具有不均一的条带状和较窄的振荡环带。在 21 个测点中选取 15 个较好年龄的加权平均值为（152.9±1.3）Ma（*MSWD* = 0.4）。样品 2504 的锆石颗粒多为长宽比接近 3∶1 的长柱状，以条带状结构为主。21 个测点中有部分误差较大或远离谐和线，选取 14 个谐和度较好的测点获得的加权平均年龄，为（233.0±2.0）Ma（*MSWD* = 0.4）。可以看出，虽然同样为黑云母二长花岗岩，但是明显有不同期次的侵入，2504 号样品形成于三叠纪，而 2702 号形成于侏罗纪。

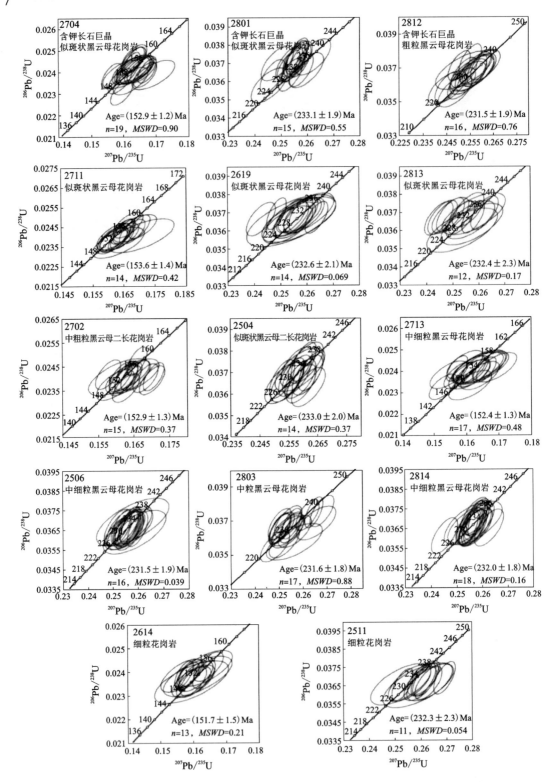

图3-7　锡田花岗岩锆石 LA-ICP-MS U-Pb 定年的 $^{206}Pb/^{238}U-^{207}Pb/^{235}U$ 谐和图

（注：加权平均年龄的计算及谐和图的绘制均选取较谐和测点的年龄）

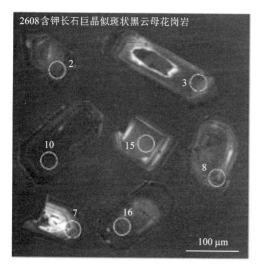

2608含钾长石巨晶似斑状黑云母花岗岩

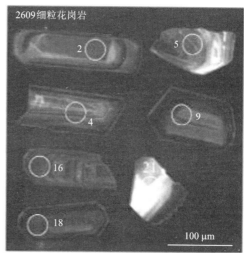

2609细粒花岗岩

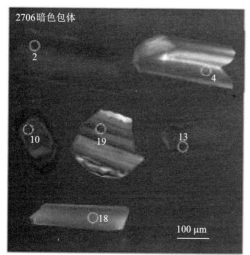

2706暗色包体

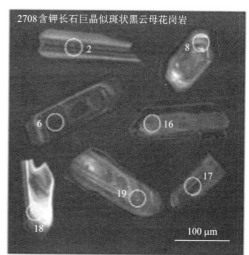

2708含钾长石巨晶似斑状黑云母花岗岩

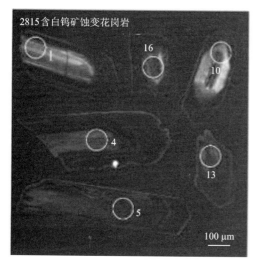

2815含白钨矿蚀变花岗岩

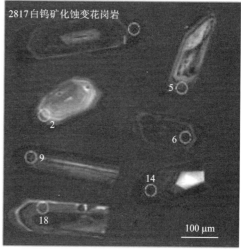

2817白钨矿化蚀变花岗岩

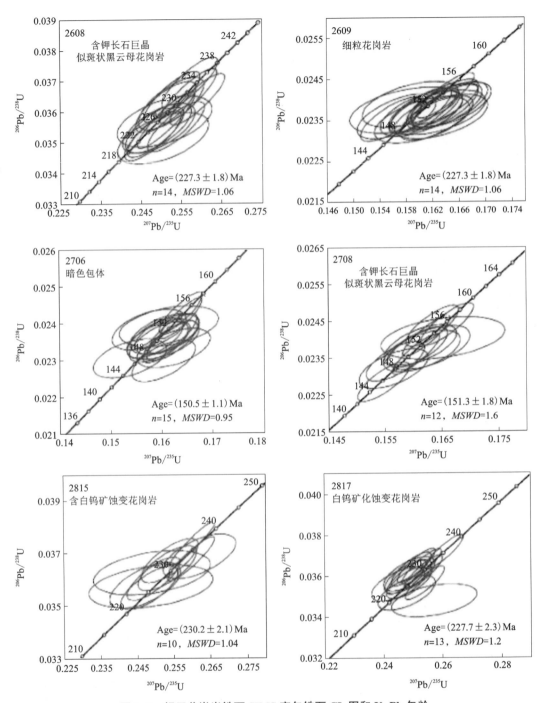

图 3-8 锡田花岗岩锆石 SIMS 定年锆石 CL 图和 U-Pb 年龄

4）中细粒黑云母花岗岩

样品 2713 的锆石多为长柱状，内部结构清晰，振荡环带发育较好。17 个较好表面年龄的加权平均值为(152.4±1.3) Ma(*MSWD* = 0.5)。样品 2506 的锆石分为两部分，一部分为 3∶1 的长柱状，另外少部分为 1.5∶1 的短柱状，振荡环带发育较差，为典型的岩浆锆石。选取 16 个较好年龄获得加权平均值为（231.5±1.9）Ma（*MSWD*=0.04）。样品 2803 的锆石多为长宽比为 2∶1 的短柱状，振荡环带发育较差，部分为不均一的条带状结构。选取 17 个点的加权平均年龄为（231.6±1.8）Ma（*MSWD*=0.9）。样品 2814 的锆石发生过蚀变，其 CL 图中锆石多为长柱状（长宽比 2∶1 ~3∶1），高 Th（554×10⁻⁶~13097× 10⁻⁶）、U（354×10⁻⁶~5488×10⁻⁶）值，高 Th/U 值（0.2~4.25，均值 1.4）的特点表明 U-Th-Pb 体系未

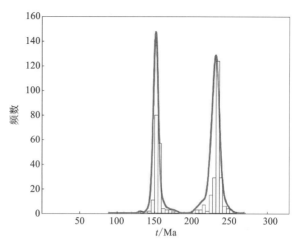

图 3-9　锡田岩体 U-Pb 年龄分布直方图

受明显干扰，年龄可以代表其形成年代。18 个测点的加权平均值为（232.0±1.8）Ma（*MSWD* =0.16）。不难看出，对于中-中细粒黑云母花岗岩，存在两个不同的侵入期次：早期为约 232 Ma 的三叠纪，晚期为约 152 Ma 的侏罗纪（图 3-9）。

5）细粒花岗岩

样品 2614 的锆石大小分为长柱状和近等轴粒状两组，大多数发育清晰的振荡环带，也可见长条状结构。13 个测点的加权平均年龄为（151.7±1.5）Ma（*MSWD*=0.21）。样品 2511 的锆石多为长柱状，发育条带状结构，部分具振荡环带。11 个测点的加权平均值为（232.3± 2.3）Ma（*MSWD*=0.05）。不难看出，研究区内细粒花岗岩同样属于两个不同岩浆期次。

除此之外，考虑到锆石 SIMS U-Pb 测年破坏小、精度高的特点，以及后续工作中锆石氧同位素的测定，本项目选取的进行锆石 SIMS U-Pb 定年的样品可分为 3 组，包括野外具有明显侵入接触关系的不同岩性花岗岩（样品 2608、2609）、寄主花岗岩（样品 2708）及其暗色包体（样品 2706）、含矿花岗岩（样品 2815）和矿化花岗岩（样品 2817）一共 6 个样品中的锆石颗粒。通过 CL 图像观察（图 3-8）发现，含钾长石巨晶似斑状黑云母花岗岩（样品 2608）的锆石由长宽比为 3∶1 的长柱状和接近 1∶1 的短柱状两种形态组成，多发育较窄的振荡环带，14 个点的加权平均年龄为（227.3±1.8）Ma（*MSWD*=1.0）。细粒花岗岩（样品 2609）的 CL 图显示其锆石多为长柱状，多具有条带状内部环带，部分发育振荡环带，18 个加权平均年龄为（151.3±1.0）Ma（*MSWD*=0.2）。该组样品年龄上与野外观察结果一致，即后期的细粒花岗岩侵入早期的含钾长石巨晶似斑状黑云母花岗岩。含钾长石巨晶似斑状黑云母花岗岩（寄主岩样品 2708）的锆石中多发育环带和条带状结构，12 个较好测点获得的加权平均年龄为（151.3 ±1.8）Ma（*MSWD*=1.6）；暗色包体（样品 2706）中的锆石多为长柱状，以条带状结构和不具有条带的均一内部结构为主，15 个测点的加权平均年龄为（150.5±1.1）Ma（*MSWD*=0.95），与其寄主岩具有一致的年龄结果，表明二者几乎同时形成。

（1）印支期花岗岩侵位于（230.4±2.3）~（215.7±3.3）Ma，该期花岗岩年龄有两个年龄段，一个年龄范围为（230.4±2.3）~（224.4±1.4）Ma，另一个年龄为（215.7±3.3）Ma，表明锡田印支期存在两阶段的岩浆活动。但锡田岩体印支期花岗岩主要侵位于 230~224 Ma 的时限内，而（215.7±3.3）Ma 的花岗岩侵位较少，可能代表区内规模不大的岩浆侵位活动。

（2）燕山期花岗岩侵位于（165±16）~（114±14）Ma，其年龄范围主要为（165±16）~（147.0±3.5）Ma，峰值在151 Ma左右，该阶段花岗岩为锡田岩体燕山期花岗岩的主体，代表了区内燕山期大规模的岩浆侵位活动；岩体中部分呈岩株状产出的燕山期花岗岩年龄为（141.6±0.41）Ma和（114±14）Ma，在样品41-1中，获得了一些更年轻的、较分散单点锆石^{206}Pb/^{238}U年龄，如119.7 Ma、79.2 Ma、78.9 Ma、59.6 Ma，这些年龄数据的获得，可能指示锡田岩体在白垩纪一直存在强度不大的岩浆活动。

（3）获得暗色微粒包体的锆石LA-ICP-MS U-Pb年龄为（145.09±0.63）Ma、寄主花岗岩的年龄为（150.04±0.52）Ma，暗色微粒包体和寄主花岗岩年龄基本一致，表明它们形成于晚侏罗世，该组年龄的获得为锡田岩体中岩浆混合成因的岩石包体提供了有力的锆石U-Pb年龄约束。

（4）近年来有研究工作表明，锡田矿田内也存在加里东期花岗岩（441~435 Ma，刘飚等，2022）。

3.2.4 成岩机制

（一）岩石成因类型划分

前人实验研究表明，在 I 型和 A 型花岗岩中 P_2O_5 含量具有随着残余岩浆 SiO_2 含量的增高而降低的特点，并且高分异的 I 型和 A 型花岗岩的 P_2O_5 含量非常低，但 S 型花岗岩由于为强铝质岩浆而具有 P_2O_5 含量随着 SiO_2 含量的增加而增高或者不变的趋势（Watson，1979；Watson and Capobianco，1981；Harrison and Watson，1984；Wolf and London，1994）。本项目获得的锡田晚三叠世岩石样品具有高 SiO_2 含量、弱过铝质岩（$ASI<1.14$），以及较高的 P_2O_5 含量（均值为 0.13%）的特点，$w(SiO_2)-w(P_2O_5)$ 图解指示其具有 I 型花岗岩的特征（图 3-10）。然而，锡田印支期花岗岩具有较高的初始 $^{87}Sr/^{86}Sr$ 值（0.71397~0.71910），表明其不大可能是 I 型花岗岩（Wu et al.，2016）。此外，锡田晚三叠世花岗岩的 $w(FeO)/w(MgO)$ 值（2.08~3.73）及 Zr 含量（62×10^{-6}~244×10^{-6}）明显低于 A 型花岗岩的相应值 [$w(FeO)/w(MgO)>10$，$w(Zr)>250\times10^{-6}$，Whalen et al.，1987]，而 $10^4Ga/Al$ 值（2.46~2.74）也没有典型 A 型花岗岩的特征，部分样品的 $10^4Ga/Al$ 值大于 2.6，可能与岩浆的高度分异作用有关。由于元素 Y 在过铝质岩浆演化早期优先进入富 Y 的矿物（如独居石），因此分异的 S 型花岗岩的 Y 含量较低，并随着 Rb 含量的增加而降低，而分异的 I 型花岗岩 Y 含量高且与 Rb 含量呈正相关关系

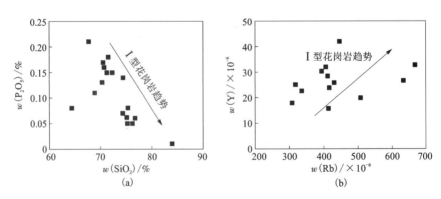

图 3-10　锡田花岗岩晚三叠世岩体 $w(SiO_2)-w(P_2O_5)$、$w(Y)-w(Rb)$ 关系图

（李献华等，2007）。根据这一特点，可以判断锡田晚三叠世花岗岩也不同于典型的I型花岗岩的特征（图3-11）。另外，由于样品中大部分 Zr 的含量 $>200\times10^{-6}$，在 Whalen et al.（1987）提出的 Rb/Ba-w(Zr+Ce+Y) 图解上（如图3-11），可以看出晚三叠世的花岗岩具有分异 I 型或 S 型花岗岩所具有的负相关关系。A 型花岗岩是高温花岗岩（Clemens et al.，1986；King et al.，1997，2001），而本项目计算的晚三叠世花岗岩锆石饱和温度为 730~834℃（平均 783℃），明显低于 A 型花岗岩的形成温度（>830℃，Clemens et al.，1986）。锆石 Ti 温度计算结果处于 811~878℃，平均温度为 850℃，但是由于在计算时，取

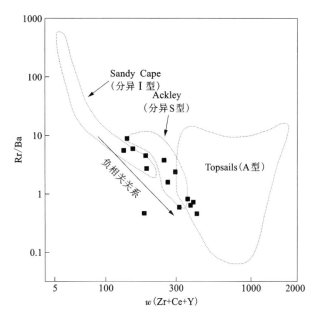

图 3-11　锡田中晚三叠世花岗岩的 Rb/Ba-w(Zr+Ce+Y)

（注：底图据 Whalen et al.，1987）

SiO_2 的活度（α_{SiO_2}）=1，温度会偏高（高晓英和郑永飞，2011），因此综合判断，该花岗岩的形成温度应低于 A 型花岗岩的形成温度。综上所述，锡田岩体晚三叠世花岗岩属于高分异 S 型花岗岩。

对于晚侏罗世的花岗岩，通过 P_2O_5 含量、w(SiO_2)-w(P_2O_5) 与 w(Y)-w(Rb) 图解（图3-12）等方法可以判断其不符合 S 型或者高分异 S 型花岗岩的特征。样品具有很高的 10^4Ga/Al 值（>2.6），在 Whalen et al.（1987）提出的 A 型花岗岩的分类图解中，几乎所有样品落入 A 型花岗岩的区域内（图3-13）。通过锆石饱和温度计算得出，晚侏罗世的花岗岩形成温度为 735~827℃（平均 781℃），同样在 α_{SiO_2}=1 时，锆石 Ti 温度计计算结果为 800~850℃（平均 819℃），略低于 A 型花岗岩的形成温度，但明显高于 S 型花岗岩的形成温度，因此判断锡田晚侏罗世的花岗岩可能为 A 型花岗岩。

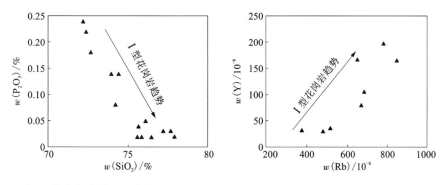

图 3-12　锡田花岗岩晚侏罗世岩体 w(SiO_2)-w(P_2O_5)、w(Y)-w(Rb) 关系图及 I 型花岗岩趋势

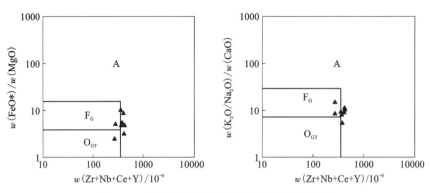

图 3-13　锡田晚侏罗世花岗岩成因类型判别图

(注: 据 Whalen et al., 1987)

(二)岩浆源区性质的探讨

1. 晚三叠世花岗岩

锡田晚三叠世花岗岩 SiO_2 含量变化不大, 在 Harker 图解(如图 3-14)上, 除了因靠近围

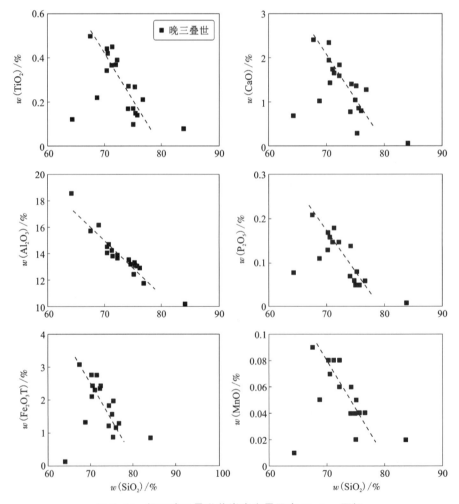

图 3-14　锡田晚三叠世花岗岩主量元素 Harker 图解

岩而发生蚀变的样品 2815，其余分析样品呈现良好的线性关系；同时晚三叠世花岗岩中石英含量在 25% 以上，分异指数为 81 至 93。此外，所有分析样品都具有较高的 SiO_2 含量（67.6%~76.8%），及较低的 Fe、Mn、Mg、Ca、Ti 和 P 等元素的含量，这些特征表明晚三叠世花岗岩不可能直接起源于幔源岩浆的分异演化。

从 $\varepsilon_{Hf}(t)-t$ 图解（如图 3-15）中可以看出，晚三叠世花岗岩的 $\varepsilon_{Hf}(t)$ 值变化范围为 -10.9 ~ -5.5，与该地区古老地壳具有相近的 Hf 同位素组成。此外，所分析的锆石样品中，发育两颗古老锆石（2.4 Ga 和 1.8 Ga）。结合前人对华夏陆块古老结晶基底的研究（于津海等，2005，2006，2007），对于锡田地区晚三叠世花岗岩岩浆源区，可能有如下解释：晚三叠世花岗岩的源区可能为 2.0~1.6 Ga 的古老地壳部分熔融，具有 2.4 Ga 及 1.8 Ga 结晶年龄的老锆石为岩浆上升过程中捕获而来；晚三叠世花岗岩与约 1.6 Ga 或更晚的地壳的部分熔融有关，同时有新太古代（约 2.6 Ga）及中-古太古代（约 3.2 Ga）的古老地壳的加入，在这种情况下，由于晚三叠世的 $\varepsilon_{Hf}(t)$ 值远高于古老地壳的演化趋势线，说明中元古代地壳是主要的源区物质，而更古老地壳物质较少地参与了岩浆形成。虽然目前无法确定哪种解释更为合理，但可以肯定的是古老地壳的部分熔融参与了锡田晚三叠世花岗岩的形成。

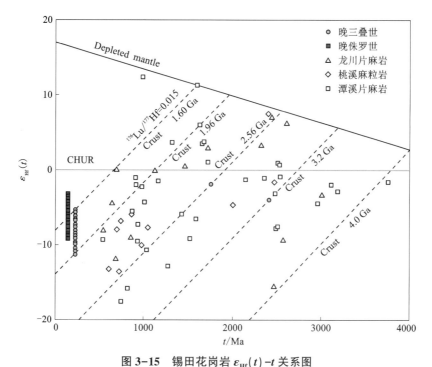

图 3-15　锡田花岗岩 $\varepsilon_{Hf}(t)-t$ 关系图

（数据来源：桃溪麻粒岩，于津海等，2005；龙川片麻岩，于津海等，2006；
潭溪片麻岩，于津海等，2007）

锡田岩体晚三叠世花岗岩有一些元素如 Ba、Nb、Sr、P、Ti、Eu 等表现出负异常，一般认为是由某种富集该元素的矿物分离结晶而引起的。研究表明，斜长石的结晶分离会导致 Sr 和 Eu 的负异常，而钾长石的结晶分离导致 Ba 和 Eu 的负异常（Wu et al.，2003），同样，一些副矿物如钛铁矿和金红石的结晶分离会导致 Ti 的亏损，磷灰石结晶分离则会导致 P 的亏损，等等。锡田地区晚三叠世花岗岩样品显示岩体经历了显著的钾长石和斜长石的分离结晶(如图3-16),同时锆石、榍石和磷灰石的分离结晶可能是导致稀土元素变异的主要原因。由于岩石中出现榍石,因此 Ti 的负异常应与钛铁矿和金红石等矿物的分离结晶有关。另外,实验岩石学数据(Brenan et al.,1994;Schmidt et al.,2004;Xiong et al.,2005)表明,金红石与熔体和流体之间的平衡会导致 Nb 和 Ta 的分异,因此,造成锡田岩体 Nb/Ta 值偏低的原因可能与金红石的分离结晶有关。另外,对锡田晚三叠世花岗岩定年时,发现有老锆石的存在,这些老锆石可能为部分熔融时岩浆从源区携带而来,也可能是岩浆上升过程中与围岩发生同化混染而捕获。

综上所述,锡田晚三叠世花岗岩的源区主要为古老地壳物质,并通过地壳物质的部分熔融形成原始岩浆。在岩浆演化过程中,明显存在长石的分离结晶,同时一些副矿物如锆石、榍石和磷灰石也发生了分离结晶作用,这些过程是岩浆分异程度较高的原因。除此之外,岩浆可能与围岩发生同化混染作用。

2. 晚侏罗世花岗岩

详细的野外地质观察表明,晚侏罗世花岗岩中普遍发育暗色闪长质包体,这些包体的形状不规则,其矿物组成与寄主花岗岩呈渐变关系,表明二者是在一种塑性或者半塑性状态下混合。在接触带附近可以看到由两种岩浆相互作用而密集发育的暗色矿物,同时有钾长石斑晶穿插于包体与寄主岩之间。镜下观察发现包体中可见针状磷灰石发育,长宽比为 1∶60~1∶30(付建明等,2009)。这些特征表明晚侏罗世花岗岩明显发生了岩浆混合作用。

锡田晚侏罗世花岗岩样品 SiO_2 含量变化范围为 72.2%~77.9%,包体具有相近的元素组成特征(SiO_2 含量为 67.8%~70.8%)。在 Harker 图解(图3-17)上,花岗岩及基性包体的数据呈现良好的负相关线性关系。若花岗岩与基性包体是由同源岩浆的结晶分异和部分熔融形成的,不同演化阶段样品的主微量元素特征应呈现负相关线性演化关系。锆石 Hf 同位素 $\varepsilon_{Hf}(t)$-t 图解(图3-15)可以看出,锡田晚侏罗世花岗岩的 $\varepsilon_{Hf}(t)$ 值位于球粒陨石值以下,样品有 6 个单位的 $\varepsilon_{Hf}(t)$ 值变化幅度,这一变化范围超出了分析误差的范围。同源岩浆结晶分异或者部分熔融过程中,二者应具有一致的锆石 Hf 同位素组成。

综上所述,锡田晚侏罗世花岗岩及其包体来自不同的岩浆源区。另外,从地球化学特征可以看出,基性包体已经遭受强烈的岩浆混合作用,因而无法判断其岩浆源区。综上所述,详细的野外观察及锆石 Hf 同位素分析表明,晚侏罗世花岗岩可能来源于新生地壳或与古老地壳岩石的部分熔融有关,并伴随有不同同位素组成物质的加入。

锡田晚侏罗世花岗岩在 Ba、Nb、Sr、P、Ti、Eu 等元素含量上表现出负异常,通过矿物分离结晶图解(图3-16)可以看出,样品经历了钾长石和斜长石的分离结晶,磷灰石、独居石和褐帘石的分离结晶可能是导致微量元素变化的原因。同样,榍石的出现反映 Ti 的负异常与钛铁矿和金红石的分离结晶有关,而金红石的分离结晶可能是造成 Nb/Ta 值偏低的原因。另外通过前文描述可知,晚侏罗世花岗岩中发育暗色闪长质包体,表明岩浆经历过混合作用。

综上所述,晚侏罗世花岗岩可能来源于新生地壳或与古老地壳岩石的部分熔融有关,并伴随有不同同位素组成物质的加入。在演化过程中,岩浆经历了长石及一些副矿物如磷灰石、独居石和褐帘石等的分离结晶作用,同时暗色包体的存在反映岩浆经历过混合作用。

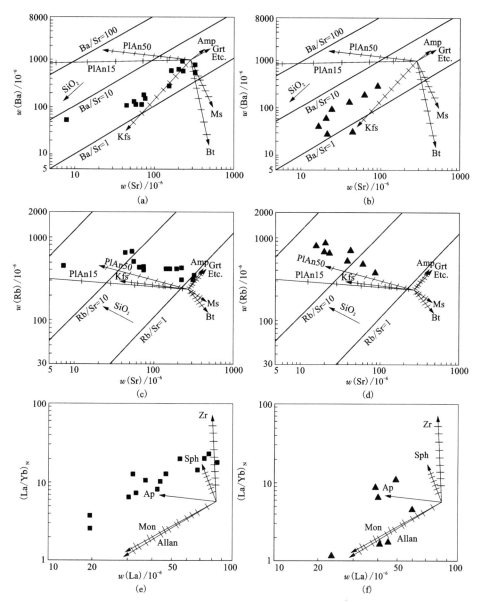

（a）、（c）、（e）为晚三叠世 $w(Ba)-w(Sr)$、$w(Rb)-w(Sr)$、$(La/Yb)_N-w(La)$ 关系图及分离结晶趋势；（b）、（d）、（f）为晚侏罗世 $w(Ba)-w(Sr)$、$w(Rb)-w(Sr)$、$(La/Yb)_N-w(La)$ 关系图及分离结晶趋势；其中 Sr、Ba 在斜长石中的分配据 Blundy and Shimizu（1991）数据，在其余矿物中的分配据 Ewart and Griffin（1994）数据，图（c）、（d）中的度矿物分离结晶趋势线据 Wu et al.（2003），分异趋势线上的数字代表分离结晶程度。PlAn10—斜长石（An = 10），PlAn15—斜长石（An = 15），PlAn50—斜长石（An = 50），Kfs—钾长石，Amp—普通角闪石，Grt—石榴子石，Ms—白云母，Bt—黑云母，Zr—锆石，Sph—榍石，Ap—磷灰石，Mon—独居石，Allan—褐帘石。图例同上。

图 3-16　锡田花岗岩矿物分离结晶作用指示图

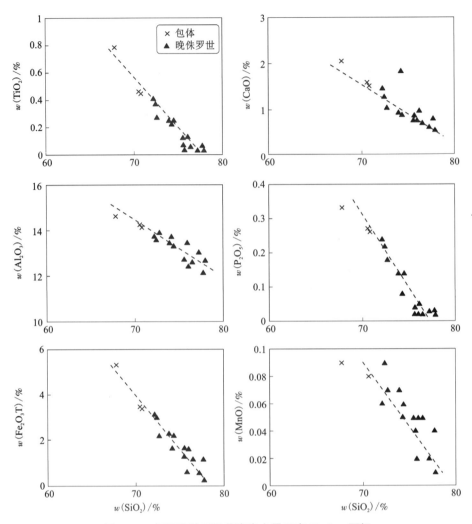

图 3-17　锡田晚侏罗世花岗岩主量元素 Harker 图解

3.3　构造活动分析

　　垄上矿床位于锡田岩体西侧，是锡田矿田内典型的矽卡岩型矿床，并产出少量石英脉型矿体，勘探和综合研究程度较高。矽卡岩矿体主要沿着岩体与泥盆系接触的部位分布，出露的地质现象指示着上盘向下的伸展构造(图 3-18)。在垄上矿段的花岗岩体内分布有少量的石英脉型矿体，其分布较为分散，产状不连续，其产出特征和角度与断层面所呈角度满足库仑破裂准则的 T 破裂(图 3-19)。桐木山矿段在锡田岩体东侧，剪切带产状与围岩泥盆纪产状一致，其 S-C 组构指示其具有顺层剪切的特点(图 3-20)，其产出矿体类型主要为云英岩-石英脉型，同样沿着岩体的伸展方向分布，野外构造观察分析表明岩体两侧具有向两边拆离的构造特征。

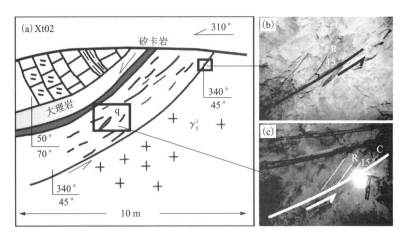

（a）锡田岩体西侧垄上矿段矽卡岩矿体素描图；（b）沿着 C 面理发育的 R 型破裂；
（c）部分石英脉体可作为 R 破裂分布于剪切带中。

图 3-18（扫码查看彩图）

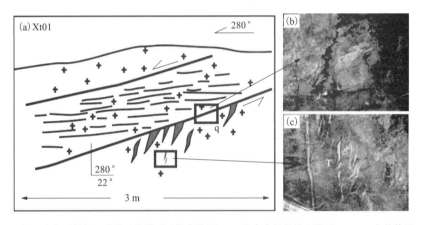

（a）锡田岩体西侧垄上矿段石英脉型矿体素描图；（b）发育大量的线理指示 NW-SE 向的伸展；
（c）细小石英脉呈 T 破裂展布。

图 3-19（扫码查看彩图）

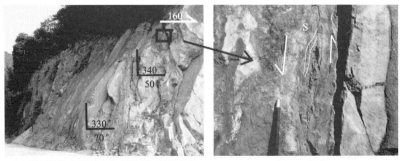

（a）锡田岩体东侧桐木山矿段剪切带的产状　　　　　（b）S-C 组构

图 3-20（扫码查看彩图）

锡田岩体两侧的剪切带野外特征，以及邓阜仙岩体的老山坳剪切带的特征表明均有脆韧性破裂的体现。这与应力集中的构造部位易造成脆性破裂的产生和压力波动有关，而不同构造层次中脆性破裂的产出部位也不尽相同。断层双层结构模式(Sibson, 1977)表明剪切带在由地表向地下深处延伸时会分别表现出脆性、脆韧性和韧性变形，普遍认为剪切带的脆性和脆韧性转换部位由于应变速率较大，易出现脆性破裂，导致矿床的形成(陈柏林等, 1999；王义天等, 2004；路彦明等, 2008；Chai Peng et al. , 2016)。

3.4 典型矿床地质特征

根据不同的矿床产出类型和矿物共生组合特征，选择锡田矿田内垄上钨锡矿床、狗打栏钨锡矿床、茶陵铅锌矿床和星高萤石矿床作为典型矿床进行剖析。

3.4.1 垄上钨锡矿床

该矿由老到新出露的地层为泥盆系中统跳马涧组(D_2t)、泥盆系中统棋梓桥组(D_2q)、泥盆系上统吴家坊组(D_3w)、泥盆系上统锡矿山组(D_3x)、泥盆系上统岳麓山组(D_3y)、石炭系下统马栏边组(C_1m)。其中，赋矿围岩主要为泥盆系中统棋梓桥组(D_2q)和泥盆系上统锡矿山组(D_3x)，赋矿围岩主要地层特征描述如下。

(1)泥盆系中统棋梓桥组(D_2q)：主要由白云质灰岩、白云岩及灰岩组成，产珊瑚及腕足类化石，厚250~383 m，在接触交代作用的影响下，多变质成矽卡岩化灰岩、透辉石矽卡岩、透辉石角岩等；分布于锡田岩体的东西两侧，与上覆岩层为整合接触。

(2)泥盆系上统锡矿山组(D_3x)：锡矿山组不纯碳酸盐岩建造在印支期锡田花岗岩主体侵位时，在接触带附近普遍形成矽卡岩化，并伴随有钨锡矿化；本组与下覆岩层整合接触。

严塘复式向斜总体轴向45°~50°，往西延伸出区外，总长约13 km，矿区范围内仅出露2~5 km长。复式向斜从北往南由4个次级背斜、5个次级向斜相间排列而成，在垄上相间稍宽，往南、北两端相间变密。两翼地层产状大多较平缓，但在花里泉近接触带部位较陡。与成矿关系最密切的是乙垄坳背斜(图3-21)和笕背向斜。前者在背斜轴部虚脱部位形成了钨锡富矿体(21-1号矿脉)，并使D_2t抬升且与花岗岩接触(2-8线)，导致21号矿脉往深部尖灭。后者则使D_2q下降，加上断裂构造影响，不但形成了多层较好的钨锡矿体，而且深部D_2q与花岗岩接触部位是钨锡矿体赋存的有利空间。

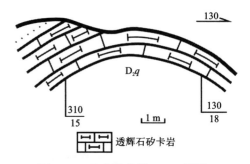

图3-21 乙垄坳背斜 D1354 野外背斜核部野外素描图

小田复式向斜总体轴向45°~60°，往东延伸出区外，矿区范围内出露长4~6 km。复式向斜从北往南由8个次级背斜、9个次级向斜相间排列而成，南、北两端相间稍密，中段相间变宽，次级背向斜二翼产状大多较陡。复式向斜北部次级背斜轴部大多被区域性断裂构造穿切(如F4、F5等)而发育不全。次级背向斜和成矿的关系与严塘复式向斜有相似之处。但根据为数不多的施工钻孔控制可知：次级背斜轴部对应岩体凸起部位，钨锡矿床遭到一定程度的剥蚀(如 12 号矿脉),但保留较好的地段如深部有印支期–燕山早期岩体穿插,且无大的区域性断裂构造影响,则在残留的印支期花岗岩中易形成云英岩型钨锡富矿体。次级向斜轴部对应的是岩体凹陷部位,成矿较差,这可能与东接触带断裂构造发育有关,异常发育的断裂构造容易导致含矿热液沿断裂构造扩散。

工作区断层发育,其构造方向有 NE、NEE 及 NW 向,其中 NEE 向断裂为矿区最主要的断裂构造,局部被 NNW 向断裂错开。整体而言,断层地表断续出露 2~13 km 长,总体走向呈 60°~70°,倾向 NNW,局部倾向 SEE,倾角陡,一般 60°~85°,局部近直立。NNW 向断裂地表断续出露 1.5~8 km 长,走向 NWW,倾向 NNE 或 SWW,倾角较陡。

NEE 向断层包括:

①牛形里断层:断层位于牛形里甘坳林场—花木村一带,走向 40°~55°,倾向北西,倾角 77°~80°,构造岩为碎裂结构,主要矿物成分为石英(>50%)、褐铁矿(5%),其余为断层泥,地表出露宽度为 1~2 m。断层西南端发育于花木村,出露长度达 6.5 km。断层东段斜向贯穿锡田岩体中的晚侏罗世花岗岩,沿断层出现硅化和褐铁矿化等。

②金和堂断层:断层位于金和堂村,走向 60°,西至金和堂沿走向出区界,地表出露长度约 6 km,向东南倾,倾角为 80°~85°,碎裂状结构,脉状条带状构造,主要矿物成分为石英(60%)、白云母(10%)、褐铁矿(5%)和断层泥等;断裂带内有云英岩化、褐铁矿化、硅化,为本工作区的一条赋矿断层。

③九等断层(F5):断层位于九等一带,走向 70°~88°,西起花木振兴选场,沿走向出露长度约为 10 km。断层贯穿于整个矿区,断层地表呈酱红色、深灰色,碎裂状结构,条带状构造,主要矿物成分为石英(60%)、褐铁矿(2%)和断层泥等,在断裂带内部发育一系列网脉状石英细脉,矿化较弱。

④龙谭背断层(F9):断层西起严塘镇龙谭背村,走向 70°,地表出露长约 5 km、宽度 3~5 m,产状 150°∠72°。断层被石英脉充填呈乳白色,构造岩为隐晶质结构,碎裂结构,脉状构造,主要矿物成分为石英(90%),表面可见弱的褐铁矿化、绿泥石化,由地表出露初步判别此断层为成矿后期的断层。

⑤直坳里断层(F6):断层西起乙垄坳东约 500 m,沿走向 76°延伸约 3.5 km,倾向 346°,倾角 79°,野外观察到断层面为一较平直的石英细脉。通过对脉壁上擦痕的观测,分析认为断层的性质为右行走滑;因为断层切割了矿脉,认为断层应为成矿后的断裂。

NNW 向断层多为张扭性断裂,地表断续出露长 1.5~8 km,走向 NWW,倾向 NNE 或 SWW,倾角较陡。产于内接触带或外接触带之碳酸盐岩中的 NNW 向断裂往往形成构造–矽卡岩复合型锡铅锌矿体。

矿区花岗岩主要出露锡田复式花岗岩体(图 3-22)。

主体印支期侵入体($n\gamma T_3$)规模大,主要由中粗粒黑云母花岗岩和中粗粒似斑状黑云母花岗岩组成。主体花岗岩呈岩基产出,似斑状结构,中粗粒花岗结构,块状构造。斑晶为钾长石,含量在 10%~15%;基质由石英(31%~35%)、钾长石(30%~40%)、斜长石(25%~30%)、黑云母(3%~9%)、磷灰石(≤0.1%)、萤石(0.2%)、锆石(<0.1%)组成。常见暗色微粒包体,成分为闪长质、石英闪长质,包体中针状磷灰石发育(图 3-23)。

燕山早期侵入体($n\gamma J_3^b$):多呈岩株、岩瘤、岩枝产出。岩性为中细粒似斑状二云母花岗岩,岩石为少斑状结构,中细粒花岗结构,块状构造。斑晶为石英,含量在 5%~8%。基质由

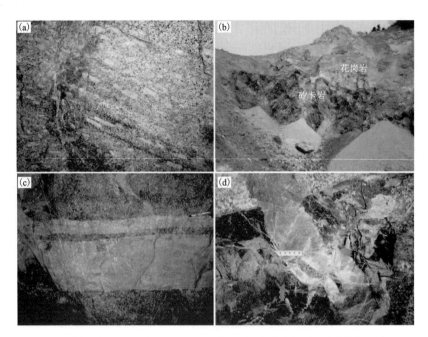

（a）印支期含钾长石巨晶黑云母；（b）细粒黑云母花岗岩超覆于碳酸盐岩地层；
（c）细粒二云母花岗岩岩脉穿切粗粒黑云母花岗岩；（d）细粒白云母花岗岩穿切粗粒黑云母花岗岩。

图 3-22　垄上钨锡多金属矿床岩体野外照片（扫码查看彩图）

图 3-23　斜长石（Pl）、石英（Qtz）中的针状磷灰石（Ap）包裹体（扫码查看彩图）

石英（28%～30%）、钾长石（28%～38%）、斜长石（25%～30%）、黑云母（5%～12%）、白云母（≤1%）、锆石（0.1%～0.2%）、萤石（≤0.1%）组成。

燕山晚期侵入体（$n\gamma J_3^c$）：多呈岩株产出。岩性为细粒白云母花岗岩或细粒二云母花岗岩，浅白色，细粒花岗结构，块状构造，主要矿物成分为石英（24%～28%）、长石（50%～60%）、白云母（3%～15%）、黑云母（0～5%）。

花岗岩的亲铁元素钒、铬、镍含量普遍较低，成矿元素锡含量高出同类岩石的维氏值6~10倍，钨高出10~12倍，铜、铋、钼、铅、锑等元素含量也较高，一般高出同类岩石的维氏值数倍，显示花岗岩与钨锡矿有着密切的成因联系。

根据区内矿脉的地质特征，可将其划分为矽卡岩型、石英脉型、构造-矽卡岩复合型、蚀变破碎带型、云英岩型五种主要矿床类型，其中最主要的为矽卡岩型。矿床主要特征如下。

矽卡岩型矿脉：产于岩体与碳酸盐岩接触带之矽卡岩中，锡矿脉赋存在接触带或矽卡岩的层间破碎带中，呈层状、似层状产出。矿石矿物主要为锡石、白钨矿、黄铁矿、黄铜矿，其次为铁闪锌矿、磁铁矿、磁黄铁矿；脉石矿物主要为透辉石、石英、绿泥石，少量萤石、方解石、绿帘石。矿石为半自形-它形粒状结构、交代结构、交代残余结构，以浸染状构造为主，条带状、块状构造次之。

构造-矽卡岩复合型矿脉：产于受断裂控制的碳酸盐岩岩块形成的矽卡岩中，锡矿脉呈似层状、透镜状、囊状。矿石矿物为锡石、白钨矿、黄铁矿、黄铜矿，局部富集方铅矿、闪锌矿；脉石矿物主要为石英、透辉石、绿泥石等。矿石结构构造与矽卡岩型大体相似，围岩蚀变在断裂中以硅化为主，萤石矿化次之(局部发育)，而碳酸盐岩中则主要为矽卡岩化、绿泥石化。

构造蚀变岩型矿脉：产于岩体内部，受 NE 向区域性构造之次级 NW-NNW 向断裂控制，锡矿脉呈透镜状、脉状，矿石结构为半自形-它形粒状结构、交代结构、镶嵌结构，浸染状、条带状、团块状构造，局部可见块状构造。主要金属矿物为闪锌矿、方铅矿、黄铁矿，其次为锡石、毒砂等；脉石矿物为长石、石英、绿泥石等。近矿围岩发育硅化、绿泥石化。

石英脉-云英岩型矿脉：产于岩体顶部的裂隙带中，总体呈脉带产出。矿石矿物以黑钨矿、锡石、黄铁矿为主，次为毒砂、黄铜矿、辉钼矿；脉石矿物为石英、白云母、萤石、黄玉等。矿石结构为半自形-它形粒状结构，浸染状构造，围岩蚀变主要有云英岩化、硅化和萤石化等。

矿石类型包括以下几种：

(1)金属硫化物锡矿石。

该类型矿石为矿区矽卡岩型、构造-矽卡岩复合型矿床最常见的矿石类型(图3-24)，它形-自形粒状结构，局部可见交代(残余)结构、填隙结构、包含结构；浸染状构造为主，条带状、脉状、块状构造次之。锡石粒径0.05~0.25 mm，少数粒径较大，最大可达1 cm，局部呈脉状，粒径0.1~0.2 mm；短柱状，粒径0.1~0.15 mm，可见这种脉状锡石穿插黄铜矿；或呈浸染状，粒径0.05~0.25 mm，多数被脉石矿物交代形成残余晶。黄铜矿为它形，粒径0.1~1.5 mm，呈浸染状-零星状分布，可见黄铜矿穿插锡石(浸染状锡石)，偶见辉铜矿交代黄铜矿，或与闪锌矿、磁黄铁矿连晶。白钨矿呈小板状产出，粒径1 mm左右，矿石中锡品位与硫化物呈正消长关系。闪锌矿为自形-半自形，粒径0.1~0.2 mm，呈零星状分布在脉石矿物中，偶见与黄铜矿连晶。黄铁矿呈它形-自形粒状，粒径0.1~1.2 mm，呈零星状分布，多数分布在脉石矿物中，少数含有黄铜矿晶体中，偶见有黄铜矿交代的现象。赤铁矿呈板条状、针状，粒径0.1、0.15 mm，呈零星状分布。钛铁矿呈板状、板条状，粒径0.1 mm×1.2 mm、0.1 mm×0.5 mm，呈零星状分布，多数被褐铁矿交代，形成残晶；有的完全被褐铁矿交代，形成钛铁矿外形，形成假象褐铁矿。辉钼矿呈片状，粒径0.05~0.1 mm，呈零星状分布。磁黄铁矿呈它形粒状，粒径为0.1~0.25 mm，呈脉状-稀疏浸染状分布。脉石矿物为透辉石、绿帘石、石榴子石，少量方解石、黄玉、萤石。

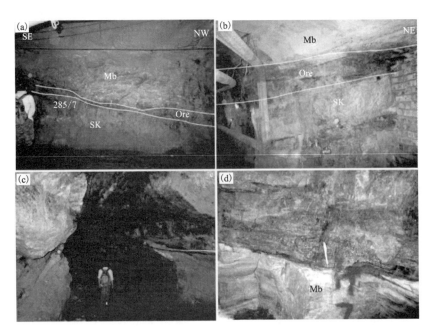

(a)层状矽卡岩型矿体(320中段);(b)层状矿体(253中段);
(c)断层通过处厚层状硫化物矿层(253中段);(d)矿层中硫化物富集(253中)。

图3-24 垄上钨锡多金属矿床矿石野外照片(扫码查看彩图)

(2)黄铜矿、黑钨矿、白钨矿矿石。

该类型为矿区矽卡岩型、构造-矽卡岩复合型矿床常见矿石类型(图3-25),主要分布于垄上矿段,一般为半自形-它形粒状结构,亦可见交代结构、乳浊状结构,偶见自形板状结构;零星状构造,偶见块段构造。白钨矿,灰色,微暗,为半自形粒状-半自形板状集合体,粒径为0.02~1 mm,分布于脉石中或被脉石矿物交代,也可交代黑钨矿或充填于黑钨矿裂隙,偶见白钨矿交代黑钨矿形成残晶;局部可见它形粒状、板柱状或板条状,粒径为0.2~5 mm,被黑钨矿交代。黑钨矿,灰色,淡棕灰黄色,它形粒状(集合体),粒径为0.01~0.09 mm,零散分布于脉石中,亦可被透明脉石矿物交代,形成骸晶;局部可见自形-半自形板状或板条状,粒径为0.2~5 mm;或呈它形粒状,粒径为0.1~0.3 mm,呈细脉状,交代白钨矿。黄铁矿,浅黄白色,它形粒状晶,粒径为0.02~4 mm,零散分布于脉石中,或被透明脉石矿物交代,充填于黑钨矿和白钨矿微裂隙中。黄铜矿,铜黄色,它形粒状集合体,粒径为0.02~0.4 mm,可见交代闪锌矿和黄铁矿,与辉铋银矿共生,零散分布于脉石矿物中(图3-26);或呈乳滴状(粒径0.005~0.01 mm)分布于闪锌矿颗粒表面。黝铜矿,灰白色微带浅棕色,它形粒状集合体,粒径为0.02~0.3 mm,被黄铜矿交代。斑铜矿,粉红色,呈它形粒状,粒径为0.05~0.09 mm,交代磁黄铁矿。铜蓝,蓝色深蓝色微带紫色,它形粒状,粒径为0.1~0.2 mm,分布于透明矿物脉中。闪锌矿,灰色微带淡蓝色,它形粒状集合体,粒径为0.02~0.2 mm,交代黄铜矿。磁黄铁矿(Fe_nS_{n+1}),淡玫瑰黄色,它形粒状,粒径为0.05~0.15 mm,零散分布于矿石中,见有斑铜矿、辉铜矿交代。脉石矿物主要为透辉石、符山石、透闪石、阳起石、萤石等,有少量绢云母、绿帘石、绿泥石、石英、方解石、榍石等。

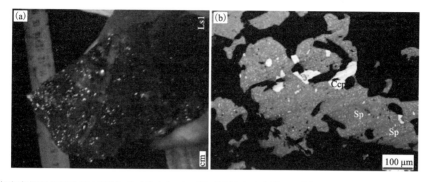

（a）矽卡岩中的星点浸染状白钨矿 LS1（垄上）；（b）脉石矿物主要为萤石，黄铜矿与闪锌矿呈固溶体分离结构。

图 3-25 垄上钨锡多金属矽卡岩化（扫码查看彩图）

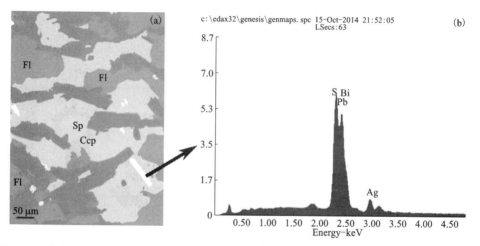

图 3-26 多个样品中见到闪锌矿中发育辉铋银矿[（b）为辉铋铅银矿能谱图像]（扫码查看彩图）

（3）含锡石磁铁矿矿石。

其仅在矽卡岩型和构造-矽卡岩复合型矿床中局部可见，主要分布于垄上矿段 8 线 21 号矿脉 MC24 及 22 号矿脉 C 采样剖面等地，为它形-自形粒状结构、交代（残余）结构，以（稀疏）浸染状、块状构造为主，局部可见零星状构造。磁铁矿粒径为 0.005 ~ 0.6 mm，呈自形-半自形八面体、十二面体或它形粒状集合体，含量为 3% ~ 75%，少数被赤铁矿交代。粒间有黄铜矿、黄铁矿充填交代，黄铜矿呈团块状或它形粒状分布于磁铁矿矿物粒间。锡石呈灰色带棕色，它形粒状、半自形柱状（短柱状），粒径 0.02 ~ 0.05 mm，零星分布在透明脉石矿物（萤石、白云母）中。黑钨矿呈灰色、淡棕灰黄色，它形粒状集合体，粒径 0.01 ~ 0.03 mm，零星分布在透明脉石矿物中。赤铁矿、褐铁矿、钛铁矿、黄铁矿呈粒状产出。脉石矿物主要为石榴子石、石英、水云母、白云母、绢云母、金云母、绿泥石、萤石（图 3-27）。

（4）含白钨矿、黄铜的锡石方铅闪锌矿矿石。

其分布在构造-矽卡岩复合型矿床的 20 号矿脉北段，为半自形-它形粒状结构、交代结构（交代残余结构）、包含结构，（稀疏）浸染状、团块状构造。矿石矿物成细粒浸染状分布于矿石裂隙中，主要成分为黄铁矿、锡石、方铅矿、闪锌矿，其次为黄铜矿与白钨矿等。脉石矿

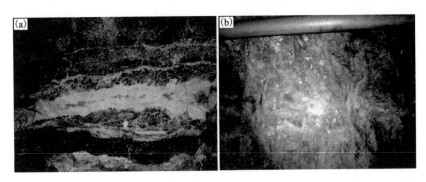

(a)叠加于层状矽卡岩中的白钨矿萤石方解石脉；(b)层状石榴子石矽卡岩叠加绿帘石脉。

图 3-27　垄上钨锡多金属叠加型矿化(扫码查看彩图)

物主要为它形粒状的石英和萤石，其次为透辉石等矽卡岩矿物。该矿石类型主要发育于矿脉富集部位。锡石呈半自形、它形粒状，粒径 0.1~1.5 mm，分布在脉石矿物中。闪锌矿呈它形粒状、团块状-浸染状，粒径 0.1~1.2 mm，呈零星状、分散状产出，偶见交代磁黄铁矿。方铅矿呈它形粒状，粒径 0.05~1.2 mm，呈零星状或浸染状分布，可见其交代黄铜矿、磁黄铁矿。黄铜矿呈它形粒状，粒径 0.1~1.2 mm，呈零星点状、团块状-浸染状产出，偶见辉铜矿交代黄铜矿。黄铜矿赋存状态有两种：①呈乳滴状分布在闪锌矿晶体中，系固溶体分离作用形成的产物；②呈它形粒状，粒径 0.1~0.15 mm，呈零星状或浸染状分布。可见它与闪锌矿连晶，偶见穿插磁黄铁矿。磁黄铁矿呈它形粒状，粒径 0.1~0.25 mm，呈浸染状产出，可见它交代黄铁矿，与黄铜矿连晶。黄铁矿呈它形-自形晶，粒径 0.05~0.5 mm，呈零星状、分散状、小团块状。毒砂呈半自形-自形晶，粒径 0.1~0.2 mm，呈零星状分布，偶见黄铜矿、磁黄铁矿包含并交代毒砂。钛铁矿呈板条状，粒径 0.1~0.15 mm，呈零星状分布，可见赤铁矿、褐铁矿交代，形成残余晶，部分为假象褐铁矿。赤铁矿呈束状、放射状集合体，板条状，粒径为 0.05 mm×0.2 mm~0.1 mm×1.5 mm，呈团块状、浸染状-分散状分布。

(5)含锡石磁黄铁矿矿石。

其仅见于垄上矿段构造-矽卡岩复合型的 22 号矿脉南北两端，为它形粒状结构、交代结构、骸晶结构，稀疏浸染状构造。锡石呈灰色带棕色，它形粒状、半自形柱状(短柱状)，粒径 0.05~0.1 mm，零星分布在透明脉石矿物中，偶见含在硫化矿物中。黄铁矿呈浅黄白色，可能存在两期：①自形-半自形晶，粒径 0.15~1.0 mm，被透明脉石矿物交代，形成骸晶；②它形晶，表面光滑干净，粒径 0.01~0.2 mm，被黄铜矿和闪锌矿交代，零散分布。黄铜矿呈铜黄色，它形粒状集合体，粒径 0.01~0.2 mm，可见交代黄铁矿，及被闪锌矿交代，零散分布于脉石矿物中。磁黄铁矿呈淡玫瑰黄色，它形粒状，零散分布于脉石矿物中。闪锌矿呈灰色、深灰色，它形粒状集合体，零散分布于脉石矿物中。白铁矿呈黄白色，它形粒状，粒径 0.01~0.1 mm，交代黄铁矿。黝铜矿呈灰白色微带浅棕色，它形粒状集合体，粒径 0.02~0.3 mm，被黄铜矿交代。辉钼矿呈灰白色微带蓝灰色，它形粒状集合体，粒径 0.02 mm，零星分布于透明脉石矿物中。硫盐矿物呈白色，稍带棕色，它形片状，粒径 0.02 mm，零星分布于透明脉石矿物中。白钨矿呈灰色，微暗，它形粒状、板柱状或板条状，粒径 0.05~0.1 mm，交代黑钨矿，呈残晶。黑钨矿呈灰色、淡棕灰黄色，呈它形粒状，粒径 0.05~0.08 mm。脉石矿物主要为石榴子石、萤石、绢云母、白云母、石英、绿泥石等。

矿石结构主要有自形-它形粒状晶结构、包含结构、共结边结构、填隙(间)结构、放射状结构、交代-半交代结构。

矿石构造主要有块状构造、条带状构造、花斑条带状构造、斑杂状构造、浸染状构造、脉状构造。

垄上矿段矿石的矿物成分较复杂,多达 30 余种。矿脉的矿物组成详见表 3-3。主要矿物相对含量见表 3-4。

表 3-3　矽卡岩型矿脉矿物组成

矿物类型	矿物种类
自然元素矿物	含银自然铋
金属硫化物	黄铜矿、黄铁矿,少量毒砂、闪锌矿、辉铋矿、硫铋银矿、块硫铋银矿、铜蓝
金属氧化物	主要有锡石、磁铁矿,少量褐铁矿,微量钛铁矿、金红石
钨酸盐矿物	主要为白钨矿、黑钨矿
脉石矿物	主要为透辉石、透闪石、黑云母、白云母、绿帘石、钙铁榴石、萤石,其次为石英、长石、方解石等

表 3-4　矽卡岩型矿脉矿物相对含量　　　　　　　　　　单位: %

矿物	白钨矿	黑钨矿	锡石	黄铜矿	白/黄铁矿,磁黄铁矿	闪锌矿
含量	0.21	0.20	0.25	0.93	5.87	0.20
矿物	磁铁矿	褐铁矿	毒砂	萤石	白云石	方解石
含量	9.16	1.75	0.65	10.49	0.51	7.56
矿物	钙铁榴石	黑云母	白云母	长石	石英	透闪石
含量	12.54	9.31	10.78	3.71	6.81	2.35
矿物	透辉石	绿帘石	辉铋矿/硫铋银矿	榍石	锆石	黄玉
含量	9.69	6.49	0.04	0.15	0.01	0.05
矿物	磷灰石	钛铁矿	金红石	其他	合计	
含量	0.08	0.01	0.02	0.18	100.00	

从表 3-3、表 3-4 可知:矿区矽卡岩型钨锡矿脉矿石中,载钨矿物为白钨矿和黑钨矿,两者比例约为 1:1;载锡矿物只有单一锡石;铜矿物主要为黄铜矿,偶见铜蓝交代黄铜矿;铁矿物种类较多,除磁铁矿、褐铁矿外,还有白铁矿、黄铁矿、磁黄铁矿和其他含铁硅酸盐矿物;铋和银紧密连生,铋和银矿物有辉铋矿、硫铋银矿、块硫铋银矿。脉石矿物的种类较多,主要为透辉石、透闪石、黑云母、白云母、钙铁榴石、绿帘石、萤石,其次为石英、长石、方解石等。

受断裂控制的碳酸盐岩岩块形成的矽卡岩围岩蚀变在断裂中以硅化为主,萤石矿化次之(局部发育),而碳酸盐岩中则主要为矽卡岩化、绿泥石化。构造蚀变岩型矿脉近矿围岩发育硅化、绿泥石化。石英脉-云英岩型矿脉围岩蚀变主要有云英岩化、硅化和萤石化等。

根据野外观察和室内矿相学研究,垄上矿床的成矿作用可分为三个阶段,它们的代表性矿石矿物组合形成的先后顺序分别是:锡石、黑钨矿-白钨矿阶段→黄铁矿-黄铜矿、闪锌矿、磁黄铁矿-方铅矿阶段→钛铁矿-赤铁矿、褐铁矿阶段。

3.4.2 狗打栏钨锡矿床

狗打栏钨锡矿床位于锡田矿田南部,是一个中型石英脉型钨矿(图3-28)。

狗打栏钨锡矿床分布有寒武系、奥陶系、泥盆系、石炭系、二叠系、侏罗系、白垩系、古近系、第四系地层,尤以奥陶系、白垩系地层最为发育。寒武系—奥陶系地层为一套浅变质陆源碎屑岩夹少量硅质岩、碳酸盐岩,变质程度为低绿片岩相;泥盆系—二叠系地层为浅海相碳酸盐岩夹陆源碎屑岩沉积,化石极为丰富;侏罗系—古近系地层为陆相含煤沉积和陆相红盆沉积;第四系沉积物主要为冲积层,其次有山麓前缘洪积层和残坡积层。

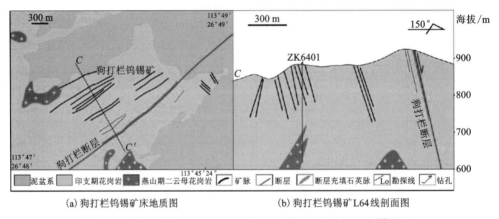

(a) 狗打栏钨锡矿床地质图　　(b) 狗打栏钨锡矿L64线剖面图

图3-28　狗打栏钨锡矿床地质图与L64线剖面图(扫码查看彩图)

狗打栏断层位于矿床南东侧,是控制矿脉分布的代表性断层。断层与矿脉平行发育,走向60°~70°,断层带宽为3~5 m,倾角60°~75°,充填多期次石英脉,早期石英呈角砾状,第二期石英具有强烈的油脂光泽,有较强的绢云母化,见少量白钨矿和锡石。

出露的印支期花岗岩包括似斑状黑云母花岗岩、中粗粒黑云母花岗岩和细粒黑云母花岗岩等,其粗粒结构显示为岩体中心相,细粒结构指示为岩体边缘相;燕山期花岗岩包括中细粒二云母花岗岩和白云母花岗岩等,主要以脉状穿切印支期花岗岩,岩脉发育冷凝边,指示燕山期岩体为浅成相岩体;另外在矿区周边发育细晶岩脉。

矿体为石英黑钨矿脉(图3-29),走向NE,约18条,脉间距为2~10 m,产状310∠68°左右,围岩为印支期似斑状黑云母花岗岩[锆石U-Pb年龄为(229.9±1.4)Ma, Wu et al., 2016]石英脉宽为10~70 cm,矿脉长度为100~1000 m,沿走向发育膨大缩小现象。主要金属矿物为黑钨矿、白钨矿、锡石、闪锌矿、黄铁矿,次为黄铜矿、辉铋矿等;脉石矿物主要为石英、长石、萤石及白云母等。矿石为半自形-它形粒状结构,块状和星点状构造,矿石矿物组合为石英+黑钨矿+白钨矿。围岩蚀变类型主要为硅化、云英岩化、萤石化等。矿石矿物组合:第一期为石英+黑钨矿+白钨矿(Qz1+Wlf+Sch)化;第二期为石英+萤石(Qz2+F1)矿化。

（a）狗打栏矿床第一期石英矿脉；（b）狗打栏矿床石英脉中的白钨矿；（c）狗打栏矿床第二期石英脉（含萤石）；
（d）狗打栏矿床第二期石英脉及其中的萤石；（e）狗打栏断层中充填的石英脉；
（f）狗打栏断层中多期次石英脉穿切。Qz—石英；Wlf—黑钨矿；Sch—白钨矿；Fl—萤石。

图 3-29　狗打栏钨锡矿的矿石和断层中石英脉特征（扫码查看彩图）

3.4.3　茶陵铅锌矿床

　　茶陵铅锌矿位于锡田矿田东部（图 3-30），是一典型的断层破碎带型铅锌矿。地层分布与狗打栏矿床类似。

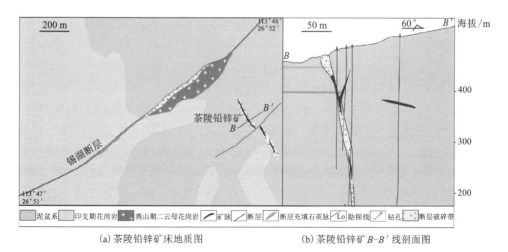

（a）茶陵铅锌矿床地质图　　　　　（b）茶陵铅锌矿 B-B′ 线剖面图

图 3-30　茶陵铅锌矿床地质图与 BB′ 线剖面图（扫码查看彩图）

　　锡湖断层位于茶陵铅锌矿南西侧，断层走向 60°~70°，围岩为印支期、燕山期花岗岩与泥盆纪地层,断层中发育断层角砾岩和石英脉(图3-31)。角砾主要为早期石英脉与印支期花岗岩,石英脉宽度为2~5 m,走向NE40°~50°,倾向北西,倾角45°~65°。早期石英为乳白色,第二期石英脉穿切第一石英脉,且发育少量白钨矿与绢云母。含矿石英脉位于NE向锡湖断层的次级断层带内,倾向60°,倾角65°~75°,宽度为0.3~2.5 m。铅锌矿石为块状构造,铅锌矿石主要由石英、方铅矿、闪锌矿、萤石和方解石组成。矿脉可分为两个矿化期次,矿石矿物组合为:①石英+方铅矿+闪锌矿(Qz1+Gn+Sp);②石英+萤石+方解石(Qz2+Fl+Cal)。第二期石英+萤石+方解石脉穿切第一期矿脉。

(a)茶陵铅锌矿床第一期石英脉(石英与方铅矿和闪锌矿共生);(b)茶陵铅锌矿床第二期与萤石共生的石英脉;(c)茶陵铅锌矿床第二期与萤石、方解石共生的石英脉;(d)锡湖断层见多期次石英脉;(e)锡湖断层中石英脉的放大照片;(f)锡湖断层中多期次石英脉穿切。Qz—石英;Fl—萤石;Sp—闪锌矿;Gn—方铅矿;Cal—方解石。

图3-31 茶陵铅锌矿的矿脉与断层中石英脉特征(扫码查看彩图)

3.4.4 星高萤石矿床

星高萤石矿位于锡田矿田北部,为一中型的独立萤石矿,发育在印支期粗粒黑云母花岗岩中。萤石矿脉严格受NE向星高断层控制,该断层位于矿脉的NW侧,产状与矿脉相似,走向50°~60°,倾向NW,其中充填有多期石英脉(图3-32),石英脉明显宽于矿脉,宽度达5~15 m,脉中可见少量云母与高岭石。矿体走向NE60°,倾向NW,倾角65°~70°,宽度为4~6 m,通常沿走向延伸大于200 m,中间膨大,两端缩小尖灭。矿石矿物主要为石英与萤石,CaF_2储量为0.6 Mt,平均品位为76.3%,矿石中含微量的Pb(0.02%)与Zn(0.03%)。矿脉可分为两个矿化期次,矿物组合均为石英和萤石,但第一期以萤石为主,萤石为绿色、紫色、白色等,含有少量的石英;第二期石英为梳状,含有无色萤石,并穿切第一期石英萤石脉(图3-33)。

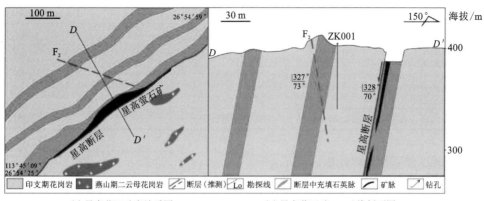

(a) 星高萤石矿床地质图 (b) 星高萤石矿 D-D' 线剖面图

图 3-32 星高萤石矿床地质图和 D-D' 线剖面图(扫码查看彩图)

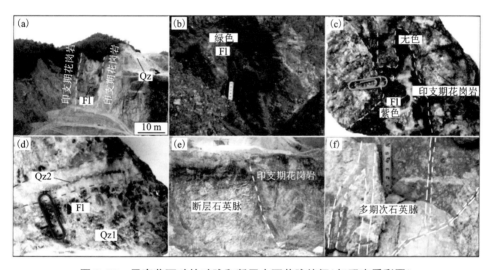

图 3-33 星高萤石矿的矿脉和断层中石英脉特征(扫码查看彩图)

3.5 成矿地球化学特征

3.5.1 矿物地球化学

在垄上钨锡矿、狗打栏钨锡矿与星高萤石矿的矿石样品中观察到了白钨矿及其他矿物。垄上矿床白钨矿的主量元素含量见表 3-5,其 WO_3 含量为 81.16%~83.52%,CaO 含量为 16.98%~17.21%,Na_2O 含量较少(平均值为 0.02%),MoO_3 含量为 0.02%~1.78%。

表 3-5　垄上矿床中白钨矿主量元素组成　　　　　　　　单位：%

Element	Max	Min	Mean	SD
Na_2O	0.02	—	0.01	0.01
WO_3	83.52	81.16	82.1	0.97
MoO_3	1.78	0.02	1.21	0.71
PbO_2	—	—	—	—
CaO	17.21	16.98	17.12	0.09

白钨矿的微量元素分析结果见表 3-6。

表 3-6　垄上矿床中白钨矿稀土元素特征　　　　　　　单位：10^{-6}

Element	Min	Max	Mean	SD
La	20.66	53.14	38.36	9.55
Ce	83.42	182.2	141.7	27.6
Pr	14.82	28.51	23.97	3.97
Nd	71.39	138.5	112.6	18.88
Sm	9.88	30.06	18.41	6.39
Eu	0.61	1.6	1.22	0.34
Gd	2.36	14.52	6.67	3.76
Tb	0.16	1.1	0.46	0.29
Dy	0.62	3.28	1.32	0.86
Ho	0.04	0.31	0.12	0.088
Er	0.02	0.43	0.15	0.12
Tm	—	0.03	0.01	0.01
Yb	—	0.09	0.06	0.03
Lu	—	0.011	0.01	0
Y	0.71	7.17	2.91	1.98
$\sum REE$	211.3	403.3	345	60.74
LREE	204.3	389.5	336.2	58.49
HREE	3.61	19.76	8.77	5.06
LREE/HREE	19.11	107.8	49.3	24.93
$(La/Yb)_N$	364	764	552.1	250
Eu/Eu^*	0.18	0.48	0.35	0.1
Ce/Ce^*	1.08	1.18	1.12	0.03

垄上钨锡矿矽卡岩矿石中白钨矿的 Na_2O 和 Nb 平均含量分别为 7.1×10^{-6} 和 1.4×10^{-6}，$\Sigma REE+Y$ 含量变化较大，为 $213\times10^{-6}\sim409\times10^{-6}$，平均含量为 348×10^{-6}。其稀土元素球粒陨石标准化型式显示从 $La\sim Nd$ 呈递增趋势，但从 $Nd\sim Lu$ 呈递减趋势，Eu 负异常显著，Eu/Eu^* 为 $0.08\sim0.59$，平均值为 0.20；具有弱的 Ce 正异常，Ce/Ce^* 值为 $1.08\sim1.18$，平均值为 1.12。与白钨矿共生的石榴子石 $\Sigma REE+Y$ 含量变化较大，为 $33.9\times10^{-6}\sim97.2\times10^{-6}$，平均含量为 59.1×10^{-6}，其稀土元素球粒陨石标准化型式显示了显著的重稀土富集，$(La/Yb)_N$ 值为 $0\sim0.3$，平均值为 0.07；Eu 负异常显著，Eu/Eu^* 为 $0.18\sim0.48$，平均值为 0.35。

3.5.2　元素地球化学

(一)元素背景值

经反复剔除大于平均值加 3 倍标准离差和小于平均值减 3 倍标准离差后数据的几何平均值，其结果(C_0)列于表 3-7。

表 3-7　茶陵地区元素地球化学背景值参数统计表

元素	测区算术平均值 X_0	测区背景值 C_0	全国水系沉积物平均值	浓集系数	克拉克值(泰勒 1964)	浓集克拉克值	计算背景值剔除后样品数/个
Ag	0.064	0.061	0.081	0.75	0.07	0.87	3918
As	13.24	13.58	10.1	1.34	1.8	7.54	3992
Au	0.91	0.75	1.37	0.55	4	0.19	3995
Bi	0.72	0.67	0.34	1.97	0.17	3.94	3901
Cd	0.191	0.169	0.16	1.06	0.2	0.85	3989
Co	10.96	7.3	11.8	0.62	25	0.29	4019
Cr	45.1	34.2	56	0.61	100	0.34	4018
Cu	18.2	14	22	0.64	55	0.25	4008
F	430.1	433.8	490	0.89	625	0.69	3908
Hg	31.4	30.4	36	0.84	80	0.38	4011
La	27.6	25.4	39	0.65	30	0.85	4000
Mo	0.71	0.68	0.9	0.76	1.5	0.45	3956
Ni	16.6	11.2	24	0.47	75	0.15	4019
Pb	36	34	25	1.36	12.5	2.72	3932
Sb	1.11	1.02	0.76	1.34	0.2	5.10	4009
Sn	6.98	5.85	3.2	1.83	2	2.93	3880
W	3.57	3.32	2	1.66	1.5	2.21	3910
Zn	62	54.1	69	0.78	70	0.77	3997

注：样品总数为 4019 个。含量单位：Au、Hg 为 10^{-9}，其他元素为 10^{-6}。全国水系沉积物平均值来源于《应用地球化学元素丰度数据手册》中国水系沉积物 39 种化学元素含量表(中国几何均值)。表中算术平均值和背景值是剔除平均值加减 3 倍标准离差后的数据计算结果。

测区 Bi、Sn、W、Pb、As、Sb、Cd 水系沉积物背景值大于全国水系沉积物平均值,其浓集系数大于 1(1.06~1.97),显示上述 7 个元素背景值相对于全国平均值是富集的。测区 Zn、Mo、Ag、La、Cu、Co、Cr、Au、Ni 背景值比全国水系沉积物平均值明显偏低,其浓集系数小于 0.8,说明其相对于全国平均值明显贫化。

测区背景值大于克拉克值的元素有 As、Sb、Bi、Sn、Pb、W,其浓集克拉克值在 2.21~7.54,表明这些元素呈高背景状态。测区浓集克拉克值小于 0.8 的元素有 Zn、F、Mo、Hg、Cr、Co、Cu、Au、Ni,相对于地壳丰度明显偏低。

将测区浓集系数和浓集克拉克值均大于 1 的元素确定为测区富集特征元素,可见测区富集特征元素为 Sn、W、Bi、As、Pb、Sb,其浓集克拉克值明显大于浓集系数(图 3-34)。这些富集特征元素与茶陵地区幅富集特征元素相同。测区主要有钨锡矿床(点),测区 Sn、W、Bi 等元素具有高背景分布特征,反映区内钨锡多金属成矿地球化学条件较好,为钨锡成矿提供了良好的成矿物质来源,所以推测测区具有较大的找钨锡矿潜力。

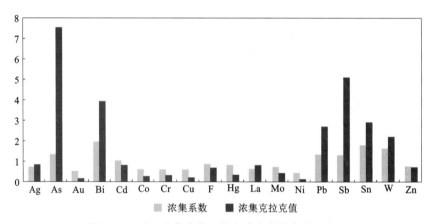

图 3-34　测区元素浓集系数和浓集克拉克值分布图

(二)测区元素丰度

统计测区数据的最大值、最小值和算术平均值 X_0 及变异系数 CV_1,剔除原始数据离群样品后的算术平均值 X_1、标准离差 S_1、变异系数 CV_2 等地球化学参数,结果列于表 3-8。

数据平均值反映元素在测区整体的含量水平,与全国水系沉积物平均值相比,区内富集元素($K \geqslant 1.2$,按 K 值从大到小的顺序排列)有 Sn、Bi、W、As、Sb、Cd、Pb、Hg、F、Au、Mo、Ag,可见区内成矿元素 Sn、W 为富集元素;按 $K \leqslant 0.8$ 判断为相对贫化元素,区内仅 Ni、La 元素为相对贫化元素。

区内 Co 丰度略高于全国水系沉积物平均值,Cu、Zn、Cr 丰度略低于全国水系沉积物平均值。区内强富集元素($K \geqslant 2$)有 Sn、Bi、W、As、Sb,其中 Sn、W、Bi 丰度是全国水系沉积物平均值的 5 倍以上,表明测区内地质体蕴藏着丰富的 Sn、W、Bi 元素,为成矿提供了丰富的物质来源。所以测区具有良好的钨锡成矿地球化学条件,是寻找钨锡多金属矿的有利地区。

测区所有元素的原始数据算术平均值均高于剔除离群样品后的算术平均值。以 X_0/X_1 值表示测区原始数据算术平均值与剔除离群样品后算术平均值之比值,它反映元素离群数据剔除的程度，元素 X_0/X_1 值越大表示测区该元素剔除高含量数据越多，其异常规模相对较大。测区 X_0/X_1 值大于 1.5 的元素按从大至小排序为 W、Sn、Bi、As、Au、Hg、Sb、Cd、Mo、Ag、F，这些元素原始数据算术平均值明显高于剔除离群样品后的算术平均值，W、Sn 的 X_0/X_1 值最大，分别约为 2.97 和 2.85，说明测区主要成矿元素 Sn、W 及伴生元素 Bi、As、Au、Hg、Sb、Cd、Mo、Ag、F 高含量点分布多，数据离散度大，其异常规模相对越大。

表 3-8　茶陵县与宁冈幅元素地球化学特征参数统计表

元素	原始数据计算参数				原始数据剔除离群样品(平均值加减3倍标准离差)后的参数				全国水系沉积物平均值	K
	最大值	最小值	算术平均值 X_0	变异系数 CV_1/%	算术平均值 X_1	标准离差 S_1	变异系数 CV_2/%	剔除后样品数/个		
Ag	4.89	0.012	0.098	204.7	0.064	0.033	51.8	3683	0.081	1.21
As	1750	0.74	29.39	228.3	13.24	9.9	74.8	3393	10.1	2.91
Au	1430	0.059	1.68	1350.3	0.91	0.665	72.9	3735	1.37	1.23
Bi	282	0.036	2.02	487	0.72	0.50	69.8	3586	0.34	5.94
Cd	23.7	0.01	0.3	243.4	0.191	0.136	71.4	3659	0.16	1.88
Co	104	0.53	12.44	102.9	10.96	9.99	91.2	3884	11.8	1.05
Cr	204	2.16	45.6	63.9	45.1	28.27	62.6	4002	56	0.81
Cu	465	1.16	20.3	106.8	18.2	11.97	65.8	3920	22	0.92
F	16000	52	646.5	144	430.1	186.86	43.4	3580	490	1.32
Hg	1700	2.56	51.1	133.6	31.4	23.69	75.4	3434	36	1.42
La	170	2.42	28.8	50.3	27.6	11.76	42.6	3929	39	0.74
Mo	25.4	0.1	1.11	150.5	0.71	0.408	57.3	3630	1.23	1.23
Ni	260	0.5	17.2	81.6	16.6	12.52	75.3	3977	24	0.72
Pb	2110	4.57	42.4	154.8	36	14.8	41.1	3890	25	1.70
Sb	104	0.08	1.79	164.5	1.11	0.83	74.5	3531	0.76	2.36
Sn	12000	1.01	19.92	1191.6	6.98	6.38	91.4	3703	3.2	6.23
W	1060	0.13	10.59	460.4	3.57	2.58	72.3	3561	2	5.30
Zn	1130	4.4	66.2	72.5	62	31.9	51.4	3930	69	0.96

注：含量单位：Au、Hg 为 10^{-9}，其他元素为 10^{-6}。原始统计样品数 4019 个。K 值为原始数据算术平均值与全国水系沉积物平均值之比。

3.5.3 流体包裹体的特征

（一）流体包裹体类型

锡田矿田的石英、白钨矿与萤石中发育大量原生流体包裹体，根据它们在室温下的状态，将之分为五种类型：①两相含水流体包裹体 $V_{H_2O}+L_{H_2O}$（Ⅰ型）；②三相富含 CO_2 的流体包裹体 $V_{CO_2}+L_{CO_2}+L_{H_2O}$（Ⅱ型）；③一相纯 H_2O 流体包裹体 L_{H_2O}（Ⅲ型）；④两相纯 CO_2 流体包裹体 $V_{CO_2}+L_{CO_2}$（Ⅳ型）；⑤三相含石盐子矿物的流体包裹体 $Shalite+V_{H_2O}+L_{CO_2}$（Ⅴ型）。

垄上印支期似斑状黑云母花岗岩中石英主要发育Ⅰ型流体包裹体与少量的Ⅲ型流体包裹体，大小为 5~30 μm，气液比为 10%~80%；垄上矽卡岩型钨锡矿石中白钨矿和石英的Ⅰ型流体包裹体占主导地位，其次是Ⅲ型流体包裹体，流体包裹体的大小分别为 5~20 μm 和 3~10 μm，气液比分别为 5%~90% 和 5%~20%，显示岩体石英与矿石石英中流体包裹体类型相似的特点。

狗打栏钨锡矿第一期石英脉中石英的流体包裹体主要为Ⅰ型流体包裹体，另有少量Ⅱ型、Ⅲ型和Ⅳ型流体包裹体，大小为 6~15 μm，气液比为 10%~85%。

茶陵铅锌矿第一期石英脉中石英的流体包裹体也主要为Ⅰ型流体包裹体，另发育三相含石盐子矿物的Ⅴ型流体包裹体，大小为 4~17 μm，气液比为 30%~90%。

星高萤石矿第一期石英脉中萤石主要发育Ⅰ型流体包裹体，大小为 10~80 μm，气液比为 10%~80%。

矿田从钨锡矿（南）→铅锌矿（中）→萤石矿（北）包裹体逐渐变大，第一期石英流体包裹体类型差异较大，而第二期石英脉中石英的流体包裹体均主要为Ⅰ型流体包裹体。另外，钨锡矿与对应的花岗岩中的石英的流体包裹体类型也相似。

（二）流体包裹体均一温度

1. 印支期垄上钨锡矿

垄上钨锡矿中印支期似斑状黑云母花岗岩石英的Ⅰ型流体包裹体均一温度为 290~342℃，平均值 316℃，冰点温度为 -2.8~-1.9℃，对应盐度为 3.2%~4.7%NaCl equiv，平均值 3.9%NaCl equiv；矽卡岩矿石中石英流体包裹体的均一温度为 295~324℃，平均值为 308℃，冰点温度为 -2.5~-2.0℃，对应盐度为 3.3%~4.2%NaCl equiv；矽卡岩矿石中白钨矿的流体包裹体均一温度为 277~311℃，平均值为 293℃，冰点温度为 -2.3~-2.0℃，对应盐度为 3.4%~3.9%NaCl equiv。垄上钨锡矿与矽卡岩矿石中石英和白钨矿中的流体包裹体的均一温度为 277~324℃，平均值 303℃，比花岗岩中石英流体包裹体的均一温度稍低，而盐度是相似的。

2. 狗打栏钨锡矿

第一期钨锡矿脉中石英中的流体包裹体均一温度为 200~360℃，盐度为 3%~7%NaCl equiv；第二期石英萤石脉中石英流体包裹体的均一温度为 160~310℃，盐度为 1%~5%NaCl equiv。

3. 茶陵铅锌矿

第一期铅锌矿脉中石英流体包裹体均一温度为 190~350℃，盐度为 12%~28%NaCl equiv；第二期石英萤石脉中石英流体包裹体的均一温度为 150~250℃，盐度为 2%~3%NaCl equiv。

4. 星高萤石矿

第一期石英萤石脉中萤石流体包裹体的均一温度为120~340℃，盐度为1.06%~1.57% NaCl equiv；第二期石英萤石脉中石英的流体包裹体均一温度为120~150℃，盐度为1.40%~1.74%NaCl equiv。

以上数据显示，在锡田矿田，从狗打栏钨锡矿床(南)→茶陵铅锌矿床(中)→星高萤石矿(北)，石英中的流体包裹体均一温度呈现下降趋势，而茶陵铅锌矿的盐度最高，狗打栏钨锡矿次之，星高萤石矿最低。同时，从第一期到第二期包裹体均一温度与盐度也呈现下降趋势。

（三）流体包裹体组分

前人已对垄上钨锡矿矿石石英中流体包裹体组分做了系统研究，垄上钨锡矿矽卡岩矿石中石英流体包裹体气相组分主要为H_2O、CO_2，少量N_2、H_2S、CH_4(邓湘伟，2015)。本次研究主要针对锡田矿田狗打栏钨锡矿、茶陵铅锌矿、星高萤石矿矿石中石英与萤石的流体包裹体气相组分进行分析。

流体包裹体激光拉曼分析结果显示狗打栏钨锡矿的流体包裹体气相组分主要含H_2O、CH_4、CO_2、$CaSO_4$。其中Ⅰ型($V_{H_2O}+L_{H_2O}$)包裹体气相组分主要为H_2O(3400 cm^{-1})，Ⅱ型包裹体除了含CO_2(1286 cm^{-1}或1388 cm^{-1})外还有CH_4(2914~2918 cm^{-1})，另外流体包裹体中可能还有少量的$CaSO_4$。

茶陵铅锌矿石英的Ⅰ型($V_{H_2O}+L_{H_2O}$)流体包裹体气相组分普遍含CH_4(2914~2918 cm^{-1})与H_2O(3400 cm^{-1})，另外可能还含少量的CO_2与$CaSO_4$(11161 cm^{-1})。

星高萤石矿萤石的Ⅰ型($V_{H_2O}+L_{H_2O}$)流体包裹体气相组分主要为H_2O(3400 cm^{-1})，含少量的CO_2(1286 cm^{-1}或1388 cm^{-1})与CH_4(2914~2918 cm^{-1})。激光拉曼光谱在300~1700 cm^{-1}时常受到萤石的荧光干扰，未获得有效结果。

总体上，从狗打栏钨锡矿→茶陵铅锌矿→星高萤石矿流体包裹体气相组分均以H_2O为主，并且普遍含CO_2，但是CO_2信号强度逐渐减弱，指示CO_2含量逐渐降低。另外，茶陵铅锌矿流体包裹体气相组分普遍含CH_4。

3.5.4　同位素地球化学

（一）H-O同位素

锡田矿田垄上钨锡矿石英的$\delta^{18}O_{quartz}$范围为11.8‰~12.8‰，包裹体水的δD分布为−54‰~−44‰(邓湘伟，2015)；湘东钨矿石英的$\delta^{18}O_{fluid}$范围为12.7‰~14.8‰，包裹体水的δD分布为−70‰~−54‰(蔡杨，2013)，指示成矿流体主要为岩浆水。本次主要针对锡田矿田南部的狗打栏钨锡矿、茶陵铅锌矿、星高萤石矿与光明萤石矿进行石英与萤石的H-O同位素分析。

表3-9显示了各矿床中石英与萤石的氢和氧同位素分析结果。成矿流体中的$\delta^{18}O_{fluid}$同位素组成是根据矿物−水体系的氧同位素分馏方程计算所获得。$1000\ln\alpha_{Qtz-H_2O}=3.38\times10^6/T^2-3.40$(Clayton et al.，1972)。方程中的T是流体包裹体均一温度的峰值。

狗打栏钨锡矿中第一期石英的$\delta^{18}O_{quartz}$值为11.3‰~12.3‰，平均值为11.8‰；对应成矿流体的$\delta^{18}O_{fluid}$值为+4.41‰~+5.41‰；δD值为−72.0‰~−68.6‰。第二期石英的

$\delta^{18}O_{quartz}$ 值为+3.6‰，对应成矿流体的 $\delta^{18}O_{fluid}$ 值为-8.10‰，δD 值-61.2‰。

茶陵铅锌矿第一期石英的 $\delta^{18}O_{quartz}$ 值为 5.10‰~5.60‰，平均值为 5.40‰，对应的成矿流体的 $\delta^{18}O_{fluid}$ 值为-2.55‰~-2.05‰，平均值为-2.30‰；δD 值为-79.8‰~-77.5‰，平均值为-78.6‰。第二期石英的 $\delta^{18}O_{quartz}$ 值为 1.90‰，对应的成矿流体的 $\delta^{18}O_{fluid}$ 值为-8.60‰，δD 值为-65.3‰。

星高萤石矿床中萤石流体包裹体的 $\delta^{18}O_{fluid}$ 值为-4.30‰~-4.10‰，平均值为-4.20‰；δD 值为-63.8‰~-59.6‰，平均值为-62.0‰。光明萤石矿床中萤石流体包裹体的 $\delta^{18}O_{fluid}$ 值和 δD 值分别为-3.90‰和-62.5‰。

表 3-9 锡田矿田中石英和萤石的氢氧同位素组成

样品	矿床	期次	矿物	δD/‰	$\delta^{18}O_{quartz}$/‰	T/℃	$\delta^{18}O_{fluid}$/‰
GDLOB-1	狗打栏钨锡矿	一	石英	-72.0	11.3	400	4.41
140720-19S1	狗打栏钨锡矿	一	石英	-68.6	12.3	400	5.41
GDLOB-2	狗打栏钨锡矿	二	石英	-61.2	3.60	260	-8.10
CLOB-1	茶陵铅锌矿	一	石英	-77.5	5.10	380	-2.55
161208-1S7	茶陵铅锌矿	一	石英	-79.8	5.60	380	-2.05
CLOB-2	茶陵铅锌矿	二	石英	-65.3	1.90	280	-8.60
XGOB-1	星高萤石矿	一	萤石	-63.8	-4.10	190	-4.10
XGOB-1	星高萤石矿	一	萤石	-59.6	-430	190	-4.30
1601121-8S2	星高萤石矿	二	萤石	-62.5	-3.90	190	-3.90

（二）S 同位素

锡田矿田垄上钨锡矿辉钼矿 $\delta^{34}S$ 为+3.33‰，黄铁矿 $\delta^{34}S$ 为 1.8‰~4.25‰，闪锌矿 $\delta^{34}S$ 为-1.3‰~+4.66‰，磁黄铁矿 $\delta^{34}S$ 为-0.2‰~+1.31‰，均分布在零值附近（邓相伟，2013），指示成矿物质主要为岩浆来源。本次研究主要针对锡田矿田的狗打栏钨锡矿、茶陵铅锌矿与光明萤石矿进行硫化物硫同位素分析。

狗打栏钨锡矿床第一期矿石中与黑钨矿共生的黄铁矿 $\delta^{34}S$ 值为 0~0.9‰，平均值为 0.65‰。茶陵铅锌矿第一期矿石中方铅矿的 $\delta^{34}S$ 值为 0.6‰~0.7‰，平均值为 0.66‰；闪锌矿的 $\delta^{34}S$ 值为 1.8‰~2.2‰，平均值为 2.0‰。光明萤石矿床中与无色萤石和石英共生的黄铁矿 $\delta^{34}S$ 值为-8.3‰~-7.7‰，平均值为-8.0‰。

狗打栏钨锡矿与茶陵铅锌矿的硫化物的 $\delta^{34}S$ 值均较集中且在零值附近变化，表明硫源单一，成矿流体的硫来自深部岩浆（$\delta^{34}S$=0±3‰，Chaussidon and Lorand，1990），钨锡阶段的硫同位素组成与南岭成矿带典型的岩浆期后热液钨矿床中的硫同位素组成相似。例如瑶岗仙（李顺庭等，2011）、淘锡坑（宋生琼等，2011）、盘古山（方贵聪等，2014）。光明萤石矿床中与石英和萤石共生的黄铁矿的 $\delta^{34}S$ 值为-8.3‰~-7.7‰，平均值为-8.0‰，说明成矿物质可能有地层硫的加入。

3.5.5　成矿年代学

（一）成矿时代

垄上钨锡矿床接触带矽卡岩中石榴子石 U-Pb 加权平均年龄为（231.6±1.3）Ma（$MSWD=$ 0.79）（图 3-35），而狗打栏、花里泉与荷树下石英脉型钨锡矿石中锡石 U-Pb 加权平均年龄分别为（154.5±2.8）Ma（$MSWD=0.43$）、（157.8±2.4）Ma（$MSWD=0.87$）与（157.2±0.89）Ma（$MSWD=0.26$），结合前人对锡田地区狗打栏钨锡矿（Liang et al.，2016）、荷树下钨锡矿（Cao et al.，2018）、垄上钨锡矿（刘国庆等，2008；邓湘伟等，2015；Liang et al.，2016）等矿床中的辉钼矿 Re-Os、白云母^{40}Ar-^{39}Ar、锡石 U-Pb 等进行的研究，获得锡田地区的成矿年龄有两组，分别为 225 Ma 和 150~160 Ma，与花岗岩成岩时代存在一定对应性。此外，本次研究结果表明，锡田矿田还可能存在燕山晚期（约 140 Ma，早白垩世）的钨锡成矿（图 3-36）。

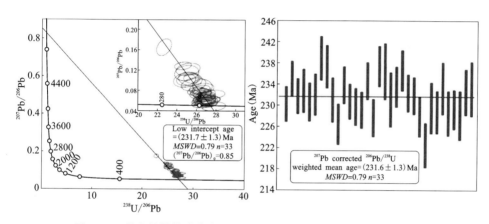

图 3-35　垄上接触带矽卡岩中石榴子石 U-Pb 年龄（扫码查看彩图）

（二）锡田矿田花岗岩成岩成矿的时空关系

大量的研究认为华南地区中生代大规模成矿作用主要集中在 160~150 Ma（Mao et al.，2013；华仁民和毛景文，1999；毛景文等，2007）。但近年来随着地质填图工作的深入以及高精度定年技术的迅猛发展，南岭地区一些岩体的成岩、成矿时代逐渐明朗，相继发现了一批印支期的钨锡矿床。如湖南荷花坪锡多金属矿矽卡岩矿石中辉钼矿 Re-Os 年龄为 224 Ma（蔡明海等，2006）、江西柯树岭-仙鹅塘石英脉型钨锡矿中白云母的^{40}Ar-^{39}Ar 坪年龄为 231 Ma（刘善宝等，2008）、广西栗木钨锡铌钽矿云英岩中白云母的^{40}Ar-^{39}Ar 年龄为 214 Ma（杨峰等，2009）。而锡田地区作为南岭成矿带典型的钨锡矿床，其是否存在印支期的成矿引起了广泛的关注（Mao et al.，2013；陈骏等，2014）。

锡田主要矿化类型为矽卡岩型，其次为破碎带蚀变型和云英岩-石英脉型（付建明等，2009），分布在岩体东侧的垄上矿段，西侧的桐木山矿段和荷树下矿段。与矽卡岩型矿体直接接触的大部分是晚三叠世花岗岩，也可以见到晚侏罗世花岗岩岩株（付建明等，2012）。前人研究表明，矽卡岩型成矿主要在印支期（邓湘伟等，2015），而石英脉型和云英岩型等矿化主要成矿时代集中在燕山早期。此外，最新研究结果表明，锡田矿田还可能存在燕山晚期（早白垩世）的钨锡成矿（Kang et al.，2022）。

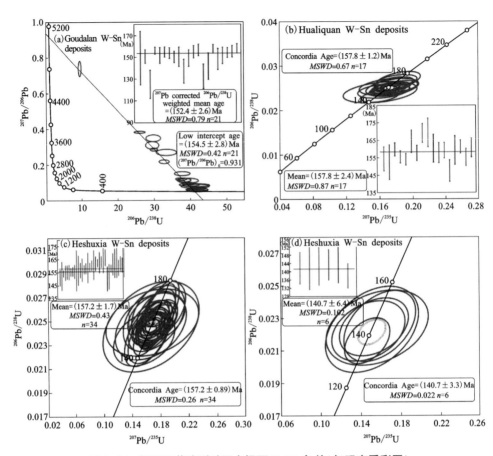

图 3-36 锡田石英脉型矿石中锡石 U-Pb 年龄（扫码查看彩图）

不同的矿化类型可能与其产出的部位具有紧密的关系。锡田矿田内的加里东期花岗岩位于锡田岩体南部的洮水水库东侧，本次获得的花岗岩锆石 U-Pb 年龄为 441~435 Ma，但尚未在矿田内发现加里东期矿化。印支期矽卡岩型矿床主要分布在泥盆系灰岩与印支期岩体（脉）的接触带，例如垄上矽卡岩型钨锡矿体分布于印支期似斑状黑云母花岗岩与泥盆系棋梓桥组灰岩接触带上；合江口矽卡岩矿体分布于粗粒黑云母花岗岩与细粒白云母花岗岩接触带上；金子岭铁矿主要位于矿田北部，发育在印支期细粒黑云母花岗岩岩体（脉）与泥盆系接触带上（湖南省地质矿产勘查开发局 416 队，2019）；因此，矽卡岩成矿主要受岩体接触带控制，尤其是高分异岩脉的附近。

而本区矽卡岩型锡矿更为富集可能是因为在地壳浅部，剪切变形表现为脆性断裂或裂隙带，易形成脉型矿化。在脆韧性转换区域，节理发育密集形成碎裂岩，矿化往往形成于定向排列的碎裂岩之中，从而形成蚀变岩型矿体。在韧性区域，由于温度和压力较高，韧性变形较为强烈，矿化主要发生在糜棱岩的微裂隙之中。而当剪切带穿过碳酸盐岩时，则发生剧烈的反应，生成 CO_2 等大量还原性气体，导致氧化还原环境变化，由于 Sn 在热液中具有 +2 和 +4 两个价态，其对氧逸度比 W 更为敏感，这可能是导致锡田岩体矽卡岩型 Sn 矿更为富集的一个原因。

3.6 矿田成矿模式

3.6.1 关键控矿因素

前人对锡田矿田的钨锡多金属矿成矿时代、成矿物质源区、成矿流体来源进行了系统研究，确定了两期成矿作用，明确了岩浆作用与成矿的密切关系(邓湘伟，2015；郑明泓，2015；董超阁等，2018；Cao et al.，2018)；但对岩浆热液与成矿过程的精细表达、断层与成矿的成因联系以及构造-岩浆-成矿联系的认识基本未涉及，影响了对锡田矿田岩浆热液成矿规律的把握。为此，作者尝试以系统思想为指导，分析三者的成因联系，并建立相应模型，以更深入理解岩浆热液成矿作用，并对锡田矿田的找矿方向提出初步认识。

(一)构造-岩浆与成矿的空间关系

加里东运动使锡田矿田下古生界地层产生强烈褶皱，并伴有广泛的区域变质和局部的岩浆活动。锡田矿田区域范围内中泥盆统跳马涧组和下伏地层之间的不整合接触面普遍发育。锡田矿田内的加里东期花岗岩很可能已被印支期花岗岩岩体吞噬，以致仅在研究区南部发现了两处加里东期小岩株，且未表现出热液作用效果，区内也未发现加里东期矿化，结合加里东期岩浆成矿元素含量低，认为加里东期形成规模矿化的可能性小，因此此处不对加里东期构造-岩浆-成矿的空间联系进行讨论。

印支运动使锡田矿田内的古生界地层发生较强烈的 NEE 向褶皱，并伴随大规模酸性岩浆活动。印支期褶皱 NEE 走向指示了其形成时受 NNW 向挤压应力作用，该方向的挤压应力导致 NNW 向基底断层的形成，印支期岩浆沿 NNW 向断层侵位，形成了走向为 NNW 的印支期花岗岩岩体。印支期岩浆富成矿元素，在岩体接触带形成热液矿床，如垄上、合江口矽卡岩矿，它们分布于印支期花岗岩与泥盆系棋梓桥组和锡矿山组的灰岩、含泥灰岩的接触带，在岩体接触面形态发生变化地段或岩体与围岩为超覆接触时，形成工业矿体，而矿体产状与地层产状或接触带产状一致。受后期燕山期 NW 向伸展的影响，锡田地区发生差异断隆，导致印支期岩体北部、南部隆升，构成现有的马蹄形断块；中部下降，形成 NW 向柄形断块，沿柄形断块接触带分布的垄上、合江口矽卡岩矿得以保存，而其隆起断块岩体接触带的矿化均应被剥蚀。

显然，NNW 向基底构造控制了印支期花岗岩的分布，印支期花岗岩的接触带构造控制了矿床的分布，而燕山期的构造控制了印支期矿化的保留区域，这些充分展示了印支期构造-岩浆-成矿的空间联系。

燕山运动在区内主要形成 NE 向的区域正断层以及次级 NNW 向、NE 向断层，其中 NE 向正断层控制了茶陵盆地及侏罗系地层的分布，也控制了区内花岗岩的分布。锡田矿田北部的邓埠仙地区的燕山期岩体主要集中在茶汉断层东端，其附近分布湘东钨矿；锡田地区南部的燕山期花岗岩受 NE 向区域断层控制，其出露面积及岩体数量最多的地区主要集中在狗打栏断层附近，其他出露于锡湖断层的东部、园树山断层西侧，以及光明、水口山等断层一带，显示断层与花岗岩体空间上的相随性。

锡田矿田中燕山期花岗岩主要以岩株、岩脉等小型岩体散布出露，显示了岩体顶/边缘相特点。由于燕山期岩体主要侵入印支期花岗岩中，因此其接触带构造内难有矽卡岩型矿化,其容矿空间应主要为断层,已有燕山期的石英脉型矿床均分布于这些花岗岩小岩体附近,矿体为脉状并显示为断层充填特点,如卸甲山、茶陵铅锌矿位于 NNW 向次级硅化破碎带中,狗打栏钨矿、尧岭铅锌矿、星高萤石矿主要分布在平行于 NE 向断层的次级断层带中,垄上钨锡矿近 SN 向印支期花岗岩接触带的矽卡岩矿体叠加了 NEE 向断层时,其矿化明显变好形成叠加富化型矿。

前文说明了锡田矿田燕山期的矿化分带、成矿流体温度分布格局与 NE 向断层分布的一致性,均说明燕山期断层-岩体-矿化的密切空间关系。

(二)构造-岩浆与成矿活动的时代相关性

锡田矿田加里东期并不成矿,加里东期岩体相对不含成矿元素的事实以及对其原因的初步分析,从相反的角度反映了岩浆-成矿关系,也证实了岩浆-成矿具有时间相随性。

印支期主要受近 SN 向挤压由此形成的 NNW 向断层控制了印支期花岗岩浆入侵,显示岩体与构造时间的匹配。该期岩体接触带构造控制了同期矽卡岩矿化分布,从矿床尺度上显示了接触带构造与矿化发生时代的相近关系。印支期花岗岩岩体中成矿元素富集、成岩与成矿时代一致,且同期矿化热液源自该期岩浆热液的系列地质事实均从宏观角度反映了印支期岩浆活动与成矿作用在时代上的一致性。印支期花岗岩与矽卡岩矿体中白钨矿稀土元素在配分型式上的相关性也证明花岗岩浆活动与矿化是同一期岩-矿化演化的产物。

燕山期岩浆-成矿在时间上的相关性已为前人确定的成岩和成矿时代所确定。本次工作厘定了 NE 向断层的主要活动时代为燕山晚期,结合花岗岩的锆石 U-Pb 年龄、矿床的辉钼矿 Re-Os 等时线年龄与白云母 $^{39}Ar/^{40}Ar$ 年龄值说明了 NE 向断层与岩浆活动和成矿作用的同时性。开展的 NE 向断层、容矿断层中热液活动与成矿热液演化行为相似的探讨,也说明断层-岩浆热液-成矿在时间上的相关性;研究区区域构造-岩浆-成矿背景模型示意图将燕山期的构造-岩浆-矿化融入同一体系,也从背景角度确定了三者可形成于同一时代。成矿结束后,区域 NW-SE 伸展作用虽持续,但总体规模和强度减小,只在区内形成零星分布的脉状煌斑岩。由于形成煌斑岩脉的岩浆主要为基性组分,其未包括大量成熟地壳组分,因此其 W 含量很低,尽管其 Sn 含量很高,但因其流体含量有限(煌斑岩自身及围岩无热液蚀变),最重要的是其岩浆规模小,不足以提供成矿所需的成矿元素和流体,因此煌斑岩入侵时并不成矿。这从另一角度说明印支期与燕山期的成矿需特定的构造、岩浆在时间上的匹配。

(三)构造-岩浆与成矿热液的相关性

锡田矿田内 NE 向断层发育三期热液活动,第一期和第三期热液活动主要形成纯硅化及石英脉,断层第二期的热液作用形成的石英脉中含少量绢云母和萤石,并含微量白钨矿及硫化物,具有高 W、Sn 含量。断层第二期热液作用形成的矿物组合与其附近矿床的矿物组合一致;断层第三期热液作用形成的矿物主要为石英,基本未见与成矿相关的矿物,而相邻矿床在晚阶段也不成矿,这种现象反映了断层热液演化阶段与矿床成矿热液阶段在物质上的一致性。

NE 向断层中石英与矿石中石英稀土元素分布曲线显示二者均呈平缓的"右倾海鸥"型,整体相似,指示断层与矿石流体来源一致。

通过 NE 向断层、花岗岩、矿体中白钨矿的稀土元素配分型式关系分析及可能机制探讨,建立了断层热液-岩浆热液-成矿热液的成因联系,从另一角度明确了它们的成因联系。

尽管矿石的白钨矿稀土总量明显低于断层的白钨矿,但二者稀土元素配分型式基本一致，说明断层与矿石的白钨矿也结晶于来源相同的流体，而矿石白钨矿稀土元素总量的下降是热液演化的结果。

构造–岩浆–成矿热液的演化规律与环境的相关同样说明了三者之间的密切关系。

锡湖断层中白钨矿核部到边部的稀土模式显示了其逐渐分馏，反映流体处于相对封闭的流体环境；核部到边部 Eu 从三价为主变为二价为主，显示了从氧化环境向还原环境的转换，这与锡湖断层附近没有规模型钨锡矿而主要为铅锌矿石一致。

狗打栏断层中白钨矿核部到边部的稀土配分型式和 MREE 元素含量分布显示了一致性，只有 ΣREE 发生周期性变化，指示了成矿流体为周期脉动方式进入断层系统（Sibson et al.，1988），并指示了流体的开放环境；白钨矿核部 Eu 以三价为主，指示了流体的氧化环境，这与狗打栏断层附近发育钨锡矿床相匹配。

已有事实和研究已将锡田燕山期的成矿作用厘定为岩浆热液成矿作用，而花岗岩–断层–矿体中白钨矿的稀土元素分布的相似与变化更好地从物源角度表达了三者间的联系，确定了 NE 向断层与岩体和矿体间的联系。

3.6.2　成矿作用和矿床成因

根据区内地质特征及矿体分布情况，该区成矿时代可划分为印支期和燕山早、晚期，且均与岩体侵入关系密切，矿床为岩浆接触交代作用和气成–热液作用的产物。接触交代成矿作用主要指与碳酸盐围岩接触交代的成矿过程，矿体产于岩体与碳酸盐岩地层及受断裂控制的碳酸盐岩岩块的接触部位，并以其形成矽卡岩型钨锡矿（化）体为特征；热液成矿作用是以充填为主、交代次之的热液矿化作用。其中，高温热液矿化作用多发生于岩体中段两侧之内接触带断裂构造中，以云英岩型钨锡矿化为主；高中温热液矿化作用多发生于岩体中段外接触带，且切穿于矽卡岩 NW 向断裂中，为锡、铅、锌、铜等多金属矿化组合；中低温热液矿化作用一般发生于岩体北段内部 NE 向断裂或破碎带中，主要矿化类型有沿断裂充填的萤石矿。

矿田出露地层成矿元素（Sn、W、Cu、Pb、Zn）的丰度，在泥盆系中上统岩层中除 Sn 含量普遍较高和佘田桥组 W 含量较高外，其余普遍偏低，表明地层中只有 Sn 较为富集，为区内锡矿提供了部分成矿物质。

锡田岩体的侵位与锡多金属矿的形成之间存在明显的成因联系，其除了提供热源，还提供了大量的成矿物质，这一点可从锡田复式岩体 Sn、W 等成矿元素明显富集予以体现，说明岩体既是成矿作用的围岩，也是提供主要成矿物质来源的成矿母岩。随着岩浆向上迁移，岩浆不断发生结晶分异。岩浆本身的热动力，使周围地下水受热并加入岩浆热液中，同时造成地层中成矿物质的活化及向流体中迁移，从而丰富了热液中的成矿物质，岩浆中大量挥发份（如 F、B、H_2S）等有助于形成各种稳定的络合物，对矿物质的迁移起到了重要作用。当热液沿裂隙渗透并与围岩发生交代作用后，以锡为主的各类金属络合物由于平衡条件被破坏而发生解体，并在一定的物化条件下，于碳酸盐岩层间滑动断裂带内、岩体与围岩接触部位结晶沉淀，形成矽卡岩矿床，在受构造控制的碳酸盐岩块附近形成构造–矽卡岩复合型矿床。同时，由于岩浆活动的多期性及构造运动的持续性，在早期岩体的断裂带中形成了蚀变破碎带型矿床，在岩浆冷凝收缩产生的裂隙中形成了云英岩脉型矿床（如桐木山、荷树下等）。而岩浆多次活动和叠加，又使矿体更加富集。

3.6.3 岩浆热液成矿系统

基于对锡田矿田构造-岩浆-成矿关系的分析，除因加里东期未发现矿化，无法对加里东期构造-岩浆-成矿的关系进行分析外，印支期、燕山期的构造-岩浆-成矿的相关性非常明确，即具有时-空-物的联系，表现为同时间、同空间、同物源的"三同"关系。锡田矿田从加里东期→印支期→燕山期矿化的加强与相应时代花岗岩中成矿元素含量增加的趋同性，印支期、燕山期均为岩浆热液成矿，说明岩浆作用在成矿事件中起关键作用。

虽然锡田矿田中的构造活动不直接为成矿提供物源，对成矿的影响作用相对要弱，但其对成矿热液的运移、对多余流体的逸散、对热液环境的影响以及作为容矿空间也是成矿所不能缺少的影响因素。

印支期岩浆相对富成矿元素及与泥盆系地层接触带构造控制了其成矿类型（矽卡岩型）和成矿空间；燕山期更富成矿元素的岩浆及断层构造同样控制了成矿类型（石英脉型）和成矿空间。而燕山期岩体主要只与印支期岩体形成接触带构造，决定了燕山期矿化只能以断层热液充填方式为主，也决定了燕山期矿化只能定位于断层并为石英脉型，显然，适宜及相匹配的构造-岩浆的联合控制决定了成矿的特点。

锡田从钨锡矿带→铅锌矿带→萤石矿化，流体包裹体的均一温度逐渐降低，因此燕山期岩浆入侵定位形成的温度场、NE 向区域断层对岩浆热液的运移通道以及其次级断层对成矿流体运移及沉淀场所的联合控制，是矿田内 W-Sn、Pb-Zn、萤石矿化分带的基本控制原因，其中 NE 向及其次级断层对热液的运移及含矿物质沉淀空间的控制作用是断层与成矿的空间耦合的不可忽视的原因。

图 3-37 示意了锡田矿田印支期-燕山期岩浆热液成矿系统模型。在燕山期伸展背景控制下，地幔软流圈上涌，重熔相对富 W、Sn 等成矿元素基底岩石岩浆上侵，在区域 NW-SE 伸展构造背景和岩浆上侵致浅部形成伸展的叠加作用下，形成由 NE 向正断层组成的地堑系，岩浆热液沿矿田 NE 向断层运移到浅部在次级断层成矿。燕山期岩浆侵位的中心分别位于北

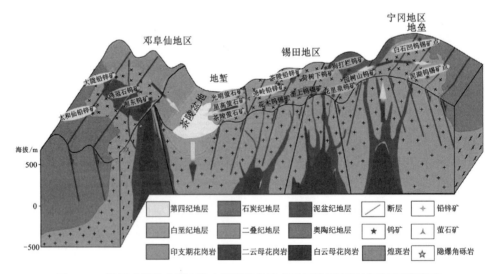

图 3-37　锡田矿田印支期、燕山期岩浆热液成矿系统示意图（扫码查看彩图）

部的湘东钨矿附近与南部的狗打栏-花里泉钨锡矿附近,与钨锡成矿中心一致,控制矿田的成矿分带格局;同时还显示了地势与岩体和矿床的关系,反映了成矿后构造活动对矿床的改造及矿床保存现状,也为区域性找矿潜力的认识提供了依据。印支期垄上和花木钨锡矿床已出露地表,印支期花岗岩产状、矿物及结构特征说明印支期岩体为深成相岩体,证实印支期成矿后受到了大规模的抬升,印支期的钨锡矿化可能已被剥蚀殆尽,而燕山期伸展形成的差异隆升-断陷格局,说明锡田矿田仅在岩体凹部(哑铃柄处)有矽卡岩型矿床的残留。燕山期花岗岩主要为岩株/枝/脉零散分布,目前出露地表的主要为浅成相,说明燕山期花岗岩以半隐伏为主,主体岩基还在深部;燕山期矿床以萤石-石英脉型的多金属矿及石脉型矿为主,其矿体的形态、产状及蚀变特点说明矿田石英脉型矿化应为"五层楼"成矿模式的顶部,因此燕山期成矿系统未受明显剥蚀,深部矿化应有较好保存。锡田矿田高温成矿中心(狗打栏-花里泉一带)向南、向北热液温度的下降指示成矿岩体埋深加大,其矿化埋深也加大。

第4章 邓阜仙矿田铌钽钨锡铅锌岩浆热液成矿系统

扫码查看本章彩图

4.1 矿田地质概况

邓阜仙地区位于锡田–邓阜仙矿集区北部（图4-1），区内出露地层主要为寒武系、奥陶系、泥盆系、石炭系，其次为二叠系、三叠系、侏罗系［图4-2（a）（b）］、白垩系［图4-2（c）］、第四系（表4-1）。

寒武系分布于邓阜仙岩体东西两侧，为边缘海盆相砂泥质、碳泥质岩沉积，是裂隙充填型钨锡铅锌金银矿床的主要赋矿围岩［图4-2（f）］。

泥盆系［图4-2（d）（e）］—石炭系主要围绕邓阜仙岩体北部及东西两侧。泥盆系主要为浅海相碳酸盐岩夹滨海相砂泥质碎屑岩，是接触交代型、交代–充填型钨锡多金属矿床的有利围岩。

二叠系—三叠系主要分布于邓阜仙岩体北部，锡田岩体北东部也有出露，为滨海相–海陆交互相的灰岩、泥砂质、硅质含煤沉积。

侏罗系地层不整合于三叠系中统及其以前地层上，主要分布于邓阜仙岩体以西，主要为陆相湖盆碎屑岩夹含煤沉积，为砾岩、砂岩、粉砂岩、砂质泥岩夹煤层组成的韵律，局部夹碳酸盐岩。

白垩系为陆相断陷盆地沉积，主要分布于茶陵盆地，由紫红色巨厚层陆源碎屑岩建造的砾–砂–泥质岩组成，角度不整合于前白垩系地层之上。

第四系主要分布于湘江及其支流等次级水系之侧，为阶地、河道、边滩、漫滩等沉积物，各处厚度不一。

区域构造格架为一北东向隆起，即太和仙隆起。

隆起带由一系列北东向挤压性断裂和褶皱组成，并同基底北西向和北东向断裂带一起控制了邓阜仙岩体的侵位。区内断裂构造主要可以分为北东向、北北东向和北北西向三组，其中北东向断裂最为发育。老山坳断层是区内典型的断层，走向50°～70°，倾向SE，倾角30°～50°，是区内导岩、导矿、控矿断层。褶皱构造多为短轴复式褶皱，倒转背向斜发育，长数百米至十余千米，轴线方向大多与主干断裂方向一致。

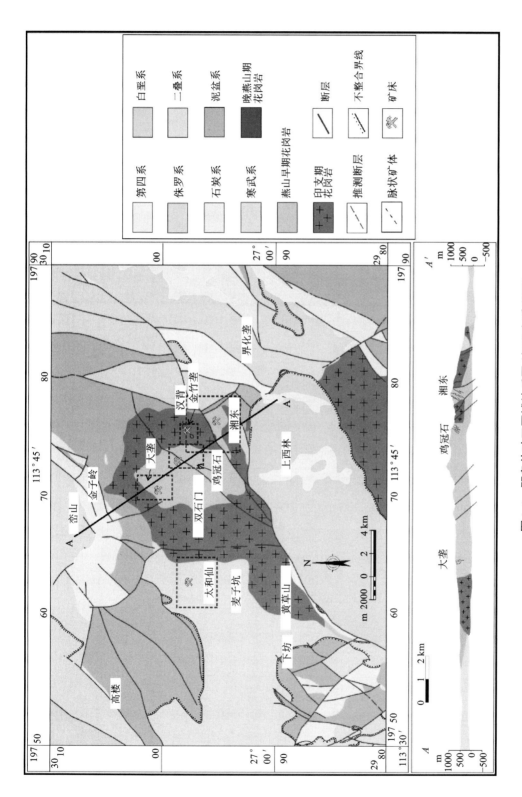

图 4-1 邓阜仙矿田区域地质图（扫码查看彩图）
（注：据Xiong et al.，2017；湖南省地矿局416队资料）

（a）定向片理化劈理化侏罗系砂岩；（b）侏罗系砂岩中的透镜体；（c）白垩系地层（陆相-洪积相）；
（d）泥盆系地层平卧褶皱；（e）泥盆系中细粒云母质砂岩；（f）灰黑色寒武系浅变质砂岩。

图 4-2　邓阜仙矿田区域地层野外特征（扫码查看彩图）

表 4-1　邓阜仙地区区域地层表

界	系	统	组	代号	岩性描述
新生界	第四系			Q	风化残坡积物等
中生界	白垩系	上统	戴家坪组	K_2d	紫红色钙质泥岩及泥质砂岩
	侏罗系	中统		J_2	长石石英砂岩、粉砂岩和泥岩互层
		下统		J_1	粉砂质泥岩、砂质泥岩与石英砂岩互层
	三叠系	下统	张家坪组	T_1z	上部以砂岩、页岩为主；下部以页岩、灰岩为主

续表4-1

界	系	统	组	代号	岩性描述
上古生界	二叠系	上统	龙潭组	P_2l	上部含煤段：长石石英砂岩、细粒石英砂岩、含砾砂岩、碳质页岩、砂质页岩与粉砂质泥岩 下部不含煤段：石英砂岩、长石石英砂岩、粉砂质泥岩、砂质页岩及含碳质页岩
		下统	茅口组	P_1m	以灰岩为主，夹少量的泥质、硅质灰岩
			栖霞组	P_1q	上部含煤段：以石英砂岩为主，夹有页岩 下部灰岩段：含少量燧石和白云岩的微粒灰岩
	石炭系	中上统	壶天群	C_{2-3}	上部：灰岩，夹少量的白云质灰岩 下部：灰色石灰岩，夹白云质灰岩、硅质灰岩
		下统	大塘组	C_1h	生物碎屑灰岩、白云岩、石英细砾岩
			孟公坳组	C_1y	泥灰岩、灰岩夹砂页岩
	泥盆系	上统	锡矿山组	D_3x	兔子塘段：泥质灰岩、纯灰岩、结核状灰岩 泥塘里段：黄绿色页岩、绿泥石页岩夹泥灰岩 马牯脑段：厚层灰色页岩
			佘田桥组	D_3s	灰岩、白云质灰岩夹白云岩
			棋梓桥组	D_2q	灰岩、泥质灰岩
		中统	跳马涧组	D_2t	上部：页岩夹泥质灰岩，或灰岩与页岩的互层 下部：页岩及砂质页岩 底部：白色石英砂岩及砾岩层
下古生界	寒武系	上统		ϵ_3	上部：泥灰岩、钙质板岩夹薄层灰岩、白云质灰岩、条带状灰岩 下部：含碳泥灰岩、泥质灰岩、含碳质板岩、硅质板岩，夹粉砂岩和少量泥质白云岩
		中统		ϵ_2	泥灰岩、粉砂质泥灰岩夹薄层灰岩、碳泥质板岩

在长期的地质历史中，区内经历了三期强烈的地壳运动：加里东运动、印支运动和燕山运动。加里东运动使下古生界地层遭受到强烈褶皱，并伴有广泛的区域变质作用和局部的岩浆活动。区域上，中泥盆统跳马涧组和下伏地层之间普遍为不整合接触，是加里东运动存在的有力依据。印支运动使上古生界地层发生较强烈的褶皱，上三叠统地层不整合覆于其上，在发生强烈褶皱的同时，一些构造部位还伴随有酸性岩浆活动。印支运动基本上奠定了本区的构造轮廓。晚三叠世以后，本区地壳普遍上升，处于陆地环境，中新生代都为陆相沉积。侏罗纪末期开始的燕山运动具有构造活动的性质，使得侏罗系地层发生褶皱，并伴随有酸性岩浆的侵入，同时还形成了一系列 NNE 向的断陷盆地。

研究区内还发育有一条醒目的 NE 向大断裂——茶汉断裂。通过野外调研及镜下观察，发现该断裂具有三期活动的特征：第一期为成矿期正断层，同时伴随大规模的热液硅化[图 4-3(a)(b)(c)]，地表见 30 m 宽的硅化带，断层岩镜下特征显示硅化蚀变强烈，硅化角砾被后期石英细脉穿插[图 4-3(f)(g)]；第二期为成矿后的挤压活动，断层泥发育[图 4-3(e)(h)]，并以其分支断裂老山坳断层为代表；第三期为大规模的伸展滑脱正断层[图 4-3(i)]，对应区域伸展高峰期, 控制了白垩纪红层盆地沉积。

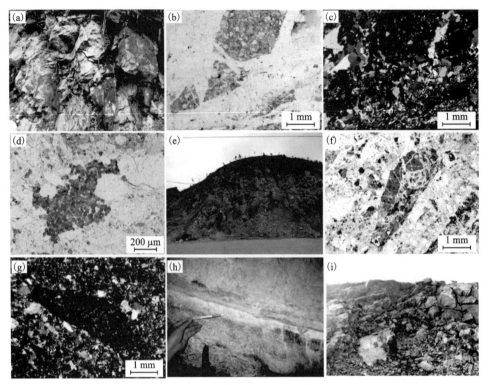

(a)粗粒花岗岩中的含方铅矿硅化破碎带, 并有石英细脉和电气石微脉; (b)硅化蚀变岩中见石英脉穿插并胶结花岗岩角砾(单偏光); (c)硅化蚀变岩中花岗岩角砾已完全硅化(正交偏光); (d)硅化蚀变岩中见团块状绿泥石(单偏光); (e)茶汉断裂硅化蚀变岩中见晚期的断层破碎带, 黄色断层泥宽50 cm; (f)茶汉断裂断层岩中的花岗岩角砾, 被石英细脉穿插(单偏光); (g)茶汉断裂花岗岩角砾硅化强烈且被后期石英细脉穿插(正交偏光); (h)老山坳断层中宽约2 cm的黄色、灰色断层泥; (i)茶汉断裂中的巨大平行滑动面, 据擦痕和阶步判断为正断层。

图4-3　茶汉断裂三期活动特征野外及镜下照片(扫码查看彩图)

矿区出露的岩体为邓阜仙花岗岩体, 为一多期次、多阶段侵入的复式岩体, 总面积约为171 km²。前人通过野外接触关系、岩相学和同位素定年等方法, 将邓阜仙岩体划分为三个期次。

第一期为印支期中粗粒斑状黑云母 A 型花岗岩[(225.7±1.6)Ma, 黄卉等, 2011; Cai et al., 2015], 分布在复式岩体的四周, 呈似马蹄形, 构成了复式岩体的主体[图 4-4(a)(b)(c)], 面积约为130 km²。

第二期燕山期中粒二云母 S 型花岗岩[(154.4±2.2)Ma, 黄卉等, 2013], 呈岩株状出露于邓阜仙复式岩体的中部、东南部及西南部边缘, 侵入第一期的黑云母花岗岩中[图 4-5(a)]。

第三期为细粒白云母花岗岩(141~110Ma, 张景荣, 1984; 宋新华等, 1988; 陈迪等, 2013), 地表露头较少, 以小岩株和岩脉的形式穿插到前两期花岗岩中。

Cai et al.(2015)认为印支晚期黑云母花岗岩为 A 型花岗岩, 且与古太平洋板块俯冲至华南陆块之下有关。黄卉等(2013)认为燕山期二云母花岗岩为 S 型花岗岩, 形成于造山后伸展构造环境。

（a）印支期岩体与泥盆系地层接触界面；（b）印支期岩体中的大颗粒长石斑晶及暗色包体；（c）湘东钨矿坑道中包含印支期黑云母花岗岩包体的基性岩脉侵入印支期岩体；（d）印支期黑云母花岗岩中的长石斑晶定性排列。

图 4-4　邓阜仙复式岩体野外特征（扫码查看彩图）

　　另外，本次野外调研还在湘东钨矿坑道中发现了一个比较特殊的"眼球状"构造［图 4-5（b）（c）（d）］。王艳丽等（2016）认为该现象是岩浆液态不混溶作用的结果，是岩浆发生液态分离的典型现象。研究显示，该现象与云英岩化相似，可能指示岩浆侵入活动的前端及其侵入形态。

　　除此之外，在邓阜仙矿区，也有少量基性煌斑岩呈脉状侵入中细粒二云母花岗岩中［图 4-4（c）］。煌斑岩脉多为北东走向，没有相关的年龄报道。根据其与二云母花岗岩的侵入关系，认为其形成时间应该晚于区内二云母花岗岩。

　　区域内矿产较为丰富，内生矿产有钨、锡、铅、锌等有色金属及少量的铌、钽等稀有金属与萤石非金属矿产，外生矿产有煤、铁等矿产。邓阜仙地区发育湘东钨矿、金竹垄铌钽矿、大陇铅锌矿、太和仙铅锌矿；燕山期的矿化大多在印支期或者燕山期二云母花岗岩体内部断层带中，主要为石英脉矿床，包括钨锡、铅锌、萤石矿床。达到大型规模的矿床只有湘东钨矿，其余多为中型矿山或小型矿山。铁矿分布于泥盆系中，煤炭主要分布于二叠系中，近期野外调研发现，金子岭铁矿也同样发育矽卡岩化，可能受到了印支期岩浆热液叠加作用影响。

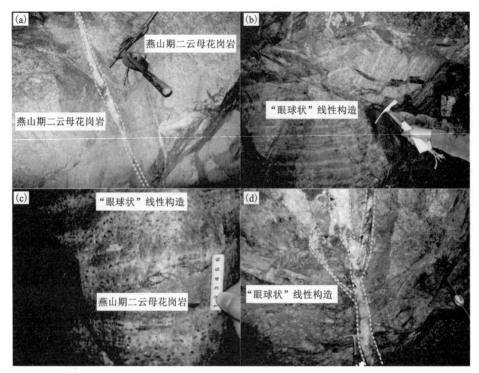

(a)含黑钨矿及硫化物石英脉切穿燕山期二云母花岗岩; (b)"眼球状"构造线性排列; (c)燕山期二云母花岗岩中的"眼球状"构造; (d)湘东钨矿中 3WS 脉切穿含有"眼球状"构造的燕山期二云母花岗岩。

图 4-5 邓阜仙燕山期岩体及"眼球状"构造特征(扫码查看彩图)

4.2 成矿岩体特征和成岩机制

4.2.1 岩体地质特征

邓阜仙复式岩体位于湖南省茶陵东北部,郴州−茶陵北东向钨锡多金属成矿区带北东段,是南岭成矿带和钦杭成矿带的重要组成部分。该岩体为一多期次多阶段侵入的复式岩体,总面积约为 171 km²。前人通过野外接触关系、岩相学和同位素定年等方法,将邓阜仙岩体划分为三个期次。

第一期为印支期(晚三叠世)中粗粒斑状黑云母 A 型花岗岩[(225.7±1.6)Ma,黄卉等,2011; Cai et al., 2015],分布在复式岩体的四周,呈似马蹄形,构成了复式岩体的主体[图 4-6(a)(b)],面积约为 130 km²。

第二期燕山早期(晚侏罗世)中粒二云母 S 型花岗岩[(154.4±2.2)Ma,黄卉等,2013],呈岩株状出露于邓阜仙复式岩体的中部、东南部及西南部边缘,侵入第一期的黑云母花岗岩中[图 4-6(c)(d)]。

第三期为燕山晚期(早白垩世)细粒白云母花岗岩(140~110Ma,张景荣,1984;宋新华等,1988;陈迪等,2013),地表露头较少,以小岩株和岩脉的形式穿插到前两期花岗岩中

[图 4-6(e)(f)]。同时，本次对穿插于中细粒二云母花岗岩中的基性岩脉(煌斑岩脉)进行
锆石 U-Pb 定年，得到年龄为 143~141 Ma(Liu et al.，2020)，为早白垩世。

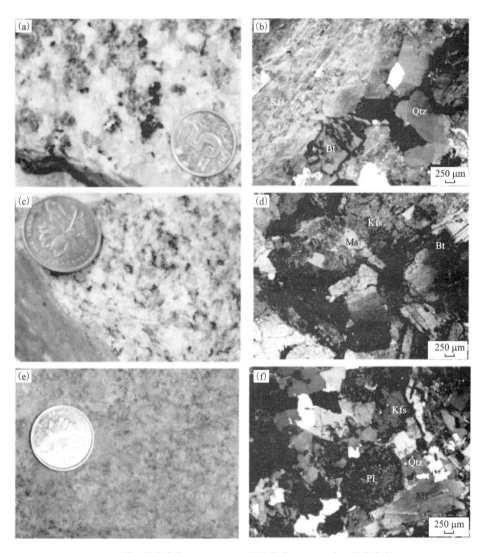

(a)(b)黑云母花岗岩；(c)(d)二云母花岗岩；(e)(f)白云母花岗岩。
Qtz—石英；Kfs—钾长石；Pl—斜长石；Bt—黑云母；Ms—白云母。

图 4-6　湘东地区邓阜仙不同岩性的花岗岩(扫码查看彩图)
(注：据何苗等，2018)

　　虽然前人对邓阜仙岩体进行了大量的研究，并有丰富的数据积累，但在对该区进行系统
梳理和研究的过程中，发现本区并不能够简单地按照岩相来进行期次划分。如前人将中粗粒
黑云母花岗岩默认为印支期的产物，但是研究发现印支期除黑云母花岗岩外，还产出中细粒
二云母花岗岩和细粒白云母花岗岩(何苗等，2018)；燕山早期主体为中细粒二云母花岗岩，
但也发现了黑云母花岗岩和白云母花岗岩(黄卉等，2013；蔡杨，2013)。
　　区内与成矿关系密切的岩体为燕山期的八团岩体，为一南北稍长的椭圆形岩株，其岩性

为中细粒二云母花岗岩，新鲜面呈灰-灰白色，风化面为灰白色，细粒结构，其主要矿物成分及含量为石英30%~40%、钾长石20%~30%、斜长石10%~15%、白云母5%~10%、黑云母2%~5%，主要副矿物为磁铁矿、黄铁矿、锆石和磷灰石等。岩体局部蚀变强烈，可见绿泥石化、绢云母化、黏土化。其结构以半自形粒状结构为主，局部可见包含结构及蠕虫结构，构造以块状为主。

邓阜仙复式花岗岩体地表岩性以黑云母花岗岩和二云母花岗岩为主，也有少量白云母花岗岩出露，伴生产出钨矿、铌钽矿等金属矿产。邓阜仙岩体空间上与锡田岩体相毗邻，前人研究结果表明，邓阜仙岩体与锡田岩体的岩石组合及地球化学均具有可对比性。鉴于此，为全面研究锡田地区的中生代岩浆活动及其对伴生矿床的制约，本项目也对邓阜仙岩体开展了详细的野外考察以及岩石成因和成矿作用的研究工作。

本项目对邓阜仙地区进行了详细野外考察，根据岩体宏观特征将出露花岗岩划分为含钾长石巨晶黑云母花岗岩、粗粒黑云母钾长花岗岩、中粗粒似斑状黑云母花岗岩、绿泥石化中粗粒二云母花岗岩、细粒二云母花岗岩及细粒钠长石白云母花岗岩等不同岩性。

含钾长石巨晶似斑状黑云母花岗岩：石英（30%~35%）+碱性长石（25%~30%）+斜长石（15%~20%）+黑云母（10%~15%）。其中，石英最大可达2 mm，呈它形填充，可见波状消光。碱性长石一般为7.5~30 mm，部分样品手标本中（XDW09）肉眼可见50 mm的钾长石巨晶。碱性长石自形，大部分为钾长石，多见卡式双晶，并较少受高岭土化。斜长石大小为7~20 mm，较自形，以聚片双晶出现，且保存较完好。黑云母最大为4~5 mm，呈它形填充。

粗粒黑云母钾长花岗岩：石英（35%~40%）+碱性长石（40%~45%）+斜长石（10%）+黑云母（5%）。其中，石英呈半自形，最大可达4 mm。碱性长石粒度最大，为20 mm，自形，以条纹长石为主，少部分发生高岭土化。斜长石最大粒度为10 mm，自形，以聚片双晶出现，个别的有绢云母化，但整体保存完好。黑云母最大粒度为3 mm，较自形，其中样品2901中可见10~20 mm的钾、斜长石斑晶；样品2401中有一个颗粒较周围晶体明显大得多的角闪石，推测是由外界混入。

中粗粒似斑状黑云母花岗岩：石英（30%以上）+碱性长石（40%~50%）+斜长石（10%~15%）+黑云母（10%~15%）。其中，石英最大粒度为3.75 mm，呈它形填充，可见波状消光。碱性长石最大可达10 mm，有条纹长石出现。斜长石最大可达4~5 mm，以聚片双晶出现，未见有环带出现，且大部分遭受绢云母化、蚀变。黑云母最大粒度可达4~5 mm，很多都已蚀变成绿泥石。部分样品（XDW05）的手标本上肉眼可见的最大晶体为4~5 mm。

绿泥石化中粗粒二云母花岗岩：石英（35%~40%）+碱性长石（30%）+斜长石（15%~20%）+黑云母（5%）+白云母（约5%）。其中，石英最大粒度为4 mm，呈它形填充，偶见波状消光。碱性长石最大粒度为6 mm，以自形出现，以卡式双晶出现，且有些蚀变，表面受到一些高岭土化，未见环带、条纹长石。斜长石最大可达6 mm，以聚片双晶出现，自形程度较高，但一半以上都蚀变，其表面受到一些绢云母化，未见环带。黑云母最大粒度为3 mm，呈自形-半自形，但大多蚀变成绿泥石。白云母最大粒径为3 mm，呈自形-半自形，未受蚀变。副矿物有锆石、钛铁矿等，还有部分样品伴有黑钨矿、闪锌矿等。部分样品80%以上都蚀变成绿泥石，如DFX5，是所有样品中绿泥石化特别明显的一个，晶体大小为3~6 mm。

细粒二云母花岗岩：石英（35%~40%）+碱性长石（30%）+斜长石（10%）+黑云母（5%）+白云母（5%）。石英最大粒度为2 mm，呈它形填充，偶见波状消光。碱性长石最大粒度为

1.5 mm，呈自形-半自形，并以卡式双晶出现，未见环带和条纹长石，有少量蚀变、高岭土化。斜长石最大粒度为 2 mm，呈自形-半自形，以聚片双晶出现，且有些蚀变，表面受到些绢云母化，也未见环带。黑云母最大粒度为 1 mm，以半自形出现，大都被绿泥石化。白云母最大粒度可达 1.5 mm，呈自形出现，蚀变很少。副矿物有锆石、钛铁矿等。部分样品（DFX4）的晶体最大可达 1~2 mm。

细粒钠长石白云母花岗岩：石英（30%）+碱性长石（5%~10%）+斜长石（15%~20%）+白云母（10%~15%）。石英最大粒度为 2.5 mm，呈它形填充，具有斑状结构。碱性长石最大为 1 mm，较自形。斜长石粒度最大为 1 mm，从半自形到自形均有。部分样品（XDW06）的黑云母极少，几乎可忽略，整个薄片上仅有两个（1.25~2 mm），且经过较严重的蚀变。白云母最大粒度为 1 mm，从半自形到自形均有，未经蚀变，可见绢云母。

4.2.2　岩石地球化学

综合前人资料和本项目研究，对邓阜仙岩体各期次花岗岩的黑云母花岗岩、二云母花岗岩和白云母花岗岩进行了全岩主微量元素、Sr-Nd 同位素和锆石 Hf 同位素分析，对部分花岗岩造岩矿物如云母等进行了成分分析。

（一）全岩地球化学特征

邓阜仙岩体晚三叠世花岗岩主量元素具有以下主要特征：①富硅（SiO_2 含量：70.6%~77.8%）、贫镁（MgO 含量：0.02%~0.9%）、贫钛（TiO_2 含量：0.01%~0.48%）、贫铁（$Fe_2O_3^T$ 含量：0.97%~3.12%）、贫锰（MnO 含量：0.02%~0.13%）。②全碱为 7.0%~9.37%，有较高的 K_2O/Na_2O 值（均值为 3.4），显示出了富钾的特征，属高钾钙碱性花岗岩和钾玄岩系列。③铝饱和指数（A/CNK）均大于 1，但分布较分散，范围为 1.01~1.57，平均 1.2，属于从弱过铝质到强过铝质花岗岩，在碱铝指数图解中，样品点全部落入过铝质花岗岩所在区域（如图 4-7）。④岩石的碱度率指数（AR）变化在 2.46~5.02，均值为 3.42；碱铝指数（AKI 值）为 0.61~0.85，其平均值为 0.73，大大低于 A 型花岗岩的平均值 0.95（Whalen et al.，1987），

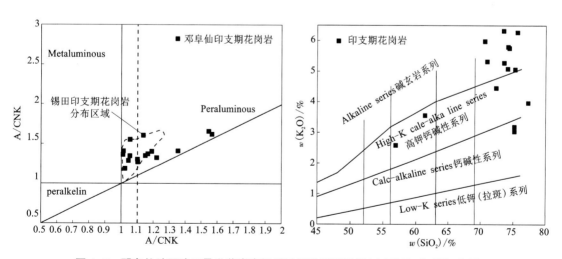

图 4-7　邓阜仙地区晚三叠世花岗岩铝质过铝质判别图解（左图）和硅碱图（右图）

（注：据 Peccerillo and Taylor，1976）

均属于钙碱性花岗岩。⑤分异指数(DI)(平均值)较高，为89.2，反映岩体经历了高度分异演化作用。MgO、TiO$_2$、Fe$_2$O$_3^T$、MnO、Na$_2$O、Al$_2$O$_3$等都与SiO$_2$有较好的负相关(图4-8)，表示出富钙斜长石、辉石、钛铁矿、磷灰石等矿物的分离结晶作用明显。分异指数(DI)也与SiO$_2$含量正相关，说明有明显的分离结晶作用。

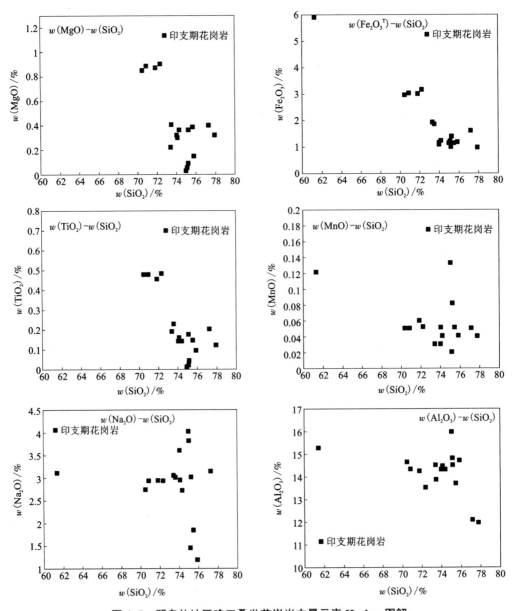

图4-8　邓阜仙地区晚三叠世花岗岩主量元素 Harker 图解

从微量元素的原始地幔标准化图解(如图4-9)中可看出，邓阜仙晚三叠世花岗岩富集Rb、Th、U，强烈亏损Ba、Nb、Sr、P、Ti，有极高的Rb含量(213×10^{-6}～968×10^{-6}，均值426×10^{-6})、较高的Rb/Sr值(1.08～53，均值10)以及较高的Rb/Ba值(均值7.96)，另外还有较小的K/Rb值(25～158，均值117)。以上数据均说明其分异演化程度较高。高场强元素 Rb、

Zr、Y、K 等强烈富集,揭示其发生过强烈的结晶分异作用。稀土总含量较低(ΣREE 为 87×10^{-6}~477×10^{-6},均值 187×10^{-6});富集轻稀土(ΣLREE/ΣHREE 为 4.29~19.84),且轻重稀土分馏度大[(La/Yb)$_N$为 3.92~37.52],同时,轻稀土的分馏[(La/Sm)$_N$为 1.34~5.52,均值 3.67]较重稀土的分馏[(Gd/Yb)$_N$为 0.9~6.23,均值 3.64]稍明显。邓阜仙晚三叠世花岗岩富集轻稀土而亏损重稀土,在球粒陨石标准化配分图解上呈现为右倾的海鸥型,且具有明显的负铕异常(Eu/Eu*为 0.02~2.18,均值 0.40),Eu 的亏损说明有过斜长石、钾长石的分离结晶;Sr 和 Ba 的亏损亦说明发生过斜长石和钾长石的分离结晶作用;Nb、Ta 和 Ti 的亏损指示曾有富钛矿物(如钛铁矿、金红石)的分离结晶,P 的亏损说明发生过磷灰石的分离结晶。

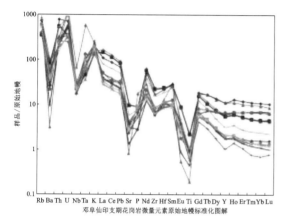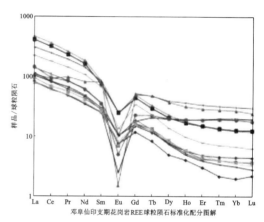

图 4-9　邓阜仙晚三叠世微量元素蛛网图和 REE 配分图(扫码查看彩图)

(注:原始地幔标准值和球粒陨石标准值均取自 Mcdonough and Sun,1995)

　　邓阜仙地区晚侏罗世花岗岩与晚三叠世花岗岩相比,同样表现出富硅、铝、碱、钾、磷,贫镁、钛、锰的特点。SiO$_2$含量为 67.1%~77.6%,MgO 含量为 0.03%~1.6%,TiO$_2$含量为 0.02%~0.8%,MnO 含量为 0.02%~0.8%(图 4-10)。分异指数(DI)(平均值)较高,为 88.93,反映岩体经历了高度分异演化作用。全碱为 4.3%~9.6%,K$_2$O 含量为 4.0%~6.8%,具有较高的 K$_2$O/Na$_2$O 值,也同样显示出富钾的特征,属高钾钙碱性花岗岩和钾玄岩系列。铝饱和指数(A/CNK)均大于 1,但分布较晚三叠世花岗岩更集中,为 1~2.9,属于从弱过铝质到强过铝质花岗岩。岩石的碱度率指数(AR)变化在 1.8~4.1,低于 A 型花岗岩的平均值 0.95,属于钙碱性花岗岩(如图 4-11)。总体来看,晚侏罗世比晚三叠世更贫 MnO,更富 P$_2$O$_5$,其他的主量元素数据在两者之间差异不大。

　　邓阜仙晚侏罗世花岗岩和晚三叠世花岗岩类似,富集 Rb、Th、U,亏损 Ba、Nb、Sr、P、Ti。其有很高的 Rb 含量(212×10^{-6}~1040×10^{-6})、较高的 Rb/Sr 值(0.93~25)以及较高的 Rb/Ba 值,另外还有较小的 K/Rb 值(39~169),均说明其分异演化程度很高。稀土总含量较高(ΣREE 均值为 273×10^{-6}),比华南花岗岩稍高;富集轻稀土(ΣLREE/ΣHREE 为 4.5~24.18),且轻重稀土分馏度大[(La/Yb)$_N$为 6.19~40.89],同时,轻稀土的分馏[(La/Sm)$_N$为 2.69~6.23]较重稀土的分馏[(Gd/Yb)$_N$为 1.72~6.22]更为明显。从稀土元素球粒陨石标准化配分图解(如图 4-11)中可以看出曲线呈明显的右倾海鸥型,比晚三叠世花岗岩有更明显的负铕异常(Eu/Eu*=0.12~0.6)。

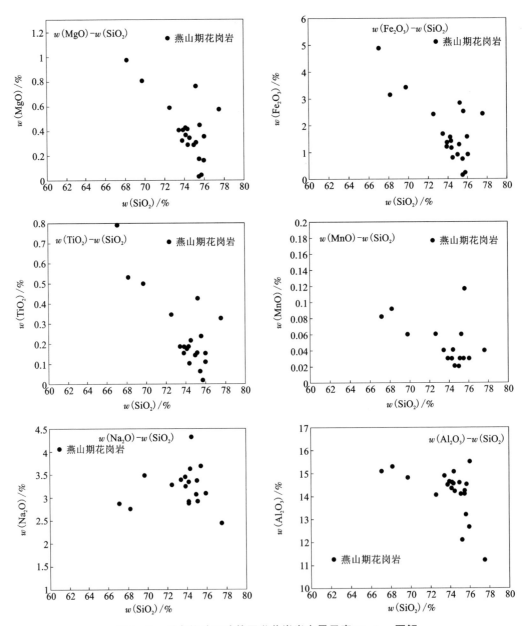

图4-10 邓阜仙地区晚侏罗世花岗岩主量元素 Harker 图解

这两期花岗岩总结来说，从黑云母花岗岩到白云母花岗岩，岩体的总稀土元素含量逐渐降低，LREE/HREE 值逐渐减小。早期的黑云母花岗岩 Eu 的负异常不明显，随着岩浆的演化，后来的二云母花岗岩和白云母花岗岩相对有明显的 Eu 负异常，说明随着岩浆演化，分离结晶逐渐加强。二云母花岗岩具有明显的含钨花岗岩的稀土元素配分模式(亏损 Ti)。

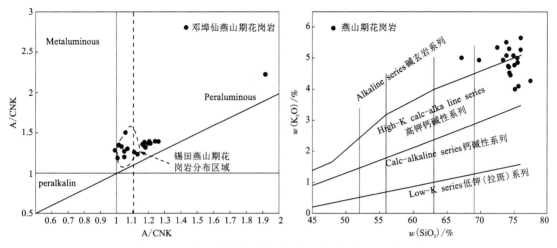

图 4-11　邓阜仙地区晚侏罗世花岗岩铝质过铝质判别图解(左图)和硅碱图(右图)

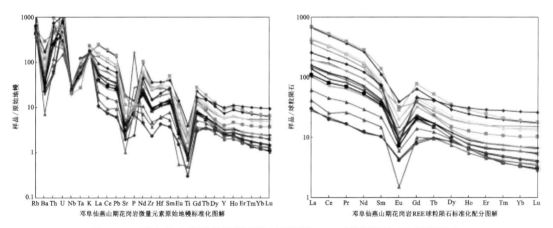

图 4-12　邓阜仙晚侏罗世微量元素蛛网图和 REE 配分图(扫码查看彩图)

(二)锆石微区 Hf-O 同位素

邓阜仙岩体中晚三叠世不同类型的花岗岩,锆石 Hf 同位素的组成变化范围较大,对于有晚三叠世结晶年龄的锆石,$\varepsilon_{Hf}(t)$ 值为 -26.12 ~ -5.12(表 4-2),Hf 的两阶段模式年龄(T_{2DM})为 1.58 ~ 2.74 Ga。邓阜仙岩体晚三叠世样品的锆石 $\delta^{18}O$‰同位素组成为 8.76 ~ 12.09,加权平均值为 $\delta^{18}O$‰ = 9.65±0.30(n=35),高于正常地幔的 $\delta^{18}O$ 值(5.3‰±0.3‰),指示其有壳源花岗质岩浆来源的特征。

晚侏罗世花岗岩 $\varepsilon_{Hf}(t)$ 值均为负值,较晚三叠世的花岗岩,具有相对较小的变化范围,$\varepsilon_{Hf}(t)$ 值变化范围为 -11.3 ~ -4.5,两阶段模式年龄介于 1.48 ~ 1.92 Ga,揭示了该期花岗岩源区组成可能存在不均一性。邓阜仙晚侏罗世样品的锆石 O 同位素分析结果表明,$\delta^{18}O$ 同位素组成为 8.30‰ ~ 10.64‰,加权平均值为 $\delta^{18}O$ = 9.18‰±0.12‰(n=37),高于正常地幔的 $\delta^{18}O$ 值,指示其有壳源花岗质岩浆来源的特征。

表4-2　邓阜仙地区花岗岩的锆石Hf-O同位素分析结果统计

样品号		t/Ma	$\delta^{18}O/‰$	$\varepsilon_{Hf}(t)$	$T_{1DM}(Hf)$	$T_{2DM}(Hf)$
晚三叠世	2609 均值	224	10.17	-8.2	1202	1777
	分布范围	221~229	8.99~12.09	-11.6~-5.1	1072~1382	1584~1996
	2804 均值	221.9	9.29	-7.92	1182	1758
	分布范围	215.9~228.6	8.76~9.95	-10.5~-5.9	1106~1291	1637~1921
	DFX6 均值	227	9.26	-12.4	1337	2009
	分布范围	211.4~243.4	7.2~10.37	-26.1~-7.6	1204~1711	1741~2740
晚侏罗世	2901 均值	148.4	9.11	-7.2	1087	1657
	分布范围	55.6~212	8.72~10.64	-10.5~-5.2	1008~1254	1536~1915
	XDW20 均值	150.6	9.13	-8.1	1133	1719
	分布范围	140.8~176.9	8.3~10.09	-11.3~-4.5	980~1271	1479~1914

注：仅统计较好测点的值，偏离谐和曲线或继承锆石测点均除外。

（三）黑云母常量元素地球化学特征

八团岩体内广泛发育原生黑云母，其多呈自形-半自形片状，单偏光镜下呈绿色到棕褐色，节理较发育，粒径一般为0.15~0.4 mm（图4-13）。岩体中黑云母的电子探针结果见表4-3，其中电子探针直接测试得出的只有FeO^T的含量，在计算过程中采用郑巧荣等（1983）提出的电价差值法估算，晶体化学式采用电价平衡原理计算FeO与Fe_2O_3的含量。

Q—石英；Kfs—钾长石；Pl—斜长石；Mt—磁铁矿；Bt—黑云母。

图4-13　八团岩体中黑云母镜下特征（+）（扫码查看彩图）

表 4-3 八团岩体黑云母电子探针测试数据以及相关计算参数

	测点	1	2	3	4	5	6	7	8
含量/%	SiO_2	36.077	36.618	35.537	35.037	36.414	35.782	35.782	35.951
	TiO_2	3.931	4.003	4.092	4.135	3.894	4.204	3.782	4.695
	Al_2O_3	17.593	16.472	17.102	17.729	17.011	17.043	17.061	17.468
	FeO	18.975	19.154	18.691	18.933	18.995	19.621	18.555	18.431
	MnO	0.260	0.287	0.335	0.257	0.309	0.323	0.274	0.148
	MgO	7.541	6.620	7.177	7.077	7.280	7.181	7.703	7.430
	CaO	0.352	0.169	0.110	0.144	0.067	0.215	0.114	0.383
	Na_2O	0.563	0.654	0.630	0.420	0.588	0.497	0.735	0.856
	K_2O	9.007	9.385	9.342	9.429	9.578	9.438	9.585	9.049
	Total	94.340	93.418	93.139	93.289	94.179	94.411	93.664	94.691
	Si	5.518	5.684	5.513	5.436	5.583	5.495	5.657	5.4853
	Al^{IV}	2.482	2.316	2.487	2.564	2.417	2.505	2.343	2.5147
	Al^{VI}	0.689	0.697	0.641	0.678	0.657	0.580	0.772	0.6268
	Ti	0.452	0.467	0.477	0.482	0.449	0.486	0.474	0.5388
	Fe^{3+}	0.205	0.131	0.321	0.306	0.303	0.343	0.134	0.2168
	Fe^{2+}	2.223	2.355	2.104	2.151	2.133	2.177	2.187	2.1351
	Mn	0.034	0.038	0.044	0.034	0.040	0.042	0.042	0.0191
	Mg	1.719	1.532	1.660	1.637	1.664	1.644	1.542	1.6900
	Ca	0.058	0.028	0.018	0.024	0.011	0.035	0.036	0.0626
	Na	0.167	0.197	0.190	0.126	0.175	0.148	0.203	0.2533
	K	1.758	1.859	1.849	1.867	1.874	1.850	1.916	1.7619
	MF	0.411	0.378	0.402	0.397	0.402	0.391	0.395	0.416
	X_{Mg}	0.415	0.381	0.406	0.400	0.406	0.395	0.399	0.418
	$Mg/(Mg+Fe^{2+})$	0.436	0.394	0.441	0.432	0.438	0.430	0.414	0.442
	^{T}Al	3.172	3.014	3.127	3.242	3.074	3.085	3.115	3.142
	$Al^{VI}+Fe^{3+}+Ti$	1.346	1.296	1.440	1.466	1.408	1.408	1.379	1.382
	$Fe^{2+}+Mn$	2.256	2.393	2.148	2.185	2.173	2.219	2.228	2.154
	$T/℃$	782	779	786	786	779	786	784	784
	M	0.432	0.390	0.436	0.428	0.434	0.426	0.409	0.440
	$P/kbar$	3.080	2.601	2.946	3.293	2.784	2.817	2.908	2.989
	H/km	10.27	8.67	9.82	10.98	9.28	9.39	9.69	9.96

注：表中的阳离子数是以 O 的个数为 22 计算的；$MF=Mg/(Mg+Fe^{2+}+Fe^{3+}+Mn)$；镁质率 $M=Mg/(Mg+Fe^{2+}+Mn)$；^{T}Al 为黑云母以 22 个氧为基础计算的全铝含量；$X_{Mg}=Mg/(Mg+Fe^{2+}+Fe^{3+})$。测试单位为中南大学地球科学与信息物理学院电子探针实验室。

　　从表 4-3 可以看出黑云母中 MgO 的含量为 6.620%~7.703%，Al_2O_3 的含量为 16.472%~17.729%，属于高铝低镁的类型。$Mg/(Mg+Fe^{2+})$ 值为 0.394~0.442。在黑云母成分分类图解中[图 4-14(a)]，所有的样品点均落入铁质黑云母中，表明本区的黑云母属于铁质黑云母。

　　通过计算得出黑云母中 FeO 的含量为 17.446%~19.154%，$Fe^{2+}/(Mg+Fe^{2+})$ 值变化不大（0.502~0.606），说明本次测试的为原生黑云母，并未受到后期流体的影响（Stone，2000）。马昌前（1994）提出黑云母的 Ti 含量和 X_{Mg} 是判断黑云母成因的重要标志。八团岩体中黑云母的 Ti 原子数介于 0.444~0.482 apfu（atoms per formula unit），X_{Mg} 值 0.415~0.433，说明本区岩体中的黑云母均属于岩浆成因（岩浆成因的黑云母 Ti 原子数介于 0.20~0.55 apfu，X_{Mg} 值介于 0.32~0.51）。

　　Whitney（1988）研究认为影响花岗岩浆形成的重要因素包括温度、压力和氧逸度。实验研究表明（Henrry 等，2005；Rene 等，2008），黑云母中 Ti 含量与岩体的形成温度具有密切的关系。Henrry 等（2005）以过铝质变泥质岩熔融产物中的黑云母为研究对象，通过实验探讨 Ti 含量与温度的关系，最终总结了一个经验的 Ti 饱和温度计算公式：

$$Ti = \{[\ln(Ti)+2.3594+1.7283(X_{Mg})]/b\}^{0.333}$$

式中：Ti 为绿泥石形成温度，℃，Ti 为以 22 个 O 原子为基础计算阳离子数后的原子数；$b=4.6842\times10^{-9}$。

　　通过计算得出花岗岩中黑云母 Ti 的温度介于 779~786℃，平均值为 783℃。八团岩体具有过铝质的特征，但岩体中未见钛铁矿，因此用上述计算公式估算黑云母 Ti 的饱和温度，结果可能会比其结晶温度略高。因此，用黑云母的 Ti-X_{Mg} 温度估算图解[图 4-14(b)]来估算本区黑云母的结晶温度，从图中可以看出黑云母的结晶温度为 710~730℃。

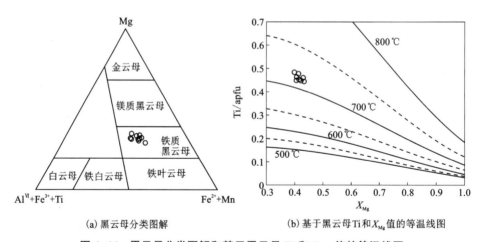

(a) 黑云母分类图解　　　　(b) 基于黑云母 Ti 和 X_{Mg} 值的等温线图

图 4-14　黑云母分类图解和基于黑云母 Ti 和 X_{Mg} 值的等温线图

注：(a)底图据 Foster，1960；(b)据 Henrry 等，2005。

　　前人研究指出（Albuquerque et al.，1973；Noyes et al，1983；Barrire et al.，1999；Henrry et al.，2005），利用与钾长石和磁铁矿共生的黑云母的 Fe^{3+}、Fe^{2+} 和 Mg 的原子数可以估算黑云母结晶时的氧逸度。显微镜下可见黑云母包裹磁铁矿的现象，同时也有黑云母与钾长石共生的现象,与逸度计的前提条件相符,可以用来估算其形成的氧逸度。在岩体黑云母的 Fe^{3+} -Fe^{2+}-Mg 图解[图 4-15(a)]中,八团岩体中黑云母样品点均落在 Ni-NiO 与 Fe_2O_3-Fe_3O_4 两条缓冲线之间,说明黑云母结晶形成时的氧逸度较高。

同时,Wones 等(1965)提出在压力为 207 MPa 的大气压条件下,用黑云母的 $\log f_{O_2}$-T 图解(基于黑云母稳定度)可以定量估算岩体(黑云母-钾长石-磁铁矿平衡)结晶时的氧逸度。将前面得到的 Ti 饱和温度以及黑云母稳定度[$M=100\times Fe/(Fe+Mg)$]投到黑云母的 $\log f_{O_2}$-T 图解[图 4-15(b)]中,得出黑云母结晶时的氧逸度范围为 $-13\sim-12$,说明岩体形成时氧逸度较高。

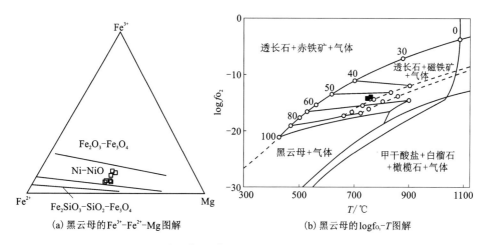

(a) 黑云母的 Fe^{3+}-Fe^{2+}-Mg 图解　　(b) 黑云母的 $\log f_{O_2}$-T 图解

图 4-15　黑云母的 Fe^{3+}-Fe^{2+}-Mg 图解和黑云母的 $\log f O_2$-T 图解

[注:(a)底图据 Wones et al.,1965;(b)底图据 Wones,1965]

Etsuo 等(2007)通过实验提出了黑云母中 Al 的含量与花岗岩的固结压力的拟合方程:

$$P=3.03\times{}^{T}Al-6.53(\pm0.33)$$

其中,P 为固结压力(10^8Pa),^{T}Al 为以 22 个 O 为基础计算的全铝的原子数。利用上述公式估算八团岩体的固结压力,为 $227\sim296$ MPa,根据 30 Ma/km 的地压梯度计算,其形成深度介于 $7.57\sim9.88$ km,平均深度 8.66 km,属于中成侵入岩。

八团岩体黑云母的 MF 值介于 $0.378\sim0.416$,均小于 0.5,表明八团岩体具有壳源的成因类型(谢应雯等,1995),同时岩体中 MgO 平均含量为 7.251%,Al_2O_3 的平均含量为 17.185%,TiO 的平均含量为 4.092%,MF 平均值为 0.399,这与华南改造型花岗岩的特征相符合(华南改造型花岗岩 Al_2O_3 含量>15%,MgO 含量<8%,TiO 含量>3%,MF 值<0.45)(吕志成等,2003)。同时,在黑云母的 $w(Si)$-$w(Mg)/w(Mg+Fe+Mn)$ 图解中[图 4-16(a)],样品点均落入华南改造型花岗岩中。岩体中黑云母的镁质率 M 可以用来判别岩浆岩的源区,八团岩体的镁质率介于 $0.39\sim0.44$,平均值为 0.42,均小于 0.45,与南岭浅源系列岩浆岩类似(吕志成,2003);同时在黑云母的 $w(MgO)$-$w(\sum FeO)/w(\sum FeO+MgO)$ 图解中[图 4-16(b)],所有点均落入壳源,表明八团岩体成岩物质来源于地壳。

Whalen(1988)提出根据黑云母中的 Al^{VI} 原子数来区分 S 型和 I 型花岗岩,八团岩体的 Al^{VI} 原子数介于 $0.580\sim0.772$,远大于 I 型花岗岩的 Al^{VI} 原子数($0.114\sim0.224$),同时岩体中

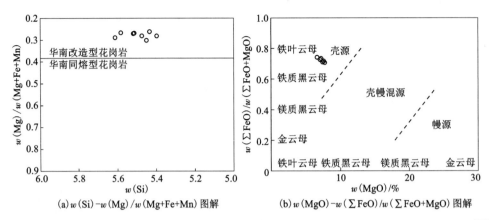

(a) $w(\mathrm{Si})$-$w(\mathrm{Mg})/w(\mathrm{Mg+Fe+Mn})$ 图解　　(b) $w(\mathrm{MgO})$-$w(\sum\mathrm{FeO})/w(\sum\mathrm{FeO+MgO})$ 图解

图 4-16　黑云母的 $w(\mathrm{Si})$-$w(\mathrm{Mg})/w(\mathrm{Mg+Fe+Mn})$ 和 $w(\mathrm{MgO})$-$w(\sum\mathrm{FeO})/w(\sum\mathrm{FeO+MgO})$ 图解

[注：(a)据周作侠，1986；(b)据彭花明，1997]

黑云母相对富铝、富铁、贫镁，这些特征均与 S 型花岗岩相符(周作侠，1986；Abdel-Rahman，1994)。从黑云母 $w(\mathrm{Fe})/w(\mathrm{Fe+Mg})$-$w(\sum\mathrm{Al})$ 和 MgO-$\mathrm{FeO^T}$-$\mathrm{Al_2O_3}$ 图解(图 4-17)可以看出，所有的样品点均落入代表 S 型花岗岩的区域中，说明八团岩体属于 S 型花岗岩。

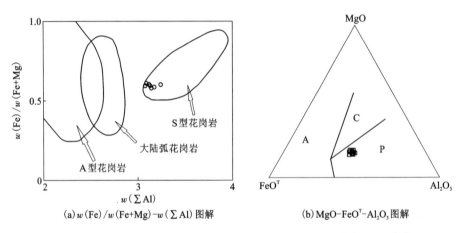

(a) $w(\mathrm{Fe})/w(\mathrm{Fe+Mg})$-$w(\sum\mathrm{Al})$ 图解　　(b) MgO-$\mathrm{FeO^T}$-$\mathrm{Al_2O_3}$ 图解

A—非造山的碱性杂岩(多为 A 型花岗岩)；C—造山带钙碱性杂岩(多为 I 型花岗岩)；
P—过铝质岩套(包括碰撞型和 S 型花岗岩)。

图 4-17　黑云母 $w(\mathrm{Fe})/w(\mathrm{Fe+Mg})$-$w(\sum\mathrm{Al})$ 和 MgO-$\mathrm{FeO^T}$-$\mathrm{Al_2O_3}$ 图解

[注：(a)据 Shabani et al.，2003；(b)据 Abdel-Rahman et al.，1994]

4.2.3　成岩年代学

根据野外地质观察，结合岩石学和矿物学特征，选取不同类型的花岗岩样品进行 SIMS 和 LA-ICP-MS 锆石 U-Pb 定年，对邓阜仙岩体的形成时代进行准确地厘定。锆石样品的阴极发光图像及 U-Pb 年龄测定结果见图 4-18、图 4-19、表 4-4。

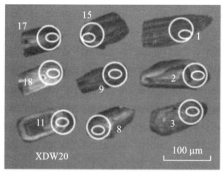

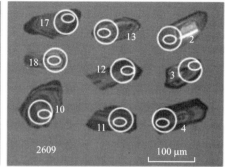

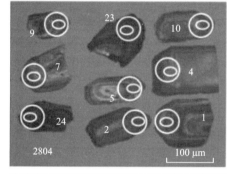

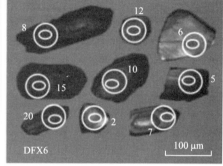

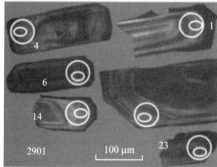

说明：
图中椭圆形为20 μm×30 μm的
SIM SU-Pb定年及氧同位素测点；
圆形为60 μm×60 μm的
LA-ICP-MS的Hf同位素测点

图 4-18　邓阜仙花岗岩部分锆石 CL 图

表 4-4　邓阜仙岩体采样点及 SIMS U-Pb 年龄测定结果

样品号	采样点	采样点描述	岩性	SIMS U-Pb 年龄
2804	P22	茶陵八团乡采石场	中粗粒二云母钾长花岗岩	（221.7±2.1）Ma（n = 17，MSWD = 1.6）
2609	P18	大垄铅锌矿	细粒白云母花岗岩	（224.0±2.3）Ma（n = 8，MSWD = 0.73）
DFX6	P15	邓阜仙岩体中部	中粒二云母钾长花岗岩	（226.0±11）Ma（n = 5，MSWD = 11.3）
2901	P23	茶陵八团麦源村采石场	粗粒黑云母钾长花岗岩	（151.7±1.0）Ma（n = 19，MSWD = 0.69）
XDW20	P07	P06 沿山路下行的采矿堆	粗粒钾长花岗岩	（150.6±1.7）Ma（n = 16，MSWD = 2.0）

注：U-Pb 年龄为 ^{206}Pb/^{238}U 年龄。

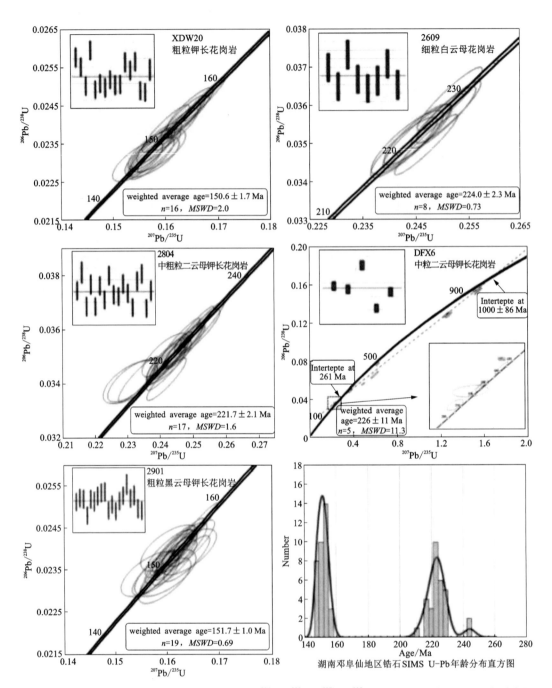

图 4-19 邓阜仙花岗岩锆石 SIMS U-Pb 定年的 $^{206}Pb/^{238}U—^{207}Pb/^{235}U$ 谐和图及分布图（扫码查看彩图）

（注：加权平均年龄的计算及谐和图的绘制均选取较谐和测点的年龄，年龄值均为 $^{206}Pb/^{238}U$ 年龄）

本研究选取邓阜仙岩体内不同位置和不同岩石类型的 5 个样品进行锆石 SIMS U-Pb 年龄测定，分析结果表明：

（1）中粗粒二云母钾长花岗岩（样品 2804）的锆石为长宽比为 1∶1~2∶1 的柱状，多发育较窄的振荡环带，17 个点的加权平均年龄为（221.7±2.1）Ma（*MSWD*=1.6）。对二云母花岗岩样品 19DFX-13 中的锆石进行了 12 个点测试，锆石的 U 含量范围为 2165×10^{-6} ~ 3732×10^{-6}，Th 含量在 1132×10^{-6} ~ 2204×10^{-6}，Th/U 值为 0.45 ~ 0.65，得到了 $^{206}Pb/^{238}U$ 加权平均年龄，为 (157.3 ± 1.5) Ma（2σ，$MSWD=2.3$），代表了该样品锆石的结晶年龄。

（2）细粒白云母花岗岩（样品 2609）的 CL 图显示其锆石多为长宽比为 2 : 1 的长柱状，锆石颗粒偏小，大多发育振荡环带，部分有不均一的条带状环带。$^{206}Pb/^{238}U$ 加权平均年龄为 (224.0 ± 2.3) Ma（$n=8$，$MSWD=0.7$）。

（3）中粒二云母钾长花岗岩（样品 DFX6）的 CL 图显示偏暗，说明其表面有较高的 U、Th 含量，其 $^{206}Pb/^{238}U$ 加权平均年龄为 (226 ± 11) Ma（$n=5$，$MSWD=11.3$）；

（4）粗粒黑云母钾长花岗岩（样品号 2901）的锆石晶体发育较好，锆石晶体较大且多为自形，内部结构清晰，均发育有振荡环带，为典型的岩浆锆石。选取 19 个较好测点的 $^{206}Pb/^{238}U$ 表面年龄加权平均值为 (151.7 ± 1.0) Ma（$MSWD=0.69$），代表该样品的结晶时代。对黑云母花岗岩样品 19DFX-2 中的锆石进行了 13 个点测试，锆石的 U 含量范围为 4174×10^{-6} ~ 10062×10^{-6}，Th 含量为 1105×10^{-6} ~ 2454×10^{-6}，Th/U 值为 0.17 ~ 0.40，得到了 $^{206}Pb/^{238}U$ 加权平均年龄，为 (155.8 ± 1.3) Ma（2σ，$MSWD=1.5$），代表了该样品锆石的结晶年龄。对黑云母花岗岩样品 19DFX-10 中的锆石进行了 23 个点测试，锆石的 U 含量范围为 147×10^{-6} ~ 8135×10^{-6}（平均 1174×10^{-6}），Th 含量为 89×10^{-6} ~ 1371×10^{-6}，Th/U 值为 0.15 ~ 0.99。其中，等时线上可以看出存在两个集中范围，它们的 $^{206}Pb/^{238}U$ 加权平均年龄分别为 (154.4 ± 2.1) Ma（2σ，$MSWD=2.5$）和 (139.9 ± 2.9) Ma（2σ，$MSWD=6.2$）。由于该样品采自粗粒黑云母花岗岩脉，该岩脉切穿了燕山早期的中粒黑云母花岗岩（19DFX-2），故该两组年龄可能代表其捕获围岩中的锆石年龄（中粒黑云母花岗岩）以及该岩脉中锆石的结晶年龄。

（5）粗粒钾长花岗岩（样品号 XDW20）中的锆石多为长宽比为 2 : 1 的长柱状，以环带状结构为主，为典型的岩浆锆石。选取 16 个较好测点的加权平均年龄为 (150.6 ± 1.7) Ma（$MSWD=2.0$）。

综合前人研究（黄卉等，2013；何苗等，2018；Li et al.，2019；Liu et al.，2020），邓阜仙复式花岗岩的岩浆活动主要可以分为三期：

（1）晚三叠世（约 225 Ma）：该期共有三个岩相（黑云母、二云母和白云母花岗岩），粒度从黑云母到二云母再到白云母花岗岩逐渐变小，暗色矿物变少。

（2）晚侏罗世（约 155 Ma）：该期与晚三叠世类似，也具有三个岩相（黑云母、二云母和白云母花岗岩），粒度从黑云母到二云母再到白云母花岗岩逐渐变小，暗色矿物变少。

（3）早白垩世（约 140 Ma）：该期主要发育细粒白云母花岗岩，但似乎也发现了粗粒的黑云母花岗岩（待进一步确认）；同期还发育有基性的煌斑岩脉。

4.2.4　成岩机制

邓阜仙印支期花岗岩属于 S 型花岗岩（蔡杨，2013；Cai et al.，2015），富集 Cs、Rb 等大离子亲石元素和 Th、U、Ta、Zr、Hf 等高场强元素，亏损 Ba、Nb、Sr、Ti 等微量元素，Nb/Ta 值为 3.91 ~ 12.71，表明 Nb、Ta 在岩浆演化作用过程中经历了分馏，Nb 相对亏损而 Ta 趋向富集，且低于地壳的平均值（12.22），暗示花岗岩有壳源岩浆的特征（陈小明等，2002）；$\varepsilon_{Nd}(t)$ 值均为负值，两阶段 Nd 模式年龄分别为 2.00 ~ 1.85 Ga 和 2.04 ~ 1.87 Ga，在 $\varepsilon_{Nd}(t)$-t 图解中，样品点落入南岭地区前寒武纪地壳演化区域，暗示它们的源区应为古元古代地壳物质。邓阜仙印支期花岗岩 CaO/Na_2O 值为 0.12 ~ 0.88，表示花岗岩主要是由富长石的砂屑质沉积岩重熔形成的(Sylvester，1998)。稀土元素球粒陨石配分模式都趋向右倾，轻重稀土分馏；具有一致的微量元素配分模式，强烈亏损 Ba、Nb、Sr、Ti、Eu、P 等元素，Ba、Sr 和 Eu 在斜长石中具有很高的分配系数，暗示岩浆源区亏损斜长石或者残留，Ti 和 P 亏损暗示源区有磷灰石和钛铁矿、金红石的亏损或者残留。

华南印支期过铝质花岗岩的形成受控于白云母-黑云母脱水熔融(王岳军，2002)，当花岗岩的 Rb/Sr>5 时，熔融反应与白云母的脱水熔融作用有关；Rb/Sr<5 时，则与黑云母的脱水熔融作用有关(Visonà 等，2002)。邓阜仙印支期花岗岩 Rb/Sr 值为 0.54~7.32，有 1 个样品大于 5，其他都小于 5，因此印支期花岗岩可能主要是与黑云母脱水熔融有关。邓阜仙印支期花岗岩锆石 $\varepsilon Hf(t)$ 值为 -19.4~-6.6，平均值为 -9.9；二阶段 Hf 模式年龄(T_{2DM})为 2.48~1.74 Ga，平均为 1.88 Ga。$\varepsilon_{Hf}(t)$ 值都为负值，表明岩浆源区为地壳物质。在 $\varepsilon_{Hf}(t)-t$ 图解上，样品大部分落入上地壳和下地壳之间，少部分落在下地壳上部，表明花岗岩源区主要为古老地壳。在 $w(Al_2O_3)/w(MgO+FeOT)$ vs. $w(CaO)/w(MgO+FeO^T)$ 上，花岗岩落入变质杂砂岩部分熔融区域，表明岩浆来自地壳部分熔融。

邓阜仙燕山期二云母花岗岩的 10000 Ga/Al 值为 1.82~2.58，高场强元素含量为 64×10^{-6} ~172×10^{-6}。花岗岩样品的 A/CNK 值为 1.11~1.31，表明其为强过铝质花岗岩。花岗岩具有较高的 SiO_2、K_2O 含量和较低的 Na_2O、CaO 含量，富集 Cs、Rb、Th、U、Pb 等元素，而亏损 Ba、Sr、Ti 等元素，具有较高的 Rb/Sr 值，锆石饱和温度为 660~739℃，平均为 722℃，与 S 型花岗岩具有相似的地球化学特征。

(一)岩石成因类型划分

邓阜仙岩体晚三叠世花岗岩的碱铝指数(AKI 值)为 0.61~0.85，大大低于 A 型花岗岩的平均值 0.95。在 FeO^*/MgO 值以及 Zr 含量上，晚三叠世花岗岩的 FeO*/MgO 比值为 3.1~10.8，均值为 5.6(除去两个铌钽矿附近采集的异常高的样品)，可以看出其平均值远远小于 A 型花岗岩 $FeO^*/MgO>10$ 的标准(Whalen et al.，1987)；晚三叠世花岗岩的 Zr 含量为 23×10^{-6}~243×10^{-6}，平均为 109×10^{-6}，明显小于 A 型花岗岩 Zr 含量>250×10^{-6} 的标准(Whalen et al.，1987)。此外，实验表明 A 型花岗岩形成温度最少有 830℃，甚至超过 900℃，远高于 I 型(平均 781℃)、S 型花岗岩(Clemens et al.，1986；King et al.，1997)。本研究使用锆饱和温度计算出的形成温度分布范围，晚三叠世花岗岩为 698~786℃，平均值为 767℃，小于 A 型花岗岩形成温度 830℃，可以判断其不是 A 型花岗岩。综合判断，邓阜仙岩体晚三叠世花岗岩应属于 S 型花岗岩，经历了较高程度的分异作用。

邓阜仙地区晚侏罗世花岗岩的碱铝指数(AKI 值)为 0.33~0.85，大大低于 A 型花岗岩的平均值 0.95。在 FeO^*/MgO 值以及 Zr 含量上，晚侏罗世花岗岩的 FeO^*/MgO 值为 1.6~8.9，远远小于 A 型花岗岩 $FeO^*/MgO>10$ 的标准(Whalen et al.，1987)；晚侏罗世花岗岩 Zr 含量为 24×10^{-6}~381×10^{-6}，小于 A 型花岗岩 Zr 含量>250×10^{-6} 的标准(Whalen et al.，1987)。用锆饱和温度计算出邓阜仙晚侏罗世花岗岩的形成温度为 652~860℃，平均值为 774℃，小于 830℃(图 4-20)，可判别其不是 A 型花岗岩。值得注意的是，A/CNK 值均落入过铝质花岗岩所在区域内，A/CNK 值较集中，为 1~1.4(除去蚀变过于严重的样品)，与 S 型花岗岩相似。由上综合判断，邓阜仙地区晚侏罗世花岗岩应也属于高分异的 S 型花岗岩。

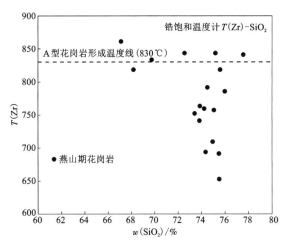

图 4-20　邓阜仙晚侏罗世花岗岩锆饱和温度分布图

（注：据 Clemens et al.，1987）

（二）岩浆源区性质的探讨

1. 晚三叠世花岗岩

邓阜仙晚三叠世花岗岩的 Nb/Ta 值较低（2.0~11.4），与原始地幔的值（17.5±2.0）相差很远，更接近陆壳的均值 11，亦明显低于中国东部上地壳平均值（16.2）（高山等，1999）；Zr/Hf 值为 17.8~35.1，与原始地幔的值（36.3±2.0）相差较远，更接近陆壳的值（33）（Taylor et al.，1985）。由以上可知，邓阜仙晚三叠世花岗岩在 Nb/Ta、Zr/Hf 值上有着明显的陆壳特征。在 $(Nb/Ta)_N$-$w(Nb)$ 及 $(La/Yb)_N$-Eu/Eu* 图解上（如图 4-21），样品投影点均位于壳源型花岗岩区域内，具有明显的壳源特征。以上特征都表明邓阜仙晚三叠世花岗岩不可能直接起源于幔源岩浆的分异演化，而是地壳物质重熔形成的。

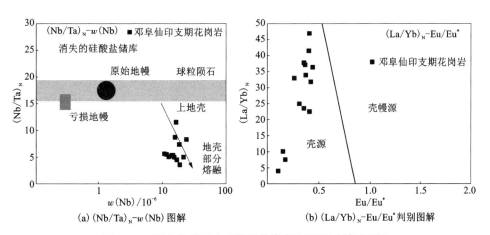

(a) $(Nb/Ta)_N$-$w(Nb)$ 图解　　　　(b) $(La/Yb)_N$-Eu/Eu* 判别图解

图 4-21　邓阜仙地区晚三叠世花岗岩物源源区判别图解

［注：(a) 据 Taylor，1985；(b) 底图据陈佑纬等，2009］

　　锆石微区 Hf 同位素分析结果表明，晚三叠世花岗岩的 $\varepsilon_{Hf}(t)$ 值变化介于 $-10.9 \sim -5.5$，氧同位素组成也均大于地幔均值，呈现出明显的壳源岩浆的 O 同位素组成特征。在 $\varepsilon_{Hf}(t) - t$ 演化图解上可以看出（如图 4-22），邓阜仙地区晚三叠世的所有样品的锆石投点均位于球粒陨石线之下，锆石 Hf 两阶段模式年龄（1202~1087 Ma）明显大于锆石的结晶年龄（230~150 Ma），表明它们的源区岩石可能为古老陆壳物质。因此，晚三叠世花岗岩可能来源于 2.0~1.6 Ga 的古老地壳部分熔融。除此之外，晚三叠世花岗岩中含约 2.7 Ga 锆石颗粒，表明岩体形成过程中受到更古老围岩物质的混染。

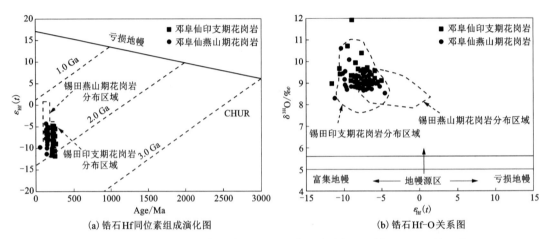

(a) 锆石Hf同位素组成演化图　　　　　　(b) 锆石Hf-O关系图

图 4-22　邓阜仙地区花岗岩锆石 Hf 同位素组成演化图和锆石 Hf-O 关系图

[注：亏损地幔和地壳 Hf 演化线引自 Yang 等（2007）和 Griffin 等（2004），地幔端元锆石的 $\varepsilon_{Hf}(t) = -12$，$\delta^{18}O = 5.3$（$\pm 0.3$）‰；表壳沉积岩端元的锆石 $\varepsilon_{Hf}(t) = -12$，$\delta^{18}O = 10$‰]

　　邓阜仙岩体晚三叠世花岗岩中有一些元素出现负异常，如 Ba、Nb、Sr、P、Ti、Eu 等，可能受控于某种矿物分离结晶作用。研究表明，斜长石的结晶分离会导致 Sr 和 Eu 的亏损，而钾长石的结晶分离会导致 Ba 和 Eu 的负异常（Wu et al., 2003），其他的一些副矿物如钛铁矿和金红石的结晶分离会导致 Ti 的亏损，磷灰石结晶分离则会导致 P 的亏损，等等。邓阜仙地区晚三叠世花岗岩样品显示岩体经历了显著的钾长石和斜长石的分离结晶（如图 4-23），同时锆石、磷灰石的分离结晶可能是导致稀土元素分异的主要原因。Ti 的亏损应该与钛铁矿和金红石等矿物的分离结晶有关。另外，实验岩石学数据表明（Brenan et al., 1994；Schmidt et al., 2004；Xiong et al., 2005），金红石与熔体和流体之间的平衡会导致 Nb 和 Ta 的分异，因此，造成邓阜仙岩体中 Nb/Ta 值偏低的原因可能与金红石的分离结晶有关。

　　综上所述，邓阜仙晚三叠世花岗岩的源区主要为古老地壳物质，并通过地壳物质的部分熔融形成原始岩浆。在岩浆上升侵位的过程中，可能与围岩发生同化混染作用。在岩浆演化过程中，花岗岩经历了较高程度的分异演化，存在明显的长石以及一些副矿物如锆石、磷灰石等的分离结晶，导致其分异指数较高。

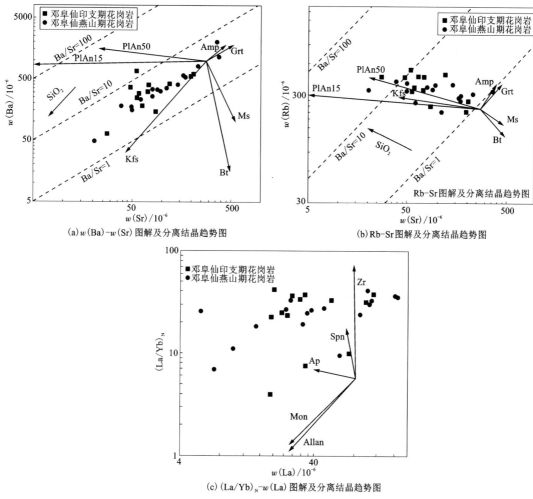

(a) $w(Ba)-w(Sr)$ 图解及分离结晶趋势图

(b) Rb-Sr 图解及分离结晶趋势图

(c) $(La/Yb)_N-w(La)$ 图解及分离结晶趋势图

分异趋势线上的数字代表分离结晶程度，$Pl_{An10}=$斜长石（$An=10$），$Pl_{An15}=$斜长石（$An=15$），$Pl_{An50}=$斜长石（$An=50$）。Kfs—钾长石；Amp—普通角闪石；Grt—石榴子石；Ms—白云母；Bt—黑云母；Zr—锆石；Sph—榍石；Ap—磷灰石；Mon—独居石；Allan—褐帘石。

图4-23　邓阜仙花岗岩矿物分离结晶图

［注：Sr、Ba 在斜长石中的分配系数据 Blundy and Shimizu（1991），在其余矿物中的分配系数据 Ewart and Griffin（1994）；图中的矿物分离结晶趋势线据 Wu et al.（2003）］

2. 晚侏罗世花岗岩

邓阜仙晚侏罗世花岗岩的 Nb/Ta 值较低，为 2.9~13.4，与原始地幔的值（17.5±2.0）相差很远，而更接近陆壳的均值 11，亦明显低于中国东部上地壳平均值（16.2）（高山等，1999）。Zr/Hf 值为 19.91~36.41，与原始地幔的值（36.27±2.0）相差较远，更接近陆壳的值（33）（Taylor et al.，1985）。Nb/Ta、Zr/Hf 值上均呈现明显的陆壳特征。在 $(La/Yb)_N-Eu/Eu^*$ 及 $(Nb/Ta)_N-w(Nb)$ 图解中（如图4-24），样品投影点位于壳源型花岗岩区域内。以上特征都表明邓阜仙晚侏罗世花岗岩不可能直接起源于幔源岩浆的分异演化，而是地壳物质重熔形成的。邓阜仙地区晚侏罗世样品的锆石 $\varepsilon_{Hf}(t)$ 值为-16.61~4.9，对应的锆石 Hf 两阶段模式年龄（2.0~1.6 Ga）也明显大于锆石的结晶年龄（230~150 Ma）；氧同位素组成也均大于地幔均值, 呈现出明显的壳源岩浆的 O 同位素组成特征。从 $\varepsilon_{Hf}(t)$-t 演化图解可以看出, 晚侏罗世花岗岩具有与该地区古老地壳相近的 Hf 同位素组成, 表明中元古代地壳(2.0~1.5 Ga)可能为其主要的源区物质。

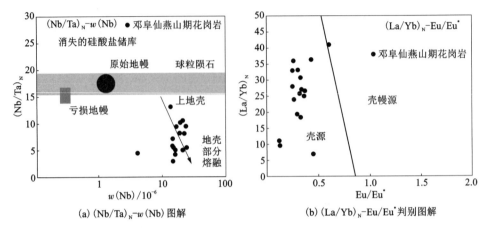

(a) $(Nb/Ta)_N$-$w(Nb)$ 图解   (b) $(La/Yb)_N$-Eu/Eu^* 判别图解

图 4-24　邓阜仙地区燕山期花岗岩物源源区判别图解

[注: (a)据 Taylor, 1985; (b)底图据陈佑纬等, 2009]

4.3　典型构造活动及其成矿制约

岩体侵位、断层活动和成矿之间的关系是地质学家长期以来十分关注的问题。一般而言, 含有大量成矿元素的岩体经过岩浆分异、成矿元素和流体富集为成矿提供了物质准备。而在成矿作用结束前活动的断层, 其韧性变形的面理和脆性变形的破裂(如节理或劈理)往往成为富含成矿元素流体的迁移通道, 即导矿构造(高光明等, 1993; 杨金中等, 2000)。导矿构造是含矿热液从源区达到沉淀地点的通道, 导矿构造发育与否是确定热液能否富集成矿的决定性因素。无论断层的性质如何(伸展、走滑、逆冲), 均会在相对于主断层不同方向上的应力场有利部位发育张性破裂, 构成成矿元素沉淀形成矿脉的场所, 即容矿构造(张开均等, 1996; 张永北, 1999; 邱骏挺等, 2011; 张洪瑞等, 2015)。矿体规模的大小、矿石品位的高低固然和温度、压力以及含矿热液的浓度等条件有关, 但实践中成矿规模及富集程度常常取决于容矿构造因素的优劣(陈国达, 1985)。因此, 对断层性质的清晰认识将有利于理解成矿控矿机制并预测成矿有利地带。

老山坳断层是邓阜仙矿田内与成矿有关的典型大断裂, 因此本节主要对老山坳断层进行剖析。

4.3.1　研究方法和内容

本次主要采用野外观察、测量剖面与室内统计分析相结合的方法, 进行宏观与微观、定性与定量的研究, 综合分析断层形成的构造应力场, 活动时间、期次及规模, 以及其与成矿的关系。

老山坳断层与湘东钨矿关系密切, 调查研究着重观察构造岩的变形特征、截切关系、剪切指向, 和面理、线理、节理的统计, 以及采集定向样品。

在弱变形域中，通过岩石的宏观和显微构造很难确定岩石的应变椭球体的空间分布特征，磁化率各向异性(anisotropy magnetic susceptibility, AMS)是一种通过测量样品磁性矿物定向排列来反映岩石应变椭球体排列的高效方法。首先通过体磁化率实验、等温剩磁、热剩磁、磁滞回线实验确定载磁矿物的种类，以及铁磁性矿物的磁畴大小，从而能够得到磁化率各向异性椭球体与岩石应变椭球体的对应关系。然后分析磁组构的分布特征，阐释其代表的地质学意义。

对于能够明显观察到手标本变形的定向样品，制作定向薄片；对于变形微弱或者未变形的岩石样品，按照平行磁线理、垂直磁面理的原则将定向岩芯进行切片，然后在显微镜下观察其变形特征及剪切指向。将野外调查、AMS 组构和显微镜下观察进行整理、归纳、讨论，确定构造活动与成矿的关系。

4.3.2　老山坳剪切带的岩石及构造特征

老山坳剪切带包括糜棱岩带和碎裂岩带。糜棱岩带位于剪切带的中心，碎裂岩带位于较浅层次。下文将对糜棱岩带和碎裂岩带中各种韧性和脆性的构造现象进行描述，并根据糜棱岩带中心部位区分上盘和下盘(图 4-25～图 4-27)。

糜棱岩在邓阜仙复式岩体南部广泛发育，在湘东钨矿巷道中露头新鲜，变形特征明显。相对于邓阜仙复式岩体中心未变形的花岗岩，糜棱岩中中长石和云母发生旋转并定向排列，石英被拉长也呈现出定向排列，呈现出糜棱面理[图 4-25(e)～(h)]。

长石未发生明显的韧性变形，仅部分出现微弱的波状消光或脆性破裂且破裂被石英充填[图 4-26(b)]。云母韧性变形明显，呈现出较为明显的波状消光[图 4-26(c)]，部分云母在剪切过程中发生变形形成云母鱼构造。石英在变形的过程中被拉长发生重结晶，形成核幔构造，变形的石英定向排列，有些呈"σ"形。

老山坳剪切带也发育有脆性变形，主要表现为沿剪切带两侧分布的大量硅化碎裂岩[图 4-25(c)]。碎裂岩的角砾由花岗岩以及热液作用下产生的石英破碎、研磨产生，呈似棱角状，大小由 0.01 mm 至 20 mm 不等[图 4-25(c)，图 4-26(d)]。此处的断层角砾岩均是由花岗岩经过高温韧性变形后再叠加脆性变形形成的。老山坳剪切带活动过程中经过碎裂和研磨作用形成了极细的断层泥[图 4-25(d)]，断层泥平均厚度约 20 cm，通常呈黄色。碎裂岩带中有些地方发育假玄武玻璃，呈脉状产出，具有贝壳状断口，显微镜下全消光，暗示老山坳剪切带曾经经历过短暂快速强烈的错动和研磨而出现局部熔融。部分熔融的物质迅速冷却形成假玄武玻璃，但在随后漫长的历史时期出现脱玻化的现象，呈现出雏晶，偶见糜棱岩与假玄武玻璃共生[图 4-26(d)]。

老山坳剪切带的两侧还发育密集的节理，在黑云母花岗岩、二云母花岗岩以及围岩中均有出现。这些节理可分为倾向 SE 和倾向 NW，倾角 60°~80°。节理平直且产状稳定，大部分节理后经热液充填形成石英脉。在邓阜仙复式岩体的东南部，如汉背镇附近，由于热液中的成矿元素富集，这些石英脉多形成矿脉[图 4-25(l)～(n)]。

在邓阜仙岩体远离老山坳剪切带的地方，也发育同期节理，产状与老山坳剪切带中的节理产状一致，但是密度远低于剪切带中节理的发育密度。如图 4-27，对在①②③三个观察点所测量的脆性破裂，如断层、脉体、节理，进行统计学分析，它们在极点图上的分布规律具有一致性。这些 NE-SW 走向的脆性破裂应产生于同一应力场中。

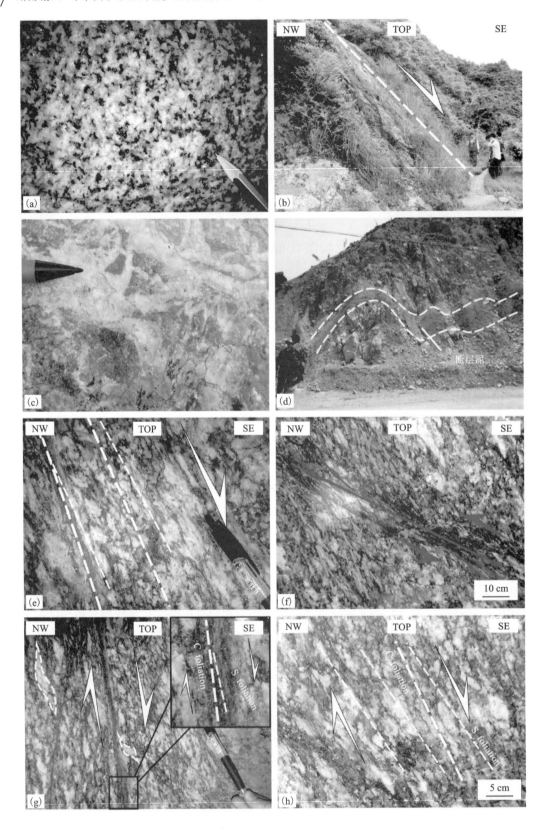

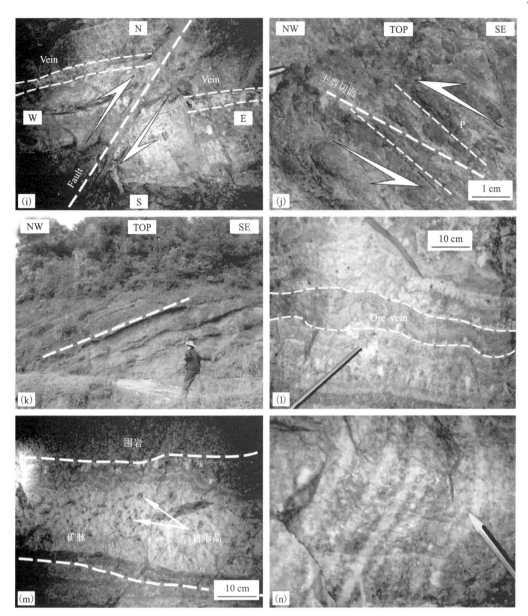

（a）八团岩体中块状构造未变形的二云母花岗岩，云母等片状矿物无定向排列；（b）邓阜仙岩体东南边界的韧性剪切带，面理倾向 SE，上盘向下伸展剪切；（c）岩体东南边界老山坳剪切带内的硅化碎裂岩；（d）断层泥；（e）糜棱岩带内石英、长石定向排列形成 S-C 组构，指示上盘向下（SE）的伸展剪切作用；（f）花岗岩质糜棱岩，指示两期构造事件，先期 S-C 组构（橘黄色）指示 SE 方向的拆离，后期形成的倾角较小的狭窄的应变带（红色）改造了第一期形成的 C 面理并使其形成拖曳褶皱，指示 NW 方向的逆冲作用；（g）石英发生韧性变形呈"σ"形构成 S-C 组构，指示上盘向南东的剪切指向；（h）SE 倾向的 C 面理与长石、石英定向排列形成的 S 面理组成的 S-C 组构指示上盘向南东剪切指向；（i）早期形成的石英脉体被 NE-SW 走向的右行走滑断层错断；（j）P 节理与主剪切面指示 NW 向逆冲；（k）茶陵-永安盆地中上白垩统的红色陆源碎屑沉积，层理倾向 NW；（l）湘东钨矿中发育于脆性破裂中的矿脉；（m）湘东钨矿中的含钨石英脉（矿脉）；（n）多期次热液侵入冷凝形成的矿脉。

图 4-25　老山坳剪切带野外宏观构造（扫码查看彩图）

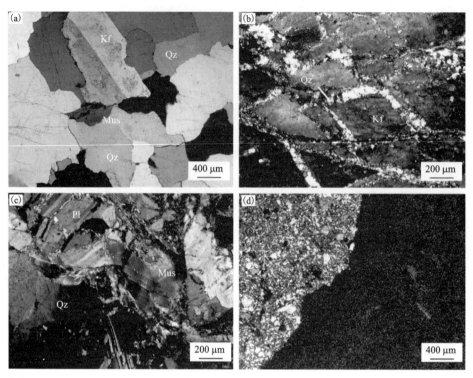

（a）未变形的二云母花岗岩；（b）老山坳剪切带中，长石发生晶内和晶间破裂并被动态重结晶石英脉包围；（c）老山坳剪切带的糜棱岩中白云母显示波状消光；（d）碎裂岩中石英、长石被磨碎呈角砾状，碎裂岩中的假玄武玻璃呈全消光。

图 4-26　老山坳剪切带显微组构观察（扫码查看彩图）

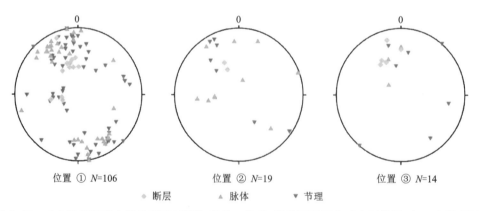

图 4-27　老山坳剪切带中脆性破裂（断层、脉体、节理）的等面积下半球赤平投影（扫码查看彩图）

4.3.3　老山坳剪切带岩石磁学特征

在弱变形域中分析磁化率各向异性组构是分析花岗岩岩石组构准确、高效的方法（Bouchez，1997；Bouchez and Gleizes，1995；Charles et al.，2009；Charles et al.，2012；Joly et al.，2009；Lin et al.，2013b；Talbot et al.，2005；Wei et al.，2014）。在野外调查中仅发现有面理，并没有发现线理。为了更好地通过磁线理确定有限应变，在实验室中使用 ZWG-4 电钻从定向手标本中钻取岩芯，并在地质与地球物理研究所古地磁实验室进行相关的实验。

（一）采样及测试

在野外共采集 18 个手标本，均为变形的花岗岩。用电钻在这些手标本上钻取定向岩芯，并切割为高 2.2 cm，直径为 2.5 cm 的圆柱体。平均每个手标本钻取 5~7 个岩芯，一共收集到 113 个标准定向样品。

在地质与地球物理研究所古地磁实验室中，使用 AGICO KLY3-S 卡帕桥磁化率测量仪进行 AMS 和体磁化率实验。实验结果使用 Anisoft 软件进行处理以获得磁化率各向异性椭球体（$K3$ 为磁面理集，$K1$ 为磁线理）。载磁矿物的确定主要通过三个途径：使用 AGICO KLY3-S 卡帕桥磁化率测量仪和 CS3 控温炉进行热磁实验，使用 Princeton Measurements Corp. MicroMag 3900 Vibrating Sample Magnetometer（VSM）进行等温剩磁（isothermal remanent magnetization，IRM）和磁滞回线实验。

（二）载磁矿物

对样品内载磁矿物的种类、相对含量以及磁畴的大小进行测量，其结果见表 4-5，对更好地解释 AMS 结果具有重要的意义（Rochette et al.，1992；Tarling and Hrouda，1993）。

体磁化率（Km）可以定性分析载磁矿物的种类（Lin et al.，2013a）。各样品的体磁化率分布特征如图 4-28 所示，体磁化率变化范围是 $-10 \times 10^{-6} \sim 300 \times 10^{-6}$ SI。较低的体磁化率表明样品中顺磁性矿物可能是主要的载磁矿物（Bouchez，2000）。所有的断层角砾岩的体磁化率均小于 100×10^{-6} SI，低于变形的花岗岩的磁化率，这可能与断层角砾岩经过强烈的硅化有关。其中，样品 HN03 和 HN07 表现为负的体磁化率，说明其中石英等抗磁性矿物占主导地位。

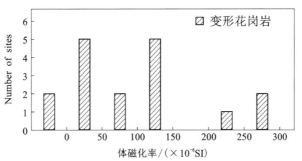

图 4-28　老山坳剪切带构造岩体磁化率分布特征

如图 4-29，（a）和（c）中，热磁实验显示磁化率在 580℃时突然降低，这与磁铁矿的居里温度一致。此后磁化率在 600~700℃时持续降低，说明赤铁矿的存在。这是铁磁性矿物存在的主要特征。图 4-29（b）中磁化率在 300℃时降低说明磁赤铁矿转变为赤铁矿。图 4-29（d）说明载磁矿物主要为顺磁性矿物。

等温剩磁实验 [图 4-29（f）~（j）] 表明感应剩磁强度在外加磁场达到 100 mT 前，随着外加磁场的增加而逐渐增大，在外加磁场达到 200 mT 时，感应剩磁强度达到饱和，这说明载磁矿物的剩磁矫顽力较弱，如磁铁矿。

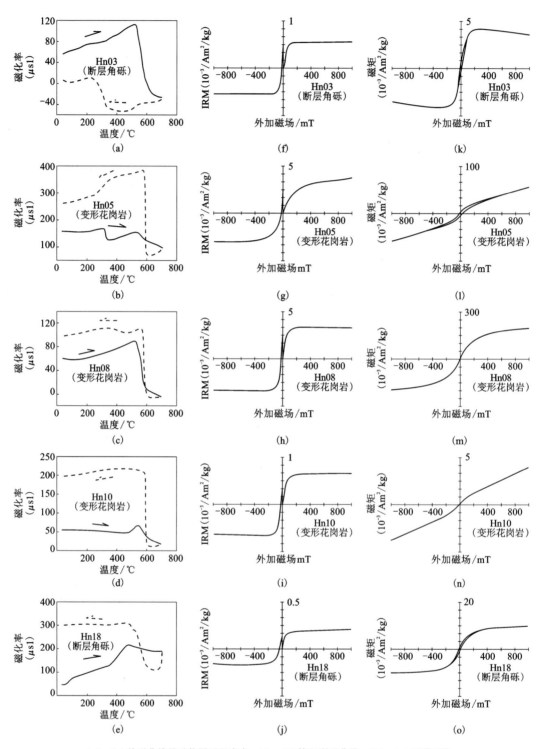

（a）~（e）热磁曲线及矿物居里温度点；（f）~（j）等温剩磁曲线，（k）~（o）磁滞回线。

图4-29 老山坳剪切带构造岩种类图

表 4-5 老山坳剪切带构造岩测试结果

采样点	坐标 经度/(°E)	坐标 纬度/(°N)	岩性	n	平均磁化率 Km /(10⁻⁶SI)	磁化率各向异性度 P_J	各向异性椭球体形态 T	磁线理 K_1 倾角/(°)	磁线理 K_1 倾角/(°)	磁线理 K_1 a_{95max}/(°)	磁线理 K_1 a_{95min}/(°)	磁面理极 K_3 倾角/(°)	磁面理极 K_3 倾角/(°)	磁面理极 K_3 α_{95max}/(°)	磁面理极 K_3 α_{95min}/(°)
HN01	113.767	27.035	DG	9	19.3	1.035	0.030	68.9	9.5	23.5	3.2	323.2	58.3	7.7	3.2
HN02	113.765	27.038	DG	6	134	1.017	0.162	223.4	14.6	21.1	6.3	329.8	47.4	10.5	8.1
HN03	113.780	27.041	DG	7	-9.28	1.019	-0.077	261.4	10.0	12.1	8.5	169.9	8.2	11.4	9.3
HN04	113.777	27.044	DG	5	28.6	1.031	0.310	88.8	12.3	19.5	5.7	345.2	47.3	11.5	7.5
HN05	113.775	27.046	DG	5	215	1.126	0.046	219.1	1.3	18.3	8.7	309.6	20.4	18.5	8.3
HN06	113.774	27.047	DG	5	267	1.437	-0.251	57.6	18.3	4.2	2.5	149.1	4.5	16.1	3.5
HN07	113.772	27.038	DG	5	-8.18	1.113	0.144	138.1	54.2	5.0	3.1	0.3	28.1	10.3	2.9
HN08	113.770	27.040	DG	5	66.8	1.040	0.620	77.0	0.7	27.8	2.6	346.2	48.8	12.7	4.2
HN09	113.770	27.043	DG	10	119	1.037	0.647	176.7	28.9	16.0	4.8	310.7	51.6	5.2	4.7
HN10	113.765	27.044	DG	9	119	1.033	-0.092	170.0	62.1	14.8	2.5	342.5	27.7	12.7	7.6
HN11	113.765	27.046	DG	5	124	1.021	-0.127	244.4	71.3	27.4	11.0	143.7	3.6	14.3	10.2
HN12	113.767	27.042	DG	5	101	1.036	-0.305	109.9	67.6	6.4	2.7	214.9	6.1	13.9	3.3
HN13	113.768	27.045	DG	5	295	1.140	-0.230	155.7	38.4	28.1	6.9	5.7	47.5	32.8	5.6
HN14	113.731	27.017	DG	5	19.6	1.839	0.320	147.5	39.9	6.8	1.0	51.7	6.8	2.8	0.5
HN18	113.640	26.972	DG	7	3.47	1.123	0.062	206.2	22.6	15.6	2.6	314.3	36.8	29.2	2.6
HN23	113.637	26.971	DG	6	4.66	1.192	0.162	224.9	7.2	11.8	5.2	321.0	40.1	15.4	9.4
HN24	113.735	27.019	DG	9	61.8	1.023	0.197	67.1	29.4	19.0	7.4	309.5	39.4	33.5	13.1
HN25	113.645	26.975	DG	5	68.9	1.008	0.294	3.2	9.4	24.3	10.1	103.4	47.0	21.2	10.9
DFX2805	113.725	27.017	UG	8	66.9	1.020	0.066	65.3	53.2	17.1	3.5	186.4	21.1	6.6	4.0
DFX2803	113.718	27.028	UG	6	69.6	1.021	-0.150	1.7	7.9	5.9	4.2	270.0	12.5	14.1	4.6
DFX3001	117.743	27.043	UG	8	42.9	1.023	0.400	222.3	13.8	19.8	10.0	121.5	37.5	13.7	6.6
DFX2801	113.751	27.105	UG	11	53.5	1.030	0.202	5.5	26.5	49.3	12.7	242.6	47.5	31.3	9.2
DFX2902	113.621	26.989	UG	6	74.0	1.037	0.181	151.7	26.5	32.0	17.4	244.9	6.3	29.6	13.4
DFX2910	113.644	27.017	DD	8	206	1.091	0.183	284.6	77.1	7.4	2.2	154.0	8.5	5.5	2.9
DFX2911	113.643	27.018	DD	5	250	1.078	-0.326	287.5	49.1	5.2	2.1	177.7	16.4	17.9	1.0

注：α_{95max} 和 α_{95max} 为置信椭圆的长轴和短轴；UG 为未变形的花岗岩；DG 为糜棱岩化的花岗岩；DD 为变形的石英砂岩。

样品的磁滞回线表现为两种不同的类型[图4-29(k)~(p)]。[图4-29(l)~(p)]表现出"西格玛"型和正相关线型复合的形状,这说明载磁矿物是由以磁铁矿为代表的铁磁性矿物和以黑云母为代表的顺磁性矿物组成。样品HN03的磁滞回线[图4-29(k)]表现为"西格玛"型和较弱的负相关线型复合的形状,表示载磁矿物主要为铁磁性矿物并含有少量的抗磁性矿物,如石英、长石等。这个结果与该样品体磁化率表现为负值相一致。

根据以上实验测定的数据(图4-30)分析可知,铁磁性矿物的磁畴以假单畴和多畴为主(Dunlop, 2002)。

综上所述,样品中主要的载磁矿

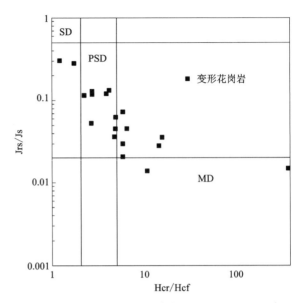

图4-30 老山坳剪切带构造岩 Jrs/Js-Hcr/Hc 图解

物是以磁铁矿为代表的铁磁性矿物和以黑云母为代表的顺磁性矿物,并且磁铁矿以假单畴和多畴为主。因此,除样品HN03和HN07外,其他样品的磁组构可以直接反映构造组构,样品HN03和HN07的磁组构与构造组构相反(Tarling and Hrouda, 1993)。

1. AMS 结果

AMS测量统计结果列于表4-5中,磁化率椭球体的主轴K_1和K_3分别对应着有限应变椭球体的线理和面理集(Tarling and Hrouda, 1993)。值得注意的是,样品HN03和HN07磁组构的解释应与上述情形相反,因此在解释磁组构的时候,应当对这两个样品进行矫正。绝大多数的样品K_1和K_3的置信区间α_{95K_1}和α_{95K_3}小于20°(Jelinek, 1981)。P_J-Km图[图4-31(a)]显示大多数的样品显示了较弱的各向异性度P_J<1.2,而且P_J与Km值无明显的相关性。这说明各向异性度的变化与载磁矿物的组成无关(Borradaile and Henry, 1997)。大多数的AMS椭球体呈扁圆形,说明相较于磁线理,磁面理显现得更为明显[图4-31(b)]。同时P_J与T值也无明显的相关性。因"DFX"编号的7个样品为未变形的花岗岩,故在本章节分析中予以省略。

2. AMS 组构

图4-31为AMS参数双变图解。图4-32为样品的磁线理K_1和磁面理集K_3等面积下半球赤平投影。与图4-29不同的是,图4-33和图4-34中样品HN03和HN07都经过了较正,即将此两样品的K_1和K_3对换位置,从而能够表示岩石应变椭球体的特征。从图4-33和图4-34中可以看出,大多数的磁面理都倾向SE,倾角为38°~63°。磁线理明显分为两组:倾向SE;沿着NE—SW方向近水平的线理。值得注意的是,结合AMS参数双变图解(图4-31)可以看出,样品中扁长形AMS椭球体[T<0,磁线理大都倾向SE(图中用红圈标注),指示拆离作用,而扁圆形AMS椭球体(T>0)]磁线理大都沿NE—SW方向近水平分布,指示走滑剪切作用。

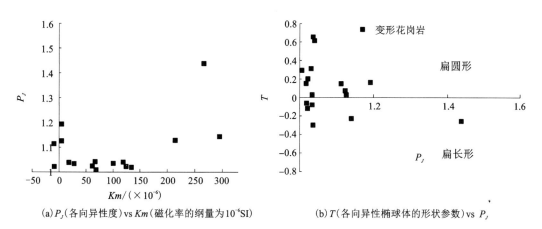

(a) P_J(各向异性度) vs Km(磁化率的纲量为 10^{-6}SI)　　(b) T(各向异性椭球体的形状参数) vs P_J

图 4-31　AMS 参数双变图解

T 和 P_J 定义和计算公式参见 Jelinek, 1981)

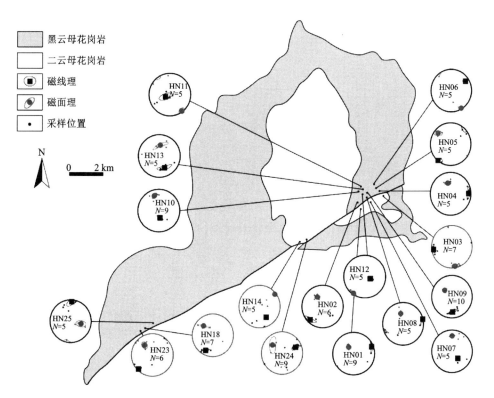

方块代表 K_1，圆代表 K_3，大方块和大圆代表采样点的平均值，椭圆曲线代表 95% 置信水平下的置信角。

图 4-32　老山坳剪切带各采样点构造岩 AMS 数据赤平投影图（等面积下半球投影）（扫码查看彩图）

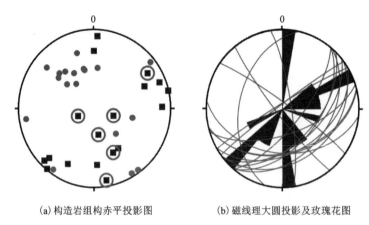

(a) 构造岩组构赤平投影图   (b) 磁线理大圆投影及玫瑰花图

图(a)，蓝色的为糜棱岩化花岗岩，红色的为碎裂岩，方块代表 K_1，圆代表 K_3；图(a)(b)均为等面积下半球投影。

图4-33　老山坳剪切带构造岩组构赤平投影图和磁线理大圆投影及玫瑰花图(扫码查看彩图)

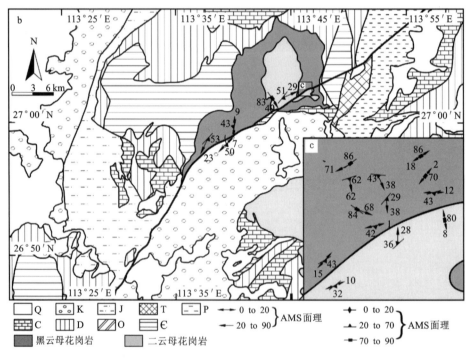

Q—第四系，K—白垩系，J—侏罗系，T—三叠系，P—二叠系，
C—石炭系，D—泥盆系，O—奥陶系，Є—寒武系。

图4-34　老山坳剪切带 AMS 组构分布图

4.3.4　老山坳剪切带多期变形事件的动力学研究

　　经过详细野外露头和显微构造观察，基于剪切指向标志、AMS 组构、变形样式和叠加关系的对比和分析，识别出老山坳剪切带具有伸展拆离、走滑剪切和逆冲三期构造事件。

　　由于在野外的观察中常观察到糜棱面理却并未发现有拉伸线理，因此难以直接对定向手标本进行切片观察。为了更好地阐释老山坳剪切带的变形特征，将 4 个手标本和 20 个定向 AMS 样品按照平行磁线理和垂直磁面理的方向（XZ 面）进行切片观察。对于个别具有 NE-SW 方向的线理，变形强烈的样品再进行垂直磁线理和垂直磁面理方向（YZ 面）进行切片观察（图 4-35）。

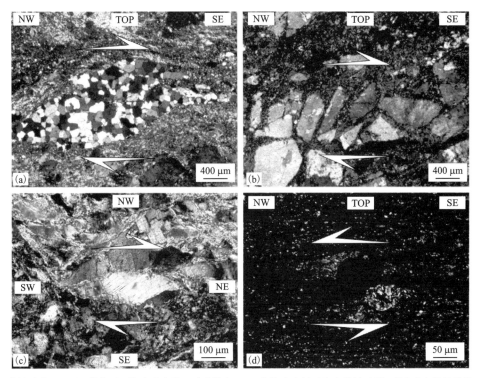

（a）糜棱岩中"σ"形石英指示顶部向南东的运动学指向；（b）糜棱岩中长石发生脆性破裂，形成多米诺骨牌构造，指示顶部向南东的运动学指向；（c）云母鱼指示 NE-SW 向的右行走滑剪切；（d）侏罗系砂岩中黄铁矿等不透明矿物周围出现的压力影指示 NW 方向的逆冲。

图 4-35　老山坳剪切带的显微构造（扫码查看彩图）

（一）伸展拆离剪切变形特征

　　在老山坳剪切带中，无论是韧性变形还是脆性变形，均可在不同露头上观察到伸展拆离的运动学标志。在韧性变形中，伸展拆离作用所产生的变形样式在露头尺度上以发育透入性的面理为特征。沿着 NW-SE 切面可观察到石英发生重结晶作用被拉长并定向排列，与小型强应变带 C 面理形成的 S-C 组构和长石破碎并发生一致性的旋转形成多米诺构造。在石英的 S-C 组构中，由于剪切带递进变形的作用，暗色矿物定向排列和残斑矿物等构成强应变带（C 面理），C 面理以高角度倾向 SE。有些石英则被拉长、变形且斜交于 C 面理构成 S 面理，S 面理和 C 面理的叠置关系指示顶部向 SE 的剪切指向。有些石英发生重结晶作用呈"σ"形，指示顶部向 SE 的剪切指向。在显微镜下，未发现长石发生明显的韧性变形，但在 NW-SE 切面上，可观察到长石发生了碎裂并旋转形成多米诺构造，也指示了顶部向 SE 的剪切指向（图 4-35）。

另外，在剪切带中，由剪切作用所产生的各种成因的脆性破裂，其产状之间的相互关系也可以指示剪切方向。在老山坳剪切带中，主剪切面的产状是 145∠40°，T 节理的产状是150∠80°，R′节理的产状是 150∠75°，T 节理和主剪切面的锐夹角以及 R′节理和主剪切面的锐夹角都指示上盘向 SE 的剪切作用[图 4-36(a)(b)]。另外，P 节理和透镜体的最大扁平面与主剪切面的关系同样指示上盘向 SE 的拆离[图 4-36(c)]。

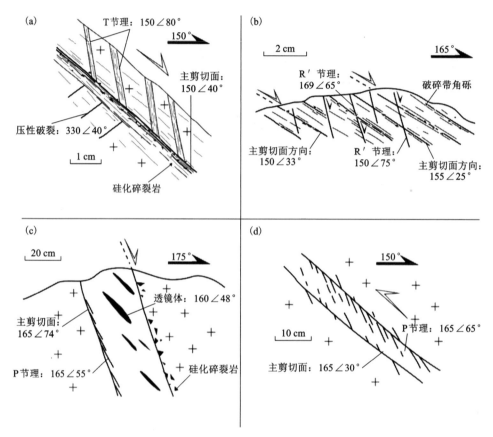

（a）T 节理与压性 S 面指示 SE 向拆离；（b）老山坳剪切带主剪切面方向与 R′节理指示 SE 向拆离；
（c）P 节理和构造透镜体指示 SE 向拆离；（d）P 节理指示 NW 向逆冲。

图 4-36　老山坳剪切带构造素描图

岩石磁学实验表明，定向样品的磁组构能够直接反映构造组构，即磁化率各向异性椭球体与应变椭球体一一对应。结合 AMS 参数双变图解（图 4-31）可以看出，样品中扁长形 AMS椭球体（$T<0$）磁线理大都倾向 SE，这表示应变椭球体也为扁长形（雪茄型），反映单轴拉伸的应力状态，并且指示了 SE 方向的拆离作用。同时，磁面理产状与野外观察到的糜棱面理的产状相同，进一步印证了其反映构造组构，即磁化率各向异性椭球体与应变椭球体的对应关系。

由于研究区中邓阜仙岩体及其围岩透入性地产出与老山坳剪切带中产状一致的节理，尽管其发育密度远低于剪切带，但也可以合理地推测这些节理的产生与老山坳剪切带中的密集节理有着共同的力学机制，换言之，说明了这期伸展拆离事件影响范围并不局限于老山坳剪切带，是一次区域性的构造事件。

（二）走滑剪切变形特征

老山坳剪切带中部分露头可以观察到走滑剪切作用的运动学特征。该剪切作用产生的变形为非透入性的，仅局部可见，引起的变形程度与拆离作用相比明显较弱。侏罗系砂岩中可见近水平的擦痕，A 型褶皱中形成 NE-SW 方向的近水平排列的拉伸线理。在湘东钨矿中可以看到早期的矿脉被呈 NE-SW 走向的小型右行走滑断层错断。少数糜棱岩中的云母破碎并在剪切的过程中发生变形形成云母鱼，指示 NE-SW 向的右行走滑剪切。

岩石磁学 AMS 参数双变图解中存在大量压扁型的磁化率各向异性椭球体，对应的应变椭球体指示对称压缩的应力状态。磁线理的方向多近水平沿 NE-SW 方向分布，磁面理倾向 SE，与剪切带产状相同，说明剪切带经历了 NE-SW 方向的右行走滑剪切作用。

（三）逆冲剪切变形特征

在老山坳剪切带的某些露头中，可以观察到逆冲作用的运动特征。该逆冲作用的韧性变形样式在露头尺度上已发育极狭窄的应变带。这些应变带仅 0.5~2 cm 宽，以低角度倾向 SE 方向，切割并改造先存的伸展拆离期形成的透入性韧性剪切面理，这造成先期的面理发生拖曳褶皱，指示上盘向 NW 的剪切作用。例如，在邓阜仙复式岩体的东南部，老山坳剪切带中先期伸展拆离所形成的透入性 C 面理产状为 165∠65°，狭窄的剪切面中的面理产状为 145∠25°，先存的 C 面理在靠近狭窄的剪切面时发生了拖曳弯曲形成褶皱，指示 NW 方向的逆冲作用。在脆性变形中，主剪切面（产状 165∠30°）以较缓的角度倾向 SE 方向，P 节理（产状 165∠65°）以较陡的角度倾向 SE 方向，也记录了这期 NW 向的逆冲活动。侏罗系砂岩中黄铁矿等不透明矿物周围出现的压力影指示向 NW 方向的逆冲。

综上所述，老山坳剪切带内的岩石发生了强烈的脆韧性变形。首先，倾向 SE 的糜棱面理以及 NE-SW 走向的节理、破裂透入性地分布于剪切带中，"σ" 形石英、S-C 组构以及破碎的长石形成多米诺骨牌构造，指示了 SE 方向的拆离作用。磁组构中磁面理倾向 SE，拉长型磁化率各向异性椭球体（$T<0$）所表示的磁线理倾向 SE，同样指示了 SE 方向的拆离作用。后期，小型右行走滑断层、云母鱼以及压扁形 AMS 椭球体（$T>0$）所表示的磁线理呈 NE-SW 方向近水平分布，指示了右行剪切作用。右行走滑作用形成了非透入性构造，仅在几个不连续的露头引起微弱的变形。此外，另外一组糜棱面理切割了先期拆离作用形成的面理，其 S-C 组构、压力影等运动学标志指示了后期 NW 方向的逆冲作用，且该逆冲作用也仅是在个别地方出现的非透入性构造。

在野外观察中并未找到走滑作用和逆冲作用所产生构造之间的截切关系，可以确定的是，早期为 SE 方向的拆离作用，后期分别叠加了 NE-SW 向的右行走滑作用和 NW 向的逆冲作用。

4.3.5　老山坳剪切带构造特征及演化

老山坳剪切带中发育大量韧性变形和脆性变形。透入性韧性变形面理以较陡的倾角倾向 SE，S-C 组构指示了上盘向下（SE）的拆离剪切作用。脆性变形的破裂之间的截切关系也指示上盘向下（SE）的拆离剪切作用。运动学上的一致性指示透入性的韧性变形所产生的糜棱岩和脆性变形的碎裂岩、断层泥、假玄岩等形成于统一的构造应力场，即上盘向 SE 拆离的剪切作用。这些构造岩广泛、连续地分布在老山坳剪切带中，此外，NW-SE 向的伸展拉张作用所形成的节理也弥漫于整个剪切带，说明上盘向 SE 的拆离剪切作用代表该剪切带的主要构造性质。

老山坳剪切带在拆离作用之后叠加了上盘向 NW 的逆冲作用(图 4-37)。逆冲作用的构造样式在露头上表现为向 SE 方向缓倾的狭窄变形带,截切改造先期伸展拆离作用所形成的透入性陡倾面理,先存面理的拖曳方向指示这些狭窄的变形带形成于向 NW 方向的逆冲事件。截切关系指示逆冲事件发生在拆离事件之后。而同样叠加于拆离作用的右行走滑剪切作用,截切了伸展拆离作用形成的矿脉,指示走滑事件发生在拆离事件之后。但由于走滑和逆冲事件都是较弱的应变展现出非透入性变形,在本次研究中未找到判断两者时序的标志,须在今后的工作中进一步进行研究。

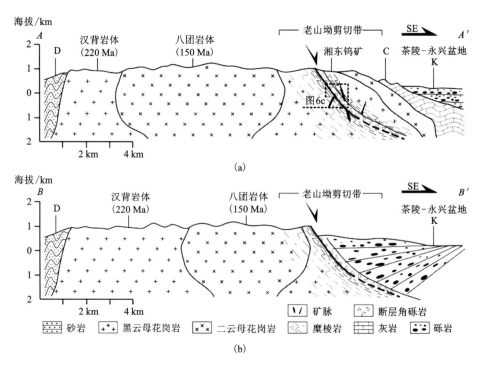

（a）老山坳剪切带拆离作用切割三叠纪汉背岩体,在剪切带中发育大量张性节理,为成矿提供空间;
（b）茶陵-永兴盆地的发育可能受到老山坳剪切带的影响,为一受边界断层控制的断陷盆地。

图 4-37 邓阜仙复式岩体、老山坳剪切带及茶陵盆地构造示意图

值得注意的是,在老山坳剪切带伸展拆离期,韧性变形和脆性变形以及节理发育共存,而且中心部位以糜棱岩为主,同时叠加脆性节理,且多被石英脉充填形成矿脉。这一现象与加拿大魁北克卡迪拉克断层和西格玛等著名剪切带金矿(Boullier et al.,1992)十分类似,即在韧性变形过程中同时发育张性或张剪性节理,为矿脉的形成提供空间。韧性域中发育脆性破裂的原因可能是在韧性剪切作用下局部高压流体的作用导致局部应变速率加大,同时降低岩石强度从而发生脆性微破裂,并且按照破裂准则发生和扩展。

韧性变形域中发育脆性破裂的机理,虽然目前尚未形成共识,但在影响岩石变形行为的诸因素中,除岩性以外,主要为温度、压力、应变速率和流体作用。如果在相同或相近的变形层次(变形域)中,温压基本相同,那么主要影响因素就是应变速率和流体作用。在韧性变形过程中,剪切带整体的应变速率是比较小的,因此要发生脆性破裂,流体可能是关键因素。因此,在较深层次(韧性变形域)高压流体作用引起局部应变速率增大,同时降低岩石强度而发生脆性微破裂。老山坳剪切带在早期的伸展拆离过程中，存在从早期的韧性剪切到晚期的脆-韧性再到脆性变形的过程，有些地方可见糜棱岩的碎裂岩化。但本研究中的两组节理是发育在韧性变形带中，并未见其他脆性破裂迹象，如碎裂岩化构造岩的发育等，且其指示的剪切方向与糜棱岩组构指示的剪切指向和主压应力方向相一致，暗示其形成于同一构造应力场和同期变形的可能性更大，而不大可能是进入脆性域后的变形。

此外，韧性域中发生脆性破裂(包括 T、R 及 R′ 节理等)问题，除文中引用的加拿大魁北克卡迪拉克构造带及其北侧西格玛等著名韧性剪切带中发育同期近水平张性石英脉和陡倾剪切石英脉之外，如图 4-38 所示，膝折带中的雁列石英脉(Ramsay，1987；Sintubin et al.，2012)展示了韧性变形域中的脆性破裂行为。图中雁列脉中部与剪切带边界约呈 45° 夹角，两端与剪切带边界夹角明小于 45°(约 30°)。这既不能用从韧性变形进入脆性变形后的递进变形解释，也不能用 T 破裂旋转解释。

一般来说，剪切带在伸展过程中剥露于脆性域，晚期叠加的逆冲构造应该是脆性的，而不是韧性的。但是，正如前文所述，老山坳剪切带在伸展中发生韧性剪切变形，在韧性域发生脆性破裂，并非剥露到脆性域后再发生脆性破裂。因此，在韧性域叠加晚期逆

图 4-38 膝折带中同期雁列石英脉共存
(注：据 Sintubin et al.，2012)

冲构造自然应该是韧性的，而不是脆性的(至少在成矿段如此)。这也从另一侧面佐证了该脆性破裂是在韧性域发生的，而不是在伸展中剥露到脆性域发生的，否则，逆冲构造应该是脆性的，而不是韧性的。此外，倾角较小、狭窄的应变带改造了第一期形成的 C 面理并使其形成拖曳褶皱指示 NW 方向的逆冲，说明第一期形成的糜棱岩在逆冲作用下再一次发生了韧性变形。

老山坳剪切带早期拆离作用的时间对于解释剪切带与成矿的关系至关重要。由于剪切带切割八团岩体的二云母花岗岩时，该花岗岩已处于固结状态，因此老山坳剪切带的拆离时间应晚于岩浆就位时间。但是考虑到岩浆四周冷却较快，要较岩体中心更早地进入固结状态，剪切带的形成应当不晚于岩浆的就位时间。值得注意的是，早期拆离作用在剪切带内形成的脆性破裂提供了容矿空间，因此通过岩浆岩和成矿年龄来限定老山坳剪切带拆离的起始时间，为 159~154 Ma(蔡杨等，2012，2013)。

茶陵盆地内沉积地层的倾角随着远离剪切带的方向逐渐减小，且倾向与剪切带方向相反。剪切带切割晚侏罗世侵入的八团岩体，并同发育有白垩系陆源碎屑沉积的茶陵盆地相连，说明拆离作用在白垩系仍然活动。此处需要注意的是，拆离作用、岩浆侵位以及湘东钨矿的形成都是在一个较长的时间段内长时间多期次持续性发生的。因此，可以将岩浆侵位、拆离作用以及湘东钨矿的形成作为同一时期、同一构造应力体制下产生的不同构造地质现象来理解。走滑和逆冲事件在拆离事件之后，可能与新生代区域上的走滑作用有关(Li et al.，2001)。

4.4 典型矿床地质特征

4.4.1 金竹垄铌钽矿床

金竹垄铌钽矿床位于湖南省东部茶陵县,出露在邓阜仙复式岩体的东南部(图4-39)。与金竹垄紧邻的湘东钨矿床被矿区内老山坳断层分为南组脉和北组脉,其中北组脉与金竹垄铌钽矿床紧密相连。

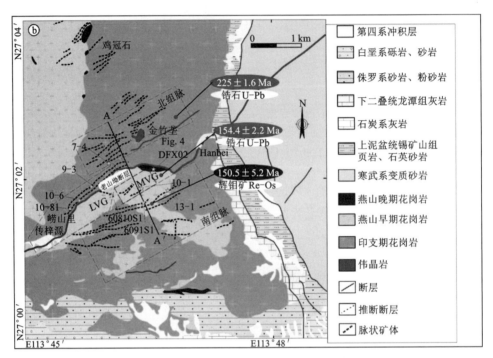

图4-39 湘东–金竹垄矿床地质图(扫码查看彩图)

湘东–金竹垄矿区内出露的地层主要为寒武系中统的变质砂岩,其间夹杂有碳质、铁质、硅质板岩和千枚状板岩;泥盆系上统锡矿山组的页岩、砂质页岩、石英砂岩、含铁绿泥岩和铁矿层;石炭系下统粉砂岩、泥质粉砂岩;侏罗系下统的石英砂岩与粉砂岩;白垩系红色砾岩、砂岩、粉砂岩和泥岩以及第四系冲积层。

区内构造以断裂为主,主要为北东东和北西向两组。其中,规模较大的为老山坳断层和金竹垄断层,是矿区内的导岩、控矿断层。老山坳断层是矿区内规模最大的区域性断裂,走向为北东东,倾向南东,倾角为30°~50°,走向长达10 km。该断层具有多期次性,始于斑状花岗岩侵入后,反复重叠活动导致中粒、少斑状和细粒花岗岩岩浆呈复式侵入形成岩体。当该期断层产状呈北东向或倾角变陡时,断层面处于封闭状态,不利于后期花岗岩岩浆侵入填充;而产状转向北东东向或倾角变缓,有利于花岗岩岩浆入侵。老山坳断层在南北方向上的成矿裂隙呈现"入"字型构造,并在成矿后期被含矿石英脉充填,脉体呈 NE-NEE-EW 方向展布。金竹垄断层发育在金竹垄一带,走向为北东,倾向为南东,倾角为 30°~50°,长度约 2 km,被伟晶岩充填,深部见细粒白云母花岗岩。该断层为钽铌矿床导岩、导矿构造,亦形成了似伟晶岩铌钽矿体。

矿区内以花岗岩为主,是邓阜仙复式花岗岩体的一部分。在金竹垄矿区可见伟晶岩发育。另外,在湘东钨矿地表和坑道中还见煌斑岩脉切穿花岗岩体。

金竹垄矿床长 170~380 m,宽 180~320 m,矿体形态简单,品位较高,铌钽矿物主要富集在矿体上部,呈现上富、下贫的渐变关系。矿体主要出露在老山坳断层下盘,倾向东南,形态呈现等轴状,为含铌钽矿化的细粒白云母花岗岩体。赋矿岩体具有明显的垂向分带性,从下至上,依次为白云母花岗岩、钠长石化花岗岩、云英岩、长石石英伟晶岩壳(图 4-40)。矿体主要赋存在金竹垄地区细粒白云母花岗岩上部的钠长石化花岗岩中。

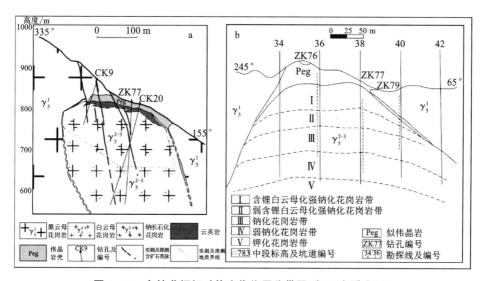

图 4-40　金竹垄铌钽矿体交代作用分带图(扫码查看彩图)

矿石中非金属矿物主要为钾长石、钠长石、石英、白云母、绢云母等[图 4-41(a)~(g)]。金属矿物主要为富锰钽铌铁矿[图 4-41(a)(b)(d)]、锰钽铁矿、富铪锆石、日光榴石、铌铁矿、黑钨矿等,少量辉钼矿、黄铜矿、闪锌矿等硫化物以及铀矿物,以包体的形式赋存在矿石中[图 4-41(d)]。富锰钽铌铁矿是矿石中的主要成分,分别与含锂白云母化强钠化花岗岩、弱含锂白云母化强钠化花岗岩、钠化花岗岩、弱钠化花岗岩形成矿区的四种主要矿石组合,且富锰钽铌矿主要呈浸染状分布于云母、石英、长石颗粒间,辉钼矿主要呈集合体状产于云英岩中[图 4-41(f)]。

矿石结构主要为细粒花岗结构,此外还有交代残余结构、似文象结构、聚片结构等;矿石构造主要为块状构造、浸染状构造,以及在镜下还观察到了与宜春铌钽矿(414)和大吉山 W-Nb-Ta 矿床类似的雪球状构造(图 4-41c)。根据前人研究,随着细粒白云母花岗岩钠化程度的降低,富锰钽铌铁矿、富铪锆石、日光榴石的含量逐渐降低。铌钽元素含量与细粒白云母花岗岩钠长石化程度的强弱有关,随着钠长石化程度的提高,元素含量逐渐增加,尤其钽表现较为明显。

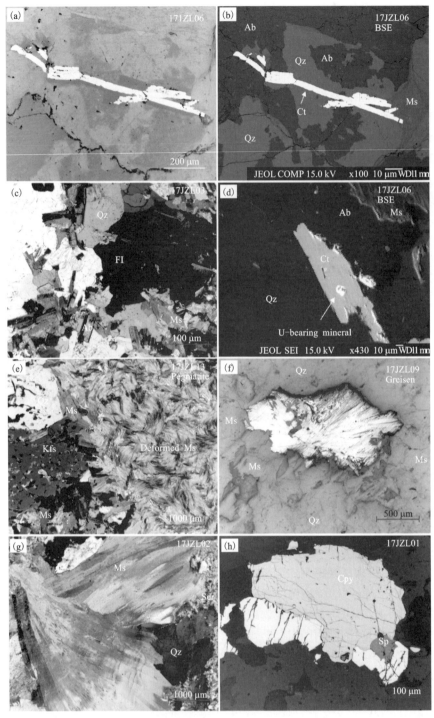

（a）自形富锰钽铌铁矿；（b）自形富锰钽铌铁矿背散射图像；（c）雪球状构造；（d）铀矿物以包体形式赋存在铌钽矿物中；（e）石英、白云母、钾长石；（f）辉钼矿呈集合体状产于云英岩中；（g）石英、白云母、绢云母；（h）铌钽矿物与黄铜矿和闪锌矿共生。

Qz—石英；Ab—钠长石；Ct—铌钽矿物；Ms—白云母；Fl—萤石；Kfs—钾长石；Ser—绢云母；Cpy—黄铜矿；Sp—闪锌矿。

图4-41　金竹垄矿床典型矿物镜下特征（扫码查看彩图）

　　区域内围岩蚀变类型主要有钠长石化、云英岩化等(图 4-42)。钠长石化从岩体下部往上强度逐渐增强,大量小板条状、叶片状钠长石化晶出,交代早期晶出的微斜长石、斜长石、石英等矿物。云英岩化主要发育在岩体顶部的长石石英伟晶岩壳和钠长石化花岗岩的接触带。长石等矿物多被后期热液交代形成白云母,形成云英岩。

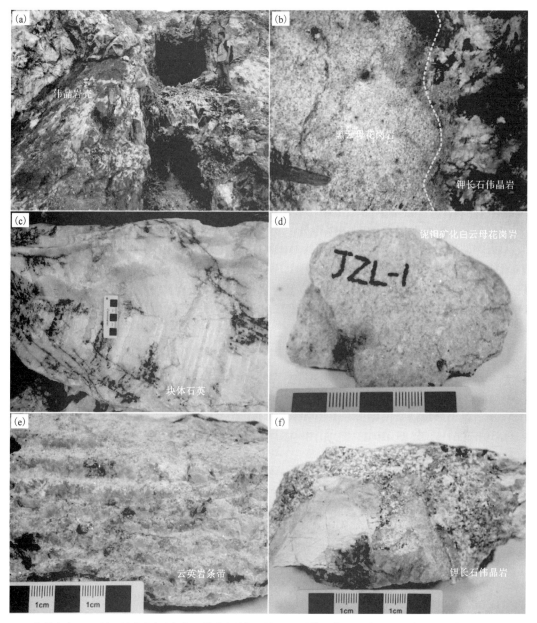

(a)伟晶岩壳;(b)黑云母花岗岩和钾长石伟晶岩接触界线;(c)块体石英;(d)铌钽矿化白云母花岗岩;(e)云英岩条带;(f)钾长石伟晶岩。

图 4-42　金竹垄矿床伟晶岩及矿体特征(扫码查看彩图)

4.4.2 湘东钨矿床

湘东钨矿位于邓阜仙复式岩体的 SE 部，大地构造上处于赣南隆起与湘桂坳陷的交接部位。矿区出露的地层主要为寒武系中统的变质砂岩、板岩和千枚岩，上泥盆统锡矿山组页岩和石英砂岩，上二叠统龙潭组灰岩，侏罗系石英砂岩与粉砂岩，白垩系红色砾岩、砂岩、粉砂岩和泥岩以及第四系冲积层。

矿区内断裂构造广泛发育，可分为 NE 向、NNW 向和 NEE 向三组，以 NEE 向最为发育。规模最大的老山坳断层走向 NEE，倾向 SSE，延伸 5 km，控制了岩体和矿体的产出位置和形态特征。

矿体主要赋存于邓阜仙复式岩体中，该复式岩体可分为三期：第一期为印支期中粗粒黑云母花岗岩，为矿区内出露岩体的主体；第二期为燕山早期中细粒二云母花岗岩，主要出露于矿区的中部和西北部；第三期为燕山晚期细粒白云母花岗岩，地表出露面积较小，呈小岩株和岩脉出露于湘东钨矿坑道中，主要分布于老山坳断层中部附近、南组脉南部和金竹垄地区。

蔡杨等(2012)通过对与含黑钨矿石英脉伴生的辉钼矿进行定年，得到 Re-Os 同位素等时线年龄为(150.5±5.2)Ma，代表了湘东钨矿的成矿年龄，且与燕山早期中细粒二云母花岗岩的成岩年龄对应[(154.4±2.2)Ma，黄卉等，2013]，指示湘东钨矿是二云母花岗岩岩浆成矿作用的产物，两者具有密切的成因联系。

石英脉型黑钨矿体是湘东钨矿的主要产出矿体，它主要赋存于矿区黑云母花岗岩和二云母花岗岩体中。矿区发育有百余条含矿石英脉，矿脉走向主要呈近 NEE 向，受矿区内广泛发育的 NEE 向断裂——老山坳断层控制。根据地表的分布情况，以老山坳断层为界，区内矿脉可具体划分为南、北两区，包括南组脉、中组脉、老山里-茶园山组脉、北组脉(图 4-43~图 4-44)。南组脉与北组脉在矿体特征方面有较大差异。南组脉普遍北倾，由宽 5~80 cm 的石英脉单体组成，石英为纯白色[图 4-45(c)]，具粗粒结构，矿体与围岩为截然接触。本次工作的南组矿脉主要包括 1、3、3W、3WS、70 脉等。北组脉普遍南倾，主要由宽 1~5 cm 的灰白色、灰黑色、烟灰色平行的石英细脉组成，脉带宽 10~100 cm[图 4-45(a)，(b)]，矿体与围岩为接触界线不清，其钨品位低于南组脉(孙振家，1990)。本次工作主要包括 88、89、89-1、89-2、95、96、97、201 脉等(图 4-44)。老山里-茶园山组脉是近年新发现的矿脉，具有经济效益的

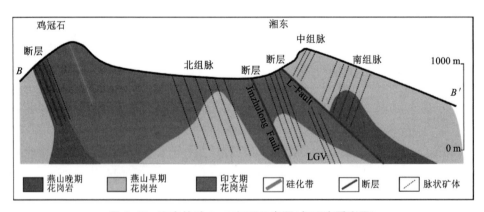

图 4-43　湘东钨矿 B-B′剖面示意图(扫码查看彩图)

矿脉金属品位为：WO_3 0.008%~3.400%，Sn 0.004%~0.124%，Pb 0.018%~3.400%，Zn 0.003%~1.040%，Ag 0~323×10^{-6}，已探获(333+334)资源金属量合计超过 2 万吨(王淑军，2008)。

主要的矿石矿物有黑钨矿、锡石、白钨矿、毒砂、黄铁矿、黄铜矿、辉钼矿、磁黄铁矿、方铅矿、闪锌矿等[图 4-45(d)(e)(f)(h)(i)]；脉石矿物主要为石英，少量萤石[图 4-45(g)]。

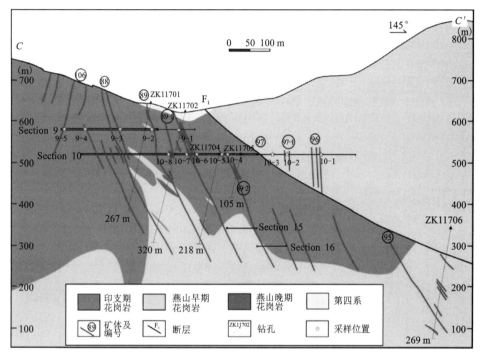

图 4-44　湘东钨矿 C-C′ 勘探线剖面图(扫码查看彩图)

[注：据湘东钨矿第三期详查报告(2010)改编]

矿石结构主要有交代结构、自形-半自形晶状结构、它形晶粒状结构、片状结构、充填(填隙)结构等。

围岩蚀变主要有云英岩化、硅化、绢云母化，其次为萤石化、叶蜡石化、绿泥石化等，其中云英岩化与矿化最为密切，是找寻钨锡矿的标志。

通过野外和显微镜下对矿脉的穿插关系、矿物共生组合关系的观察，可将湘东钨矿的成矿阶段划为 3 个。

Ⅰ阶段：锡石+黑钨矿+毒砂+石英。锡石在南组脉和北组脉均有产出，大小为 200~1000 μm，呈自形-半自形，与黑钨矿和毒砂共生[图 4-46(a)(b)]，且被后期黄铜矿充填裂隙[图 4-46(c)(f)]；黑钨矿多呈自形板状，大小为 500 μm~3 cm；毒砂呈半自形，较破碎，常呈团包状产出；上述矿物均产出于石英脉中。

Ⅱ阶段：黑钨矿+辉钼矿+黄铁矿+黄铜矿+毒砂+石英。该阶段的黑钨矿呈板状，团包状产出，自形-半自形，粒度为 50 μm~1 cm，比Ⅰ阶段黑钨矿颗粒小，常与黄铜矿、毒砂等共生[图 4-38(d)]，且被后期的白钨矿熔蚀[图 4-46(g)(h)]；辉钼矿常分布在石英脉壁两

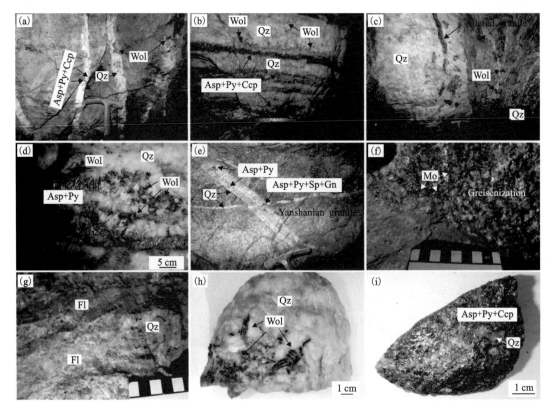

(a)含矿石英脉切穿二云母花岗岩；(b)含矿石英脉平行排列；(c)粗大石英脉包裹围岩角砾；(d)黑钨矿+硫化物组合；(e)脉体穿插关系；(f)产于云英岩中的辉钼矿；(g)萤石石英脉；(h)含矿石英脉矿石；(i)硫化物组合矿石。
Wol—黑钨矿；Cst—锡石；Asp—毒砂；Ccp—黄铜矿；Sh—白钨矿；Po—磁黄铁矿；Py—黄铁矿；Sp—闪锌矿；St—黝锡矿；Qz—石英；Fl—萤石。

图4-45 湘东钨矿矿体及矿石宏观特征(扫码查看彩图)

侧,与黄铜矿共生[图4-46(e)];黄铜矿呈不规则状产出,与黄铁矿、毒砂等矿物共生,常充填于Ⅰ阶段的锡石裂隙中;毒砂多以团包状产出于石英脉中,半自形,可见被后期黄铜矿、白钨矿、闪锌矿等充填裂隙。脉石矿物主要为石英。

Ⅲ阶段:白钨矿+黄铁矿+黄铜矿+闪锌矿+方铅矿+磁黄铁矿+黝锡矿+毒砂+石英+萤石。白钨矿普遍呈不规则状分布,显微镜下比黑钨矿颜色更深,熔蚀并包裹了早期的黑钨矿[图4-46(h)],常与黄铜矿、磁黄铁矿、黄铁矿、毒砂等矿物共生;黄铜矿以不规则状或固溶体形式与闪锌矿、磁黄铁矿、毒砂共生;毒砂呈自形-半自形,与早期毒砂相比,表面较光滑,常与闪锌矿、方铅矿等共生[图4-46(f)];黝锡矿分布较少,在显微镜下呈灰绿色,以不规则状产出于闪锌矿中,并与黄铜矿共生[图4-46(i)]。脉石矿物主要为石英与少量萤石。

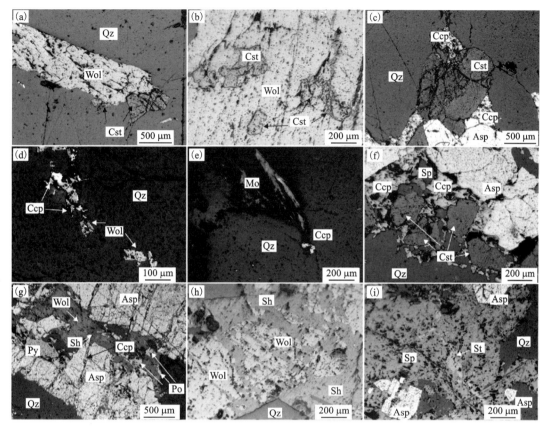

(a)自形黑钨矿;(b)黑钨矿包裹锡石;(c)锡石与黄铜矿、毒砂共生;(d)黑钨矿与黄铜矿共生;(e)辉钼矿与黄铜矿共生;(f)锡石被黄铜矿包裹;(g)黑钨矿、白钨矿与硫化物共生;(h)白钨矿熔蚀包裹黑钨矿;(i)黝锡矿与毒砂等共生。Wol—黑钨矿;Cst—锡石;Asp—毒砂;Cpy—黄铜矿;Sh—白钨矿;Po—磁黄铁矿;Py—黄铁矿;Sp—闪锌矿;St—黝锡矿;Qz—石英。

图4-46 湘东钨矿矿物共生组合(扫码查看彩图)

4.4.3 鸡冠石钨矿床

矿区地处茶陵县城北东约50 km,属茶陵县八团乡管辖,位于湘东钨矿外围北部,区内无地层出露。矿区断裂构造发育,南东部出露区域性茶(陵)-汉(背)断裂,性质为逆断层,走向NE,倾向SE,倾角40°左右,为区内钨多金属矿的导矿构造,其次级平行NE向压扭性断裂构造密集发育,且为本区的容矿构造。岩浆岩为印支期中-中细粒黑云母花岗岩和燕山早期细粒二云母花岗岩(图4-47)。

已发现石英脉或构造蚀变岩型(6号矿脉)钨多金属矿脉15条,其中规模较大的矿脉5条,矿脉呈密集的脉状成组成带分布[图4-39(a)~(c)],走向NE,倾向SE(局部倾向NW),倾角较陡,一般65°~85°,单脉走向长430~2300 m,一般1300 m左右,矿体厚0.56~3.23 m,单脉平均品位WO₃ 0.06%~1.418%,Sn 0.003%~0.214%。其中6号矿脉中深部经ZK001、ZK002、ZK301、ZK401、ZK701、ZK801钻孔控制,见矿情况较好,控制矿体倾向延伸230~500 m。

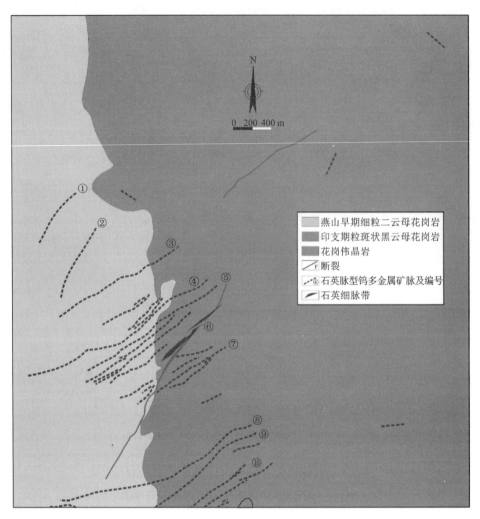

图 4-47 鸡冠石钨矿地质图(扫码查看彩图)

(据湖南省地矿局 416 队资料, 2011)

矿脉中主要金属矿物为黑钨矿、白钨矿、黄铁矿、磁黄铁矿、毒砂、黄铜矿、闪锌矿、方铅矿、微量的锡石和菱铁矿[图 4-48(d) ~ (f)]。脉石矿物以石英为主,含少量长石、白云母、绢云母、电气石、萤石和方解石。矿石结构以它形-自形粒状结构、交代残余结构为主。矿石构造以条带状、浸染状构造为主。

围岩蚀变主要有云英岩化、绢云母化、绢英岩化、电气石化、硅化、绿泥石化、叶蜡石化等。

通过野外和显微镜下对矿脉的穿插关系、矿物共生组合关系的观察,可将湘东钨矿的成矿阶段划为 3 个。

Ⅰ阶段:黑钨矿+毒砂+石英。所观测到的黑钨矿多已被白钨矿或黄铁矿、黄铜矿所熔蚀[图 4-48(g)],具有熔蚀结构,大小为 500 μm~1 cm;毒砂呈半自形,较破碎。上述矿物均产出于石英脉中。

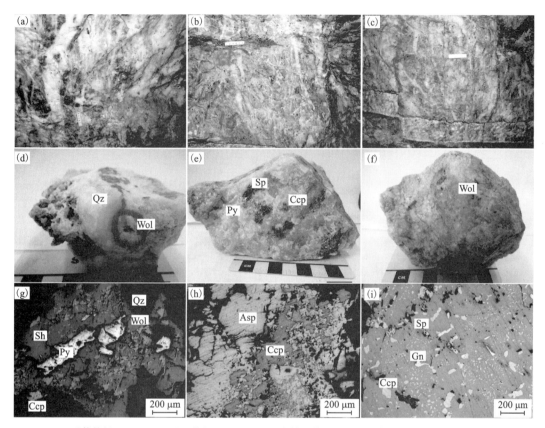

（a）（b）（c）矿体特征；（d）（e）（f）矿石特征；（g）（h）（i）矿物镜下特征。Wol—黑钨矿；Asp—毒砂；Ccp—黄铜矿；Py—黄铁矿；Sp—闪锌矿；Qz—石英。

图 4-48　鸡冠石钨矿矿体、矿石及矿物特征（扫码查看彩图）

Ⅱ阶段：白钨矿+黄铁矿+黄铜矿+毒砂+石英。白钨矿普遍呈不规则状分布，显微镜下比黑钨矿颜色更深，熔蚀并包裹了早期的黑钨矿［图 4-48（g）］；黄铜矿呈不规则状产出，与黄铁矿、毒砂等矿物共生［图 4-48（h）］，常充填于 I 阶段的黑钨矿中；毒砂呈自形-半自形，多以团包状产出于石英脉中，与早期毒砂相比，表面较光滑，常与闪锌矿、方铅矿等共生［图 4-48（h）］。脉石矿物主要为石英。

Ⅲ阶段：黄铁矿+黄铜矿+闪锌矿+方铅矿+磁黄铁矿+石英，黄铜矿以不规则状或固溶体形式与闪锌矿、方铅矿、磁黄铁矿和毒砂共生，熔蚀了早期的毒砂；磁黄铁矿分布较少，以不规则状产出于闪锌矿中，并与黄铜矿共生［图 4-48（i）］。脉石矿物主要为石英。

4.4.4　太和仙金铅锌矿床

太和仙矿区位于太和仙穹窿内，区域性断裂茶陵-汉背断裂北西部，印支-燕山期邓阜仙复式花岗岩体西部。

矿区内出露的地层主要为泥盆系与寒武系。泥盆系为滨海相碎屑岩、浅海相碳酸盐岩地层,碎屑岩相地层中盛产铁矿,碳酸盐岩地层中可见铅锌矿化。寒武系浅变质石英砂岩、粉砂岩和砂质板岩地层,是裂隙充填型金铅锌多金属矿床的主要赋矿围岩[图4-49(a)~(c)],与上覆泥盆系地层为不整合接触。

区内断裂发育,主要有NE向、NW向两组张扭性断裂,前者十分发育,倾向SE或NW,倾角40°~75°;后者次之,倾向NE,倾角35°~60°。两组断裂与成矿关系均较密切,是区内金铅锌矿的主要容矿构造。区内节理发育,常见共轭节理等现象[图4-49(d)]。

区内褶皱主要为太和仙穹窿复式背斜,核部出露地层为寒武系中统,两翼地层为寒武系上统,其规模延伸较大,向南东倒转,褶皱紧闭,次级褶皱极发育。

(a)寒武系地层中的构造透镜体(宏观);(b)构造透镜体(近照);(c)黄铁矿及外侧石英形体(剪切);(d)共轭节理。

图4-49 太和仙金铅锌矿床地层特征(扫码查看彩图)

矿区东部约1 km分布邓阜仙复式花岗岩体之印支期汉背岩体,该岩体呈岩基状产出,总体分布与隆起构造相一致,与区内寒武系呈侵入接触关系,接触界线较为弯曲。接触面皆倾向围岩,倾角40°~85°,外接触带具明显矽卡岩化、大理岩化和角岩化,岩性为中粒斑状黑云母花岗岩,岩石具似斑状结构,斑晶含量在10%~30%,以半自形长石斑晶为主,大小为0.5~4 cm,个别达5 cm;基质为中粒花岗结构,块状构造,矿物成分大致为长石(60%~70%)、石英(23%~32%)、黑云母(3%~8%),少量白云母(少于1%)。另外,张雄等(2015)通过对太和仙金铅锌矿床进行重力异常特征、水系沉积物异常特征等研究,显示矿区下伏可能存在隐伏岩体。

区内已发现构造蚀变岩型金铅锌多金属矿脉28条。其中,NNE向矿脉有13条,NW向矿脉有 15 条。矿脉产于寒武系中统浅变质砂岩或砂质板岩中，主要受位于复式背斜轴部的张扭性裂隙构造和翼部层间破碎带控制，呈较密集的脉带状分布，脉带宽 600 m，长 2600 m。NNE 组矿脉总体走向 20°~52°，倾向 NW 或 SE，倾角 46°~75°，单脉走向长 925~1250 m，矿体厚 0.33~0.74 m，品位 Au 2.44~18.10 g/t，Pb 0.23%~3.19%，Zn 0.34%~1.98%，Ag 40.3~116.7 g/t。NW 组矿脉走向 300°~350°，倾向 NW 或 SE，倾角 34°~74°，单脉走向长 300~1400 m，矿体厚 0.2~0.9 m，品位 Au 2.41~19.11 g/t，Pb 0.75%~4.01%，Zn 0.069%~1.52%，Ag 7.7~325.1 g/t。两组矿脉中以北东组 3、5、6、12、14 号矿脉和北西组 9、10、13、16 号矿脉规模较大，且含矿性较好(图 4-50)。

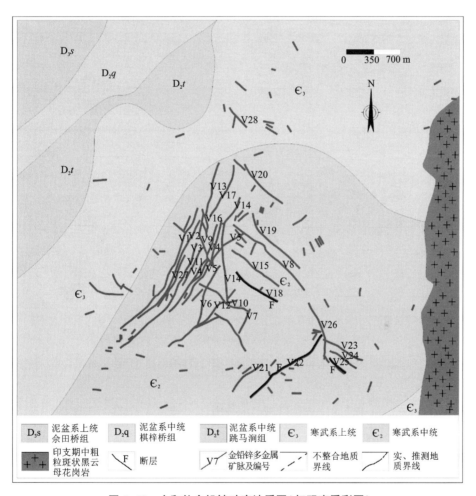

图 4-50　太和仙金铅锌矿床地质图(扫码查看彩图)

(注：据湖南省地矿局 416 队资料，2014)

　　矿石结构以它形-半自形粒状结构为主，次为包含结构、交代结构、填隙结构、交代残余结构；矿石构造以条带状构造为主，次为浸染状、星点状、斑杂状，局部可见块状构造。

　　含条带状黄铁矿、闪锌矿、方铅矿矿石：矿石的主体颜色呈白色，夹淡黄色及炭黑色。其中，矿石矿物为黄铁矿(60%)、方铅矿(30%)、闪锌矿(10%)，脉石矿物主要是石英。黄铁矿呈半自形-它形粒状结构,颗粒大小为 0.1~0.3 mm,呈条带状分布于石英脉中。方铅矿呈半自形-它形粒状结构,颗粒大小为 0.1~0.2 mm,呈条带状分布于石英脉中,与闪锌矿共生产出。闪锌矿呈半自形粒状结构,颗粒大小约 0.1 mm,呈条带状分布于石英脉中,与方铅矿共生产出[图 4-51(a)]。

(a)条带状黄铁矿、闪锌矿、方铅矿矿石;(b)条带状方铅矿、黄铁矿、毒砂,少量闪锌矿矿石;
(c)星点状黄铁矿矿石;(d)致密块状黄铁矿、毒砂、黄铜矿矿石。

图 4-51 太和仙金铅锌矿床矿石特征(扫码查看彩图)

条带状方铅矿、黄铁矿、毒砂,少量闪锌矿矿石:矿石主体颜色呈灰白色,夹铅灰色及淡黄色。其中,矿石矿物为方铅矿(40%)、黄铁矿(30%)、毒砂(20%)、闪锌矿(10%);脉石矿物主要是石英。方铅矿呈半自形-它形粒状结构,颗粒大小为 0.1~0.2 mm,呈条带状分布于石英脉中,与闪锌矿共生产出。黄铁矿呈半自形-它形粒状结构,颗粒大小为 0.1~0.3 mm,呈条带状分布于石英脉中,与毒砂共生产出。毒砂呈半自形-它形粒状结构,颗粒大小为 0.1~0.2 mm,呈条带状分布于石英脉中,与黄铁矿共生产出。闪锌矿呈半自形粒状结构,颗粒大小约 0.1 mm,呈条带状分布于石英脉中,与方铅矿共生产出[图 4-51(b)]。

星点状黄铁矿矿石:矿石主体颜色呈墨绿色,夹淡黄色。其中,矿石矿物为黄铁矿。围岩为寒武系片理状浅变质砂岩。黄铁矿呈半自形-它形粒状结构,颗粒大小为 0.1~0.2 mm,呈星点状分布于围岩中[图 4-51(c)]。

致密块状黄铁矿、毒砂、黄铜矿矿石:矿石主体颜色呈淡黄色,夹白色。其中,矿石矿物为黄铁矿(40%)、毒砂(30%)、黄铜矿(30%),脉石矿物为石英。黄铁矿呈半自形-它形粒状结构，颗粒大小为 0.1~0.3 mm，呈致密块状分布于石英脉中，与毒砂共生产出。毒砂呈半自形-它形粒状结构，颗粒大小为 0.1~0.2 mm，呈致密块状分布于石英脉中，与黄铁矿共生产出。黄铜矿呈自形-半自形粒状结构，颗粒大小为 0.1~0.2 mm，呈致密块状分布于石英脉中[图 4-51(d)]。

　　矿区的矿石矿物主要为黄铁矿、毒砂、方铅矿、闪锌矿、黄铜矿、磁黄铁矿等[图 4-52(a)~(e)]。矿区脉石矿物主要为石英、方解石、绢云母、绿泥石、萤石、电气石[图 4-52(f)~(i)]。其中，跟矿化密切相关的蚀变主要是硅化、绢云母化、绿泥石化、萤石化、电气石化。金主要呈不规则粒状赋存于石英、毒砂、黄铁矿等矿物的晶隙间(张雄等，2015)。

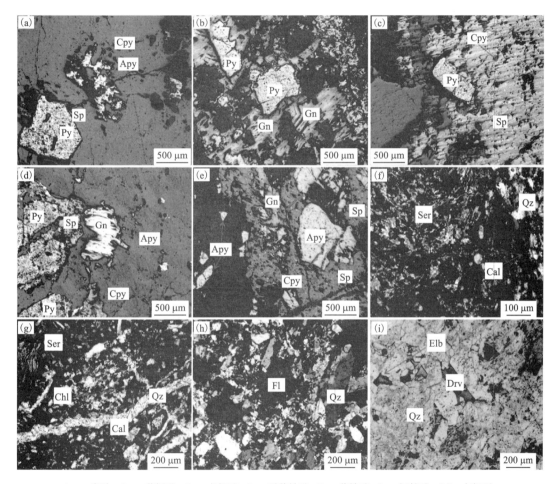

Apy—毒砂；Cpy—黄铜矿；Gn—方铅矿；Po—磁黄铁矿；Py—黄铁矿；Sp—闪锌矿；Cal—方解石；
Chl—绿泥石；Drv—镁电气石；Ebl—锂电气石；Fl—白云母；Qz—石英；Ser—绢云母。

图 4-52　太和仙金铅锌矿床矿物特征(扫码查看彩图)

　　按照野外矿体矿脉的穿插现象，并结合室内镜下观察和矿物共生组合，可将太和仙矿床的成矿作用分为三个阶段：黄铁矿-毒砂-石英阶段；黄铁矿-毒砂-闪锌矿-方铅矿-黄铜矿-石英阶段；黄铁矿-石英-方解石阶段。

4.4.5 大垄铅锌矿床

大垄铅锌矿位于邓阜仙岩体北部，矿区内除第四系地层外均为燕山期岩体，第四系主要为花岗岩风化物组成的冲积层，由砂质黏土、砂砾石组成。

矿区构造较为简单，以断裂为主，按其走向可分 NE、NW、近 EW 及 SN 向四组。其中，SN 向断裂为规模较大的压扭性断裂，均被硅质所充填，控制了矿体的产出位置和形态特征。

矿体主要分布于邓阜仙岩体中，矿区内出露岩浆岩又称八团岩体[（159.2±4.6）Ma，郑明泓等，2016]，属于燕山期活动的产物，其岩性为中细粒的二云母花岗岩，呈岩基产出，与成矿关系密切。

铅锌矿体赋存在近 SN 向的 V1 硅化破碎带中[图 4-53（a）]，主要在硅化破碎带的膨大、分支复合及破碎、硅化、绿泥石化较强的地段富集，由 V1、V2、V3、V4 共 4 个矿体组成，其形态、产状受硅化带控制，均呈短脉板状，与围岩界线明显。控制长度在 300~400 m，矿体最大厚度为 4.33 m，最小厚度 0.80 m，平均厚度 1.81 m，倾向南西，倾角 70°~85°[图 4-53（b）]。

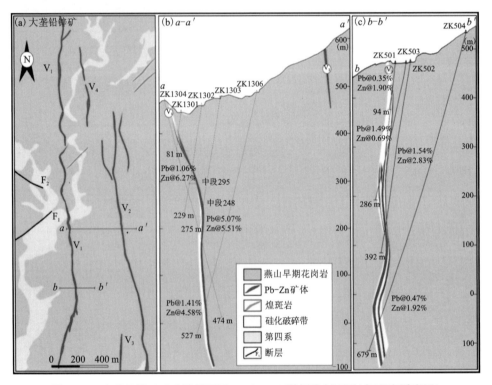

图 4-53 大垄铅锌矿矿床地质图及 a–a'、b–b' 勘探线剖面图（扫码查看彩图）
(注：据湖南省地矿局 416 队资料，2013)

矿区铅锌矿石主要为原生硫化物矿石，局部近地表有少量氧化矿。矿石类型上，主要有多金属硫化物型矿石及黄铁矿-闪锌矿型矿石[图 4-54（a）（b）]。矿石中金属矿物主要为方铅矿、闪锌矿、黄铁矿、黄铜矿等；脉石矿物主要有石英、萤石等[图 4-54（c）]。矿石结构以交代结构为主，次为半自形-它形粒状结构，角砾状构造[图 4-54（d）~（f）]；矿石构造以细脉状和浸染状为主，次为团包状[图 4-54（b）]。

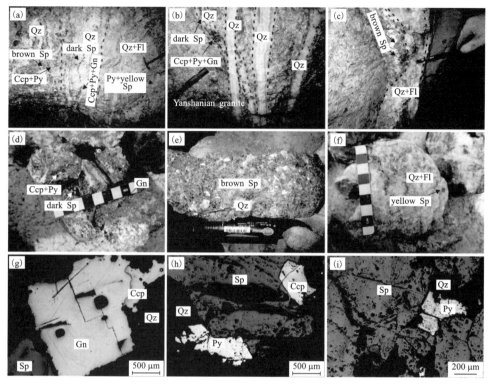

（a）不同的矿物组合；（b）Ⅲ阶段矿脉切穿Ⅱ阶段矿脉；（c）Ⅱ阶段矿脉切穿Ⅰ阶段矿脉；（d）（e）（f）矿石手标本；（g）方铅矿与黄铜矿和闪锌矿共生；（h）闪锌矿与黄铁矿、黄铜矿共生；（i）大片闪锌矿与黄铁矿共生。

图 4-54　大垄铅锌矿矿体、矿石及矿物特征（扫码查看彩图）

与成矿关系密切的蚀变为硅化、萤石化和绿泥石化。

根据野外矿脉穿插和矿物共生组合关系，可将其成矿作用分为三个成矿阶段：

Ⅰ阶段：石英+黄铁矿+黄铜矿+方铅矿+深色闪锌矿；具体表现为多金属硫化物石英脉，该阶段产出的金属矿物主要为深色闪锌矿及方铅矿［图 4-54（d）］，次为少量的黄铁矿、黄铜矿；脉石矿物以石英为主。可见该阶段矿脉被后期石英脉穿插［图 4-54（b）］，金属硫化物主要呈它形粒状结构，宏观上呈浸染状、细脉状和块状产出。

Ⅱ阶段：石英+黄铁矿+黄铜矿+黄褐色闪锌矿；具体表现为含黄铁矿、黄褐色闪锌矿、少量黄铜矿的石英脉［图 4-45（h）］，矿石矿物以闪锌矿为主，脉石矿物以石英为主，石英呈灰白色，可见绢云母及绿泥石等。可见该阶段矿脉被后期萤石石英脉穿插［图 4-54（c）］，该阶段闪锌矿呈浸染状、细脉状和团包状产出。

Ⅲ阶段：石英+萤石+浅色闪锌矿；具体表现为含萤石和闪锌矿的石英脉，矿石矿物以浅黄色闪锌矿为主，少量黄铁矿［图 4-54（i）］；脉石矿物以石英和萤石为主。该阶段闪锌矿呈稀疏浸染状产出。

4.5　成矿地球化学特征

4.5.1　矿物地球化学

黄铁矿为邓阜仙矿田中共有的贯通性矿物，在各个矿床中均存在。除大垄铅锌矿外，湘东钨矿、鸡冠石钨矿和太和仙金铅锌矿均可见大量的毒砂,故本研究除了对湘东钨矿中不常见的含锡矿物——黝锡矿进行了测试外,还通过电子探针分析对贯通性矿物黄铁矿和毒砂进行研究,讨论其微量元素特征及其变化规律,为矿田成矿流体的演化提供依据。

黑钨矿和白钨矿是钨矿床中最重要的两种钨矿物。黑钨矿中微量元素主要有 Nb、Ta、Ti、Sn、Sc、Al、Mg、Ca 和稀土元素,有时含 Ga、In、Tl、Ag、Cu、Bi、Pb 和 Zn。而有关黑钨矿中微量元素的研究很少(刘英俊和马东升,1987)。黑钨矿中微量元素的浓度反映了矿物形成时成矿介质的组分特征和物理化学条件,因此,它可以用来作为一种矿床类型和形成环境的标型特征,并可能对一些钨矿床的矿化趋势和稀有分散元素的成矿远景做出初步评价。因此,本节主要对矿田内典型的钨矿床——湘东钨矿中黑钨矿和白钨矿进行 LA-ICP-MS 原位分析(其中黑钨矿和白钨矿的主量元素组成是通过电子探针分析所得),研究黑钨矿和白钨矿微量元素组成和其对成矿流体演化的指示意义。

(一)典型硫化物电子探针分析

不同物理化学环境下形成的黄铁矿和毒砂,其晶体形貌、微量元素含量及组合特征等有一定差异(陈光远等,1987;Reich et al.,2005;熊伊曲等,2015)。因此,研究黄铁矿和毒砂中微量元素组成以及不同矿床的黄铁矿和毒砂中元素的变化,对我们了解矿田中各矿床的关系以及探讨矿床形成的过程具有重要意义。

1. 黄铁矿

湘东钨矿、鸡冠石钨矿、大垄铅锌矿和太和仙金铅锌矿床中的黄铁矿电子探针分析结果如表 4-6,其中,由于所有数据中 Au 均低于检测限,故表 4-6 中略去了 Au。

由表 4-6 可知,湘东钨矿黄铁矿测点为 13 个,其中 Fe 含量为 45.29%~46.46%,平均45.94;S 含量为 52.12%~54.06%,平均 53.04;并含有少量的 As(0~0.395%,平均0.11%)、Mo(0~0.64%,平均 0.25%)、Ag(0~0.87%,平均 0.47%)和 Bi(0.01%~0.22%,平均 0.12%)及痕量的 Mn、Co、Ni、Cu、Zn 和 Sb 等,Pb 含量均低于检测限。

鸡冠石钨矿黄铁矿测点为 14 个,其 Fe 含量为 45.54%~46.54%,平均 46.10%;S 含量为 51.65%~54.07%,平均 52.93%;并含有少量的 As(0~1.65%,平均 0.66%)、Ag(0.64%~0.81%,平均 0.73%)和 Bi(0~0.20%,平均 0.12%)及痕量的 Mn、Co、Ni、Cu、Zn、Mo 和 Sb 等,Pb 含量均低于检测限。

大垄铅锌矿黄铁矿测点为 20 个,其 Fe 含量为 44.25%~46.09%,平均 45.45%;S 含量为 53.08%~54.57%,平均 53.92%;并含有少量的 As(0.14%~1.04%,平均 0.33%)和 Pb(0.03%~0.19%,平均 0.10%)及痕量的 Mn、Co、Ni、Cu、Zn 和 Mo 等,Ag、Pb、Sb 和 Bi 含量均低于检测限。

太和仙金铅锌矿黄铁矿测点共 29 个,其 Fe 含量为 43.76%~47.28%,平均 46.25%;S 含量为 51.45%~53.63%,平均 52.72%;并含有少量的 Zn(0~0.61%,平均 0.14%)、As(0.12%~2.15%,平均 0.41%)、Mo(0.54%~0.75%,平均 0.65%)和 Bi(0.05%~0.25%,平均 0.12%)及痕量的 Mn、Co、Ni、Cu、Ag、Pb 和 Sb 等。

2. 毒砂

由于未在大垄铅锌矿中观察到毒砂,湘东钨矿、鸡冠石钨矿和太和仙金铅锌矿床中的毒砂电子探针分析结果如表 4-7 所示,其中,由于所有数据中 Au 均低于检测限,故表 4-7 中略去了 Au。

表 4-6　邓阜仙矿田典型矿床黄铁矿电子探针分析结果

单位：%

矿床	样品号	矿物名称	S	Mn	Fe	Co	Ni	Cu	Zn	As	Mo	Ag	Sb	Pb	Bi	Total
湘东钨矿	XD1254	黄铁矿	52.333	0.004	45.931	0.042	0	0	0.083	0.395	0.57	0	0	0	0.101	99.461
	XD1255	黄铁矿	52.117	0.032	45.411	0.032	0	0.04	0.002	0.35	0.622	0.018	0	0	0.136	98.761
	XD1256	黄铁矿	53.53	0	46.234	0.069	0.03	0	0.106	0.171	0.613	0.02	0	0	0.158	100.931
	XD13061131	黄铁矿	53.421	0	46.239	0.006	0.028	0.003	0.057	0.218	0.596	0	0	0	0.066	100.634
	XD13061133	黄铁矿	52.711	0.061	45.904	0.076	0.065	0	0.125	0.142	0.643	0	0	0	0.218	99.945
	XD120501	黄铁矿	53.077	0	45.537	0.05	0.068	0.043	0.008	0.116	0.018	0.662	0.021	0	0.031	99.629
	XD120502	黄铁矿	53.661	0	46.132	0.088	0.003	0.008	0.209	0.003	0.047	0.656	0	0	0.092	100.898
	XD120503	黄铁矿	54.058	0	46.457	0.007	0	0.04	0.038	0	0.613	0.756	0.005	0	0.068	101.429
	XD120504	黄铁矿	53.187	0.002	45.954	0.028	0	0.104	0.025	0	0	0.873	0	0	0.011	100.185
	XD120506	黄铁矿	52.55	0.004	46.184	0.091	0	0.007	0	0.033	0.033	0.753	0	0	0.217	99.873
	XD120509	黄铁矿	52.475	0	45.757	0.113	0	0	0	0	0.047	0.851	0	0	0.21	99.453
	XD120510	黄铁矿	52.774	0	45.286	0.105	0	0.334	0.007	0	0	0.751	0	0	0.094	99.351
	XD120511	黄铁矿	53.634	0.038	46.153	0	0.045	0	0.036	0	0.035	0.786	0.013	0	0.186	100.926
鸡冠石钨矿	MZ160101	黄铁矿	53.036	0	45.752	0.026	0	0	0.068	0.698	0	0.74	0.048	0	0.111	100.478
	MZ160102	黄铁矿	53.944	0	46.199	0	0	0	0.002	0.045	0	0.805	0	0	0.12	101.114
	MZ160103	黄铁矿	52.92	0	46.538	0.088	0	0.093	0.008	0.922	0	0.672	0	0	0.111	101.351
	MZ160104	黄铁矿	52.393	0.003	45.697	0.042	0	0	0.058	0.896	0	0.692	0.025	0	0.134	99.939
	MZ160105	黄铁矿	52.751	0	46.273	0.039	0.024	0.142	0.284	0	0	0.78	0.083	0	0.194	100.572
	MZ160106	黄铁矿	52.271	0	46.192	0.059	0.001	0	0.08	0.798	0	0.749	0	0	0.093	100.243
	MZ160107	黄铁矿	51.983	0	46.056	0.092	0.028	0	0.004	1.17	0.612	0.733	0	0	0.203	100.883

续表4-6

矿床	样品号	矿物名称	S	Mn	Fe	Co	Ni	Cu	Zn	As	Mo	Ag	Sb	Pb	Bi	Total
鸡冠石钨矿	MZ160109	黄铁矿	52.582	0	45.693	0.003	0	0.033	0	1.328	0	0.704	0.049	0	0.099	100.49
	MZ160110	黄铁矿	53.554	0	45.952	0	0	0	0.095	0.565	0.02	0.779	0.035	0	0.146	101.147
	MZ160111	黄铁矿	53.857	0	46.244	0.035	0	0	0	0	0	0.767	0.005	0	0.116	101.024
	MZ160112	黄铁矿	51.65	0.005	45.536	0.027	0.029	0	0.048	1.645	0	0.69	0.021	0	0.072	99.725
	MZ160113	黄铁矿	53.03	0.005	46.453	0.106	0	0	0	0.646	0	0.741	0	0	0.077	101.058
	MZ160114	黄铁矿	54.072	0	46.484	0.041	0	0.03	0.051	0.254	0	0.643	0.037	0	0.159	101.771
	MZ160115	黄铁矿	53.015	0.02	46.285	0.053	0.018	0.021	0.034	0.318	0	0.737	0	0	0	100.5
大垄铅锌矿	DL0101	黄铁矿	54.481	0	45.767	0.019	0.007	0.07	0	0.287	0.032	/	/	0.05	/	100.716
	DL0102	黄铁矿	53.628	0.021	45.28	0.083	0.012	0.039	0.004	0.909	0.019	/	/	0.08	/	100.087
	DL0103	黄铁矿	53.853	0.015	45.456	0.073	0.043	0.012	0.014	0.524	0.021	/	/	0.08	/	100.095
	DL0104	黄铁矿	53.676	0.016	45.332	0.009	0.004	0	0	0.237	0.011	/	/	0.07	/	99.369
	DL0105	黄铁矿	54.533	0.005	46.079	0.024	0.004	0.052	0.027	0.186	0.034	/	/	0.09	/	101.076
	DL0106	黄铁矿	53.608	0	45.128	0.06	0.012	0.199	0	0.195	0.024	/	/	0.16	/	99.407
	DL0107	黄铁矿	53.855	0	44.625	0.043	0.014	0.015	0.058	0.461	0.018	/	/	0.05	/	99.15
	DL0108	黄铁矿	54.229	0	45.747	0.057	0.019	0.101	0.046	0.223	0.007	/	/	0.17	/	100.659
	DL0109	黄铁矿	54.349	0.007	45.778	0.083	0.013	0.086	0.001	0.298	0.002	/	/	0.08	/	100.698
	DL0201	黄铁矿	53.844	0	45.019	0.064	0.022	0.116	0.014	0.412	0.034	/	/	0.03	/	99.59
	DL0202	黄铁矿	53.352	0.039	45.789	0.065	0.031	0.006	0	0.182	0.022	/	/	0.18	/	99.685
	DL0203	黄铁矿	53.828	0	46.092	0.033	0.011	0.011	0.078	0.213	0.001	/	/	0.13	/	100.398
	DL0204	黄铁矿	54.011	0	45.592	0.058	0.012	0.011	0	0.176	0.016	/	/	0.11	/	99.998

续表4-6

矿床	样品号	矿物名称	S	Mn	Fe	Co	Ni	Cu	Zn	As	Mo	Ag	Sb	Pb	Bi	Total
大垄铅锌矿	DL0205	黄铁矿	54.148	0	45.832	0.079	0.031	0	0	0.221	0.006	/	/	0.13	/	100.477
	DL0206	黄铁矿	53.809	0	45.381	0.056	0.029	0.215	0	0.259	0.032	/	/	0.05	/	99.848
	DL0207	黄铁矿	53.805	0	44.25	0.142	0.046	0.047	0.683	0.228	0.037	/	/	0.03	/	99.283
	DL0208	黄铁矿	53.076	0.021	44.629	0.029	0.012	0	0.641	1.042	0.032	/	/	0.15	/	99.636
	DL0209	黄铁矿	54.219	0	45.87	0.051	0.009	0.232	0	0.143	0.004	/	/	0.08	/	100.615
	DL0210	黄铁矿	54.567	0.018	45.668	0.086	0.011	0.061	0	0.165	0.006	/	/	0.17	/	100.758
	DL0211	黄铁矿	53.594	0.011	45.675	0.06	0.012	0.126	0.037	0.166	0.017	/	/	0.19	/	99.91
太和仙金铅锌矿	THX030102	黄铁矿	53.432	0	46.53	0.013	0.027	0.106	0.29	0.367	0.692	0.003	0	0	0.109	101.568
	THX030103	黄铁矿	52.912	0	47.179	0.092	0	0	0	0.375	0.62	0.013	0.014	0	0.112	101.316
	THX050101	黄铁矿	52.963	0.036	45.511	0.041	0.009	0.071	0.575	0.25	0.678	0	0	0	0.129	100.263
	THX050103	黄铁矿	52.737	0.013	43.759	0.014	0.042	0.842	0.078	0.148	0.597	0.028	0	0	0.066	98.323
	THX050302	黄铁矿	52.345	0.003	46.087	0.008	0	0	0.086	0.123	0.639	0	0	0	0.07	99.361
	THX050303	黄铁矿	53.506	0	45.134	0.051	0.012	0.302	0.363	0.325	0.653	0.067	0	0	0.241	100.653
	THX10014	黄铁矿	52.834	0	46.264	0.1	0.006	0	0	0.197	0.64	0.021	0.01	0	0.245	100.316
	THX10015	黄铁矿	53.632	0	46.903	0.034	0	0	0	0.22	0.565	0	0.015	0	0.086	101.456
	THX10016	黄铁矿	53.034	0.023	46.611	0.083	0.025	0.055	0.197	0.215	0.702	0.033	0.01	0	0.087	101.077
	THX100205	黄铁矿	53.024	0.036	46.454	0.114	0.021	0.017	0.189	0.144	0.683	0.02	0	0	0.078	100.78
	THX100304	黄铁矿	52.118	0.013	46.305	0.042	0.053	0.032	0.139	0.247	0.637	0.062	0	0.092	0.112	99.852
	THX100305	黄铁矿	53.071	0	46.733	0.048	0.012	0.046	0.198	0.288	0.744	0	0	0	0.172	101.313
	THX100306	黄铁矿	52.015	0.02	45.149	0.084	0	0.061	0.28	0.229	0.604	0.019	0	0.11	0.106	98.676

续表4-6

矿床	样品号	矿物名称	S	Mn	Fe	Co	Ni	Cu	Zn	As	Mo	Ag	Sb	Pb	Bi	Total
	THX100504	黄铁矿	51.547	0	46.738	0.034	0.034	0.034	0.031	2.047	0.691	0	0.045	0	0.137	101.338
	THX100505	黄铁矿	51.454	0	46.646	0.096	0	0.044	0	2.147	0.604	0	0.043	0	0.121	101.154
	THX100506	黄铁矿	52.404	0	47.277	0.043	0	0	0.036	0.351	0.696	0.035	0	0	0.185	101.027
	THX100604	黄铁矿	52.564	0	46.579	0.044	0	0.212	0.61	0.171	0.736	0.016	0.013	0.004	0.051	100.999
	THX100605	黄铁矿	52.448	0	45.57	0.043	0.057	0.219	0.341	0.195	0.683	0.036	0	0	0.145	99.738
	THX120106	黄铁矿	52.523	0.02	46.533	0.035	0	0.025	0.076	0.635	0.576	0	0	0	0.135	100.558
	THX120107	黄铁矿	53.415	0.009	46.592	0.043	0	0	0.06	0.383	0.634	0.035	0.021	0	0.148	101.34
太和仙金铅锌矿	THX130402	黄铁矿	51.45	0.009	47.192	0.026	0.026	0.004	0.1	0.303	0.59	0	0	0	0.133	99.833
	THX130404	黄铁矿	52.37	0	46.667	0.041	0.048	0.021	0	0.298	0.708	0.007	0	0	0.055	100.215
	THX130604	黄铁矿	52.717	0	44.825	0.032	0	0	0.083	0.249	0.566	0.004	0	0	0.095	98.57
	THX130605	黄铁矿	53.113	0	46.11	0.069	0	0.04	0.076	0.407	0.651	0.038	0	0	0.046	100.55
	THX130606	黄铁矿	52.359	0.055	45.754	0.054	0	0	0	0.363	0.701	0	0.024	0	0.116	99.426
	THX140202	黄铁矿	53.478	0.003	47.128	0.094	0.025	0.037	0	0.17	0.68	0.021	0	0	0.208	101.843
	THX140302	黄铁矿	53.454	0	46.715	0.043	0.012	0	0.005	0.546	0.541	0	0.003	0	0.119	101.438
	THX140303	黄铁矿	53.054	0	46.222	0.449	0.047	0	0.042	0.384	0.697	0.04	0.005	0	0.151	101.091
	THX160204	黄铁矿	52.987	0	46.087	0.06	0.005	0	0.088	0.177	0.752	0.028	0	0	0.105	100.29

注：测试在中南大学地球科学与信息物理学院电子探针实验室完成，"/"代表未测。

单位: %

表 4-7 邓阜仙矿田典型矿床矿床毒砂电子探针分析结果

矿床	样品号	矿物名称	S	Mn	Fe	Co	Ni	Cu	Zn	As	Mo	Ag	Sb	Pb	Bi	Total
湘东钨矿	XD741	毒砂	21.5	0	35.93	0.052	0	0	0.028	42.355	0.282	0.045	0	0	0.1	100.291
	XD742	毒砂	20.562	0	34.871	0.046	0.03	0.027	0.003	42.479	0.33	0	0	0	0.053	98.4
	XD743	毒砂	20.599	0.003	35.395	0.007	0.013	0	0.045	44.543	0.19	0.05	0	0	0.147	100.992
	XD931	毒砂	20.544	0	34.706	0.041	0	0.103	0.054	43.428	0.26	0	0.008	0	0	99.144
	XD932	毒砂	18.912	0	34.854	0.053	0	0.019	0.035	44.96	0.229	0.036	0	0	0.094	99.192
	XD9502	毒砂	20.219	0.015	34.731	0.029	0.012	0.103	0	43.746	0.243	0	0	0.044	0.031	99.172
	XD9503	毒砂	20.818	0	34.907	0.025	0.002	0	0.15	42.505	0.185	0	0	0	0.103	98.695
	XD104723	毒砂	21.088	0.011	35.269	0.059	0.006	0	0.154	43.241	0.321	0.017	0	0	0.024	100.19
	XD1051	毒砂	20.532	0	35.135	0	0.066	0.078	0	44.016	0.181	0	0	0	0.052	100.06
	XD1052	毒砂	21.816	0.004	36.144	0.076	0	0	0	40.785	0.231	0	0	0	0.069	99.126
	XD1053	毒砂	21.799	0.001	34.988	0.032	0.051	0.019	0	41.421	0.316	0	0.055	0	0	98.682
	XD1061	毒砂	20.749	0	35.282	0.047		0.038	0.025	42.701	0.222	0	0	0	0.121	99.185
	XD10Y0615202	毒砂	20.644	0.024	34.802	0.025	0.077	0	0.015	43.837	0.133	0	0.014	0.027	0.028	99.626
	XD1243	毒砂	19.451	0.008	34.712	0.045	0	0	0.197	47.145	0.243	0	0.028	0.021	0.064	101.913
	XD1251	毒砂	21.657	0.021	35.54	0.045	0.007	0.134	0.046	41.671	0.306	0.014	0	0	0.023	99.466
	XD1252	毒砂	20.933	0.019	34.745	0.212	0	0.104	0	42.197	0.295	0	0.011	0	0.078	98.594
	XD1253	毒砂	21.076	0.008	34.96	0.067	0.004	0	0	43.054	0.305	0.008	0	0	0.073	99.555
	XD1331	毒砂	20.763	0	35.608	0.08	0.042	0.006	0.11	43.18	0.16	0	0.016	0	0.014	99.979
	XD1332	毒砂	20.638	0.056	33.791	0.042	0	0.015	0.052	44.354	0.29	0	0.022	0	0.059	99.32
	XD1333	毒砂	21.337	0	35.679	0.063	0	0.058	0.09	43.308	0.276	0	0	0	0.14	100.951
	XD13040203	毒砂	20.888	0	34.861	0.076	0.051	0	0.038	42.291	0.278	0.005	0	0	0	98.488
	XD1394	毒砂	20.608	0	35.151	0.055	0	0.048	0.112	43.277	0.26	0.045	0	0	0.077	99.631
	XD130902	毒砂	20.921	0.003	34.739	0.026	0.042	0	0.042	45.459	0	0.327	0	0	0	101.56
	XD130903	毒砂	20.513	0.002	34.984	0.09	0.045	0	0.067	45.124	0	0.311	0.021	0	0	101.157
	XD130904	毒砂	20.385	0	35.044	0.049	0.011	0	0.031	45.342	0	0.216	0.028	0	0.165	101.272
	XD130905	毒砂	19.838	0	34.215	0.047	0.004	0.062		43.959	0	0.258	0	0	0.006	98.389

续表4-7

矿床	样品号	矿物名称	S	Mn	Fe	Co	Ni	Cu	Zn	As	Mo	Ag	Sb	Pb	Bi	Total
鸡冠石钨矿	MZ160502	毒砂	22.504	0	36.288	0.063	0.015	0.013	0.019	42.239	0	0.233	0.017	0	0.087	101.478
	MZ160504	毒砂	22.405	0.003	35.632	0.038	0.007	0.096	0	43.069	0	0.279	0	0	0.047	101.575
	MZ160505	毒砂	21.596	0	35.635	0.036	0	0	0	43.421	0	0.302	0	0	0.18	101.17
	MZ160506	毒砂	21.435	0.043	35.064	0.096	0.048	0	0.002	44.744	0	0.27	0.007	0	0	101.709
	MZ160507	毒砂	21.942	0.004	35.592	0.001	0.012	0.023	0	43.551	0	0.266	0	0	0.076	101.466
	MZ160508	毒砂	24.185	0	36.157	0	0.029	0.001	0.063	40.919	0	0.246	0.028	0	0.108	101.672
	MZ160509	毒砂	21.953	0.003	35.825	0.007	0.023	0.042	0	43.572	0	0.235	0	0	0.037	101.719
	MZ160510	毒砂	22.092	0	35.112	0.021	0	0.053	0.089	42.94	0	0.188	0	0	0.153	100.549
	MZ160511	毒砂	22.233	0	35.898	0.028	0	0.041	0	44.167	0	0.31	0.007	0	0.108	102.804
	MZ160512	毒砂	23.184	0	35.507	0.055	0	0.041	0.089	42.451	0	0.342	0.011	0	0.141	101.82
	MZ160513	毒砂	22.909	0.021	35.735	0.027	0.052	0	0	42.375	0	0.321	0	0	0.119	101.559
太和仙金铅锌矿	THX030601	毒砂	23.208	0	35.8	0.041	0.096	0.027	0.054	39.311	0.315	0	0.009	0	0.094	98.955
	THX030701	毒砂	23.009	0.159	36.403	0.043	0	0.024	0.095	38.195	0.336	0	0.018	0	0.075	98.261
	THX030703	毒砂	23.894	0.012	36.917	0	0	0.109	0.072	38.624	0.299	0.013	0.01	0	0.049	99.914
	THX030704	毒砂	21.669	0	35.932	0.07	0	0.076	0.016	40.288	0.19	0	0	0	0.009	98.247
	THX05073	毒砂	23.737	0.022	37.017	0.015	0.041	0.032	0	39.065	0.237	0	0	0	0.044	100.21
	THX05091	毒砂	22.14	0.026	36.691	0.063	0.038	0	0.239	38.62	0.338	0.031	0	0	0.05	98.237
	THX100202	毒砂	22.33	0	36.154	0.062	0.069	0	0.095	39.536	0.329	0	0	0.009	0.031	98.615
	THX100203	毒砂	22.734	0	36.597	0.068	0.046	0	0.072	40.598	0.165	0.005	0.01	0	0.103	100.387
	THX100301	毒砂	23.175	0.015	37.087	0.086	0.058	0.072	0.016	37.625	0.355	0	0.022	0	0.154	98.616
	THX100303	毒砂	22.652	0	37	0.117	0	0.065	0.035	38.365	0.231	0.002	0	0.022	0	98.49
	THX100501	毒砂	21.713	0	36.33	0.08	0.026	0.043	0	40.383	0.254	0	0	0	0.051	98.879
	THX100502	毒砂	22.827	0	36.104	0.042	0.026	0	0.144	38.498	0.329	0.015	0.013	0	0.024	98.008
	THX100503	毒砂	22.181	0	37.053	0.088	0	0.072	0.072	39.894	0.289	0.01	0	0	0.101	99.701
	THX100601	毒砂	22.874	0.009	36.443	0.068	0.007	0.022	0.153	39.588	0.256	0.019	0.01	0	0.076	99.502
	THX100602	毒砂	22.441	0	37.041	0.078	0	0.002	0.007	38.866	0.242	0	0.01	0	0	98.685
	THX120102	毒砂	22.201	0	35.699	0.002	0.001	0.002	0.037	40.957	0.234	0	0	0	0.03	99.163
	THX130601	毒砂	21.864	0.029	35.041	0.038	0	0.094	0.129	41.147	0.296	0.02	0.018	0	0.061	98.736
	THX130603	毒砂	22.363	0	36.131	0.046	0	0	0.019	41.112	0.283	0	0	0	0.001	99.955

注：测试在中南大学地球科学与信息物理学院电子探针实验室完成。

由表 4-7 可知，湘东钨矿毒砂测点共 26 个，其 Fe 含量为 33.79%~36.14%，平均 35.04%；As 含量为 40.79%~47.15%，平均 43.48%；S 含量为 18.91%~21.82%，平均 20.72%；并含有少量的 Mo(0~0.33%，平均 0.21%)及痕量的 Mn、Co、Ni、Cu、Zn、Ag、Sb、Pb 和 Bi 等。

鸡冠石钨矿毒砂测点共 11 个，其 Fe 含量为 35.06%~36.29%，平均 35.68%；As 含量为 40.92%~44.74%，平均 43.04%；S 含量为 21.44%~24.19%，平均 22.40%；并含有少量的 Ag(0.19%~0.34%，平均 0.27%)及痕量的 Mn、Co、Ni、Cu、Zn、Sb 和 Bi 等，Mo 和 Pb 低于检测限。

太和仙金铅锌矿毒砂测点共 18 个，其 Fe 含量为 35.04%~37.09%，平均 36.41%；As 含量为 37.63%~41.15%，平均 39.48%；S 含量为 21.67%~23.89%，平均 22.61%；并含有少量的 Mo(0.17%~0.36%，平均 0.28%)及痕量的 Mn、Co、Ni、Cu、Zn、Ag、Sb、Pb 和 Bi 等。

3. 黝锡矿

湘东钨矿黝锡矿的电子探针分析结果如表 4-8 所示，测点共 5 个，结果表明湘东钨矿黝锡矿主要成分为 Cu、Sn、S 和 Fe，其含量分别为 28.55%~29.22%，平均 28.82%；29.65%~30.13%，平均 29.91%；28.56%~29.36%，平均 28.85%；11.69%~11.84%，平均 11.75%，并含少量 Zn(1.09%~1.61%，平均 1.38%)和 Mo(0.40%~0.47%，平均 0.42%)及痕量的 Mn、Co、Ni、As、Ag 和 Bi，Sb、Au、Pb 低于检测限。

表 4-8　湘东钨矿黝锡矿电子探针结果　　　　　　单位：%

样品号	矿物名称	S	Mn	Fe	Co	Ni	Cu	Zn	As
XD104724	黝锡矿	28.635	0.038	11.841	0.002	0	28.554	1.506	0.07
XD104725	黝锡矿	28.562	0.015	11.718	0.112	0	28.82	1.202	0.055
XD104726	黝锡矿	28.619	0.037	11.713	0.093	0.062	29.215	1.094	0.06
XD104727	黝锡矿	29.062	0.008	11.685	0	0	28.739	1.488	0.013
XD104728	黝锡矿	29.36	0.046	11.815	0.055	0	28.762	1.605	0
样品号	矿物名称	Mo	Ag	Sn	Sb	Au	Pb	Bi	Total
XD104724	黝锡矿	0.396	0	29.741	0	0	0	0.03	100.814
XD104725	黝锡矿	0.43	0.016	30.078	0	0	0	0.069	101.075
XD104726	黝锡矿	0.417	0.126	29.648	0	0	0	0.026	101.111
XD104727	黝锡矿	0.4	0.074	30.125	0	0	0	0.051	101.645
XD104728	黝锡矿	0.47	0.053	29.981	0	0	0	0.089	102.236

注：测试在中南大学地球科学与信息物理学院电子探针实验室完成。

（二）黄铁矿和毒砂微量元素特征

黄铁矿中的微量元素主要是在形成过程中所捕获的，其微量元素含量的多少与黄铁矿形成时成矿热液的介质成分和形成的物理化学条件直接相关（胡楚雁，2001）。

在高温条件下，黄铁矿中以含亲铁、亲石元素为主，如 Cr、Ti、Co、Ni、V、Mo、Zr、Bi、

Cu、Zn 和 As 等；在中温条件下，主要含亲铜元素，如 Cu、Au、Pb、Zn、Bi 和 Ag 等；在中低温环境中，黄铁矿以含高活动性的亲铜元素为特征，如 Hg、Sb、Ag 和 As（刘英俊和马东升，1991）。邓阜仙矿田中湘东钨矿的黄铁矿含有少量的 Mo、Ag、Bi 和 As，指示其成矿环境为中高温；鸡冠石钨矿的黄铁矿中含有少量的 Ag、Bi 和 As，同样指示其成矿环境为中高温；大垄铅锌矿的黄铁矿中含有少量 Pb 和 As，指示其成矿环境为中低温；太和仙金铅锌矿的黄铁矿中含有少量 Zn 和 As，指示其成矿环境为中低温。这些矿床的成矿环境均为各矿床所进行的流体包裹体研究所证实。

湘东钨矿黄铁矿中含有少量的 As（0~0.395%，平均 0.11%），鸡冠石钨矿、大垄铅锌矿和太和仙金铅锌矿的黄铁矿中含有一定量的 As（分别为 0~1.65%，平均 0.66%；0.14%~1.04%，平均 0.33%；0.12%~2.15%，平均 0.41%）。由［图 4-56（a）（c）（e）］可知，湘东钨矿、鸡冠石钨矿和大垄铅锌矿的黄铁矿中 Fe 与 S 含量均呈正比，Fe 与 As 含量均呈反比，As 与 S 含量均呈反比；而太和仙金铅锌矿中的黄铁矿中 Fe 与 S、Fe 与 As、As 与 S 的关系不明显。黄铁矿的化学式为 FeS_2，其 Fe 和 S 的理论值分别为 46.67% 和 53.33%，而四个矿床的黄铁矿中 Fe、S 含量均有一定程度的亏损，这说明湘东钨矿、鸡冠石钨矿和大垄铅锌矿的黄铁矿中的 As 以离子形式替代了 Fe 和 S。从各矿床的黄铁矿中 Fe 和 S 的含量变化可以看出，太和仙的黄铁矿中 Fe 含量最高（平均 46.25%），S 含量最低（平均 52.72%）；大垄铅锌矿的黄铁矿中 S 含量最高（平均 53.92%），Fe 含量最低（平均 45.45%）。另外，湘东钨矿的黄铁矿中 Fe 含量比鸡冠石钨矿低，但 S 含量高于鸡冠石钨矿。

由［图 4-55（b）（d）（f）］可知，湘东钨矿、鸡冠石钨矿和太和仙金铅锌矿中毒砂的 Fe 与 As、S 与 As 含量均呈反比，Fe 与 S 含量呈正比，且各元素含量比均呈明显的线性关系。从湘东钨矿→鸡冠石钨矿→太和仙金铅锌矿，其毒砂的 Fe 含量逐渐升高，As 含量逐渐降低，S 含量逐渐升高。毒砂的化学式为 FeAsS，其 Fe、As、S 的理论值分别为 34.36%、46.01% 和 19.63%，而三个矿床中毒砂的 As 含量均有一定量的亏损，且 Fe 和 S 含量均高于理论值。这说明，Fe 和 S 替代了毒砂中的 As，而其三种主要元素含量的线性变化，可能指示湘东钨矿、鸡冠石钨矿和太和仙金铅锌矿为同一成矿作用所形成，成矿以湘东钨矿为中心，这一成矿作用的初始成矿流体中含有较高的 As，成矿过程中 As 含量逐渐消耗减少。这一推测也符合野外观测和室内镜下观察的结果，即湘东钨矿观测到的毒砂较多，太和仙金铅锌矿中毒砂含量变少，而大垄铅锌矿中未观察到毒砂的存在。另外，四个典型矿床中黄铁矿的 Co/Ni 值特征均与热液（脉状）矿床中黄铁矿的 Co/Ni 值特征相近（Bralia et al.，1979），指示其黄铁矿可能为热液成因。

（三）黑钨矿微量元素和稀土元素特征

矿物的原位 LA-ICP-MS 研究对于研究矿物的形成环境与成矿过程有着十分重要的作用（Cook et al.，2009；Maslennikov et al.，2009；Large et al.，2009；Sung et al.，2009；Thomas et al.，2011；Ye et al.，2011；Zhao et al.，2011；Winderbaum et al.，2012；Zheng et al.，2013）。然而，我国还鲜有针对黑钨矿的原位 LA-ICP-MS 研究，特别是我国的南岭地区，分布一系列超大-大型黑钨矿床（如瑶岗仙黑钨矿、大吉山黑钨矿床、大湖塘钨矿、湘东钨矿等），是研究黑钨矿形成环境与成矿过程的理想选区。本研究选取了邓阜仙矿田内的湘东钨矿和鸡冠石钨矿中的黑钨矿和白钨矿来进行原位 LA-ICP-MS 分析，查明钨矿物的微量元素组成并讨论其对成矿的指示意义。

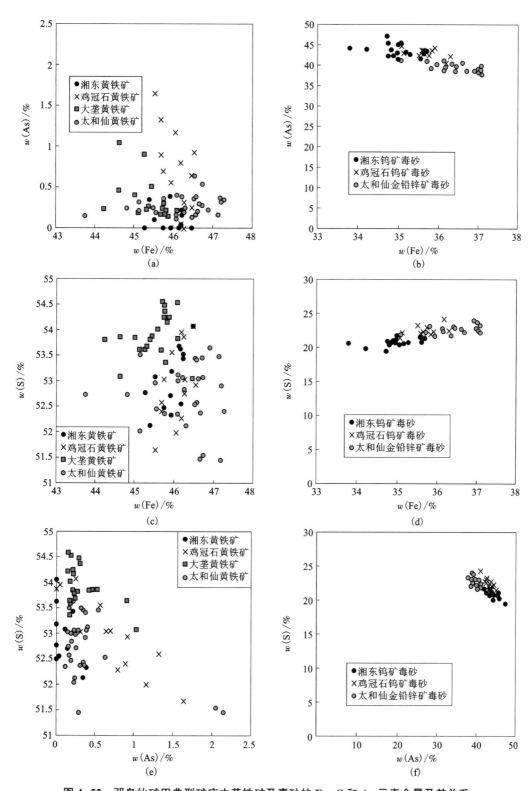

图 4-55　邓阜仙矿田典型矿床中黄铁矿及毒砂的 Fe、S 和 As 元素含量及其关系

分析结果列于表4-9~表4-14，其中黑钨矿和白钨矿的 Na_2O、K_2O、TiO_2、MgO、CaO、MnO、WO_3、FeO、Cr_2O_3 含量分析在中南大学地球科学与信息物理学院电子探针实验室完成，测试过程和条件参见上文。

北组脉8件测试样品分别采自湘东钨矿坑道中的89脉、89-2脉和次9脉，有效测点共26个，黑钨矿中主量元素组成主要为 WO_3、MnO 和 FeO，含量分别为67.59%~79.80%（平均75.27%）、16.68%~21.40%（平均18.79%）和2.55%~7.99%（平均5.11%），并含微量的（<1%）Na_2O、K_2O、TiO_2、MgO 和 CaO，几乎不含 Cr_2O_3。

北组脉微量元素含量大于 $10×10^{-6}$ 的主要有 Nb、Ta、Sc、Sn、V、Cr、Co、Cu、Zn、Sr、Y、Zr、Yb 等，其中 Nb 含量为 $0.110×10^{-6}$~$1163×10^{-6}$，平均 $355×10^{-6}$；Ta 含量为 $0.0021×10^{-6}$~$413×10^{-6}$，平均 $57.02×10^{-6}$；Sc 含量为 $0.495×10^{-6}$~$1224×10^{-6}$，平均 $155×10^{-6}$；Sn 含量为 $0.086×10^{-6}$~$590×10^{-6}$，平均 $58.45×10^{-6}$；V 含量为 $0.0004×10^{-6}$~$20618×10^{-6}$，平均 $2029×10^{-6}$；Cr 含量为 $0.210×10^{-6}$~$63521×10^{-6}$，平均 $5596×10^{-6}$；Co 含量从低于检测限~$715×10^{-6}$，平均 $72.27×10^{-6}$；Cu 含量从低于检测限~$848×10^{-6}$，平均 $140×10^{-6}$；Zn 含量为 $0.923×10^{-6}$~$155×10^{-6}$，平均 $38.40×10^{-6}$；Sr 含量为 $0.194×10^{-6}$~$147×10^{-6}$，平均 $19.15×10^{-6}$；Y 含量为 $0.172×10^{-6}$~$40.81×10^{-6}$，平均 $14.44×10^{-6}$；Zr 含量为 $0.039×10^{-6}$~$128×10^{-6}$，平均 $19.99×10^{-6}$；Yb 含量为 $0.034×10^{-6}$~$49.74×10^{-6}$，平均 $14.01×10^{-6}$。除上述元素外，黑钨矿中还检测出了少量（<$10×10^{-6}$）的 Ga、Ge、Pb、Th、U 及痕量（<$1×10^{-6}$）的 Ni、Rb、Mo、Ag、Cd、In、Sb、Ba、Hf、Tl、Bi 等以及稀土元素。

南组脉4件测试样品分别采自湘东钨矿坑道中的3脉、3w脉和南1脉，有效测点共17个，黑钨矿中主量元素组成主要为 WO_3、MnO 和 FeO，含量分别为72.53%~79.21%（平均76.88%）、9.23%~17.23%（平均13.60%）和7.16%~15.18%（平均10.68%），并含微量的（<1%）K_2O 和 CaO，几乎不含 Na_2O、TiO_2、MgO、Cr_2O_3。

南组脉微量元素含量大于 $10×10^{-6}$ 的主要有 Nb、Ta、V、Cr、Co、Cu、Zn 等，其中 Nb 含量为 $33.94×10^{-6}$~$2358×10^{-6}$，平均 $565×10^{-6}$；Ta 含量为 $0.862×10^{-6}$~$247×10^{-6}$，平均 $85.13×10^{-6}$；V 含量从低于检测限~$458×10^{-6}$，平均 $30.24×10^{-6}$；Cr 含量从低于检测限~$17258×10^{-6}$，平均 $1390×10^{-6}$；Co 含量为 $0.063×10^{-6}$~$3888×10^{-6}$，平均 $538×10^{-6}$；Cu 含量从低于检测限~$64070×10^{-6}$，平均 $3789×10^{-6}$（仅1个数据大于 $1×10^{-6}$，可能打到含 Cu 矿物）；Zn 含量为 $3.81×10^{-6}$~$937×10^{-6}$，平均 $156×10^{-6}$。除上述元素外，黑钨矿中还检测出了少量（<$10×10^{-6}$）的 Sc、Sn、Ga、Ge、Sr、Y、Zr、Mo、In、Sb、Pb、Th、U 及痕量（<$1×10^{-6}$）的 Ni、Rb、Ag、Cd、Ba、Hf、Tl、Bi、Pb、Th、U 等以及稀土元素。

北组脉中黑钨矿的稀土总量为 $0.41×10^{-6}$~$153.65×10^{-6}$（平均 $42.74×10^{-6}$），LREE 含量为 $0.06×10^{-6}$~$60.94×10^{-6}$（平均 $6.42×10^{-6}$），HREE 含量为 $0.10×10^{-6}$~$119.36×10^{-6}$（平均 $36.32×10^{-6}$）；南组脉中黑钨矿的稀土总量为 $0.42×10^{-6}$~$35.56×10^{-6}$（平均 $8.91×10^{-6}$），LREE 含量为 $0.03×10^{-6}$~$0.78×10^{-6}$（平均 $0.28×10^{-6}$），HREE 含量为 $0.37×10^{-6}$~$34.94×10^{-6}$（平均 $8.62×10^{-6}$）。可知北组脉中黑钨矿稀土元素总量、LREE 含量和 HREE 含量远高于南组脉，且南组脉黑钨矿中 LREE 含量非常低。

通过对比北组脉和南组脉黑钨矿中的主量元素、微量元素和稀土元素含量，可知北组脉黑钨矿中 WO_3 含量与南组脉相差不大（稍低于南组脉），MnO 含量明显高于南组脉，FeO 含

量明显低于南组脉(图 4-56),K₂O
含量高于南组脉。其他主量元素含
量均基本低于检测限。

北组脉黑钨矿的微量元素中
Sc、Sn、V、Sr、Y、Zr、Th、U 含量
远高于南组脉黑钨矿中对应元素含
量(高出 1 个或 2 个数量级)。北组
脉黑钨矿中 Cr、Ga、Ge、Cd、Pb 含
量均高于中阶段黑钨矿中对应元素
含量,但 Nb、Ta、Co、Cu、Zn 等元
素含量稍低于南组脉。

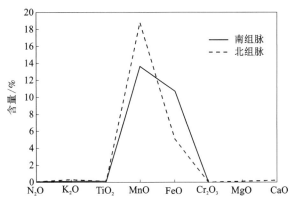

图 4-56　湘东钨矿中黑钨矿主量元素含量平均值

湘东钨矿中白钨矿 8 件样品共 12 个有效测点的主量元素主要为 WO₃ 和 CaO,含量分别为 78.90%~82.97%(平均 81.13%)和 19.87%~21.01%(20.43%),还有微量的 FeO、MnO 等。白钨矿中微量元素含量大于 10×10⁻⁶ 的主要有 Nb、Ta、Sc、V、Cr、Co、Cu、Sr 等,其中 Nb 含量为 0.17×10⁻⁶~628×10⁻⁶,平均 148×10⁻⁶;Ta 含量为 0.007×10⁻⁶~85.99×10⁻⁶,平均 12.33×10⁻⁶;Sc 含量从低于检测限~291×10⁻⁶,平均 33.23×10⁻⁶;V 含量从低于检测限~7066 ×10⁻⁶,平均 589×10⁻⁶;Cr 含量从低于检测限~12920×10⁻⁶,平均 1078×10⁻⁶;Co 含量为 0.008 ×10⁻⁶~349×10⁻⁶,平均 29.43×10⁻⁶;Cu 含量从低于检测限~666×10⁻⁶,平均 72.92×10⁻⁶;Sr 含量为 18.79×10⁻⁶~1848×10⁻⁶,平均 345×10⁻⁶。除上述元素外,白钨矿中还检测出了少量 (<10×10⁻⁶)的 Sn、Zn、Ga、Sr、Zr、Pb、Th、U 及痕量(<1×10⁻⁶)的 Ni、Ge、Mo、Rb、Ag、Cd、In、Sb、Ba、Hf、Tl、Bi、Th、U 等以及稀土元素。

白钨矿的稀土元素总量为 0.31×10⁻⁶~386.59×10⁻⁶,平均 181.55×10⁻⁶;LREE 含量为 0.29×10⁻⁶~331.66×10⁻⁶,平均 127.17×10⁻⁶;HREE 含量为 0.03×10⁻⁶~149.02×10⁻⁶,平均 54.38×10⁻⁶。

黑钨矿中微量元素的浓度反映了矿物形成时成矿介质的组分特征和物理化学条件,因此,它可以用来作为一种矿床类型和形成环境的标型特征,并可能对一些钨矿床的矿化趋势和稀有分散元素的成矿远景作出初步评价。当黑钨矿的微量元素含量较高时,有可能作为一种伴生有益组分加以回收,从而大大提高矿床的经济价值。黑钨矿中的微量元素以 Nb、Ta 和 Sc 研究相对较多,其他的微量元素研究较少(李秉伦和刘义茂,1965;赵斌等,1977;华光等,1960;郝家璋,1964)。作为黑钨矿中重要的微量元素,Sc、Nb 和 Ta 主要呈类质同象赋存于黑钨矿中,其特征与成因联系长期以来备受研究者的青睐(祝亚男等,2014)。

通过对 Nb、Ta、Sc 含量进行投图可知(图 4-57),北组脉与南组脉中黑钨矿 Nb 和 Ta 呈正相关,Nb/Ta 值和 Sc 呈正相关,Sc 与 Nb、Sc 与 Ta 均呈正相关,且北组脉中黑钨矿 Sc、Nb/Ta 值、Nb/Sc、Ta/Sc 值均高于南组脉,但 Nb、Ta 含量低于南组脉。

章崇真(1984)指出同一矿田中的石英脉型钨矿床,黑钨矿中的 Nb、Ta 含量有随远离成矿母岩而降低,随成矿作用的发展演化而降低,随成矿深度增加而升高的规律。干国梁和陈志雄(1991)通过对比石英脉型和云英岩型钨矿中黑钨矿的元素含量,发现黑钨矿中 WO₃、MnO、FeO 含量相差不大,而微量元素 Nb、Ta、Sc 差别较大,石英脉中黑钨矿的 Nb、Ta、Sc 含量较低,Nb/Ta 值较高;而云英岩中黑钨矿的 Nb、Ta、Sc 含量较高,Nb/Ta 值较低。通常

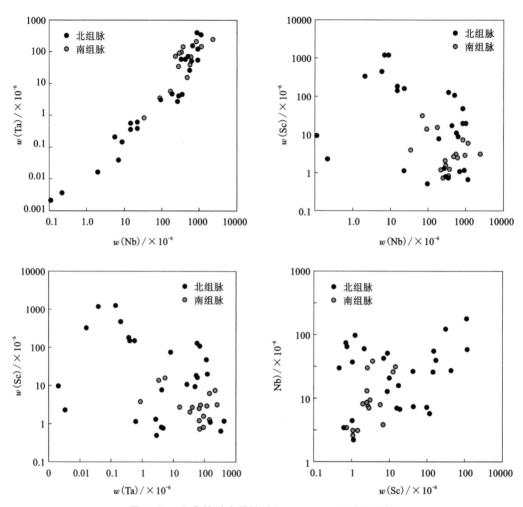

图 4-57 湘东钨矿中黑钨矿 Nb、Ta、Sc 元素相关性

来说，云英岩中的黑钨矿比石英脉中的黑钨矿形成于更早的成矿作用阶段。Xiong et al. (2017)也认为，黑钨矿中的 Nb、Ta 含量越高，离成矿中心越近。

早期研究认为，黑钨矿中 Sc、Nb 和 Ta 的含量可能与其自身的 Fe 和 Mn 成分含量、成矿温度有关；但进一步的研究发现，黑钨矿形成时流体的成分、pH 及 Eh 才是控制黑钨矿中 Sc、Nb 和 Ta 含量的关键因素。其中，低 pH、高 Eh 条件有利于 Nb 和 Ta 在黑钨矿中富集；而以 F^- 或/和 PO_4^{3-} 络合物为主的低 pH、低 Eh 流体，则有利于 Sc 的富集(祝亚男等，2014)。而湘东钨矿黑钨矿 LA-ICP-MS 分析结果表明，北组脉黑钨矿中富集了大量 Nb、Ta、Sc 等微量元素，南组脉黑钨矿中 Nb、Ta 含量升高，Sc 含量降低，指示北组脉流体应处于低 pH、低 Eh 条件下，该条件更利于 Sc 的富集。但低 pH、高 Eh 环境更利于 Nb 和 Ta 的富集，推测南组脉黑钨矿中较高的 Nb 和 Ta 含量可能是由于成矿流体处于低 pH、高 Eh 环境中。由湘东钨矿中黑钨矿的稀土元素特征可以看出，北组脉黑钨矿中的稀土元素总量远高于南组脉，而通常来说，矿物中稀土元素的含量与其成矿环境密切相关。Xiong et al.（2017）通过对与本区邻近的锡田地区中黑钨矿进行 LA-ICP-MS 微量元素研究，认为成矿早阶段的黑钨矿中稀土元素含量较高。由于北组脉和南组脉在矿脉形态、产状、矿物共生组合及所含黑钨矿中微量元素及稀土元素的差异，可以推测湘东钨矿中北组脉与南组脉是在不同成矿环境中形成，且北组脉形成稍早。

在高温条件下，黑钨矿中以含 Nb、Ta、Sc、Cr、V、Mo、Ni 等亲铁元素为主，中-低温条件下主要含 Cu、Pb、Sb 等亲铜元素（刘英俊和马东升，1987），但 Nb、Ta、Sc 等元素同时主要受成矿介质中浓度变化的控制（赵斌等，1977）。湘东钨矿中北组脉黑钨矿中 Cr、V 等元素含量远高于南组脉，Cu、Zn 等含量较低；而南组脉黑钨矿中 Cr、V、Mo、Ni 等元素含量较低，Cu、Pb、Sb 等含量较高。

湘东钨矿北组脉中黑钨矿含有较高的 Nb、Ta 含量，且与南组脉相比，含有更高的 REE 总量、Sc 等。Nb、Ta、Sc 和 REE 等元素可以类质同象替换出黑钨矿中的 W（Goldmann et al.，2013；Gan and Chen，1992；Xiong et al.，2017）。其类质同象的形式为：

$$(Nb, Ta)^{5+} + REE^{3+}（或 Sc^{3+}）\longleftrightarrow W^{6+} + Ca^{2+}（或 Mg^{2+}）$$

北组脉和南组脉的黑钨矿中均贫 LREE，富集 HREE（图 4-58），可能是由离子半径大小所决定。$HREEs^{3+}$ 的离子半径大小为 $0.94 \sim 1.02$ Å，$LREEs^{3+}$ 的离子半径为 $1.03 \sim 1.13$ Å，相比之下，$HREEs^{3+}$ 的离子半径与 Nb^{5+} 或 Ta^{5+}（0.72 Å）组合，更接近 W^{6+}（0.68 Å）与 Ca^{2+}（1.08 Å）或 Mg^{2+}（0.80 Å）的组合，形成了联合类质同象。所以湘东钨矿的黑钨矿中贫 LREE，但富集 HREE。

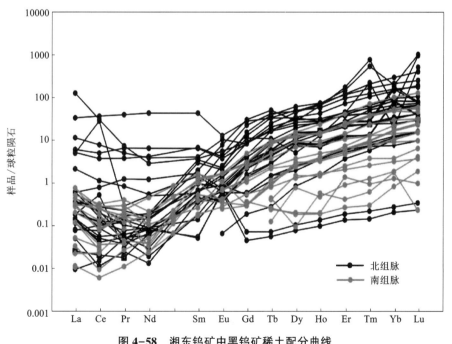

图 4-58　湘东钨矿中黑钨矿稀土配分曲线

(四)白钨矿微量元素和稀土元素特征

湘东钨矿中白钨矿含有较高的 Nb、Ta、Sc、V、Cr、Co、Cu、Sr 等微量元素。Sr 元素可与 Ca^{2+} 进行类质同象置换，Nb、Ta、Cr、V 等元素可以类质同象置换 W^{6+}。一般认为 Nb、Ta、Cr、V 等元素和 W 通常富集于岩浆结晶分异作用晚期形成的气化高温热液阶段，由于这些元素与 W 在离子半径或离子电位或电负性等化学性质上近似，因此它们在钨的独立矿物(黑钨矿和白钨矿)中可以类质同象置换的方式得到一定程度的富集(刘英俊和马东升，1987)。

另外，湘东钨矿中白钨矿的 Rb、Zr、Hf、Th 等元素含量在 1×10^{-6} 以下，具有异常低的 $w(Rb)/w(Sr)$ 值和异常高的 $w(Nb)/w(Ta)$、$w(Zr)/w(Hf)$ 值。其中，$w(Rb)/w(Sr)$ 为 $0.00085\sim0.0030$，平均 0.00087，远低于原始地幔 $w(Rb)/w(Sr)$ 值(0.031)；$w(Nb)/w(Ta)$ 值为 $7.31\sim371.00$，平均 74.62，$w(Zr)/w(Hf)$ 值为 $4.37\sim174.49$，平均 40.58，高于原始地幔相应值(14 和 30.74，Taylor and Mclennan，1985)，显示湘东钨矿成矿物质为壳幔混合来源的特征。

从球粒陨石标准化稀土配分型式曲线(图 4-59)可以看出，湘东钨矿中白钨矿的 REE 球粒陨石标准化配分型式曲线总体上可以分为两种：第一种为稀土含量总量较高，Eu 正异常，呈现轻稀土(LREE)略亏损、重稀土(HREE)略富集的较平缓过渡的配分型式；第二种稀土总量较低，Eu 正异常，呈现 LREE 和 HREE 均略亏损，较平缓过渡的配分型式。两种不同的稀土配分曲线均与本区三期花岗岩(印支期黑云母花岗岩、燕山早期二云母花岗岩和燕山晚期白云母花岗岩)的稀土配分曲线不一致(图 4-58)。

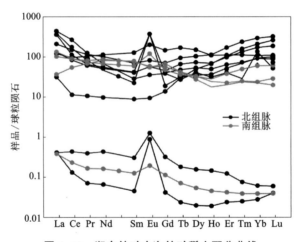

图 4-59　湘东钨矿中白钨矿稀土配分曲线

钨矿物的 Eu/Eu* 值是成岩成矿物质来源的重要标志之一，其数值大小不仅取决于岩浆的分异程度，而且与成岩成矿的氧化还原条件的 pH 关系密切。

Eu 不仅有三价形式，在还原条件下还出现二价状态。Eu 离子半径大，在成矿过程中与其余三价稀土离子分离，导致矿物中 Eu 异常。在白钨矿中，除 Eu^{3+} 置换 Ca^{2+} 外，Eu^{2+} 也可以置换 Ca^{2+}。若正 Eu 异常表现为 Eu^{3+} 的行为，则 Eu 含量的变化必与 Sm、Gd 的含量变化同步，而 Eu 异常的变化范围则很小；若正 Eu 异常表现为 Eu^{2+} 的行为，由于其离子半径较大，则 Eu 相对于其他 REE 离子的分配是独立的行为，Eu 富集系数决定其在热液中的浓度，Eu

异常大小取决于白钨矿中 Sm、Gd 的富集程度, 二者呈相反的变化趋势 (Ghaderietal., 1999)。湘东钨矿中白钨矿的 Eu 大部分正异常明显 (Eu/Eu* 值范围为 0.70~20.40, 平均 4.53), 且有与 Sm、Gd 的富集趋势相反的特征 (图 4-59), 说明该区白钨矿的正 Eu 异常为 Eu^{2+} 的行为, 成矿热液中 Eu^{2+} 浓度较高, 而岩体的 Eu 均为负异常, 可能指示岩体的稀土元素中 Eu 离子部分进入了白钨矿中。另外, 钨矿物形成的 pH 大小对 Eu^{2+} 进入矿物晶格产生一定的影响, Eu^{2+} 显强碱性, 因此白钨矿呈现明显的正 Eu 异常也在很大程度上反映其成矿流体为还原性较强的碱性流体。

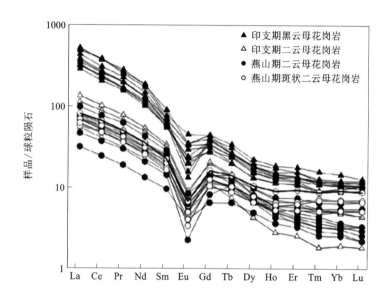

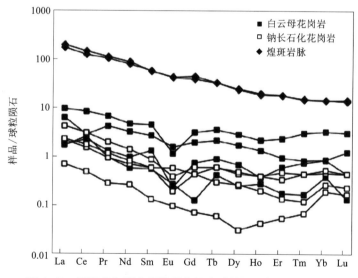

图 4-60　邓阜仙各期次岩体稀土元素球粒陨石标准化配分图

(蔡杨, 2013)

表 4-9　湘东钨矿中黑钨矿主量元素组成

单位：%

样品编号及测点	脉号	Na_2O	K_2O	TiO_2	MgO	CaO	MnO	WO_3	FeO	Cr_2O_3
10Y-1-01	89	0.024	0	0.013	0	0.053	21.353	72.03	2.976	0.025
10-5-1	次9	0.205	5.747	0	0.023	0.164	17.875	76.482	5.209	0
10-5-2		0.021	0.005	0.101	0	0.692	19.87	72.099	3.308	0.005
10-5-3		0.004	0.038	0.048	0.021	0.163	18.78	76.067	5.382	0
10-6-1		0.003	0	0.034	0.005	0	19.051	71.819	4.506	0.001
10-6-2		0.001	0	0.067	0.016	0.023	20.242	71.897	3.821	0.009
10-6-3	89-2	0.013	0	0	0	0.05	19.653	72.907	5.186	0
10-6-4		0	0	0.116	0.01	0.061	19.941	73.204	4.349	0.017
10-6-5		0.01	0	0	0	0.036	19.509	67.594	4.908	0
12中段89#-01	89	0.001	0	0.048	0	0.017	17.879	77.104	6.346	0
12中段89#-02		0	0.214	0.224	0.005	0.055	17.34	75.705	6.541	0
12中段89#-03		0	0.081	0.372	0.006	0.018	17.073	79.795	6.034	0
12中段89#-04		0	0.131	0.137	0.016	0.078	16.763	78.303	7.252	0
12-3-1	89	0.154	0.189	0.053	0	0.118	16.677	75.853	6.07	0
12-3-2		0	0.081	0	0	0.01	16.751	78.561	7.985	0
12-3-5		0	0	0	0	0.046	18.404	74.459	6.481	0
10Y-0615-2-01	89	0.012	0.31	0.102	0.004	0.438	17.66	74.793	6.044	0
10Y-0615-2-02		0	0.083	0.146	0	0.015	18.356	77.306	5.998	0.003
10Y-0615-2-04		0.028	0	0	0	0.122	17.046	74.471	6.922	0
7-3-1	89	0	0	0	0	0.045	21.403	77.508	2.713	0
7-3-2		0	0	0	0.02	0.181	21.337	75.416	2.718	0
7-3-3	89	0	0.098	0.025	0	0.168	20.07	78.131	2.909	0
7-3-4		0.004	0.312	0	0.006	0.586	20.75	77.128	2.546	0

续表4-9

样品编号及测点	脉号	Na₂O	K₂O	TiO₂	MgO	CaO	MnO	WO₃	FeO	Cr₂O₃
12-5-1	89	0.066	0	0.107	0.011	0.028	18.041	76.667	6.264	0
12-5-2		0.013	0.075	0.055	0	0.003	18.929	76.391	5.783	0
12-5-3		0.038	0.017	0.008	0.001	1.44	17.899	75.291	4.583	0.015
13-1-01	3	0.003	0	0.079	0	0.018	14.838	74.726	9.971	0
13-1-02		0	0.029	0	0.001	0.083	14.747	76.306	9.56	0
13-1-03		0	0	0.029	0	0.125	14.635	77.199	9.362	0.014
13-0611-1-01	南1	0.018	0	0	0	0	16.465	75.049	8.028	0
13-0611-1-02		0.009	0.201	0	0.012	0.048	11.933	77.19	11.891	0.039
13-0611-1-03		0	0	0	0	0.023	12.18	78.562	11.614	0
13-0611-1-04		0.008	0	0	0	0.01	15.537	77.943	8.828	0.036
13-0611-1-05		0.005	0.032	0	0	0.036	14.672	77.839	9.487	0.006
13-0611-3-01	3w	0	0.116	0	0.007	0.029	9.642	77.809	15.176	0.008
13-0611-3-02		0	0.067	0.012	0.01	0	10.09	77.475	14.419	0.001
13-0611-3-03		0.002	0.034	0.01	0	0	12.087	72.527	12.781	0.006
13-0611-3-04		0.062	0	0	0.003	0	12.561	77.399	11.333	0
13-0611-3-05		0.087	1.27	0	0	0.041	9.23	78.068	14.796	0.015
13-0608-1-01	3w	0.003	0.027	0	0.003	0	17.229	75.927	7.162	0
13-0608-1-02		0.013	0	0.025	0	0.034	14.969	76.699	9.576	0.008
13-0608-1-06		0	0.027	0.063	0.012	0.026	16.401	77.037	7.84	0.002
13-0608-1-07		0.005		0	0.001	0.001	13.995	79.208	9.706	0

注：测试在中南大学地球科学与信息物理学院电子探针实验室完成。

表4-10 湘东钨矿中黑钨矿微量元素组成

单位：10⁻⁶

样品编号及测点	脉号	Nb	Ta	Sc	Sn	V	Cr	Co	Mo	Cu	Zn	Ga	Ge	Sr	Zr	Pb	Th	U
10Y-1-01	89	5.86	0.21	459	3.24	7654	8245	0	0.072	293	117	18.7	2.40	25.2	9.38	0.8724	0.032	0.17
10-5-1	次9	2.08	0.016	330	12.1	20619	11914	102	0.054	251	90.8	10.0	1.38	19.9	3.47	0.7925	0.064	0.093
10-5-2		0.22	0.0036	2.25	0.086	16.6	522	9.20	0.0015	52.6	0.92	0.16	0.028	40.7	0.039	0.1795	0.0030	0.0034
10-5-3		0.11	0.0021	9.26	0.82	921	12161	65.6	0.0023	486	3.02	0.34	0.023	43.2	0.13	0.7425	0.0043	0.0071
10-6-1		15.0	0.37	178	30.3	1158	63522	715	0.084	832	94.8	16.5	1.86	46.1	3.02	2.0052	0.22	0.57
10-6-2		8.84	0.15	1224	14.4	13890	2644	208	0.079	848	109	12.1	1.62	21.0	11.7	0.4965	0.15	0.61
10-6-3	89-2	22.8	0.40	157	6.83	459	28102	375	0.14	824	137	24.5	3.01	49.9	2.55	0.8585	0.11	0.28
10-6-4		7.18	0.040	1162	12.6	7343	11497	236	0.11	55.8	155	18.4	2.14	48.0	9.33	0.3617	0.10	0.88
10-6-5		15.4	0.57	147	2.57	699	6804	167	0.075	0	46.5	13.9	2.03	23.6	0.59	0.5164	0.062	0.075
12中段89#-01		287	4.20	0.79	19.9	0.041	0.21	0.044	0.54	0.022	10.9	1.93	0.34	0.33	73.5	0.5109	1.10	0
12中段89#-02	89	267	2.71	1.31	112	0.049	0.50	0.049	0.41	0.53	15.1	2.14	0.37	0.51	128	0.794	1.26	0
12中段89#-03		339	4.47	0.77	18.9	0.037	0.88	0.054	0.59	0.020	13.2	2.04	0.39	0.26	66.8	0.4096	0.45	0
12中段89#-04		23.1	0.61	1.13	1.38	0.041	1.12	0.063	0.60	0.025	11.7	1.56	0.31	0.45	25.3	1.8958	0.15	0
12-3-1		700	154	1.08	590	0.0014	11.6	0.0001	1.53	0.094	20.1	27.5	17.8	1.94	0.00	0	0.96	44.6
12-3-2	89	1163	331	0.63	42.4	0.0008	3.18	0.0001	1.62	0.17	22.5	16.4	11.2	0.39	0.00	0	0.79	4.16
12-3-5		921	413	1.16	196	0.0004	1.80	0.017	2.46	0.15	20.9	7.99	10.5	0.19	0.00	0	0.29	13.3
10Y-0615-2-01		564	26.8	10.5	88.3	0.032	0.87	0.017	0.74	0.010	14.3	3.96	1.65	0.75	7.48	0.4918	2.85	16.5
10Y-0615-2-02		191	4.36	7.66	16.5	0.16	0.43	0.017	0.67	0.13	15.0	3.33	1.10	0.31	3.01	0.4079	1.81	17.2
10Y-0615-2-04		95.5	3.10	0.49	2.45	0.0053	0.82	0.066	0.23	0	1.99	0.35	0	147	0.29	0.6230	1.14	0.91
7-3-1	89	863	124	19.4	9.79	0.13	15.7	0.11	0.79	0.29	14.4	5.82	3.41	0.24	3.58	6.879	0.34	5.11
7-3-2		877	117	48.0	33.9	0.55	1.73	0.17	1.18	0.078	15.0	5.65	3.49	8.99	19.7	19.066	0.44	18.8
7-3-3		516	71.3	107	27.2	0.64	27.1	0.098	1.04	0.25	15.1	5.82	3.81	4.15	19.9	8.25	2.08	21.5
7-3-4		355	60.1	125	26.1	0.82	1.18	0.075	1.12	0	14.7	6.06	3.22	0.24	27.1	0.856	0.51	4.72
12-5-1		932	55.2	19.1	72.5	0.42	1.37	0.12	1.02	0	13.9	4.56	3.69	5.34	15.6	0.983	1.99	11.8
12-5-2	89	628	49.3	9.33	47.7	0.21	3.50	0.0063	0.99	0	13.8	4.91	3.93	1.12	6.21	1.4055	1.91	4.20
12-5-3		422	59.9	17.3	132	0.21	9.00	0.084	0.95	0.17	12.5	3.87	2.20	8.19	23.3	1.495	10.9	47.8

续表4-10

样品编号及测点	脉号	Nb	Ta	Sc	Sn	V	Cr	Co	Mo	Cu	Zn	Ga	Ge	Sr	Zr	Pb	Th	U
13-1-01	3	91.6	3.46	13.8	1.25	24.4	4512	3524	0.13	347	792	12.1	1.17	20.9	1.17	0.6336	0.0072	0.049
13-1-02		33.9	0.86	3.86	0.59	30.5	1794	1724	0.044	0	243	3.52	0.65	22.6	0.50	0.2699	0.0007	0.019
13-1-03		174	5.42	15.5	2.58	458	17258	3888	0.20	64070	937	12.1	1.39	12.3	2.14	3.6140	0.019	0.24
13-0611-1-01	南1	542	73.6	3.06	10.4	0.12	4.90	0.28	1.38	0.22	38.6	4.25	1.35	1.77	2.32	0.414	0.30	0.76
13-0611-1-02		287	33.8	2.08	4.48	0.032	1.18	0.43	2.51	0	66.3	3.91	1.60	0.30	1.29	0.312	0.29	0.42
13-0611-1-03		850	213	7.37	19.9	0.17	8.14	1.01	0.88	0	82.1	3.76	1.11	0.97	11.0	0.497	0.25	1.22
13-0611-1-04		945	123	2.90	13.1	0.0023	5.15	0.063	0.60	0	30.7	3.88	1.11	0.97	2.98	0.3139	0.19	0.63
13-0611-1-05		2358	247	3.13	25.5	0.062	0	0.070	0.76	0	34.4	4.70	1.70	0.32	6.64	0.1501	0.43	1.84
13-0611-3-01	3w	253	73.7	0.73	2.80	0.012	0.88	1.59	16.6	0.26	112	2.65	4.45	0.24	18.5	1.00	0.11	0.62
13-0611-3-02		298	92.0	1.52	3.66	0.19	1.37	0.082	0.97	0.18	3.81	2.52	2.54	0.24	2.47	1.0169	0.20	0.24
13-0611-3-03		380	141	1.22	10.3	0	5.81	0.21	0.82	0	10.1	2.25	2.98	0.63	3.49	1.051	0.043	0.52
13-0611-3-04		225	71.4	1.21	2.97	0.12	1.30	1.07	5.68	0.22	99.7	2.21	2.16	1.36	6.60	2.290	0.31	0.29
13-0611-3-05		336	96.9	0.80	4.18	0.069	0.21	0.69	2.66	0	40.5	1.44	1.53	0.19	13.1	1.0146	0.31	0.67
13-0608-1-01	3w	492	15.9	2.77	10.7	0.11	13.7	0.29	0.61	0.075	11.6	2.82	2.94	0.12	6.89	0.8867	0.39	1.13
13-0608-1-02		577	41.7	2.74	14.2	0.10	13.4	0.49	2.06	0	87.7	3.46	3.30	0.79	12.5	0.613	0.53	2.25
13-0608-1-06		603	69.0	2.58	6.86	0.17	0	0.14	1.36	0.080	24.7	5.35	7.05	0.57	6.61	0.245	0.32	0.69
13-0608-1-07		1164	145	6.03	22.4	0.44	2.03	0.28	0.70		33.2	4.18	4.92	0.39	45.1	0.6965	0.21	2.31

样品编号及测点	脉号	Ni	Ag	Rb	Cd	In	Sb	Ba	Hf	Tl	Bi
10Y-1-01	89	0	0	0.015	0.064	0.41	0	0.092	0.88	0	0.0008
10-5-1	汰9	0.0074	0.0011	0	0.067	1.63	3.28	0.12	0.23	0	0
10-5-2		0.0001	0.0003	0.0001	0	0.0033	0.23	0.0083	0.0027	0	0
10-5-3		0.0003	0	0.0004	0.011	0.054	1.15	0.014	0.0067	0	0
10-6-1	89-2	0.0051	0	0.0052	0	0.26	3.43	0.30	0.12	0	0.0012
10-6-2		0.0072	0.0001	0.0073	0.37	0.58	4.61	0.060	0.66	0.0002	0.0013
10-6-3		0	0.0023	0.013	0.23	0.11	5.98	0.26	0.23	0.0035	0.0006
10-6-4		0.030	0.0010	0.015	0.44	0.72	3.77	0.15	0.52	0	0.0003
10-6-5		0	0	0.0023	0.16	0.093	0	0	0.0097	0.0015	

续表 4-10

样品编号及测点	脉号	Ni	Ag	Rb	Cd	In	Sb	Ba	Hf	Tl	Bi
12 中段 89#-01	89	0.069	0	0.038	0.044	0.062	0.032	0.14	0.18	0.010	0.0047
12 中段 89#-02		0	0.0082	0.028	0.12	0.24	0.030	0.26	0.38	0.0097	0.011
12 中段 89#-03		0.019	0.0059	0.019	0.053	0.047	0.013	0.25	0.22		0.0032
12 中段 89#-04		0.015	0	0.010	0.023	0.015	0.0061	0.16	0.068	0.0044	0.0052
12-3-1		0.025	0.12	0.89	0	1.32	0	0	0.095	0.010	0.39
12-3-2		0.0073	0.062	0	0	0.71	0.0	0.0	0.021	0.25	0.20
12-3-5		0.0019	0.13	0	1.82	0.94	0	0	0.78	0.0017	0.17
10Y-0615-2-01		0	0.0053	0.29	0	0.38	0.044	0.25	0.26	0.030	0.0099
10Y-0615-2-02		0.16	0.017	0.42	0	0.13	0.073	0.095	0.086	0	0
10Y-0615-2-04		0.053	0	0.38	0.024	0	0	0.31	0	0	0
7-3-1	89	0.23	0	0	0.22	0.31	0.12	0.28	0.11	0.013	0.051
7-3-2		0	0.050	0.075	0.0049	0.60	0.23	1.09	0.79	0.031	0.022
7-3-3		0.033	0.022	0.13	0	1.44	0.16	0.51	0.91	0.012	0.12
7-3-4		0	0.020	0	0	1.92	0	0.067	0.99	0	0.010
12-5-1		0	0	0.47	0.057	0.96	0.17	0.19	0.51	0.16	0.011
12-5-2		0	0.032	0.28	0.059	0.61	0.18	0.41	0.29	0.0078	0.0033
12-5-3		0	0.010	0.11	0.50	2.26	0.31	0.29	0.89	0.0015	0.013
13-1-01	3	0.0075	0	0	0.055	0.18	0	0.041	0.057	0.0011	0
13-1-02		0	0.0001	0.0023		0.054	0	0.046	0.020	0.0035	0.0003
13-1-03		0.024	0.0029	0.018	0.43	0.25	16.2	0.26	0.22	0.047	0.0018
13-0611-1-01	南1	0	0.024	0.69	0	0.33	0.26	0.21	0.0026	0.0052	0.013
13-0611-1-02		0	0	0.15	0	0.28	0	0.054	0.45	0	0.014
13-0611-1-03		0	0.0061	0.38	0.046	0.61	0	0.24	0.35	0	0.016
13-0611-1-04		0	0	0.24	0.045	0.29	0	0.41	0.16		0.0055
13-0611-1-05		0	0	0.025	0.067	0.29	0.10	0.026	0.16	0.026	0.0089

续表4-10

样品编号及测点	脉号	Ni	Ag	Rb	Cd	In	Sb	Ba	Hf	Tl	Bi
13-0611-3-01		0	0.16	0	0	6.65	0.12	0.056	0.76	0.014	0.25
13-0611-3-02		0.062	0	0.16	0.14	3.29	0.17	0.47	0.11	0.0020	0
13-0611-3-03		0	0	0.22	0	4.78	0.088	0.44	0.20	0.024	0.011
13-0611-3-04		0	0.022	0.46	0.075	3.40	0.21	0.32	0.26	0	0.033
13-0611-3-05	3w	0	0.025	0	0.11	3.22	0	0.054	0.71	0	0
13-0608-1-01		0	0	0	0.17	1.04	0.20	0.14	0.11	0.012	0
13-0608-1-02		0.13	0.014	0.20	0	3.24	0.17	0.30	0.25	0	0.012
13-0608-1-06		0.30	0.0077	0.12	0.23	0.96	0.085	0.22	0.27	0	0.010
13-0608-1-07		0.0060	0	0	0.093	3.00	0.24	0.010	1.61	0	0

表4-11 湘东钨矿中白钨矿主量元素组成

单位：%

样品编号测点	脉号	Na_2O	K_2O	TiO_2	MgO	CaO	MnO	WO_3	FeO	Cr_2O_3
7-3-5	89	0.002	0.005	0.035	0	20.263	0.88	78.895	0.125	0
10Y-1-04	89	0.002	0	0.044	0	19.986	0.012	80.39	0.027	0
10Y-0615-2-05	89	0.012	0.082	0.004	0	20.1	0.107	80.672	0.004	0.015
12-5-4	89	0	0.034	0.028	0	21.006	0.05	81.743	0.126	0.009
12-5-5	89	0.005	0	0.005	0	20.792	0.142	81.571	0.212	0.016
12中段89#-05	89	0.001	0	0.057	0.008	20.491	0.31	82.974	0.193	0.037
16-1-04	96	0	0.052	0.028	0	20.684	0.048	81.871	0.103	0
16-1-05	96	0	0	0.009	0.01	20.85	0.135	80.809	0.206	0
13-1-04	3	0.006	0	0	0.004	20.356	0	81.754	0	0.024
13-1-05	3	0.011	0	0.048	0	19.868	0.575	81.631	0.186	0.018
13-0608-1-03	3w	0	0.075	0	0	20.472	0.19	79.671	0.144	0.008
13-0608-1-05	3w	0	0.047	0.028	0	20.293	0	81.566	0	0

注：测试在中南大学地球科学与信息物理学院电子探针实验室完成。

表4-12 湘东钨矿中白钨矿微量元素组成

单位：10^{-6}

样品编号及测点	脉号	Sc	V	Cr	Co	Ni	Cu	Zn	Ga	Ge	Rb	Sr	Zr	Nb	Mo	Ag	Cd	In	Sn	Sb	Ba	Hf	Ta	Tl	Bi	Pb	Th	U
7-3-5	89	91.7	0.46	3.84	0.082	0	0.14	6.08	1.95	0.54	0	116	21.3	628	0.90	0.032	0.10	0.61	16.9	0.061	0.43	1.03	86.0	0	0.0003	14.6362	2.17	16.0
10Y-1-04	89	291	7066	12920	349	0.0081	666	72.6	14.4	2.31	0.0044	18.8	7.93	38.2	0.072	0	0.14	0.39	16.0	8.05	0.17	0.54	2.03	0.0086	0.0009	1.1143	0.10	0.66
10Y-0615-2-05	89	0	0.0011	6.31	0.027	0.092	0.11	0	0	0.14	0.35	193	0	18.9	0	0.019	0	0.0055	0.17	0.0028	0.19	0	0.083	0.011	0.0065	0.6615	0.67	0.49
12-5-4	89	7.81	0.48	0.52	0.029	0.11	0.12	0.24	0.58	1.13	0.47	190	8.42	499	0.23	0.036	0.12	0.16	26.8	0.018	0.75	0.30	36.9	0.017	0.032	5.647	1.92	9.03
12-5-5	89	6.62	0.14	0.079	0.070	0.20	0.24	1.00	0.64	0.60	0.63	213	9.10	288	0.50	0.0067		0.17	13.5	0.26	2.19	0.39	18.2		0	7.9832	4.37	9.67
12中段89#-05	89	0.12	0.011	0.16	0.0082	0.049	2.70	9.57	2.33	0.11	0.10	92.2	19.9	48.4	0	0.043	0.19	0.011	0.82	0.066	0.30	0.11	0.32	0.0003	0.44	33.23	0.10	
16-1-04	96	0.24	0.014	0.74	0.052	0.20	0.11	5.34	0.34	0.56	0	600	0.78	46.5	2.29	0.0034	0.035	0.15	1.82	0	0.22	0.0064	1.69	0.0045	0.090	8.380	0.93	1.66
16-1-05	96	0.0006	0	0.68	0.021	0.14	0.11	0.32	0.56	0.72	0.067	1848	0.044	7.51	0.41	0		0.061	0.26	0	0.087	0.010	0.020	0.0093	0.012	0.709	0.14	0.044
13-1-04	3	0.029	0	6.91	0.0076	0	0	0	0	0	0.16	227	0	67.0	0.49	0.018	0.063	0.018	0.15	0.017	0.018	0.0068	0.45	0	0.010	0.486	0	0.31
13-1-05	3	0.023	0.65	0	3.21	0	205	0.36	0.012	0.0009	0	25.2	0.0028	0.17	0.0003	0	0.011	0.0001	0.0097	0.10	0.0057	0.0002	0.0066	0	0	0.0160	0.0001	0.0008
13-0608-1-03	3w	0.86	0.053	0.46	0.19	0.24	0.071	14.0	0.44	0	0.042	252	10.2	91.5	2.14	0.031	0.047	0.67	4.29	0.086	2.82	0.19	1.70	0.030	0.0081	2.2713	0.081	1.03
13-0608-1-05	3w	0.087	0		0.10	0	0.96	1.58	0.47	0.40	0	365	0.24	37.0	0.30	0.0082	0.073	0	00	0.43	0.98	0.015	0.62	0.0089	0.024	0.951	0.088	0.56

表4-13　湘东钨矿中黑钨矿稀土元素特征

样品号	La	Ce	Pr	Nd	Sm	Eu	Gd	Tb	Dy	Ho	Er	Tm	Yb	Lu	Y	ΣREE	LREE	HREE	LREE/HREE	(La/Yb)N	δEu	δCe
10Y-1-01	<0.01	0.012	<0.01	0.029	0.061	0.038	0.52	0.20	2.62	0.92	3.68	0.61	4.17	0.74	17.6	13.62	0.15	13.47	0.01	0	0.44	0.95
10-5-1	0.026	0.030	<0.01	0.030	<0.01	0.035	0.12	0.054	0.49	0.20	0.84	0.18	1.26	0.25	4.03	3.51	0.12	3.39	0.04	0.01	2.06	0.69
10-5-2	0.10	0.12	<0.01	0.036	<0.01	0.034	0.0091	0.0020	0.019	0.0054	0.022	0.0036	0.034	0.0058	0.17	0.41	0.31	0.10	3.07	2.13	12.06	0.74
10-5-3	0.13	0.15	0.013	0.041	<0.01	0.038	0.014	0.0026	0.026	0.0076	0.030	0.0055	0.046	0.0085	0.28	0.52	0.38	0.14	2.72	2.11	10.91	0.70
10-6-1	0.045	0.073	<0.01	0.041	0.021	0.034	0.12	0.055	0.61	0.21	0.98	0.22	2.08	0.40	3.09	4.89	0.22	4.67	0.05	0.02	1.60	0.89
10-6-2	0.012	0.0067	<0.01	0.0061	0.053	0.037	0.44	0.16	2.28	0.78	3.39	0.61	5.37	1.06	10.7	14.21	0.12	14.09	0.01	0	0.51	0.30
10-6-3	0.14	0.095	<0.01	0.0088	0.027	0.050	0.11	0.042	0.63	0.21	0.95	0.19	1.92	0.41	3.12	4.79	0.33	4.47	0.07	0.05	2.47	0.48
10-6-4	0.070	0.053	<0.01	0.081	0.099	0.088	0.80	0.37	4.82	1.52	6.15	1.08	8.65	1.67	24.5	25.45	0.39	25.06	0.02	0.01	0.67	0.51
10-6-5	0.033	0.026	<0.01	0.0000	<0.01	<0.007	0.038	0.010	0.21	0.086	0.60	0.14	1.72	0.39	0.94	3.26	0.06	3.20	0.02	0.01	0.69	0.62
12中段89#-1	0.046	0.075	0.012	0.068	0.15	0.045	0.55	0.21	3.82	0.90	4.54	0.72	30.3	2.01	11.4	43.44	0.39	43.04	0.01	0	0.43	0.77
12中段89#-2	0.032	0.024	0.011	0.027	0.083	0.020	0.32	0.11	1.86	0.39	1.94	0.34	14.0	0.99	4.63	20.15	0.19	19.96	0.01	0	0.33	0.43
12中段89#-3	<0.01	<0.01	<0.01	0.038	0.10	0.052	0.63	0.22	3.76	0.82	4.35	0.70	26.4	1.91	10.7	39.03	0.21	38.82	0.01	0	0.48	0.50
12中段89#-4	0.034	0.034	<0.01	0.039	0.055	0.026	0.28	0.10	2.06	0.42	2.10	0.32	13.5	0.94	5.32	19.95	0.19	19.76	0.01	0	0.52	0.54
12-3-1	1.15	17.1	0.027	0.23	0.086	<0.007	2.28	0.40	1.26	0.72	7.15	5.63	3.24	13.0	0	52.25	18.60	33.65	0.55	0.26	0.43	10.87
12-3-2	0.018	0.061	0.011	0.082	0.30	<0.007	6.16	1.87	7.19	3.56	28.6	19.4	10.7	24.3	0	102.34	0.47	101.86	0	0	0.48	1.03
12-3-5	0.043	0.32	<0.01	0.062	0.14	<0.007	4.56	1.55	12.0	4.02	24.5	13.6	33.4	25.8	0	119.92	0.57	119.36	0	0	0.39	4.95
10Y-0615-2-01	0.084	0.17	0.021	0.072	0.45	0.12	1.73	0.61	8.76	2.40	11.9	2.65	24.0	4.84	19.3	57.81	0.91	56.90	0.02	0	0.35	0.94
10Y-0615-2-02	0.019	0.046	0.016	0.087	0.53	0.13	3.12	1.46	15.4	4.16	19.0	4.16	35.8	6.31	34.8	90.24	0.82	89.42	0.01	0	0.24	0.61
10Y-0615-2-04	29.4	18.5	0.69	1.32	0.56	0.31	1.79	0.92	11.4	3.72	19.9	5.23	49.7	10.1	40.6	153.65	50.85	102.80	0.49	0.42	0.88	0.46
7-3-1	0.14	0.47	0.12	0.56	0.26	0.042	0.44	0.17	2.16	0.46	2.28	0.65	5.84	1.03	6.65	14.61	1.58	13.03	0.12	0.02	0.38	0.86
7-3-2	7.81	22.2	3.70	20.0	6.54	0.73	5.71	1.22	8.48	1.55	6.34	1.08	9.96	1.67	25.6	96.95	60.94	36.01	1.69	0.56	0.36	1.01
7-3-3	2.66	4.70	0.47	1.77	0.61	0.60	1.67	0.75	7.61	1.78	7.34	1.42	14.0	2.03	20.9	47.40	10.80	36.60	0.30	0.14	1.69	0.95

续表4-13

样品号	La	Ce	Pr	Nd	Sm	Eu	Gd	Tb	Dy	Ho	Er	Tm	Yb	Lu	Y	ΣREE	LREE	HREE	LREE/HREE	$(La/Yb)_N$	δEu	δCe
7-3-4	0.081	0.13	<0.01	0.014	0.091	0.076	0.91	0.60	5.69	1.41	6.56	1.48	14.1	2.03	17.8	33.19	0.40	32.80	0.01	0	0.52	1.09
12-5-1	1.41	3.00	0.61	2.97	0.97	0.21	1.70	0.65	6.62	1.56	7.49	1.65	16.0	2.66	16.9	47.51	9.18	38.33	0.24	0.06	0.50	0.79
12-5-2	0.50	0.68	0.078	0.25	0.22	0.035	0.56	0.31	3.13	0.86	4.52	1.30	11.3	1.84	12.3	25.54	1.76	23.78	0.07	0.03	0.29	0.76
12-5-3	1.21	2.24	0.35	1.92	1.01	0.24	2.57	1.25	12.6	3.20	15.9	3.12	26.6	4.45	40.8	76.60	6.96	69.65	0.10	0.03	0.42	0.83
13-1-01	<0.01	<0.01	<0.01	0.023	0.058	0.038	0.26	0.088	0.92	0.27	1.03	0.21	1.52	0.24	6.35	4.68	0.14	4.54	0.03	0	0.81	0.31
13-1-02	<0.01	<0.01	<0.01	0.011	0.028	0.016	0.11	0.030	0.33	0.093	0.34	0.065	0.53	0.092	2.15	1.64	0.06	1.58	0.04	0	0.75	0.53
13-1-03	0.18	0.11	<0.01	0.018	0.19	0.095	0.57	0.14	1.73	0.43	1.74	0.32	2.37	0.40	10.5	8.29	0.59	7.69	0.08	0.05	0.81	0.45
13-0611-1-01	0.17	0.17	0.028	0.049	0.039	0.063	0.061	0.043	0.66	0.22	1.02	0.25	2.96	0.63	3.42	6.36	0.52	5.84	0.09	0.04	3.92	0.53
13-0611-1-02	0.046	0.062	<0.01	<0.01	0.060	<0.007	0.061	0.032	0.76	0.18	0.76	0.18	1.75	0.38	3.64	4.27	0.17	4.10	0.04	0.02	0.99	1.05
13-0611-1-03	0.099	0.16	0.011	0.081	0.18	0.096	0.61	0.32	3.86	1.33	6.74	1.80	17.1	3.24	22.5	35.56	0.62	34.94	0.02	0	0.81	0.98
13-0611-1-04	0.075	0.15	0.016	0.047	<0.01	0.014	0.059	0.036	0.59	0.19	0.87	0.24	2.77	0.58	2.04	5.63	0.30	5.34	0.06	0.02	1.68	0.98
13-0611-1-05	0.065	0.079	0.018	0.063	<0.01	0.042	0.21	0.080	0.66	0.21	1.19	0.32	3.77	0.77	2.85	7.49	0.27	7.23	0.04	0.01	1.37	0.55
13-0611-3-01	<0.01	<0.01	<0.01	<0.01	0.025	<0.007	<0.01	0.016	0.024	0.032	0.068	0.016	0.30	0.0058	0.33	0.49	0.03	0.46	0.06	0.01	0	0
13-0611-3-02	<0.01	0.014	<0.01	<0.01	<0.01	<0.007	<0.01	0.0087	0.050	0.011	0.22	0.024	0.21	0.025	0.23	0.58	0.03	0.55	0.05	0.02	-	0.42
13-0611-3-03	0.028	0.022	<0.01	<0.01	<0.01	<0.007	0.074	<0.01	0.046	0.010	0.043	0.0075	0.14	0.047	0.17	0.42	0.05	0.37	0.15	0.15	0	0.45
13-0611-3-04	0.028	0.016	0.018	0.011	<0.01	<0.007	<0.01	0.015	0.37	0.082	0.41	0.094	0.63	0.16	2.35	1.80	0.04	1.76	0.03	0.03	-	0.46
13-0611-3-05	0.012	0.019	0.022	<0.01	<0.01	<0.007	0.24	0.0046	0.20	0.027	0.15	0.032	0.31	0.10	0.66	0.85	0.03	0.82	0.04	0.03	-	1.20
13-0608-1-01	<0.01	0.050	0.018	0.011	0.081	0.024	0.24	0.30	3.26	0.84	3.63	0.92	8.12	1.15	8.99	18.63	0.18	18.45	0.01	0	0.50	0.89
13-0608-1-02	0.069	0.18	0.022	0.21	0.25	0.060	0.62	0.35	2.93	0.83	4.21	0.96	9.18	1.35	9.26	21.22	0.78	20.44	0.04	0.01	0.45	1.10
13-0608-1-06	0.12	0.19	0.037	0.098	0.16	0.020	0.47	0.19	2.36	0.52	2.31	0.61	5.02	0.80	10.4	12.90	0.63	12.27	0.05	0.02	0.20	0.69
13-0608-1-07	0.066	0.047	0.015	0.015	0.15	0.095	0.99	0.34	3.32	0.77	3.76	0.99	8.56	1.50	18.5	20.61	0.39	20.22	0.02	0.01	0.56	0.36

注：测试在武汉汉上谱分析测试有限公司完成。表中元素含量单位为 10^{-6}。

表4-14　湘东钨矿中白钨矿稀土元素特征

样品号	La	Ce	Pr	Nd	Sm	Eu	Gd	Tb	Dy	Ho	Er	Tm	Yb	Lu	Y	ΣREE	LREE	HREE	LREE/HREE	$(La/Yb)_N$	δEu	δCe
7-3-5	96.3	105	8.24	22.8	3.60	22.5	4.09	1.23	9.29	2.16	9.04	1.84	16.7	2.63	44.1	305.36	258.42	46.94	5.51	4.15	17.85	0.70
10Y-1-04	0.0064	0.0066	0.0015	0.056	0.21	0.18	1.51	0.61	7.38	2.22	8.81	1.51	11.2	1.84	47.5	35.53	0.46	35.07	0.01	0	0.70	0.51
10Y-0615-2-05	7.77	7.22	1.05	4.73	1.41	0.57	2.93	1.16	13.2	3.96	18.2	4.22	36.9	6.89	53.7	110.22	22.74	87.48	0.26	0.15	0.83	0.54
10-5-4	0.10	0.28	0.039	0.21	0.048	0.076	0.068	0.0070	0.041	0.0086	0.021	0.0020	0.011	0.0016	0.41	0.91	0.75	0.16	4.69	6.64	4.07	1.09
10-5-5	0.10	0.083	0.0070	0.032	0.0072	0.053	0.0089	0.0009	0.0052	0.0011	0.0041	0.0007	0.0049	0.0011	0.043	0.31	0.29	0.03	10.57	14.85	20.40	0.54
12-5-4	88.8	71.7	6.45	26.9	6.68	22.5	8.66	1.86	14.2	2.95	11.1	1.95	16.1	2.34	55.0	282.11	222.99	59.12	3.77	3.96	9.02	0.53
12-5-5	29.9	61.5	10.3	55.2	20.3	12.2	31.3	6.61	39.8	6.49	19.2	2.96	19.1	2.90	147	317.70	189.33	128.37	1.47	1.12	1.47	0.86
12中段89#-05	109	171	12.3	33.0	4.56	2.16	8.25	1.06	10.7	1.86	6.91	0.77	24.0	1.37	91.5	386.59	331.66	54.92	6.04	3.26	1.06	0.95
16-1-04	32.4	53.2	6.02	25.0	6.50	3.45	9.75	2.57	19.4	4.07	16.9	3.55	30.4	4.95	116	218.20	126.55	91.64	1.38	0.76	1.32	0.87
16-1-05	51.8	95.7	11.5	49.6	11.2	4.95	15.1	3.67	27.5	6.67	29.3	6.33	51.9	8.50	232	373.85	224.83	149.02	1.51	0.72	1.16	0.92
13-1-04	9.09	34.7	6.76	39.9	12.5	3.32	14.5	1.65	8.83	1.44	3.92	0.66	4.28	0.77	32.3	142.46	106.39	36.07	2.95	1.52	0.75	1.04
13-1-05	0.094	0.15	0.016	0.078	0.020	0.012	0.024	0.0028	0.014	0.0027	0.0073	0.0010	0.0069	0.0010	0.16	0.43	0.37	0.06	6.11	9.73	1.62	0.85
13-0608-1-03	32.9	58.0	7.28	32.9	9.43	7.27	10.0	1.41	8.65	1.67	6.60	1.32	10.6	1.61	36.8	189.71	147.80	41.91	3.53	2.22	2.27	0.88
13-0608-1-05	25.2	56.5	8.05	42.5	12.0	3.53	12.0	1.64	7.27	1.04	3.45	0.63	3.94	0.52	25.4	178.29	147.76	30.53	4.84	4.59	0.89	0.97

注：测试在武汉上谱分析测试有限公司完成。表中元素含量单位为 10^{-6}。

4.5.2 流体包裹体

流体作用往往是矿床形成过程中最重要的一环（Garven，1985；Parnell et al.，1993；贾跃明，1995；倪师军等，1998）。通过研究成矿流体的来源、迁移和演化，追溯成矿过程中成矿流体活动所留下的标志是研究成矿作用过程最有效的途径之一。本节主要采用流体包裹体组合的方法对包裹体数据的有效性进行制约。

流体包裹体组合（FIA）理论是近年来流体包裹体研究的重要进展之一。FIA 是指通过岩相学方法能够分辨出来的、代表了一个在时间上分得最细的包裹体捕获事件的一组包裹体（Goldstein，2003；Goldstein and Reynolds，1994）。FIA 的研究方法可以使测试的数据更具有效性、数据的结果更具代表性（池国祥和卢焕章，2008；Goldstein and Reynolds，1994）。

前人对本矿田成矿流体进行的研究较少，仅有叶诗文（2014）对湘东钨矿（又名邓阜仙钨矿）的成矿流体进行了较为详细的研究，并认为湘东钨矿存在至少三期热液活动，为一中高温热液矿床。而对于鸡冠石钨矿、太和仙金铅锌矿和大垄铅锌矿成矿流体的研究还是空白，因此本研究在系统划分成矿阶段的基础上，对邓阜仙矿田内四个典型矿床中含矿的石英、萤石等脉石矿物的流体包裹体进行显微测温研究和激光拉曼分析，厘定了矿田内各矿床成矿流体的性质，并探讨了矿田成矿流体的演化。

（一）样品采集和分析方法

本次研究进行流体包裹体测试的样品分别采自湘东钨矿 7~16 中段（661~290 m）、鸡冠石钨矿的 4#、5# 和 6# 脉、太和仙金铅锌矿主矿井和副矿井以及大垄铅锌矿 3~5 中段（343~248 m）的坑道中，湘东钨矿共 32 件，鸡冠石钨矿共 3 件，太和仙金铅锌矿共 10 件，大垄铅锌矿共 8 件，样品用于流体包裹体测温和激光拉曼分析。

测温工作在中南大学地球科学与信息物理学院的包裹体实验室完成。测温仪器为英国 Linkam THMSG 600 型显微测温冷热台（-196~600℃）。温度在 0℃ 以下时，显微冷热台测试精度为 ±0.1℃；0~30℃ 范围时，测试精度为 ±0.1℃；30℃ 以上时，测试精度为 1℃。测试过程中，升温速率为 0.2~10℃/min，水溶液包裹体相变点附近的升温速率为 0.2~0.5℃/min，基本保证了相转变温度的准确性，以便获得真实有效的数据。

激光拉曼原位分析在中国科学院广州地球化学研究所完成，测试仪器为英国产 Renishaw-2000 型显微激光拉曼仪，样品测试所用激光波长为 532.4 nm，激光束斑 1~2 μm，激光功率 20 mW，曝光时间 30 s，拉曼位移波数采用单晶硅校准。

（二）岩相学

通过岩相学观察可知，湘东钨矿、鸡冠石钨矿、太和仙金铅锌矿和大垄铅锌矿含矿石英及萤石中发育大量流体包裹体，包括原生包裹体、假次生包裹体、次生包裹体。根据 Roedder（1984）和卢焕章等（2004）提出的流体包裹体在室温下的相态分类准则及冷冻回温过程中包裹体相态变化，可将邓阜仙矿田的流体包裹体划分为水溶液包裹体（Type Ⅰ）、CH_4 包裹体（Type Ⅱ）、纯 CO_2 包裹体（Type Ⅲ）、含 CO_2 的三相水溶液包裹体（Type Ⅳ）和含子晶包裹体（Type Ⅴ）五类，其中水溶液包裹体又可细分为富液相 NaCl 水溶液包裹体（Type Ⅰa）、富气相 NaCl 水溶液包裹体（Type Ⅰb）和富液相 $CaCl_2$ 水溶液包裹体（Type Ⅰc）三个亚类。

以湘东钨矿为例，该矿床中所观察到的包裹体类型主要为 Type Ⅰa+Type Ⅰb NaCl 包裹体、Type Ⅰc $CaCl_2$ 包裹体、Type Ⅱ CH_4 包裹体、Type Ⅳ $NaCl-CO_2-H_2O$ 三相包裹体和 Type

V 含子晶包裹体，另外，Type Ⅲ CO₂ 包裹体仅在太和仙金铅锌矿中观察到。各类型包裹体特征如下：

Type Ⅰ（Type Ⅰa+Type Ⅰb+Type Ⅰc）：水溶液包裹体，在室温下，该类型包裹体又可分为富液相[Type Ⅰa+Type Ⅰc，气相 10%~35%，如图 4-61(a)(b)]和富气相包裹体[Type Ⅰb，气相大于 65%，如图 4-61(b)(e)]，Type Ⅰa 通过显微测温可知其初熔温度在 -21℃左右，判断其为含 NaCl 包裹体；Type Ⅰc 初熔温度在 -52℃附近，判断其成分为 NaCl+CaCl₂ 包裹体（卢焕章等，2004）。该类包裹体常呈椭圆形或负晶形，少数形状不规则，大小为 6~20 μm。Type Ⅰa 类型包裹体在各个矿床中的各成矿阶段均有出现，占整个包裹体总量的 80% 以上，并且不同矿床包裹体的充填度有所变化。在湘东钨矿Ⅲ阶段、鸡冠石钨矿Ⅲ阶段、太和仙金铅锌矿Ⅲ阶段和大垄铅锌矿中主要为富液相包裹体（Type Ⅰa），液态水的充填度为 65%~85%，此类包裹体为原生包裹体或假次生包裹体，常沿着矿物晶体生长环带呈线性充填；湘东钨矿Ⅰ阶段、鸡冠石钨矿Ⅰ阶段和太和仙金铅锌矿Ⅰ阶段流体中也发育富气相包裹体（Type Ⅰb）。

Type Ⅱ：CH₄ 包裹体[图 4-61(c)]，主要是通过激光拉曼光谱分析和显微测温共同鉴别出来。该类包裹体呈两相，气相成分主要为 CH₄（气相>40%），还有少量的 N₂ 和 CO₂，液相为 H₂O。包裹体形态多为四边形、椭圆形和不规则形等[图 4-61(c)]，常温下气泡较暗，气泡形态主要为不规则形或圆形，气泡表面均有油亮光泽。包裹体大小为 7.6~16.9 μm，湘东钨矿和鸡冠石钨矿中观察到的较多，太和仙金铅锌矿和大垄铅锌矿成矿流体中亦有出现，呈独立或团簇状分布，与 Type Ⅰa 和 Type Ⅰc 包裹体均有共存。

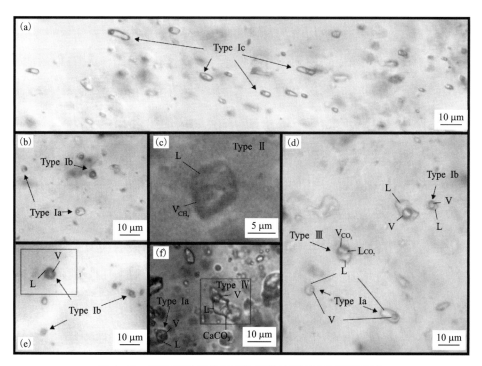

图 4-61　湘东钨矿流体包裹体显微特征（扫码查看彩图）

Type Ⅲ：CO_2 包裹体[如图 4-61(d)]，该类包裹体多呈两相，据其气液比可分为富气相和富液相 CO_2 包裹体。富液相 CO_2 包裹体较暗，常温下很难见到 CO_2 气泡。其分布不均匀，形态多为椭圆形和不规则形等，包裹体长轴一般为 5~9 μm。富气相 CO_2 包裹体气体相占为 70%~80%，仅仅在沿着黑色半透明包裹体的边部有少量的液相 CO_2。在单偏镜下，该类型包裹体多为黑色，包裹体中心存在一个亮点。在邓阜仙矿田内，仅在太和仙金铅锌矿床中观察到了纯 CO_2 包裹体。

Type Ⅳ：$NaCl-CO_2-H_2O$ 三相包裹体[图 4-61(d)]，这类包裹体通常在室温(20℃)下呈三相($V+L_{CO_2}+aq$)。该类包裹体主要出现在湘东钨矿早阶段流体中，形态呈椭圆形，数量较少，包裹体大小为 8~15 μm，气相比能达到 40%，与 Type Ⅰa、Type Ⅰb 包裹体共生，也证明其流体在成矿过程中发生过流体沸腾现象(熊伊曲等，2016)。该类型包裹体主要出现在湘东钨矿Ⅰ阶段、鸡冠石钨矿Ⅰ阶段和太和仙金铅锌矿Ⅰ阶段的流体中。

Type Ⅴ：含子晶包裹体，在室温下通常为 $aq+V+S_{方解石}$，根据子矿物的熔化温度(>500℃)和激光拉曼分析，可知固体相(S)为方解石晶体[图 5-61(f)]。包裹体形态不规则，大小为 9~12 μm。此类包裹体与 Type Ⅰa 包裹体共生，但由于其子矿物在升温过程中大于 500℃还未熔化，故无法计算其盐度。该类包裹体仅在湘东钨矿的石英中观察到。

鸡冠石钨矿中观测到了 Type Ⅰa+Type Ⅰb NaCl 包裹体和 Type Ⅱ CH_4 包裹体。鸡冠石钨矿中的流体包裹体与湘东钨矿类似，丰度均较大，原生包裹体较多，包裹体多呈长条状、椭圆形或不规则状，大小为 5.1~15.5 μm，以 Type Ⅰa 富液包裹体为主(图 4-62)。鸡冠石钨矿与湘东钨矿紧邻，成矿条件类似，所观察到的包裹体类型也与湘东钨矿类似，但由于测试的流体包裹体样品有限，未观测到 Type Ⅰc $CaCl_2$ 包裹体、Type Ⅳ $NaCl-CO_2-H_2O$ 和 Type Ⅴ 含子晶包裹体。另外，该矿床中 Type Ⅱ CH_4 包裹体是通过激光拉曼分析所确定。

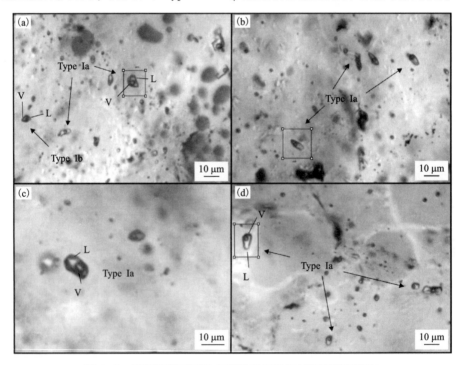

图 4-62　鸡冠石钨矿流体包裹体显微特征(扫码查看彩图)

　　太和仙金铅锌矿中观测到的包裹体有 Type Ⅰa+Type Ⅰb NaCl 包裹体[图 4-63(a)~(c)]、Type Ⅱ CH_4 包裹体、Type Ⅲ CO_2 包裹体[图 4-63(e)]和 Type Ⅳ $NaCl-CO_2-H_2O$ 三相包裹体[图 4-63(d)]，CH_4 包裹体是通过激光拉曼分析所确定。该矿床流体包裹体丰度不及湘东钨矿与鸡冠石钨矿，Type Ⅰa 以原生与假次生包裹体为主，亦分布有次生包裹体[图 4-63(f)]。包裹体常呈椭圆形或负晶形，少数形状不规则，大小为 5~29 μm。

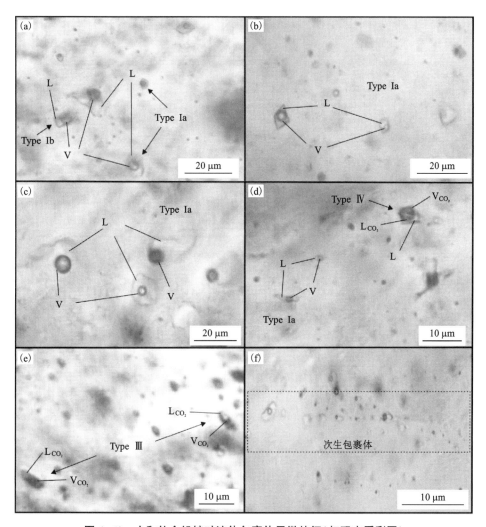

图 4-63　太和仙金铅锌矿流体包裹体显微特征(扫码查看彩图)

　　大垄铅锌矿含矿石英和萤石中有原生、次生及假次生三种类型的包裹体，其包裹体丰度不及湘东钨矿，且包裹体较小，多为 4~6 μm。其中，原生包裹体含量最高，主要为 Type Ⅰa 包裹体，且不同成矿阶段的流体包裹体岩相学特征具有相似性；外形多为椭圆状、长条状及不规则状，呈孤立状或线性分布(图 4-64)。气相占比 10%~35%，所测包裹体加热过程中都均一至液相。

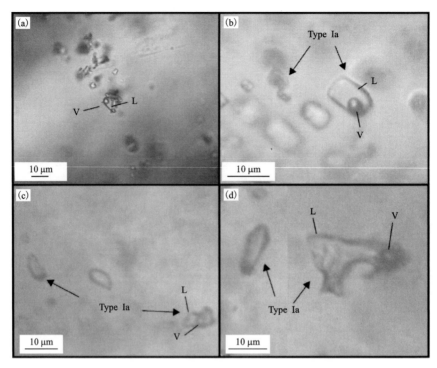

图 4-64 大垄铅锌矿流体包裹体显微特征(扫码查看彩图)

(三)流体包裹体显微测温

1. 湘东钨矿

显微测温结果列于表 4-15，并将其投图为图 4-65。各阶段显微测温特征如下。

表 4-15 湘东钨矿石英中流体包裹体显微测温特征

成矿阶段	包裹体类型	频数	Tm, CH$_4$ /℃	Th, CH$_4$ /℃	Ti /℃	冰点温度 /℃	Tm, Cl/℃	Th, CO$_2$/℃	均一温度/℃	盐度 /% NaCl equiv
I	I a	32			−21.2~ −20.4	−20.0~ −6.9			261~ 380	10.4~ 22.7
	I b	19			−21.2~ −20.5	−5.6~ −1.5			243~ 331	2.6~ 8.7
	Ⅲ	7			−57.9~ −56.7		4.8~ 5.6	27.0~ 30.3	337~ 370	8.1~ 9.4
Ⅱ	I a	64			−21.1~ −20.8	−20.2~ −8.9			129~ 230	12.8~ 22.8
	I c	24			−60.3~ −50.0	−28.5~ −18.2			132~ 218	19.7~ 24.4
	Ⅱ	10	−183.0~ −182.3	−95.2~ −88.9						
Ⅲ	I a	114			−21.3~ −20.5	−10.8~ −0.3			102~ 225	0.5~ 14.8

注：Type I b 包裹体均一到气态，其他均一到液态。

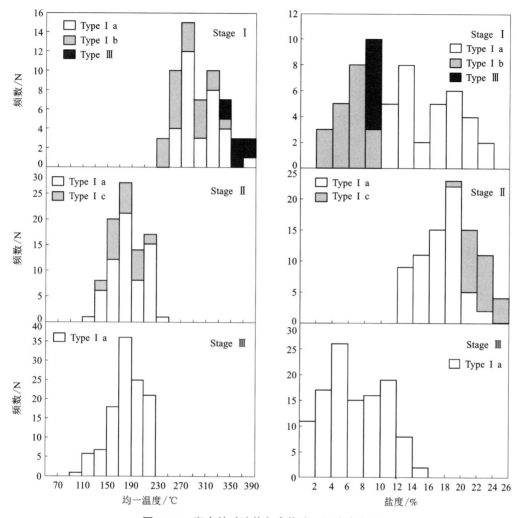

图 4-65　湘东钨矿流体包裹体均一温度直方图

（1）I 阶段：该阶段流体包裹体包括 Type Ⅰa、Type Ⅰb 和 Type Ⅲ包裹体。该阶段富液相、富气相和 CO_2 三相包裹体共存，说明该阶段流体发生了沸腾作用（Shepherd et al.，1985；卢焕章等，2004）。均一温度范围为 243~380℃，平均 299℃。Type Ⅰa 包裹体初熔温度介于 -21.2~-20.4℃，说明该阶段流体主要为 $NaCl-H_2O$ 体系；冰点温度为 -20.0~-6.9℃，均一温度为 261~380℃，峰值为 270~330℃，通过计算得出盐度为 10.4~22.7% NaCl equiv。Type Ⅰb 包裹体初熔温度介于 -21.2~-20.5℃，冰点温度为 -5.6~-1.5℃，均一温度为 243~331℃，峰值为 250~270℃，对应盐度为 2.6~8.7% NaCl equiv。Type Ⅲ包裹体数量较少，本次仅测得 7 个有效数据，其包裹体初熔温度介于 -57.9~-56.7℃，笼形物消失温度为 4.8~5.6℃，CO_2 部分均一温度为 27.0~30.3℃，均一温度为 337~370℃，峰值为 350~370℃，对应盐度为 8.1~9.4% NaCl equiv。

（2）Ⅱ阶段：该阶段流体包裹体包括 Type Ⅰa、Type Ⅰc、Type Ⅱ和 Type Ⅳ包裹体。均一温度范围为 129~230℃，平均 182℃。富液相水溶液包裹体的成分，主要通过其初熔温度进行判断。该阶段 Type Ⅰa 包裹体初熔温度介于 -21.2~-20.8℃，说明该类型主要为 NaCl-H_2O 包裹体，其冰点温度为 -20.2~-8.9℃，均一温度为 129~230℃，峰值为 170~190℃，对应盐度为 12.8%~22.8% NaCl equiv。Type Ⅰc 包裹体初熔温度介于 -60.3~-50.0℃，大部分集中在 -52℃左右，说明该类型包裹体成分为 $CaCl_2$-NaCl-H_2O（Oakes et al.，1990；Chi and Ni，2007），Type Ⅰc 包裹体冰点温度为 -28.5~-18.2℃，均一温度为 132~218℃，峰值为 150~170℃，通过 Chi and Ni（2007）的软件进行相应的盐度估算，得出盐度为 19.7%~24.4% NaCl equiv。Type Ⅱ 为 CH_4 包裹体，温度降到 -100℃以下时，甲烷包裹体气泡中会形成一个小气泡，并在 -183.0~-182.3℃时完全冻结，其 CH_4 部分均一温度为 -95.2~-88.9℃，而 CH_4 临界温度为 -82.6℃，证明该流体组成成分主要为 CH_4（Buruss，1981；Ramboz et al.，1985；Fan et al.，2000）。激光拉曼分析也证实该类型包裹体中除外，还有少量 N_2 和 CO_2（图4-66）。由于测定的 CH_4 包裹体气泡在 272~402℃温度范围内爆裂，故无法获得其完全均一温度。Type Ⅳ 包裹体在升温过程中大于 500℃还未熔化，故无法计算其盐度。

（2）Ⅲ阶段：该阶段流体中主要发育 Type Ⅰa 包裹体。其初熔温度介于 -21.3~-20.5℃，其冰点温度为 -10.8~-0.3℃，均一温度为 102~225℃，平均 181℃，峰值为 170~190℃，对应盐度为 0.5~14.8% NaCl equiv。

统计了在 8 中段、10 中段、13 中段和 16 中段所测的流体包裹体均一温度（表4-16），发现矿脉越远离老山坳断层（F1），其均一温度越低（图4-66）。该现象可能暗示老山坳断层处于隐伏岩体弧形隆起部位。

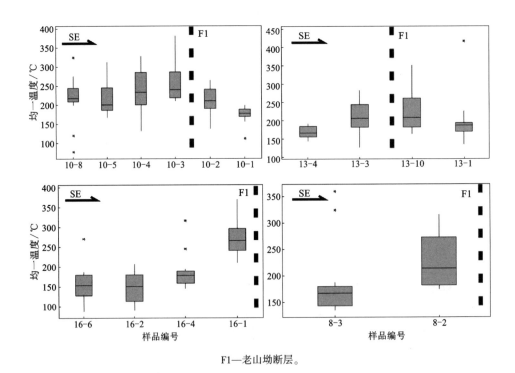

F1—老山坳断层。

图4-66 湘东钨矿部分流体包裹体均一温度和样品采集位置箱状图

表 4-16　湘东钨矿 8、10、13 和 16 中段流体包裹体显微测温特征

中段	脉号	样品号	主要矿物	Th/℃	平均温度/℃	盐度/%NaCl equiv	密度/(g·cm⁻³)
8 中段	89-1#	8-2	石英	175~315	227	8.40~23.49	0.871~1.059
	89#	8-3	石英	135~359	186	1.56~26.27	0.706~1.129
10 中段	70#	10-1	石英	111~198	173	6.43~20.97	0.938~1.115
	96-1#	10-2	石英	137~265	210	5.09~23.49	0.838~1.026
	96#	10-3	石英	210~380	254	6.72~31.79	0.797~1.172
	95#	10-4	石英	132~328	234	6.72~31.81	0.784~1.189
	89-1#	10-5	石英	167~312	213	3.52~21.5	0.809~1.048
13 中段	89#	10-8	石英	77~324	217	7.29~22.38	0.712~0968
	95	13-1	石英	134~415	194	0.53~26.28	0.767~1.118
	97-1#	13-3	石英	126~281	208	1.22~16.91	0.832~0.980
	89-2#	13-4	石英	83~191	161	16.72~26.29	1.007~1.135
	3w	13-10	石英	162~350	223	5.70~26.27	0.731~1.106
16 中段	96#	16-1	石英	210~369	273	5.55~19.79	0.712~0.968
	96#支	16-2	石英	90.3~206	148	2.23~26.26	0.94~1.114
	97-1#	16-4	石英	145~316	185	13.33~24.70	0.838~1.101
	89#	16-6	石英	87~270	156	2.23~26.29	0.788~1.135

2. 鸡冠石钨矿

显微测温结果列于表 4-17，并将其投成直方图 4-67。各阶段显微测温特征如下。

表 4-17　鸡冠石钨矿石英中流体包裹体显微测温特征

成矿阶段	包裹体类型	频数	Ti/℃	冰点温度/℃	均一温度/℃	盐度/%NaCl equiv
I	I a	6	-20.6~-19.8	-3.1~-1.4	245~290	2.4~5.1
	I b	4	-20.3~-19.6	-5.6~-1.5	267~295	1.1~3.5
II	I a	36	-20.6~-19.8	-5.1~-0.1	180~255	0.2~8.0
III	I a	13	-20.1~-19.6	-0.2~-3.3	103~192	0.4~5.4

（1）I 阶段：该阶段流体包裹体包括 Type I a 和 Type I b 包裹体。该阶段富液相和富气相包裹体共存，说明该阶段流体发生了沸腾作用。均一温度范围为 245~295℃，平均 271℃。初熔温度介于 -20.6~-19.8℃，Type I a 包裹体均一温度为 245~290℃，峰值为 270~290℃，冰点温度 -3.1~-1.4℃，通过计算得出盐度为 2.4%~5.1% NaCl equiv。Type I b 包裹体均

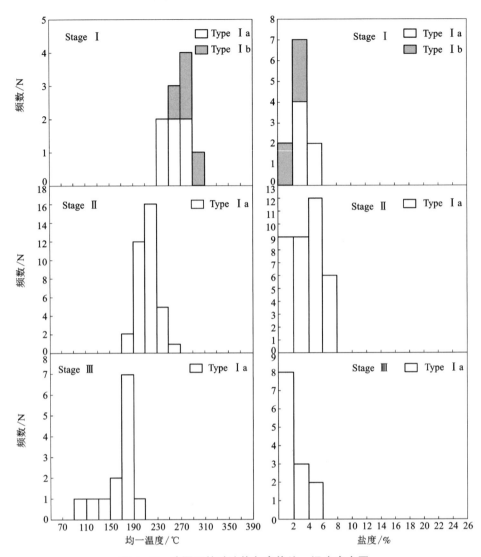

图4-67　鸡冠石钨矿流体包裹体均一温度直方图

一温度为267~295℃，峰值为250~270℃，冰点温度-2.1~-1.5℃，对应盐度为1.1%~3.5%
NaCl equiv。

（2）Ⅱ阶段：该阶段流体包裹体主要为 Type Ⅰa 包裹体。初熔温度介于-20.6~
-19.8℃，冰点温度-5.1~-0.1℃，均一温度180~255℃，峰值为210~230℃，通过计算得出
盐度为0.2%~8.0% NaCl equiv。

（3）Ⅲ阶段：该阶段流体包裹体主要为 Type Ⅰa 包裹体。初熔温度介于-20.1~
-19.6℃，冰点温度-3.3~-0.2℃，均一温度103~192℃，峰值为170~190℃，通过计算得出
盐度为0.4%~5.4% NaCl equiv。

3. 太和仙金铅锌矿

显微测温结果列于表4-18，并将其投成直方图4-68。各阶段显微测温特征如下。

表4-18　太和仙金铅锌矿流体包裹体显微测温特征

成矿阶段	寄主矿物	包裹体类型	频数	Size /μm	V/%	Tm, CO₂ /℃	Tm /℃	Tm, clath /℃	Th, CO₂ /℃	Th/℃	Salinity /%
Ⅰ	石英	Ⅰa	37	4.5~19.6	10~50		-4.7~-1.9			235~335	2.56~7.44
		Ⅰb	8	5.1~8.8	55~70		-3.5~-3.1			310~349	5.09~5.70
		Ⅲ	8	5.7~9.3	10~40	-58~-56.9		7.5~8.6	25.5~30.8	305~335	2.03~4.87
Ⅱ	石英	Ⅰa	59	2.7~12.2	10~50		-7.3~-0.8			159~272	1.39~10.86
		Ⅱ	3	5.2~8.9	12~40	-58.9~-55.9			24~30		
Ⅲ阶段	石英	Ⅰa	24	2.7~28.9	10~30		-4.8~-0.8			128~205	2.06~7.58
	方解石	Ⅰa	17	3.6~10.6	10~25		-4.4~-0.8			129~172	1.39~3.05

（1）Ⅰ阶段：该阶段的包裹体包括Type Ⅰa包裹体和Type Ⅲ包裹体。Type Ⅰa包裹体均一温度范围为235~336℃，峰值为290℃，盐度范围为2.56%~7.44% NaCl equiv，峰值为5.50% NaCl equiv，均一至液相；Type Ⅰb型包裹体均一温度范围为310~349℃，峰值为330℃，盐度范围为5.09%~5.7% NaCl equiv，峰值为5% NaCl equiv，主要均一至气相；Type Ⅲ包裹体均一温度范围为305~335℃，峰值为310℃，盐度范围为2.03%~4.87% NaCl equiv，峰值为2.5% NaCl equiv，均一至气相。三相点温度为-58.6~-56.9℃，低于纯CO_2的三相点（-56.6℃），指示除CO_2外，还混有其他挥发组分（Shepherd et al.，1985），这也被其后的流体包裹体激光拉曼测试所证实。

（2）Ⅱ阶段：该阶段流体包裹体中包括Type Ⅰa包裹体和Type Ⅱ包裹体。测温及计算结果表明，Type Ⅰa包裹体均一温度范围为159~272℃，峰值为210℃，盐度范围为1.39%~10.86% NaCl equiv，峰值为5%，均一至液相；Type Ⅱ包裹体为CO_2包裹体，三相点温度为-58.9~-55.9℃，均一至气相。

（3）Ⅲ阶段：该阶段中流体包裹体主要为Type Ⅰa包裹体。测温及计算结果表明，均一温度范围为129~205℃，峰值为170℃，盐度范围为1.39%~7.58% NaCl equiv，峰值为4.5%，均一至液相。

4. 大垄铅锌矿

显微测温结果列于表4-19，并将其投成直方图4-69。各阶段显微测温特征如下：

（1）Ⅰ阶段：该阶段流体包裹体主要为Type Ⅰa和Type Ⅱ包裹体。初熔温度介于-21.5

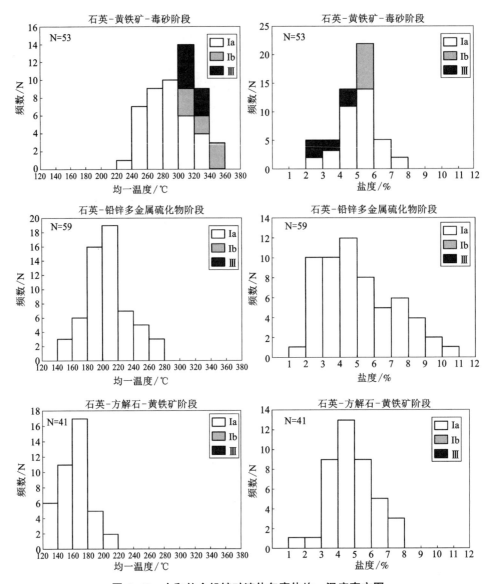

图4-68 太和仙金铅锌矿流体包裹体均一温度直方图

~-19.8℃，说明该阶段流体主要为NaCl-H$_2$O体系；冰点温度为-6.2~-1.7℃，均一温度为170~297℃，峰值为220~260℃，通过计算得出盐度为2.8%~9.5% NaCl equiv。Type Ⅱ包裹体较少，主要通过激光拉曼分析鉴定出来。

（2）Ⅱ阶段：该阶段流体包裹体主要为Type Ⅰa包裹体。初熔温度介于-20.8~-18.8℃，冰点温度为-6.1~-2.1℃，均一温度136~201℃，峰值为140~180℃，通过计算得出盐度为3.5%~9.3% NaCl equiv。

（3）Ⅲ阶段：该阶段流体包裹体主要为Type Ⅰa包裹体。初熔温度介于-21.1~-19.2℃，冰点温度为-6.2~-1.7℃，均一温度为102~180℃，峰值为100~140℃，通过计算得出盐度为2.8%~9.5% NaCl equiv。

表 4-19　大垄铅锌矿石英中流体包裹体显微测温特征

成矿阶段	包裹体类型	频数	T_i/℃	冰点温度/℃	均一温度/℃	盐度/(% NaCl equiv)
I		31	-21.5~-19.8	-6.2~-1.7	170~297	2.8~9.5
II	I a	40	-20.8~-18.8	-6.1~-2.1	136~201	3.5~9.3
III		40	-21.1~-19.2	-6.2~-1.7	102~180	2.8~9.5

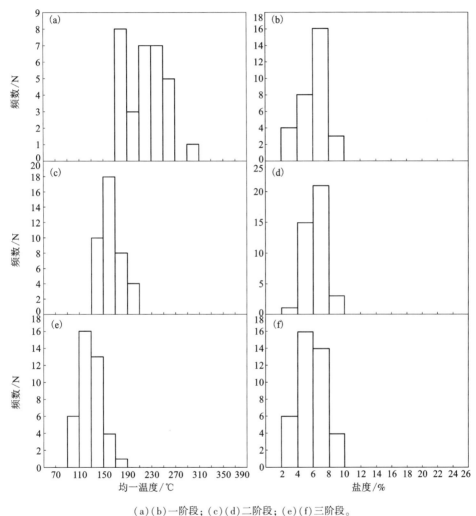

(a)(b)一阶段；(c)(d)二阶段；(e)(f)三阶段。

图 4-69　大垄铅锌矿流体包裹体均一温度直方图

(四)激光拉曼分析

激光拉曼分析结果显示，湘东钨矿流体包裹体主要含有 H_2O、CH_4、CO_2、N_2、$CaCO_3$、$CaSO_4$。其中 Type I a、Type I b 和 Type I c 包裹体气相成分主要为 H_2O[图 4-70(a)]，而 Type II 包裹体主要为 CH_4[2914~2918 cm^{-1}，图 4-71(b)]，还有少量的 CO_2、N_2[2331 cm^{-1}，图 4-70(b)]。I 阶段中 Type IV 包裹体子矿物通过激光拉曼分析鉴定出为方解石[1082 cm^{-1}，图 4-70(c)]。

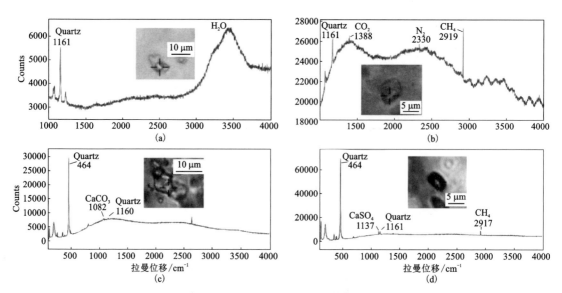

图 4-70 湘东钨矿流体包裹体激光拉曼图谱(扫码查看彩图)

鸡冠石钨矿流体包裹体成分主要为 H_2O、CH_4[2918~2919 cm^{-1}, 图 4-71(a)(b)(d)], 含少量的 CO_2[1286 cm^{-1} 或 1388 cm^{-1}, 图 4-71(c)]、N_2[2331 cm^{-1}, 图 4-71(c)]、$CaCO_3$ [1082 cm^{-1}, 图 4-71(c)]。

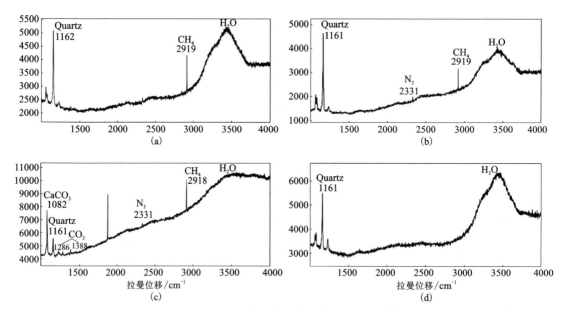

图 4-71 鸡冠石钨矿流体包裹体激光拉曼图谱

大垄铅锌矿流体包裹体成分主要为 H_2O［图 4-72（a）（b）］，含少量的 CH_4［2919 cm^{-1}，图 4-72（a）］和 N_2［2331 cm^{-1}，图 4-72（a）］，主要分布于 I 阶段。

太和仙金铅锌矿流体包裹体 I 阶段 I a 型流体包裹体中检测到宽泛的液相 H_2O 包络峰［图 4-73（a）］，该阶段Ⅲ型包裹体除检测到 CO_2 外，还均检测到不同程度的 CH_4［2916 cm^{-1}，图 4-73（b）］还原性气体，与少量 N_2（2331 cm^{-1}）。相对于 H_2O，在拉曼谱图上出现了典型的 CO_2 谱峰，典型的 N_2 谱峰，以及 CH_4 谱峰［图 4-73（b）］。Ⅱ阶段流体包裹体中 CO_2 与还原性气体含量较之 I 阶段相比，明显减少［图 4-73（c）］。Ⅲ阶段流体包裹体中基本未见 CO_2［图 4-73（d）］。

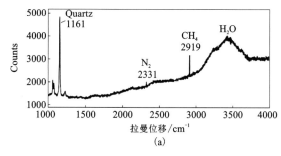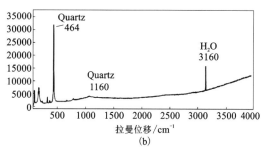

图 4-72　大垄铅锌矿流体包裹体激光拉曼图谱

（五）成矿流体性质

由四个矿床的流体包裹体岩相学、显微测温研究和激光拉曼分析可知，邓阜仙矿田的流体包裹体可划分为富液相 NaCl 水溶液包裹体（Type I a）、富气相 NaCl 水溶液包裹体（Type I b）、富液相 $CaCl_2$ 水溶液包裹体（Type I c）、CH_4 包裹体（Type Ⅱ）、纯 CO_2 包裹体（Type Ⅲ）、含 CO_2 的三相水溶液包裹体（Type Ⅳ）和含子晶包裹体（Type Ⅴ）七类。

湘东钨矿成矿过程可分为三个阶段，所观察到的包裹体类型主要为 Type I a+Type I b NaCl 包裹体、Type I c $CaCl_2$ 包裹体、Type Ⅱ CH_4 包裹体、Type Ⅳ $NaCl-CO_2-H_2O$ 三相包裹体和 Type Ⅴ 含子晶包裹体。I 阶段流体包裹体包括 Type I a、Type I b 和 Type Ⅲ 包裹体。该阶段富液相、富气相和 CO_2 三相包裹体共存，说明该阶段流体发生了沸腾作用。均一温度范围为 243～380℃，平均 299℃。Type I a 包裹体均一温度为 261～380℃，峰值为 270～330℃，盐度为 10.4%～22.7% NaCl equiv。Type I b 包裹体均一温度为 243～331℃，峰值为 250～270℃，盐度为 2.6%～8.7% NaCl equiv。Type Ⅲ 包裹体初熔温度介于 -57.9～-56.7℃，笼形物消失温度为 4.8～5.6℃，CO_2 部分均一温度为 27.0～30.3℃，均一温度为 337～370℃，峰值为 350～370℃，对应盐度为 8.1%～9.4% NaCl equiv。Ⅱ阶段包括 Type I a、Type I c、Type Ⅱ 和 Type Ⅳ 包裹体。总体均一温度范围为 129～230℃，平均 182℃。Type I a 包裹体均一温度为 129～230℃，峰值为 170～190℃，盐度为 12.8%～22.8% NaCl equiv；Type I c 包裹体均一温度为 132～218℃，峰值为 150～170℃，盐度为 19.7%～24.4% NaCl equiv。Type Ⅱ 为 CH_4 包裹体，其 CH_4 部分均一温度为 -95.2～-88.9℃。Ⅲ阶段流体中主要发育 Type I a 包裹体，均一温度为 102～225℃，平均 181℃，峰值为 170～190℃，对应盐度为 0.5%～14.8% NaCl equiv。湘东钨矿流体包裹体成分主要含有 H_2O、CH_4、CO_2、N_2、$CaCO_3$、$CaSO_4$ 等。可

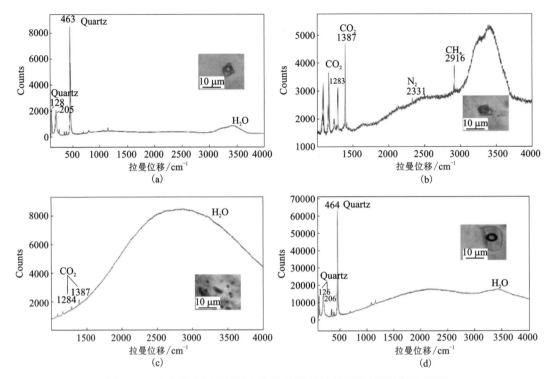

图 4-73 太和仙金铅锌矿流体包裹体激光拉曼图谱(扫码查看彩图)

知湘东钨矿的成矿流体为中-高温、中-低盐度 $NaCl-CaCl_2-H_2O-CH_4-CO_2$ 流体体系。

鸡冠石钨矿中观测到了 Type Ⅰa+Type Ⅰb NaCl 包裹体和 Type Ⅱ CH₄ 包裹体。鸡冠石钨矿中的流体包裹体与湘东钨矿类似,均丰度较大,原生包裹体较多,包裹体多呈长条状、椭圆形或不规则状,大小在 5.1~15.5 μm,以 Type Ⅰa 富液包裹体为主。I 阶段流体包裹体包括 Type Ⅰa 和 Type Ⅰb 包裹体。该阶段富液相和富气相包裹体共存,说明该阶段流体发生了沸腾作用。I 阶段均一温度范围为 245~295℃,平均 271℃;Type Ⅰa 包裹体均一温度 245~290℃,峰值为 270~290℃,盐度为 2.4%~5.1% NaCl equiv;Type Ⅰb 包裹体均一温度为 267~295℃,峰值为 250~270℃,盐度为 1.1%~3.5% NaCl equiv。Ⅱ阶段主要为 Type Ⅰa 包裹体,均一温度为 180~255℃,峰值为 210~230℃,盐度为 0.2%~8.0% NaCl equiv。Ⅲ阶段主要为 Type Ⅰa 包裹体,均一温度为 103~192℃,峰值为 170~190℃,通过计算得出盐度为 0.4%~5.4% NaCl equiv。鸡冠石钨矿流体包裹体成分主要为 H_2O、CH_4,含少量的 CO_2、N_2 和 $CaCO_3$。可知鸡冠石钨矿成矿流体为中-高温、低盐度 $NaCl-H_2O-CH_4$ 流体体系。

太和仙金铅锌矿中观测到的包裹体有 Type Ⅰa+Type Ⅰb NaCl 包裹体、Type Ⅱ CH₄ 包裹体、Type Ⅲ CO₂ 包裹体,该矿床流体包裹体丰度不及湘东钨矿与鸡冠石钨矿,Type Ⅰa 以原生与假次生包裹体为主,亦分布有次生包裹体。包裹体常呈椭圆形或负晶形,少数形状不规则,大小为 5~29 μm。I 阶段包括 Type Ⅰa 包裹体和 Type Ⅲ 包裹体,Type Ⅰa 包裹体均一温度范围为 235~336℃,峰值为 290℃,盐度范围为 2.56%~7.44% NaCl equiv,峰值为 5.50% NaCl equiv,均一至液相;Type Ⅰb 型包裹体均一温度范围为 310~349℃,峰值为

330℃，盐度范围为 5.09%~5.7% NaCl equiv，峰值为 5% NaCl equiv，主要均一至气相；Type Ⅲ包裹体均一温度范围为 305~335℃，峰值为 310℃，盐度范围为 2.03%~4.87% NaCl equiv，峰值为 2.5% NaCl equiv，均一至气相，三相点温度为 -58.6~-56.9℃。Ⅱ阶段流体包裹体包括 Type Ⅰa 和 Type Ⅱ包裹体，Type Ⅰa 包裹体均一温度范围 159~272℃，峰值为 210℃，盐度为 1.39%~10.86% NaCl equiv，峰值为 5%，均一至液相；Type Ⅱ包裹体，三相点温度为 -58.9~-55.9℃。Ⅲ阶段主要为 Type Ⅰa 包裹体，均一温度为 129~205℃，峰值为 170℃，盐度 1.39%~7.58% NaCl equiv，峰值为 4.5%。太和仙金铅锌矿流体包裹体成分为 H_2O、CO_2，含少量的 CH_4、N_2。可知太和仙金铅锌矿成矿流体为中-高温、低盐度 $NaCl$-H_2O-CO_2 流体体系。

大垄铅锌矿包裹体丰度不及湘东钨矿，且包裹体较小，多为 4~6 μm。其中原生包裹体含量最高，主要为 Type Ⅰa 包裹体，且不同成矿阶段的流体包裹体岩相学特征具有相似性。其外形多为椭圆状、长条状及不规则状，呈孤立状或线性分布。Ⅰ阶段主要为 Type Ⅰa 和 Type Ⅱ包裹体，均一温度为 170~297℃，峰值为 220~260℃，盐度为 2.8%~9.5% NaCl equiv。Ⅱ阶段均一温度为 136~201℃，峰值为 140~180℃，盐度为 3.5%~9.3% NaCl equiv。Ⅲ阶段均一温度为 102~180℃，峰值为 100~140℃，盐度 2.8%~9.5% NaCl equiv。大垄铅锌矿流体包裹体成分主要为 H_2O，含少量的 CH_4 和 N_2。可知大垄铅锌矿成矿流体为中-低温、低盐度 $NaCl$-H_2O 流体体系。

（六）成矿流体演化

在湘东钨矿Ⅰ阶段，Ⅲ型包裹体较为发育，且该类包裹体和Ⅰa 型富液相包裹体与Ⅰb 富气相型包裹体共生于同一流体包裹体组合（FIA）的现象较为常见，显示了两者同时捕获的特征。在显微测温过程中，Ⅰa 型包裹体和Ⅲ型包裹体表现出不同的均一方式，Ⅰa 型包裹体均一到液相，Ⅳ型包裹体均一到气相；在Ⅰ阶段，Ⅰa 型包裹体的均一温度范围为 261~380℃，峰值 270~330℃，通过计算得出盐度为 10.4%~22.7% NaCl equiv。Ⅳ型包裹体均一温度范围为 337~370℃，峰值为 350~370℃，对应盐度为 8.1%~9.4% NaCl equiv，Ⅳ型包裹体均一温度高于Ⅰa 型包裹体，而盐度低于Ⅰa 型包裹体，以上现象表明其捕获前流体发生了不混溶作用（Shepherd et al.，1985；熊伊曲等，2016）。造成富液相两相水溶液包裹体盐度高于含 CO_2 水溶液包裹体的原因可解释为在发生流体不混溶时，压力和温度的降低，使得在较高压力和温度条件下溶解于流体中的 CO_2 相分离出来，并由于气体的逸失，导致剩余流体中的盐度升高（王旭东等，2012；Xiong et al.，2017）。在流体包裹体均一温度-盐度关系图（图 4-74）上，可以明显看出，湘东钨矿Ⅰ阶段的成矿流体在演化过程中经历了不混溶作用。

本次研究在湘东钨矿Ⅱ阶段通过激光拉曼分析检测出了 CH_4 组分，并通过显微测温测定了含 CH_4 包裹体的冻结温度和部分均一温度，证实了 CH_4 包裹体的存在。相对于Ⅰ阶段流体，Ⅱ阶段流体中未发现Ⅲ型包裹体，该阶段流体中包裹体的盐度变化范围较大，且均一温度与盐度之间有较为明显的线性关系，随着温度的逐渐升高，盐度表现为逐渐降低（图 4-74），显示了一定的流体混合特征，指示了在流体演化过程中，可能发生了低盐度流体与高盐度流体的混合作用。本次流体包裹体显微测温也显示，Ⅱ阶段存在中-高盐度的含 $CaCl_2$ 包裹体（19.7%~24.4% NaCl equiv），证实了在Ⅱ阶段发生的流体混合作用。且在与邓阜仙地区紧邻的锡田地区，前人也证实了该地区的成矿流体为地幔、地壳与大气水的混合产物（Liu et al.，2006；Xiong et al.，2017；Yang et al.，2007）。

从湘东钨矿Ⅱ阶段到Ⅲ阶段,温度和盐度逐渐降低,可能由天水的不断加入,稀释了流体,且流体系统不断地自然冷却所导致。

以湘东钨矿和大垄铅锌矿作为代表,将其均一温度和盐度投到均一温度-盐度关系图中(图4-74)。

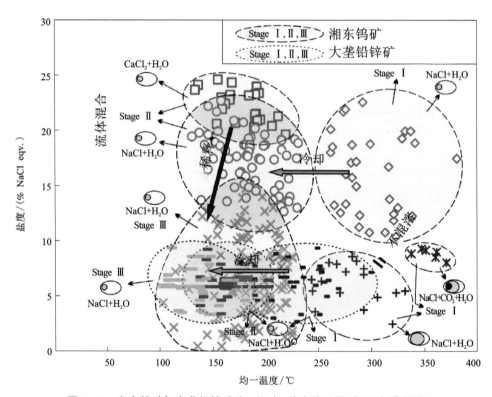

图4-74 湘东钨矿与大垄铅锌矿均一温度-盐度关系图(扫码查看彩图)

鸡冠石钨矿中Ⅰ阶段 Type Ⅰa 与 Type Ⅰb 共存,且 Type Ⅰb 包裹体比 Type Ⅰa 包裹体均一温度较高,但盐度相对较低,说明在Ⅰ阶段可能发生了沸腾现象而导致流体不混溶(王旭东等,2012)。Ⅰ阶段到Ⅱ阶段再到Ⅲ阶段,均一温度逐渐降低,而Ⅰ阶段到Ⅱ阶段盐度升高,可能是由于压力和温度的降低,使得在较高压力和温度条件下溶解于流体中的气体分离出来,并由于气体的逸失,导致剩余流体中的盐度升高(王旭东等,2012)。Ⅱ阶段到Ⅲ阶段,盐度降低,可能是由于流体中混入了一定量的天水所致。

太和仙金铅锌矿成矿流体从Ⅰ阶段到Ⅲ阶段发生了一系列规律性的变化,如均一温度逐渐降低,盐度均值逐渐减小,气液相成分从早到晚阶段变化明显,越往后受大气降水的影响越大。总体上讲,Ⅰ阶段成矿流体在演化过程中发生了以 CO_2 逸失为特征的流体不混溶作用,流体不混溶作用是该阶段含矿流体中成矿元素沉淀的主导因素;Ⅱ阶段成矿流体成矿元素沉淀的主导因素则是流体的混合作用;Ⅲ阶段成矿流体推测可能流体主体以大气降水为主,且成矿元素的沉淀主导因素可能为流体体系的自然冷却。

大垄铅锌矿的成矿流体从Ⅰ阶段到Ⅲ阶段,流体的温度和盐度均降低,可能是由流体系统的自然冷却和矿物质逐渐反应沉淀所导致。

从流体包裹体岩相学来看，湘东钨矿、鸡冠石钨矿和太和仙金铅锌矿的流体包裹体较多，而大垄铅锌矿中流体包裹体较小且丰度较小。从空间上看，湘东钨矿→鸡冠石钨矿→太和仙金铅锌矿→大垄铅锌矿，四个矿床中的包裹体丰度逐渐减小。

湘东钨矿的流体包裹体均一温度范围为 102~380℃，平均 241℃；鸡冠石钨矿的流体包裹体均一温度范围为 103~295℃，平均 212℃；太和仙金铅锌矿流体包裹体均一温度范围为 129~349℃，平均 198℃；大垄铅锌矿的流体包裹体均一温度范围为 102~297℃，平均 186℃。从湘东钨矿→鸡冠石钨矿→太和仙金铅锌矿→大垄铅锌矿，四个矿床中流体包裹体的均一温度逐渐降低，结合当地实际情况，估算了下坊铅锌矿和黄草山铅锌矿床中流体包裹体的均一温度，分别为 185℃和 200℃左右，并按各个矿床流体包裹体的均一温度投为等温线图(图 4-75)。由图 4-75 可知，邓阜仙矿田可能是一个以湘东钨矿为温度中心，并近似向第四象限辐射的热液成矿矿田。

邓阜仙矿田内各矿床的流体包裹体成分中，均或多或少含有一定量的 CH_4 和 N_2。Schoell (1988)认为 CH_4 可能为地幔去气作用的产物，且在与邓阜仙地区紧邻的锡田地区，前人也证实了该地区的成矿流体为地幔、地壳与大气水的混合产物(刘云华等，2006；杨晓君等，2007；Xiong et al.，2017)。所以邓阜仙矿田内流体包裹体中大量 CH_4 气体的存在指示成矿流体可能部分来自地幔和地壳的混合，这也被本研究所做的同位素研究所证实。

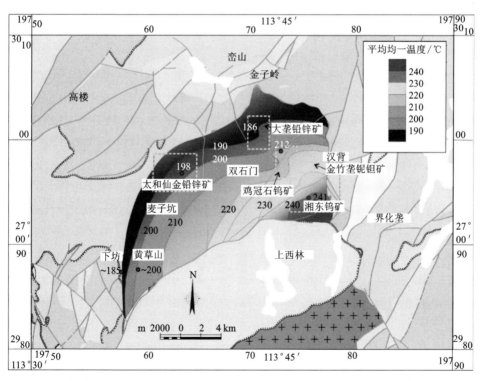

图 4-75　邓阜仙矿田流体包裹体均一温度等温线图(扫码查看彩图)

4.5.3 同位素地球化学

本书对邓阜仙矿田内湘东钨矿、鸡冠石钨矿、太和仙金铅锌矿和大垄铅锌矿四个典型矿床进行了系统的 H-O-S-Pb 同位素联合分析,厘定了四个矿床各自的成矿物质和成矿流体来源,并讨论了四个矿床之间的成因联系。

(一)样品采集及测试方法

本次研究进行测试的样品分别采自湘东钨矿 7~16 中段(661~290 m)、鸡冠石钨矿的 4~6 号脉、太和仙金铅锌矿的主矿井和副矿井、大垄铅锌矿 3~5 中段(343~248 m)的坑道。

湘东钨矿 4 件石英样品、鸡冠石钨矿 3 件石英样品、太和仙金铅锌矿 4 件石英样品和大垄铅锌矿 6 件石英样品进行了 H-O 同位素测试;湘东钨矿进行硫同位素测试的样品为毒砂 1 件;鸡冠石钨矿进行硫同位素测试的样品为 5 件黄铁矿;太和仙金铅锌矿进行硫同位素测试的样品共 4 件,分别为 3 件黄铁矿和 1 件毒砂;大垄铅锌矿进行硫同位素测试的样品共 5 件,分别为黄铁矿 1 件、方铅矿 1 件和闪锌矿 3 件。湘东钨矿 Pb 同位素分析的样品为 1 件毒砂;鸡冠石钨矿进行 Pb 同位素分析的样品共 2 件,为毒砂 1 件、黄铁矿 1 件;太和仙金铅锌矿进行 Pb 同位素分析的样品共 3 件,分别为黄铁矿 1 件、方铅矿 2 件;大垄铅锌矿进行 Pb 同位素分析的样品共 5 件,其中黄铁矿 1 件、方铅矿 2 件、闪锌矿 2 件。

H-O 同位素在核工业北京地质研究院分析测试中心完成。本次研究选取各成矿阶段石英单矿物进行 H-O 同位素分析,使用仪器为德国 Finnigan 公司生产的 MAT-253 稳定同位素质谱仪,氧同位素组成采用常规 BrF_5 法测定,氢同位素组成通过锌还原法测定。氧同位素测试精度为 ±0.2‰,氢同位素测试精度为 ±2‰。

S-Pb 同位素分析均在广州澳实测试分析有限公司完成。S 同位素分析过程如下:取硫化物(毒砂、黄铁矿)粉末样品,称取适量放入锡舟中,采用 Costech ECS 4010 元素分析仪配套 Finnigan MAT 253 稳定同位素比质谱仪测定样品中的 $^{34}S/^{32}S$ 值,数据经 V-CDT 国际标准物质(美国代阿布洛大峡谷铁陨石中的陨硫铁)标准化(由系统软件完成),得到 $\delta^{34}S$ 数据,以‰表示,方法精密度优于 0.2‰。

Pb 同位素分析过程如下:称取 0.5 g 挑选的黄铁矿、方铅矿、闪锌矿等单矿物,用高氯酸、氢氟酸、硝酸和盐酸消解,蒸干后,电热板加热、盐酸浸取;冷却后的溶液用 10% 的盐酸稀释至 25 mL,用高精度的电感耦合等离子质谱分析。

(二)H-O 同位素

本次 H-O 同位素测试结合蔡杨(2013)的测试结果,列于表 4-20。

湘东钨矿中按含黑钨矿石英脉(Stage Ⅰ 和 Stage Ⅱ)的平均均一温度为 241℃ 来进行计算,石英的 $\delta^{18}O_{quartz}$ 值为 13.1‰~17.9‰,得出对应的 $\delta^{18}O_{fluid}$ 值为 +2.5‰~+5.4‰,δD_{fluid} 值为 -59‰~-46‰。

鸡冠石钨矿中流体包裹体均一温度平均为 217℃,石英的 $\delta^{18}O_{quartz}$ 值为 11.9‰~14.8‰,计算得出对应的 $\delta^{18}O_{fluid}$ 值为 +2.4‰~+7.2‰,δD_{fluid} 值为 -60~-52‰。

太和仙金铅锌矿中流体包裹体的平均为 198℃,石英的 $\delta^{18}O_{quartz}$ 值为 10.9‰~15.3‰,计算得出对应的 $\delta^{18}O_{fluid}$ 值为 -0.9‰~+3.5‰,δD_{fluid} 值为 -61‰~-53‰。

大垄铅锌矿各阶段流体包裹体的平均均一温度为 186℃,石英的 $\delta^{18}O_{quartz}$ 值为 8.8‰~11.1‰,计算出对应的 $\delta^{18}O_{fluid}$ 值为 -3.8‰~-1.5‰,δD_{fluid} 值为 -83‰~-66‰。

表 4-20　邓阜仙矿田典型矿床 H-O 同位素组成

样品编号	矿床	矿物	$Th/℃$	δD_{fluid} /‰	$\delta^{18}O_{quartz}$ /‰	$\delta^{18}O_{fluid}$ /‰	数据来源
0610-3		石英	241	-46	11.9	2.5	
10Y-0615-1		石英	241	-56	14.8	5.4	本研究
13-0608-1		石英	241	-51	14.1	4.7	
15-0612-3		石英	241	-59	13.9	4.5	
XD-290-09		石英	220	-54	13.5	3.0	
XD-409-23		石英	220	-65	11.7	1.2	
XD-290-02		石英	220	-93	10.5	0.0	
XD-409-18		石英	220	-60	11.6	1.1	
XD-409-09	湘东钨矿	石英	220	-73	11.5	1.0	
XD-409-29		石英	220	-68	12.7	2.2	
XD-290-01		石英	220	-58	14.8	4.3	蔡杨，2013
XD-409-20		石英	220	-68	12.6	2.1	
XD-409-01		石英	220	-63	13.1	2.6	
XD-409-17		石英	220	-66	13.4	2.9	
XD-409-26		石英	220	-70	12.9	2.4	
XD-290-13		石英	220	-65	11.0	0.5	
10JZL-08		石英	220	-62	13.7	3.2	
JZL-04		石英	220	-58	12.8	2.3	
MZ-4-1	鸡冠石 钨矿	石英	212	-52	13.4	2.7	本研究
MZ-5-1		石英	212	-52	13.1	2.4	
MZ-6-1		石英	212	-60	17.9	7.2	
THX-03		石英	198	-54	10.9	-0.9	
THX-11	太和仙金 铅锌矿	石英	198	-53	13.4	1.6	
THX-13		石英	198	-61	15.3	3.5	
THX-14		石英	198	-58	12.3	0.5	
KSD021		石英	186	-70	10.2	-2.4	
DL002-1		石英	186	-66	8.8	-3.8	
KSD015	大垄铅 锌矿	石英	186	-73	10.4	-2.2	
KSD022		石英	186	-72	9.3	-3.3	
KSD024		石英	186	-83	9.6	-3.0	
KSD007		石英	186	-81	11.1	-1.5	

（三）S-Pb 同位素

本次对矿田内四个典型矿床进行 S-Pb 同位素测试，并结合蔡杨等（2012）和黄鸿新（2014）对湘东钨矿的硫同位素测试，结果列于表 4-21，并投于图 4-76。

表 4-21　邓阜仙矿田典型矿床 S 同位素组成

样品编号	矿床	矿物	$\delta^{34}S/‰$	数据来源
10-6	湘东钨矿	毒砂	-0.9	本研究
XD11-25		黄铜矿	-1.19	蔡杨等，2012
XD11-26		黄铜矿	-1.36	蔡杨等，2012
XD11-39		黄铜矿	0.03	蔡杨等，2012
XD11-45		黄铜矿	-0.78	蔡杨等，2012
XD11-48		黄铜矿	-0.99	蔡杨等，2012
XD11-50		黄铜矿	-0.79	蔡杨等，2012
XD11-52		黄铜矿	-1.31	蔡杨等，2012
XD11-65		黄铜矿	-0.74	蔡杨等，2012
XD11-29		黄铁矿	-0.49	蔡杨等，2012
XD11-29		辉钼矿	-0.76	蔡杨等，2012
XD11-31		辉钼矿	-0.73	蔡杨等，2012
XD11-41		辉钼矿	-0.76	蔡杨等，2012
XD11-63		辉钼矿	-0.72	蔡杨等，2012
XD11-64		辉钼矿	-0.59	蔡杨等，2012
XD11-88		辉钼矿	-0.14	蔡杨等，2012
XD11-89		辉钼矿	0.07	蔡杨等，2012
XD11-21		毒砂	0.61	蔡杨等，2012
DBX-13-89-1C		毒砂	-1.5	蔡杨等，2012
DBX-13-89-1D		毒砂	-1.8	蔡杨等，2012
DBX-13-89-1-6		毒砂	-0.9	蔡杨等，2012
DBX-13-89-1-8		毒砂	-1.1	蔡杨等，2012
DBX-13-89-1-9		毒砂	-1.6	蔡杨等，2012
DBX-13-3W-7b		毒砂	-1.4	蔡杨等，2012
DBX-15-89-5	湘东钨矿	毒砂	-1	蔡杨等，2012
DBX-15-89-6		毒砂	-1.3	蔡杨等，2012
DBX-16-89-1d		毒砂	-1.5	蔡杨等，2012
DBX-16-89-4b		毒砂	-1.4	蔡杨等，2012
DBX-13-5-6		黄铜矿	-0.6	蔡杨等，2012
DBX-13-5-5		黄铜矿	-2	蔡杨等，2012
DBX-14-5-2b		黄铜矿	-1.6	蔡杨等，2012

续表4-21

样品编号	矿床	矿物	δ³⁴S/‰	数据来源
MZ16-02	鸡冠石钨矿	黄铁矿	2.7	本研究
MZ16-04		黄铁矿	3.8	本研究
MZ16-6		黄铁矿	2.0	本研究
MZ16-7		黄铁矿	1.9	本研究
THX16-3	太和仙金铅锌矿	黄铁矿	-1.7	本研究
THX16-4		黄铁矿	-8.9	本研究
THX16-6		毒砂	1.3	本研究
THX16-7		黄铁矿	1.4	本研究
KSD015-1	大垄铅锌矿	黄铁矿	-6.54	本研究
KSD015-2		方铅矿	-8.28	本研究
KSD009		闪锌矿	-7.5	本研究
KSD021		闪锌矿	-6.89	本研究
KSD001		闪锌矿	-6.22	本研究

湘东钨矿硫同位素组成为-2.00‰~0.61‰,平均-0.9‰。其中,毒砂硫同位素组成为-0.9‰~0.61‰,平均-1.1‰;黄铜矿硫同位素组成为-2‰~0.03‰,平均-1.03‰;辉钼矿硫同位素组成为-0.76‰~0.07‰,平均-0.52‰;黄铁矿硫同位素值为-0.49‰。

鸡冠石钨矿中黄铁矿的硫同位素组成均为正值,范围为1.9‰~3.8‰,平均2.6‰。

太和仙金铅锌矿硫同位素组成为-8.9‰~1.4‰,平均-2.0‰。其中,3件黄铁矿硫同位素为-8.9‰~1.4‰,平均-3.1‰;1件毒砂硫同位素值为1.3‰。

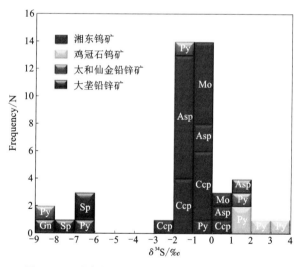

图4-76 邓阜仙矿田中典型矿床S同位素特征
(扫码查看彩图)

大垄铅锌矿硫同位素组成均为负值,为-8.28‰~-6.22‰,平均-7.07‰,反映了成矿体系在近地表相对较开放的高氧逸度环境和较低温度条件下发生较强的硫同位素分馏作用(郑永飞,2000)。1件黄铁矿硫同位素为-6.54‰,1件方铅矿硫同位素值为-8.28‰,3件闪锌矿硫同位素值为-7.5‰~-6.22‰,平均-6.87‰。同时,硫化物的δ³⁴S值符合黄铁矿>闪锌矿>方铅矿的特征,表明其同位素分馏达到平衡(郑永飞,2000)。

Pb同位素测试结果列于表4-22,并投图于图4-77、图4-78。湘东钨矿Pb同位素²⁰⁶Pb/²⁰⁴Pb值为18.27,²⁰⁷Pb/²⁰⁴Pb值为15.67,²⁰⁸Pb/²⁰⁴Pb值为38.78,μ值为9.62,ω值

为 39.41；Th/U 值为 3.96，$\Delta\beta$ 为 22.53，$\Delta\gamma$ 为 41.47。

鸡冠石钨矿 Pb 同位素 $^{206}Pb/^{204}Pb$ 值为 18.11～18.20，$^{207}Pb/^{204}Pb$ 值为 15.63～15.66，$^{208}Pb/^{204}Pb$ 值为 38.32～38.40，μ 值为 9.56～9.61，ω 值为 38.00～38.11；Th/U 值为 3.84～3.85，$\Delta\beta$ 为 19.92～21.88，$\Delta\gamma$ 为 29.11～31.26。

太和仙金铅锌矿 Pb 同位素 $^{206}Pb/^{204}Pb$ 值为 18.05～18.65，$^{207}Pb/^{204}Pb$ 值为 15.53～15.75，$^{208}Pb/^{204}Pb$ 值为 37.91～38.88，μ 值为 9.37～9.73，ω 值为 35.25～38.42；Th/U 值为 3.64～3.82，$\Delta\beta$ 为 13.45～27.80，$\Delta\gamma$ 为 18.58～44.64。

表 4-22　邓阜仙矿田中典型矿床 Pb 同位素组成

样品编号	矿床	测试矿物	$^{206}Pb/^{204}Pb$	$^{207}Pb/^{204}Pb$	$^{208}Pb/^{204}Pb$	μ	ω	Th/U	$\Delta\beta$	$\Delta\gamma$
10-6	湘东钨矿	毒砂	18.27	15.67	38.78	9.62	39.41	3.96	22.53	41.47
MZ16-7	鸡冠石钨矿	黄铁矿	18.11	15.63	38.32	9.56	38.00	3.85	19.92	29.11
MZ16-6		毒砂	18.20	15.66	38.40	9.61	38.11	3.84	21.88	31.26
THX16-3	太和仙金铅锌矿	方铅矿	18.05	15.53	38.00	9.37	36.03	3.72	13.45	20.99
THX16-4		黄铁矿	18.65	15.75	38.88	9.73	38.42	3.82	27.80	44.64
THX16-6		方铅矿	18.14	15.54	37.91	9.38	35.25	3.64	14.10	18.58
KSD015-1	大垄铅锌矿	黄铁矿	18.16	15.67	38.63	9.63	39.43	3.96	22.45	36.61
KSD015-2		方铅矿	18.09	15.61	38.59	9.52	39.08	3.97	18.54	35.54
KSD007		方铅矿	18.08	15.64	38.61	9.58	39.53	3.99	20.50	36.07
KSD009		闪锌矿	18.03	15.57	38.15	9.45	37.16	3.81	15.93	23.73
KSD021		闪锌矿	18.09	15.64	38.43	9.58	38.69	3.91	20.50	31.24

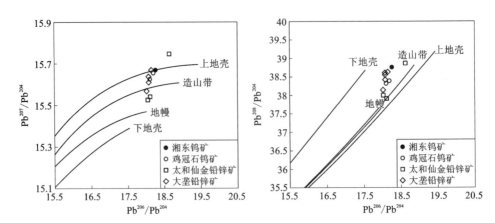

图 4-77　邓阜仙矿田内典型矿床 Pb 同位素构造模式图

大垄铅锌矿 Pb 同位素^{206}Pb/^{204}Pb 值为 18.03 ~ 18.16，^{207}Pb/^{204}Pb 值为 15.57 ~ 15.67，^{208}Pb/^{204}Pb 值为 38.15 ~ 38.63，μ 值为 9.45 ~ 9.63，ω 值为 37.16 ~ 39.53；Th/U 值为 3.81 ~ 3.99，$\Delta\beta$ 为 15.93 ~ 22.45，$\Delta\gamma$ 为 23.73 ~ 36.61。

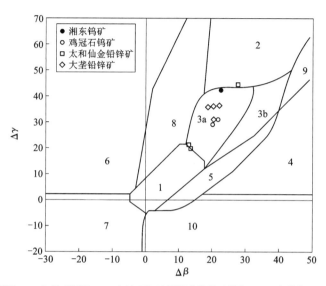

1—地幔源铅；2—上地壳源铅；3—上地壳与地幔混合的俯冲带铅(3a—岩浆作用；3b—沉积作用)；4—化学沉积作用铅；5—海底热水作用铅；6—中深变质作用铅；7—深变质下地壳铅；8—造山带铅；9—古老页岩上地壳铅；10—退变质。

图 4-78　邓阜仙矿田内典型矿床 Pb 同位素构造环境分类图
(注：底图据朱炳全，1986)

（四）成矿流体来源

由于我国东部中生代大气降水氢同位素组成较现代雨水系统偏低 4‰ ~22‰(张理刚，1985)，陈振胜和张理刚(1990)取成矿时期的大气降水，其氢氧同位素组成分别为 $\delta D = -55‰$，$\delta^{18}O = -8.1‰$。华南漂塘钨矿和柿竹园矿区大气降水的氢氧同位素组成也分别为 $\delta D = -64‰ \sim -55‰$，$\delta^{18}O = -6.9‰ \sim -0.8‰$；$\delta D = -52‰ \sim -48‰$，$\delta^{18}O = -8.2‰$，南岭地区中生代大气降水 δD 值的变化范围为 $-70‰ \sim -50‰$(张理刚，1985)。根据大气降

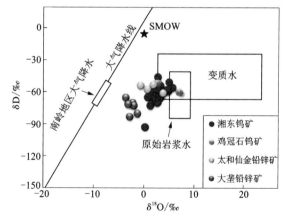

图 4-79　邓阜仙矿田内典型矿床 H-O 同位素特征
(扫码查看彩图)

水线方程，可以认为区内中生代(成矿期)的大气降水 $\delta D = -70‰ \sim -50‰$，$\delta^{18}O = -10‰ \sim -7.5‰$。将四个典型矿床的 H-O 同位素组成投于图 4-79，由该图可知，湘东钨矿样品投点部分落在原始岩浆水范围内，其余矿床样品均靠近原始岩浆水范围并向南岭地区大气降水范

围漂移；鸡冠石钨矿的样品投点1个落于原始岩浆水范围内，其余样品均靠近原始岩浆水范围并向南岭地区大气降水范围漂移，且鸡冠石钨矿H-O同位素组成比湘东钨矿H-O同位素组成稍微靠近南岭地区大气降水范围；太和仙金铅锌矿的样品投点1个落于变质水范围内，且较靠近原始岩浆水范围并逐渐向南岭地区大气降水范围漂移，另外H-O同位素组成比鸡冠石钨矿H-O同位素组成更靠近南岭地区大气降水范围；大垄铅锌矿的样品投点位于岩浆水和南岭中生代大气降水两个区域之间，而更靠近南岭中生代大气降水的区域。

热液流体中的CH_4可以有多种来源，包括深部的地幔去气作用（Schoell，1988；Beeskow et al.，2006）、有机物的热化学还原（Welhan，1988）、生物来源（Ague and Brimhall，1988；Whiticar，1999；Ueno et al.，2006）及水岩反应（Charlon et al.，1998）等。在邓阜仙地区，湘东钨矿、鸡冠石钨矿和大垄铅锌矿中均存在不同量的CH_4，且这四个典型矿床均产出于邓阜仙复式岩体中，生物作用和有机物作用影响小，可以排除生物和有机物来源。另外，前人认为与邓阜仙岩体临近的锡田矿田的成矿流体主要来自壳幔混合流体和大气水（刘云华等，2006；杨晓君等，2007；Xiong et al.，2017）。这说明邓阜仙矿田成矿流体中的CH_4很可能也是来自深部地壳与地幔的混合流体。

四个典型矿床的H-O同位素和流体包裹体研究表明，湘东钨矿的初始成矿流体可能来自深部原始岩浆，在后期存在有较大比例古大气降水混合的特征；鸡冠石钨矿的成矿流体来源与湘东钨矿类似，具有以深部岩浆水为主的特征，但同时混入了大气降水；太和仙金铅锌矿的成矿流体可能与深部岩浆水有关，但混入了部分变质水和相较于湘东钨矿和鸡冠石钨矿更多量的大气水；大垄铅锌矿的成矿流体应与深部岩浆水相关，但以大气降水为主。另外，从湘东钨矿→鸡冠石钨矿→太和仙金铅锌矿→大垄铅锌矿，其成矿流体的H-O同位素分布呈线性关系，以原始岩浆水为主逐渐向南岭地区大气降水范围线性漂移，这说明四个矿床的成矿流体可能均与同一成矿作用相关，且成矿流体受时间和空间的推移影响，大气降水逐渐增多。

（五）成矿物质来源

湘东钨矿的硫同位素组成范围为-2‰~0.61‰，平均-0.9‰，不同矿物的$\delta^{34}S$值分布集中，且都在零值附近变化，说明成矿热液中沉淀的硫化物硫源单一且成矿流体中的硫来源于深部岩浆（$\delta^{34}S = 0 \pm 3‰$，Ohmoto and Rye，1979；Faure，1986；Chaussidon and Lorand，1990）。并且，湘东钨矿的硫同位素组成与南岭范围内典型的岩浆期后热液型黑钨矿床的硫同位素组成类似，如瑶岗仙钨矿、淘锡坑钨矿、盘古山钨矿和西华山钨矿等（图4-80，宋生琼等，2011；方贵聪等，2014；许泰和王勇，2014；李顺庭等，2011），也说明湘东钨矿的成矿物质主要来源于岩浆。

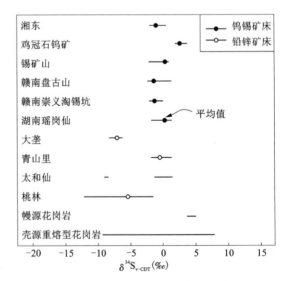

图4-80 邓阜仙矿田内典型矿床及其同类型矿床硫同位素特征对比

鸡冠石钨矿中黄铁矿的硫同位素组成均为正值，为 1.9‰~3.8‰，平均 2.6‰，分布集中，与湘东钨矿类似，也说明硫来源于深部岩浆。

太和仙金铅锌矿硫同位素组成为-8.9‰~1.4‰，平均-2.0‰。其中，3 件黄铁矿硫同位素-8.9‰~1.4‰，平均-3.1‰；1 件毒砂硫同位素值为 1.3‰。从图 4-80 可以看出，硫同位素值分为两个区间，-8.9‰和-1.7‰~1.4‰。硫同位素值为-8.9‰的点与区域内大垄铅锌矿床的硫同位素范围重叠，而在 0 值附近的硫同位素范围与区域内的湘东钨矿硫同位素组成相似，说明太和仙金铅锌矿的硫可能有多种来源，综合前文研究可推测其来源为浅变质岩系地层和岩浆岩，且与矿田内其他典型矿床应为同一成矿作用所形成。

大垄铅锌矿硫同位素组成为-8.28‰~-6.22‰，平均-7.07‰，均为负值，处于壳源重熔型花岗岩硫同位素组成范围内(-9.4‰~+7.6‰，陕亮等，2009)，表明其成矿物质来源可能与本区的八团岩体具有同源性(郑明泓等，2016)。同时，大垄铅锌矿的硫同位素组成也与南岭地区典型的岩浆期后热液型铅锌矿床的硫同位素组成类似(如桃林铅锌矿、太和仙金铅锌矿等)。

综上可知，邓阜仙矿田范围内的典型矿床中硫同位素的分布均处于壳源重熔型花岗岩硫同位素组成范围内，其成矿物质应主要来自岩浆，而太和仙金铅锌矿可能有部分地层物质加入。

在 $^{206}Pb/^{204}Pb$-$^{207}Pb/^{204}Pb$ 图中，湘东钨矿、鸡冠石钨矿和大垄铅锌矿的 Pb 同位素投点主要集中在上地壳和造山带的范围内；太和仙金铅锌矿的 Pb 同位素投点中 1 个点分布在上地壳范围内，2 个点分布在造山带与地幔的范围内。$^{206}Pb/^{204}Pb$-$^{208}Pb/^{204}Pb$ 图中(图 4-77)，四个典型矿床的 Pb 同位素投点主要集中在下地壳和造山带范围内。在铅同位素构造环境分类图中(图 4-78)，四个典型矿床的 Pb 同位素投点主要分布在上地壳与地幔混合的俯冲带铅的岩浆作用区。

湘东钨矿、鸡冠石钨矿和大垄铅锌矿的 Pb 同位素分布集中，其中 $^{206}Pb/^{204}Pb$ 值分别为 18.11~18.27、18.11~18.20 和 18.03~18.16；$^{207}Pb/^{204}Pb$ 值为 15.63~15.67、15.63~15.66 和 15.57~15.67；$^{208}Pb/^{204}Pb$ 值为 38.32~38.78、38.32~38.40 和 38.15~38.63。三个矿床的 Pb 同位素变化不大，指示三个矿床 Pb 的同源性，且来源单一，大部分点都落在上地壳和造山带演化线之间，另有一个点落在造山带和地幔演化线范围内，而太和仙金铅锌矿的投点分别落于造山带和地幔之间区域以及上地壳区域。此外，Pb 同位素的 μ 值范围处于 8~9 常被解释为 Pb 为地幔来源，μ 值大于 9.58 被解释为 Pb 来自上地壳(Doe and Zartman，1979)，研究区湘东钨矿和大垄铅锌矿硫化物的 Pb 同位素的 μ 值范围均为 9.45~9.63，鸡冠石钨矿 μ 值范围为 9.56~9.61，太和仙金铅锌矿 μ 值范围均为 9.37~9.73，高于地幔 μ 值，部分低于上地壳 μ 值，说明邓阜仙矿田内四个典型矿床的 Pb 可能主要来源于上地壳，并混入了部分地幔的物质。

一般 $^{87}Sr/^{86}Sr$ 大于 0.710 的为壳源，$^{87}Sr/^{86}Sr$ 小于 0.705 的为幔源。大垄铅锌矿闪锌矿中 $^{87}Sr/^{86}Sr$ 为 0.7099(±0.0097)，接近 0.7100(郑明泓等，2016)，表明大垄铅锌矿成矿物质主要来自地壳，但可能有地幔物质混入。

综合 S、Pb、Sr 同位素和本区矿石微量元素研究可知，湘东钨矿、鸡冠石钨矿和大垄铅锌矿具有相似的成矿物质来源，其成矿物质主要来自壳源岩浆，可能有部分地幔物质混入。太和仙金铅锌矿部分成矿物质与上述三个典型矿床类似，但可能有部分地层物质加入。

4.5.4 成矿年代学

相较于大量成岩年代学的研究,本区成矿年代学的研究还稍显薄弱,仅蔡杨等(2012)对湘东钨矿中与黑钨矿伴生的辉钼矿进行了 Re–Os 同位素定年,获得了等时线年龄,为(150.5±5.2)Ma。为了更加精确地厘定本区的成矿时代,本次研究选择了与黑钨矿共生更加密切的锡石作为研究对象。

(一)样品采集和分析方法

本次研究进行测试的锆石 LA–ICP–MS U–Pb 分析的样品编号为 608-10S1 和 609-1S1(图4-81),均为与成矿关系密切的白云母花岗岩脉。608-10S1 采自湘东钨矿 13 中段 114 线川 12 附近宽约 20 cm 的细粒白云母花岗岩脉,围岩为印支期粗粒花岗岩,见岩脉与斑晶定向方向垂直;609-1S1 细粒白云母花岗岩采自湘东钨矿 13 中段 2—4 线,围岩为燕山期中细粒二云母花岗岩,岩脉产状 295°∠60°,宽度不一,2~10 cm,见岩脉分叉现象,岩脉中见围岩角砾,角砾大小不一,粒径为 1~5 cm,呈不规则状,棱角状。

608-10S1 细粒白云母花岗岩镜下特征如下:

岩石由钾长石(37%)、石英(30%)、斜长石(15%)、白云母(10%)、绢云母(6%)及不透明矿物(2%)组成;岩石具有中细粒结构,块状构造、条带状构造、脉状构造,斑晶约占30%。

石英:按粒径可分为两种,一种为斑晶,它形,浑圆状,0.6~2.5 mm,波状消光;第二种粒径较小,分布于大颗粒间隙,与白云母交生,粒径 0.05~0.4 mm。

钾长石:半自形–它形,板状,粒径 1~1.6 mm,高岭石化。

斜长石:半自形,板状,一种粒径大,为 1~2 mm;一种小粒,0.07~0.6 mm。

白云母:片状,大颗粒者为,粒径 0.12~0.7 mm,波状消光。

609-1S1 细粒白云母花岗岩镜下特征如下:

岩石由钾长石(44%)、石英(28%)、斜长石(16%)、白云母(8%)、绢云母(3%)及不透明矿物(1%)组成;岩石具有花岗结构、粒状变晶结构、片状变晶结构,块状构造。

钾长石:自形–半自形晶,板状,表面污浊,大小为(0.2 mm×0.3 mm)~(1 mm×1.5 mm),部分颗粒见格子双晶,颗粒发生不同程度绢云母化,部分颗粒被石英溶蚀呈港湾状,极少量颗粒中包裹石英颗粒。

石英:分为两种,一种为它形粒状,粒径 0.08~0.8 mm,部分颗粒发育波状消光,主要分布于长石颗粒间隙,极少量被钾长石颗粒包裹;第二种为粒状变晶,粒径 0.04~0.6 mm。

斜长石:自形–半自形板状,大小(0.2 mm×0.5 mm)~(0.8 mm×1.7 mm),部分颗粒被石英溶蚀呈港湾状,不均匀分布,颗粒发生不同程度绢云母化。

白云母:有两种,一种为片状,大小为(0.03 mm×0.1 mm)~(0.2 mm×0.6 mm),被石英溶蚀呈港湾状或残缕状,均匀分布;第二种为片状变晶,大小为(0.03 mm×0.1 mm)~(0.15 mm×0.3 mm),集中分布,并与变晶石英交杂分布。

绢云母:细小鳞片状,大小为 0.005~0.025 mm,星点状分布于长石颗粒中。

不透明矿物:不规则粒状,粒径 0.04~0.14 mm,不均匀分布。

锆石的 CL 图像拍摄和锆石同位素定年在北京燕都中实测试技术有限公司完成。

锆石 U–Pb 同位素定年利用 LA–ICP–MS 分析完成。激光剥蚀系统为 New Wave UP213,ICP–MS 为德国耶拿 M90。激光剥蚀过程中采用氦气作载气、氩气为补偿气以调节灵敏度,

（a）（c）（e）为 608-10S1 的野外宏观、手标本及镜下照片；
（b）（d）（f）为 609-1S1 的野外宏观、手标本及镜下照片。

图 4-81　湘东钨矿中白云母花岗岩岩石学特征（扫码查看彩图）

二者在进入 ICP 之前通过一个 Y 型接头混合。每个时间分辨分析数据包括 20~30s 的空白信号和 50s 的样品信号。数据分析采用 ICPMSDataCal（Liu et al., 2010）完成。仪器操作条件和数据处理方法见 Liu et al.（2010）。

U-Pb 同位素定年中采用锆石标准 91500 作外标进行同位素分馏校正，每分析 5~10 个样品点，分析 2 次 91500，并对 Plesovice 分析一次作为监控。对于与分析时间有关的 U-Th-Pb 同位素比值漂移，利用 91500 的变化，采用线性内插的方式进行了校正（Liu et al., 2010）。锆石标准 91500 的 U-Th-Pb 同位素比值推荐值据 Wiedenbeck et al.（1995）。锆石样品的 U-Pb 年龄谐和图绘制和年龄权重平均计算均采用 Isoplot/Ex_ver3（Ludwig, 2003）完成，普通铅校正使用 Andersen（2002）方法完成。本次测试剥蚀直径根据实际情况选择 30 μm，锆石图件生成采用宏 Isoplot 获得(Ludwig, 2003)。

白云母花岗岩中锆石大部分在 CL 图像中呈黑色,部分较破碎,且 U 含量普遍较高,可能会导致锆石的蜕晶化,从而使定年结果出现偏差(Li et al., 2013)。测年结果(图 4-82)指示白云母花岗岩的锆石 U-Pb 年龄为(144~146)Ma,在误差范围内一致。

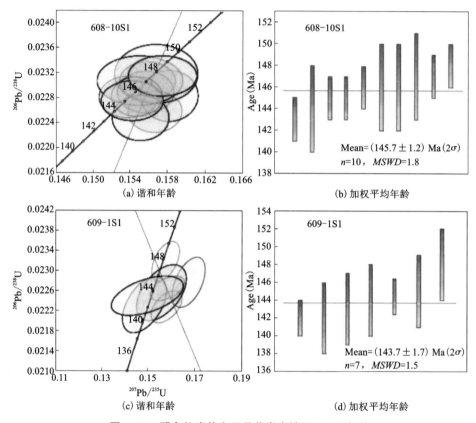

图 4-82　邓阜仙岩体白云母花岗岩锆石 U-Pb 年龄

进行锡石 LA-ICP-MS U-Pb 分析的样品特征列于表 4-23,其样品中的锡石均与黑钨矿密切共生,能代表黑钨矿的成矿年龄。锡石被黑钨矿与白钨矿包裹,大小为 80~500 μm,在反光镜下呈灰黑色,表面粗糙(图 4-83),颜色与黑钨矿相比较深,正交镜下呈浅棕色,也可见与黄铜矿和毒砂共生。

表 4-23　湘东钨矿中锡石样品特征

样品编号	矿脉特征	采样位置	野外定名	测试矿物
13-1	南组脉	13 中段 14 线 3#脉	黑钨矿化石英脉	锡石
10-1	南组脉	13 中段 70#脉	含黄铁矿毒砂石英脉	锡石
10-8	南组脉	10 中段 3#脉	白色含黑钨矿黄铜黄铁矿化石英脉	锡石
07-4	北组脉	7 中段 201#脉	含星点状黑钨黄铜黄铁毒砂矿化石英脉	锡石
09-3	北组脉	9 中段 89#脉	烟灰色条带状星点状黑钨矿化石英脉	锡石

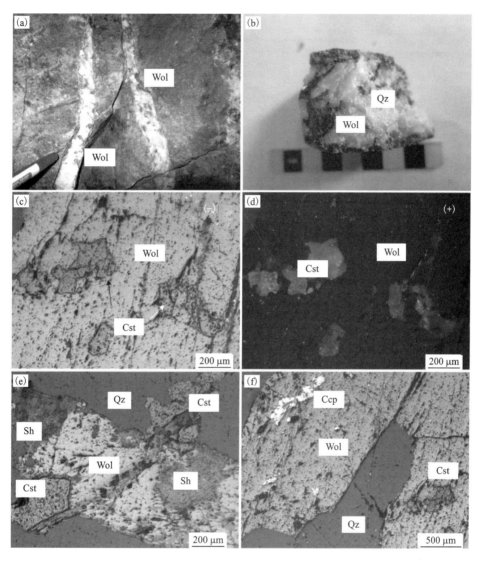

Wol—黑钨矿；Cst—锡石；Ccp—黄铜矿；Sh—白钨矿；Py—黄铁矿；Qz—石英。

图4-83　湘东钨矿中与黑钨矿密切共生的锡石野外、手标本及镜下照片（扫码查看彩图）

　　锡石LA-ICP-MS U-Pb分析在澳大利亚詹姆斯库克大学（James Cook University）的高级分析中心完成。激光剥蚀系统为Coherent GeolasPro 193nm ArF，加上Bruker 820-MS质谱仪。所有仪器使用5 Hz、44 μm光束孔径和6 J/cm² 的能量密度进行调试。每个时间分辨分析数据包括大约30 s的空白信号和40 s的样品信号。第一次校准采用GJ1锆石标准进行校准，第二次校准采用Gejiu锡石（内部标准）进行校准。

　　（二）锡石LA-ICP-MS U-Pb分析

　　本次测试的锡石LA-ICP-MS U-Pb定年结果见表，其锡石样品大小多数>100 μm，且可以看到清晰的环带，部分裂隙发育，在透射光下可见有较少的流体包裹体（图4-84）。

　　本次测试的5件样品有效测点共76个，各样品分述如下：

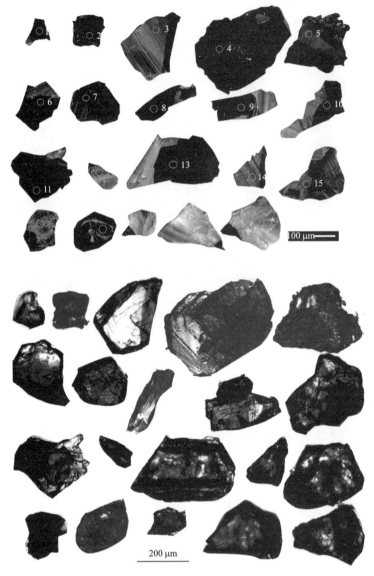

图 4-84　湘东钨矿中与黑钨矿共生的锡石 CL 和透射光图像（扫码查看彩图）

10-1，采自 70#脉，属于南组脉，共 19 个有效测点［图 4-85（a）（b）］。其中，$^{206}Pb/^{207}Pb$ 的比值变化范围为 0. 2086 ~ 0. 73869，$^{207}Pb/^{235}U$ 的比值变化范围为 0. 02897 ~ 0. 15553，$^{206}Pb/^{238}U$ 的比值变化范围为 0. 86612 ~ 15. 83842，等时线年龄为（140. 5±6. 6）Ma（$MSWD=$ 1. 2，$N=19$），加权年龄为（138. 66+6. 18-6. 35）Ma（$N=16$）。

10-8，采自 3#脉，属于南组脉，共 14 个有效测点［图 4-85（c）（d）］。其中，$^{206}Pb/^{207}Pb$ 的比值变化范围为 0. 05612 ~ 0. 674，$^{207}Pb/^{235}U$ 的比值变化范围为 0. 02034 ~ 0. 11491，$^{206}Pb/^{238}U$ 的比值变化范围为 0. 15749 ~ 10. 6902，等时线年龄为（134. 1±2. 9）Ma（$MSWD=$ 1. 03，$N=14$），加权年龄为（135. 69+4. 96-7. 10）Ma（$N=12$）。

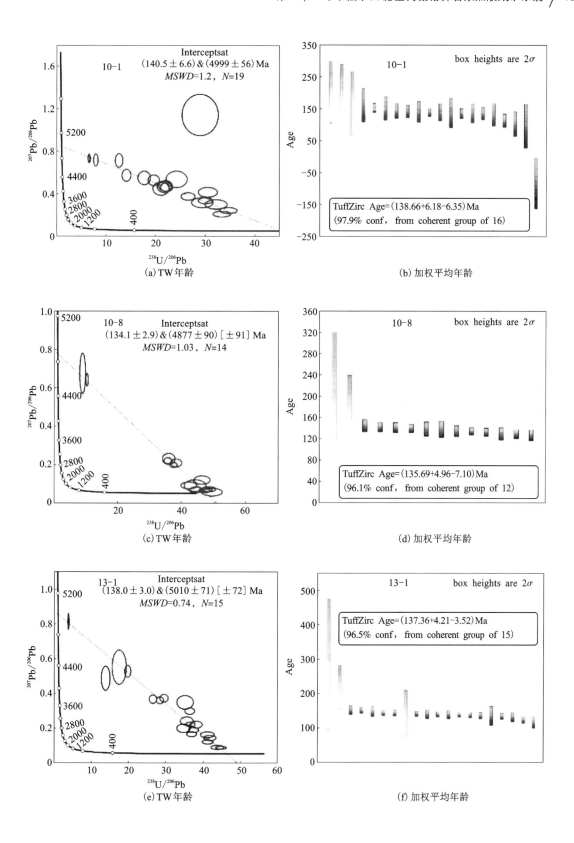

(a) TW 年龄

(b) 加权平均年龄

(c) TW 年龄

(d) 加权平均年龄

(e) TW 年龄

(f) 加权平均年龄

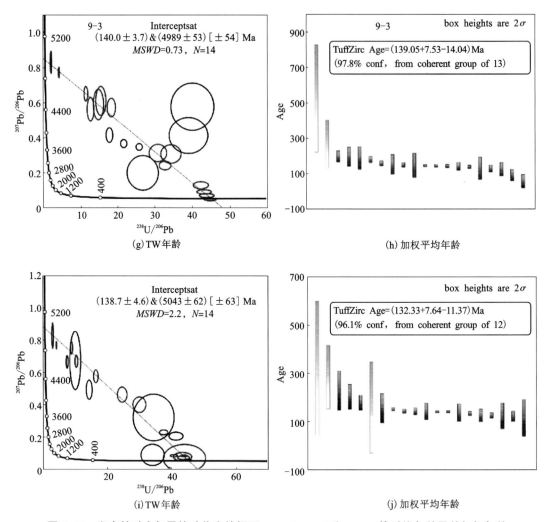

(g) TW年龄

(h) 加权平均年龄

(i) TW年龄

(j) 加权平均年龄

图 4-85 湘东钨矿中与黑钨矿共生的锡石 LA-ICP-MS 和 U-Pb 等时线年龄及其加权年龄
（扫码查看彩图）

13-1，采自 3#脉，属于南组脉，共 15 个有效测点[图 4-85(e)(f)]。其中，$^{206}Pb/^{207}Pb$ 的比值变化范围为 0.08523～0.81103，$^{207}Pb/^{235}U$ 的比值变化范围为 0.02236～0.27503，$^{206}Pb/^{238}U$ 的比值变化范围为 0.26284～30.76797，等时线年龄为（138.0±3.0）Ma（$MSWD=$ 0.74，$N=15$），加权年龄为（137.36+4.21-3.52）Ma（$N=15$）。

9-3，采自 89#脉，属于北组脉，共 14 个有效测点[图 4-85(g)(h)]。其中，$^{206}Pb/^{207}Pb$ 的比值变化范围为 0.04407～0.82678，$^{207}Pb/^{235}U$ 的比值变化范围为 0.02212～0.41088，$^{206}Pb/^{238}U$ 的比值变化范围为 0.13453～46.84989，等时线年龄为（140.0±3.7）Ma（$MSWD=$ 0.73，$N=14$），加权年龄为（139.05+7.53-14.04）Ma（$N=13$）。

7-4，采自 201#脉，属于北组脉，共 14 个有效测点[图 4-85(i)(j)]。其中，$^{206}Pb/^{207}Pb$ 的比值变化范围为 0.05706～0.82607，$^{207}Pb/^{235}U$ 的比值变化范围为 0.02199～0.31099，$^{206}Pb/^{238}U$ 的比值变化范围为 0.17301～35.4155，等时线年龄为（138.7±4.6）Ma（$MSWD=$

2. 2，$N=14$），加权年龄为（132. 33+7. 64-11. 37）Ma（$N=15$）。

南组脉中锡石的 $^{206}Pb/^{207}Pb-^{238}U/^{207}Pb$ 等时线年龄变化范围为 140. 5~134. 1 Ma，加权年龄变化范围为 138. 66~135. 69 Ma；北组脉中锡石的 $^{206}Pb/^{207}Pb-^{238}U/^{207}Pb$ 等时线年龄变化范围为 140. 0~138. 7 Ma，加权年龄变化范围为 139. 05~132. 33 Ma。南组脉和北组脉的锡石等时线年龄和加权年龄在误差范围内一致，表明湘东钨矿南组脉和北组脉中均存在一期早白垩纪时期的钨锡成矿作用。

（三）成岩和成矿时代及其相互关系

无论是从学术研究方面还是从勘探找矿方面来说，岩浆热液事件的年代和持续时间对于了解矿床形成来说，都是至关重要的（Stein，2014）。本次对湘东钨矿中出现的白云母花岗岩进行了锆石 LA-ICP-MS U-Pb 定年，其结果为 145~143 Ma，属于燕山晚期（早白垩世），说明本次测试的白云母花岗岩应为燕山晚期岩浆活动的产物，是在该期岩浆分异过程中形成的白云母花岗岩，确认了邓阜仙复式岩体中存在早白垩世的白云母花岗岩。

前人对本区成矿年龄的研究，有蔡杨等（2012）对湘东钨矿中含黑钨矿石英脉中的辉钼矿进行的 Re-Os 定年，其等时线年龄为（150. 5±5. 2）Ma；郑明泓等（2016）对大垄铅锌矿中闪锌矿进行的 Rb-Sr 定年，获得等时线年龄（154±8. 0）Ma。这说明该区存在一期燕山早期（晚侏罗世）的钨锡和铅锌成矿作用。综合前文的研究成果，可认为本区的钨锡成矿与铅锌成矿均与燕山早期岩浆期后热液成矿作用有关。本书对湘东钨矿中与黑钨矿密切共生的锡石进行的 LA-ICP-MS U-Pb 定年结果为（140. 5~134. 1）Ma，加权年龄变化范围为 139. 05~132. 33 Ma，锡石等时线年龄和加权年龄在误差范围内一致，表明湘东钨矿存在一期燕山晚期（早白垩世）的钨锡成矿作用。

前人对南岭地区花岗岩的成岩、成矿关系进行了大量的讨论，存在两种观点。一种认为区内的钨锡多金属成矿作用明显晚于花岗岩的成岩作用，甚至认为一些矿床与花岗岩浆的侵入活动没有直接的成因联系（华仁民，2005，2006；李华芹等，2006；谭俊等，2007）；而另一种认为区内的钨锡多金属成矿作用与区内的花岗岩类关系密切，成矿作用与花岗岩的成岩作用基本同时或稍晚于成岩作用，这一特点在燕山期尤为突出（陈富文和付建明，2005；陈毓川等，1989；付建明等，2007；毛景文等，2004a，2007）。高精度的同位素年代学测试技术出现以来，大量的精确成岩、成矿年龄数据，为探讨成岩成矿关系提供了良好的证据。

邓阜仙地区在中生代存在印支期、燕山早期和燕山晚期共三期岩浆活动，结合前人与本次研究结果可知，本区至少存在两期钨锡成矿作用。其中，154~150 Ma 的 W-Sn-Pb-Zn 成矿作用与邓阜仙岩体燕山早期（晚侏罗世）的岩浆活动密切相关，而 139. 05~132. 33 Ma 的 W-Sn 成矿作用应与邓阜仙岩体燕山晚期（早白垩世）岩浆活动密切相关。

4.6 矿田成矿模式

4.6.1 矿床成因和成矿作用

（一）成矿动力学背景

邓阜仙矿田位于钦杭结合带与南岭成矿带交会区，前人对于这一区域做了大量成岩成矿年代学方面的工作。南岭地区主要的成矿时代集中在 160~150 Ma（图 4-86），与燕山期岩浆活动密切相关(Mao et al., 2007)。矿田内钨锡矿床和铅锌矿床的典型代表为湘东钨矿和大垄铅锌矿。蔡杨等(2012)报道的湘东钨矿中与黑钨矿石英脉伴生的辉钼矿 Re-Os 等时线年龄为(150.5±5.2)Ma,大垄铅锌矿中闪锌矿 Rb-Sr 等时线年龄为(154±8.0)Ma(郑明泓等,2016),均指示其成矿时间与南岭地区中生代的大规模成矿作用时间相符,应为同一地质作用所形成。在这个时期,华南处于岩石圈的伸展减薄环境(Jiang et al., 2006;毛景文等,2008;Zhao et al., 2010),并形成了大量的陆壳重熔型(S 型)花岗岩类(华仁民等,2005;郑明泓等,2016)。华南地区西华山、漂塘、荷花坪、瑶岗仙等钨矿均与此类花岗岩有着密切的成因联系(Zhang et al., 2015, 2017)。邓阜仙复式岩体可以分为三期,其中第二期二云母 S 型花岗岩的形成时代为燕山早期[(154.4±2.2)Ma,黄卉等,2013],与湘东钨矿和大垄铅锌矿的成矿年龄一致,说明成矿与成岩处在相同的地球动力学背景下,即在燕山早期(晚侏罗世)湘东钨矿与大垄铅锌矿的形成均处于岩石圈的伸展减薄环境中。

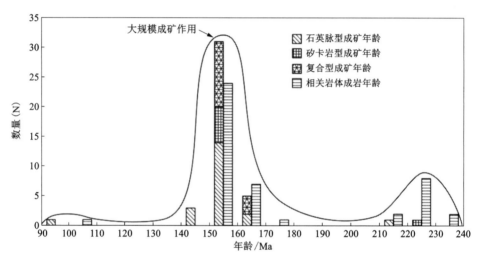

图4-86 华南地区不同类型钨锡成矿年龄及其相关花岗岩成岩年龄分布

(注:据 Xiong et al., 2017)

本次测得湘东钨矿中与黑钨矿密切共生的锡石 U-Pb 年龄在 140~132 Ma,属于燕山晚期(早白垩世)。钦杭带南西段南岭地区与钨锡成矿有关的花岗岩成岩年龄主要在 160~150 Ma,而钦杭带北东段(赣杭带)燕山晚期火山侵入杂岩的成岩年龄主要集中在 135~125 Ma (Wong et al., 2009;Yang et al., 2011, 2012;Jiang et al., 2011)。邓阜仙地区燕山晚期成矿年龄介于两者之间,这两者均被认为是在一个拉张的构造背景下形成的(Zhou et al., 2006;Li and Li, 2007;Chen et al., 2008;Wong et al., 2009;Yang et al., 2012)。此外,钦杭成矿带中赣西北地区的大湖塘钨矿为我国最大的超大型钨矿床,其代表成矿年龄的辉钼矿 Re-Os 等时线年龄为(143.7±1.2)~(140.9±3.6)Ma,也属于早白垩世。毛景文等(2008)将早中白垩世(134~80 Ma)归为华南地区中生代第三次大规模 W-Sn 多金属成矿期,而邓阜仙复式岩体中第三期细粒白云母花岗岩的形成年龄为 141~110 Ma(张景荣,1984;宋新华等,1988;陈迪等,2013),也处于这个时间范围内。期间大规模的火山作用、弧后拉张、板内岩石圈的进一步伸展以及深大断裂的活动,都显示该时期的壳幔相互作用强烈。由此可见,邓阜仙地区燕山晚期(早白垩世)的成矿应与燕山晚期(即早白垩世)岩浆活动密切相关,均处于减压拉伸、弧后拉张、岩石圈伸展、壳幔作用强烈的环境中。

(二)矿床成因

1. 湘东钨矿床

综合矿床地质特征、元素地球化学特征、流体包裹体特征、同位素特征可知,湘东钨矿具有如下特征:

(1)矿床地质特征:湘东钨矿中矿体赋存于邓阜仙复式岩体中,断裂构造广泛发育,且控制了岩体和矿体的产出位置和形态特征。矿化类型以石英脉型矿体为主,含少量云英岩型矿体,矿物组合为石英±黑钨矿±白钨矿±锡石±辉钼矿±黄铁矿±黄铜矿±毒砂±方铅矿±闪锌矿等,矿石结构主要有交代结构、自形-半自形晶状结构、充填(填隙)结构等,符合热液充填型矿床特征。

(2)黄铁矿及毒砂的微量元素特征显示成矿环境为中-高温,且具有热液矿床的元素组合特征;黑钨矿微量元素特征指示北组脉流体应处于低 pH、低 Eh 条件下,南组脉成矿流体处于低 pH、高 Eh 环境中;白钨矿微量元素特征指示成矿流体为还原性较强的碱性流体,且成矿物质为壳幔混合来源。

(3)流体包裹体研究显示湘东钨矿可成矿流体为中-高温、中-低盐度 $NaCl-CaCl_2-H_2O-CH_4-CO_2$ 流体体系。

(4)成矿流体来源于深部原始岩浆,后期存在有较大比例古大气降水混合的特征;成矿物质主要来源于岩浆;

(5)成岩成矿时代:湘东钨矿中白云母花岗岩中锆石的 U-Pb 年龄为(157.0±1.4)Ma(MSWD=3.4)和(152.5±4.7)Ma(MSWD=4.7),属于燕山早期(晚侏罗世);湘东钨矿中与黑钨矿密切共生的锡石 U-Pb 年龄为(140.5~134.1)Ma,说明湘东钨矿存在一期燕山晚期(早白垩世)的 W-Sn 成矿作用。

综合上述研究,并通过对比典型岩浆期后热液型钨矿床特征(表)可知,湘东钨矿为一个与燕山期岩浆活动有关的,且至少存在两期成矿作用的中-高温、中-低盐度岩浆期后热液型钨锡多金属矿床。

2. 鸡冠石钨矿

通过矿床地质特征、元素地球化学特征、流体包裹体特征、同位素特征可知:鸡冠石钨矿在地理位置上邻近湘东钨矿,矿床地质特征与湘东钨矿类似,黄铁矿与毒砂的微量元素组成具有热液矿床的特点,流体包裹体研究指示该矿床成矿流体为中-高温、低盐度 $NaCl-H_2O-CH_4$ 流体体系,H-O-S-Pb 同位素特征与湘东钨矿类似,指示成矿流体具有以深部岩浆水为主的特征,但同时混入了大气降水,成矿物质来源为壳源岩浆,可能有部分地幔物质混入。综上,并通过对比典型岩浆期后热液型钨矿床特征可知,鸡冠石钨矿为一个与燕山期岩浆活动有关的中-高温、低盐度岩浆期后热液型钨锡多金属矿床。

3. 太和仙金铅锌矿

通过矿床地质特征、元素地球化学特征、流体包裹体特征、同位素特征可知,太和仙金铅锌矿具有如下特征:

(1)矿体呈脉状充填于寒武系浅变质岩中,矿区与邓阜仙复式岩体毗邻,且在深部可能有隐伏岩体;区内断裂构造十分发育,为容矿提供了空间;矿石结构以它形-半自形粒状结构为主，次为包含结构、交代结构、填隙结构；矿物组合为黄铁矿±毒砂±方铅矿±闪锌矿±黄铜矿±磁黄铁矿±石英±方解石±绢云母±绿泥石±萤石等，围岩蚀变为硅化、绢云母化、绿泥石化、萤石化、电气石化等。

（2）黄铁矿的微量元素特征指示黄铁矿为热液（脉状）成因。

（3）太和仙金铅锌矿成矿流体为中-高温、低盐度 NaCl-H$_2$O-CO$_2$ 流体体系。

（4）成矿流体来源可能与深部岩浆水有关，混入了部分变质水和相较于湘东钨矿和鸡冠石钨矿更多量的大气水；成矿物质为岩浆和地层混合来源。

综上，并通过对比典型岩浆期后热液型铅锌矿床特征可知，太和仙金铅锌矿为一个与燕山期岩浆活动有关，且浅变质岩系地层提供了部分成矿物质和成矿流体的中-高温、低盐度岩浆期后热液型金铅锌多金属矿床。

4. 大垅铅锌矿

通过矿床地质特征、元素地球化学特征、流体包裹体特征、同位素特征可知，大垅铅锌矿具有如下特征：

（1）矿床地质特征：矿体产状受区内南北向的断裂构造控制，其产出形式主要为含矿石英脉，沿构造裂隙充填交代形成；矿物组合为黄铁矿±黄铜矿±方铅矿±闪锌矿±斑铜矿±蓝辉铜矿±石英±萤石±绿泥石等；矿石结构主要为它形-半自形粒状结构，次为交代结构、镶边结构及碎裂结构；矿石构造主要为细脉状构造、浸染状构造，次为块状构造、团块状构造、网脉状构造等；围岩蚀变主要为硅化、萤石化、绿泥石化等。从矿体形态、矿物组合、矿石组构以及围岩蚀变等方面来看，大垅铅锌矿床符合热液型矿床的基本特征。

（2）黄铁矿微量元素特征指示黄铁矿为热液（脉状）成因。

（3）大垅铅锌矿成矿流体为中-低温、低盐度 NaCl-H$_2$O 流体体系。

（4）成矿流体应与深部岩浆水相关，但以大气降水为主；成矿物质来源于壳源岩浆，可能有部分地幔物质混入。

（5）成矿时代为燕山早期（晚侏罗世）。

综上，并通过对比典型岩浆期后热液型铅锌矿床地质地球化学特征可知，大垅铅锌矿为一个与燕山期岩浆活动有关的中-低温、低盐度岩浆期后热液型铅锌矿床。

（三）成矿作用

通过本项目对矿田内典型的 W-Sn、Pb-Zn 脉状矿床的综合研究可知，其成矿作用均为与燕山早期（晚侏罗世）有关的热液成矿作用，是在燕山早期岩浆作用下在邓阜仙复式岩体不同部位以及距岩体不同距离处发生不同类型金属矿化的产物。而后，在燕山晚期（早白垩世）岩浆作用影响下，在以湘东钨矿及其附近为中心的区域叠加了一期 W-Sn 热液成矿作用，可能暗示在邓阜仙地区深部还有较大规模的燕山晚期（早白垩世）岩体及与其相关的矿体。

在实际野外调查过程中，我们也发现了两期成矿作用叠加的证据。如在湘东钨矿坑道中可以观察到细脉叠加到较宽脉体中或两期含矿石英脉体相交时，可使矿化加强，并在某些部位形成"富矿包"或者"富矿层"[图4-87(a)(c)(d)]；另外还可观察到在同一成矿部位，两期脉体形成脉体宽度差异巨大的现象[图4-87(b)]。还有前文提及的"眼球状"构造，可能代表了岩浆活动侵入的前端。本次研究在湘东钨矿坑道中观察到了 3WS（南组脉）切穿含有"眼球状"构造的燕山期二云母花岗岩，说明在此处的深部可能还有另一期岩浆活动侵入，并且该岩浆活动形成了南组黑钨矿脉。

(a)叠加形成的"富矿包"；(b)脉体宽度差异巨大；(c)两期脉体的穿插；(d)两期脉体叠加形成的"富矿层"。

图 4-87　两期成矿作用叠加野外特征(扫码查看彩图)

　　由此可知，燕山早期、晚期成矿作用叠加改造了燕山早期矿体，具体表现在燕山晚期流体对燕山早期矿体内的成矿物质进行了萃取和吸收，导致该流体成矿物质更加富化，并将其携带运移到合适的部位在合适的环境中再次沉淀，使矿体进一步富集，形成所谓的"富矿包"或"富矿层"。但从野外观察现象统计中可知，这种叠加成矿的现象较少，且矿脉互相切穿现象中，有一期脉体往往宽度较细，指示后期(即燕山晚期)矿体可能为更深部的隐伏矿体。

　　基于上述对成矿物质及流体来源、成矿能量来源、大地构造环境、控矿构造、成矿物理化学条件、成矿时代以及成矿作用的分析和总结，可以发现邓阜仙矿田内石英脉型 W-Sn、Pb-Zn 等矿床具有相似的控矿构造、成矿物质及流体来源、成矿环境，相近的成矿时代等，在空间上与燕山期岩浆活动密切相关，应是燕山期岩浆-构造-流体成矿的产物，因此根据上述建立原则可将邓阜仙矿田内石英脉型 W-Sn、Pb-Zn 等矿床归为同一成矿系统(图 4-88)。

(四)对比研究

　　通过对矿田内湘东钨矿、鸡冠石钨矿、太和仙金铅锌矿和大垄铅锌矿四个典型的热液 W-Sn-Pb-Zn 矿床成因进行研究，发现它们在矿床地质特征、成矿物质来源、成矿流体来源、成矿物理化学条件、成矿时代等方面具有相似性，但也存在一定的差异，具体的异同如下。

1)矿床地质特征

　　四个矿床均分布在邓阜仙复式岩体内或岩体附近。其中湘东钨矿、鸡冠石钨矿和大垄铅锌矿的赋矿围岩均为邓阜仙岩体，太和仙金铅锌矿床的赋矿围岩为与邓阜仙岩体紧邻的寒武

图 4-88　邓阜仙矿田燕山期热液成矿系统示意图

系浅变质岩系地层。四个矿床的矿体均为充填型的脉状矿体,矿石类型均为石英脉型,其中太和仙铅锌矿床含有部分碳酸盐脉矿石。其矿石结构均为充填交代结构、熔蚀结构等典型热液作用矿石结构。

2)成矿物质来源

四个矿床的成矿物质来源均为岩浆来源,但太和仙金铅锌矿床的成矿物质可能有部分地层物质加入。

3)成矿流体来源

四个矿床的成矿流体来源均为岩浆水和大气降水的混合,其中太和仙金铅锌矿床的成矿流体可能有部分变质水加入。从湘东钨矿→鸡冠石钨矿→太和仙金铅锌矿→大垄铅锌矿,其成矿流体受时间和空间的推移影响,大气降水逐渐增多。

4)成矿物理化学条件

湘东钨矿可成矿流体为中-高温、中-低盐度 $NaCl-CaCl_2-H_2O-CH_4-CO_2$ 流体体系;鸡冠石钨矿的成矿流体为中-高温、低盐度 $NaCl-H_2O-CH_4$ 流体体系;太和仙金铅锌矿成矿流体为中-高温、低盐度 $NaCl-H_2O-CO_2$ 流体体系;大垄铅锌矿成矿流体为中-低温、低盐度 $NaCl-H_2O$ 流体体系。从湘东钨矿→鸡冠石钨矿→太和仙金铅锌矿→大垄铅锌矿,四个矿床中流体包裹体的均一温度逐渐降低,CH_4 含量逐渐减少。

5)成矿时代

综合前人及本次研究可知,邓阜仙矿田存在至少两期成矿作用,一期为晚侏罗世(160~150 Ma),另一期为早白垩世(140~130 Ma)。其中,晚侏罗世的一期成矿作用形成了矿田内燕山早期的 W-Sn-Pb-Zn 热液成矿系统，而早白垩世在燕山晚期岩浆作用下，在湘东钨矿及其附近叠加了一次 W-Sn 成矿作用。

6）成矿作用

四个矿床的成矿作用均为与燕山早期（晚侏罗世）有关的热液成矿作用，是在燕山早期岩浆作用下在邓阜仙复式岩体不同部位以及距岩体不同距离处发生不同类型金属矿化的产物。而后，在燕山晚期（早白垩世）岩浆作用影响下，在以湘东钨矿及其附近为中心的区域叠加了一期 W-Sn 热液成矿作用，可能暗示在邓阜仙地区深部还有较大规模的燕山晚期（早白垩世）岩体及与其相关的矿体。

4.6.2　成矿系统

近段时间以来，中国的地质学家们对成矿系统进行了大量研究并取得了丰富的成果。翟裕生（1999）对成矿系统的概念、要素、结构、类型以及成矿系统的作用过程、作用产物进行了系统论述。翟裕生（1996）提出按照含矿建造或成矿空间划分出第Ⅲ级成矿系统亚类如成矿带、矿田以及矿床的空间尺度差别，如将三个不同空间尺度的成矿置于同一成矿系统级别进行规律认识时无法对之进行清楚表达，如不能清楚地表述矿带与其内各矿田或者各矿床的成因及空间关系。因此以更清楚地表达矿带、田、床的时空、成因等关系为出发点，认为应该在Ⅲ级成矿系统划分方案的基础上从空间角度划分出Ⅳ、Ⅴ级。前人已开始了相关的研究工作，如毛景文等（2002）建立了东天山地区的铜金多金属矿床成矿系统，并提出了成矿地球动力学模型；华仁民等（2003）划分出华南中生代与花岗岩有关的热液成矿系统，进一步由程素华和汪洋（2009）划分出南岭中生代花岗岩 Sn-W 成矿系统，此外，祝新友等（2015）将瑶岗仙石英脉型钨矿床划分为一个独立的成矿系统。另外，在与邓阜仙矿田邻近的锡田地区，曹荆亚（2016）建立了锡田印支期热液交代成矿系统和燕山期热液脉型成矿系统。

同一个成矿系统应该具有相近的成矿时代、相同的成矿物质及流体来源、相似的控矿因素及成矿环境。本次研究对不同矿床类型的控矿构造、成矿时代、成矿物质及流体来源、成矿环境、成矿能量来源以及成矿作用进行了分析和总结，以建立邓阜仙矿田的区域成矿系统和成矿模型。

（一）成矿物质及能量来源

1. 成矿物质及流体来源

通过前文研究可知，燕山期热液成矿系统成矿物质来源均为岩浆来源，但太和仙金铅锌矿床的成矿物质可能有部分地层物质加入。成矿流体来源均为岩浆水和大气降水的混合，其中太和仙金铅锌矿床的成矿流体可能有部分变质水加入。

2. 成矿能量来源

燕山期热液成矿系统内的成矿类型主要为石英脉型 W-Sn-Pb-Zn 矿床，该类型矿化与燕山期岩浆热液在空间和时间上有着明显的成因联系，故该成矿系统的成矿能量来源也应为岩浆所提供。在这个时期，华南处于岩石圈的伸展减薄环境（Jiang et al.，2006；毛景文等，2008；Zhao et al.，2010），并形成了大量的陆壳重熔型（S 型）花岗岩类（华仁民等，2005；郑明泓等，2016）。华南地区西华山、漂塘、荷花坪、瑶岗仙等典型的岩浆期后热液钨矿床均与此类花岗岩有着密切的成因联系（Zhang et al.，2015，2017）。

由于该成矿系统产出于岩石圈的伸展减薄环境背景之下，软流圈上涌（蒋少涌等，

2008)，导致华南元古代变质基底部分熔融，大量幔源物质与地壳物质混合，也带来了部分幔源成矿物质，导致区内大面积的钨锡矿化(裴荣富等，2008；华仁民等，2010)。

岩浆热能作为本成矿系统的基本驱动能量来源，可派生出不同种类的能量，并最终导致区内各个矿床的形成。岩浆熔体后期分异出的富含成矿物质的高温高压岩浆热液，在温度梯度、压力梯度及浓度梯度等能量驱动下，沿着印支期花岗岩中的断裂及微裂隙运移，并由于流体沸腾或流体混合所导致的物理化学条件急剧变化，使得成矿物质在适宜的成矿空间沉淀成矿。

(二)成矿环境

1. 大地构造环境

邓阜仙矿田位于钦杭结合带与南岭成矿带交会区，结合前人及本文研究可知，在燕山早期(晚侏罗世)邓阜仙矿田处于岩石圈的伸展减薄环境中，燕山晚期(早白垩世)的成矿应处于减压拉伸、弧后拉张、岩石圈伸展、壳幔作用强烈的环境。

2. 控矿因素

区内主体的构造线方向为 NE 向，主要为 NE 向的太和仙隆起和 NE 向的茶汉断裂。该区域构造控制了邓阜仙复式岩体及邓阜仙矿田的产出。

矿田内与成矿密切相关的地层主要有寒武系浅变质岩系及泥盆系、二叠系灰岩等物理化学性质较为活跃的地层。寒武系浅变质岩系地层与矿田内太和仙金铅锌矿关系密切，为该矿床的形成提供了物质来源。泥盆系与二叠系等灰岩地层与邓阜仙岩体的接触带是矿田内少量矽卡岩化矿体的主要产出部位。

邓阜仙复式岩体是最为重要的控矿因素之一，区内的矿床基本均分布于邓阜仙岩体的内外接触带中，岩浆活动为成矿提供了物质、流体及能量来源。

邓阜仙矿田内燕山期 NE-NEE 向断裂发育，是关键的控矿构造。例如湘东钨矿产于印支期花岗岩中，表现为沿楔状裂隙充填，平面上均为 NE-NEE 走向，呈组呈群分布(图 4-89)，受区域 NE 向正断层控制。局部地区矿床构造不是北东向，如大垄铅锌矿容矿断层为南北向，应是北东向断裂的分支断层。

由于岩浆在上隆过程中对围岩的应力作用可导致围岩或者岩体产生张裂隙，该裂隙可呈筒状或者楔状，岩浆分异出的含矿流体可运移到该裂隙中形成细脉和大脉组合的石英脉型矿床。例如湘东钨矿床中南组脉向北倾，北组脉向南倾，其石英矿脉均产自花岗岩的含矿断裂或者裂隙中，二者矿脉走向相似，但是倾向相反，推测二者的控矿断裂应为燕山期岩浆侵位印支期花岗岩所产生的楔状断裂系统。

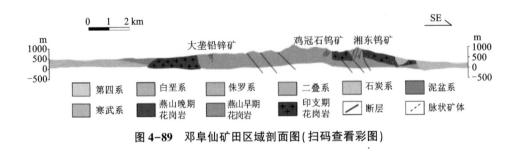

图 4-89 邓阜仙矿田区域剖面图(扫码查看彩图)

3. 成矿物理化学条件

通过前文成矿物理化学条件的总结可知，从湘东钨矿→鸡冠石钨矿→太和仙金铅锌矿→大垄铅锌矿，四个矿床中流体包裹体的均一温度逐渐降低，CH_4 含量逐渐减少，推测燕山期热液成矿系统的成矿流体以湘东钨矿及其附近为热液成矿中心，以放射状近似向第四象限辐射流动，成矿温度逐渐降低，流体成分逐渐消耗，形成一系列中高温-中低温热液矿床。通过对贯通性矿物——黄铁矿的微量元素进行研究，可知成矿初始流体为一期 As 含量较高的流体，随着成矿作用的进行，流体中 As 含量逐渐减少。通过黑钨矿的微量元素研究可知，早期成矿流体应处于低 pH、低 Eh 条件下，然后逐渐演化为低 pH、高 Eh 环境。到成矿晚期成矿流体演化为还原性较强的碱性流体。

4.6.3　时空结构、成矿过程和成矿模型

（一）时间结构

成矿系统的时间结构表现为成矿作用的阶段性和时限性。关于邓阜仙矿田内各典型矿床的成矿阶段，已在矿床地质特征研究中详细讨论过，本节重点讨论成矿系统的时限性。

关于邓阜仙矿田成矿时代研究，前人和本项目已经对矿田内不同矿床、不同矿物采用不同研究方法开展了较为详细的研究工作。一期为 155~150 Ma，另外一期年龄范围为 140.5~134.1 Ma，证实了在矿田内存在两期 W-Sn 成矿作用。

研究区出露的岩体为邓阜仙花岗岩体，可划分为三个期次。第一期为印支期中粗粒斑状黑云母花岗岩[（225.7±1.6）Ma，黄卉等，2011；Cai et al.，2015]，为复式岩体的主体，面积约为 130 km²。第二期为燕山期中粒二云母 S 型花岗岩[（154.4±2.2）Ma，黄卉等，2013]，主要呈岩株状，出露于复式岩体的中部、东南部及西南部边缘，侵入早期黑云母花岗岩中。第三期为细粒白云母花岗岩（约 141 Ma，本研究，陈迪等，2013），地表分布较少，呈不规则小岩株和岩脉穿插到前两期花岗岩中。

矿田内两期成矿作用在误差范围内对应燕山早、晚两期岩浆侵入活动，说明两期热液成矿作用与燕山期岩浆活动密切相关。综上所述，认为邓阜仙矿田热液成矿系统的时限有两段：160~150 Ma 和 140~130 Ma。

（二）空间结构

1. 矿床分带

邓阜仙矿田内分布有一系列 W-Sn、Pb-Zn 等内生矿床以及外生铁矿床等，虽然外生的铁矿床可能为沉积成因，应不属于邓阜仙钨锡铅锌多金属岩浆热液成矿系统，但其分布具有一定的分带性（图 4-90）。矿田范围内的矿床可分为 W-Sn 成矿带、Pb-Zn 成矿带和外生铁矿带。其中，W-Sn 成矿带和 Pb-Zn 成矿带与本项目流体包裹体研究的结论基本吻合，即总体上以湘东钨矿及其附近为中心，从湘东钨矿 W-Sn 成矿带→凤米凹-麻石岭 Pb-Zn（Au）成矿带，其成矿温度从中高温→中低温逐渐降低的变化规律。

2. 矿体分带

矿田内不同矿床的矿体也具有不同的特征，且往往存在分带现象。如湘东钨矿的矿脉常呈群或呈组分布，在平面上可分为北组脉、中组脉和南组脉。各矿脉的排列形式也可分为侧列式、平行式、尖灭再现式等几种（图 4-91），但主要还是侧列式和平行式（图 4-92）。

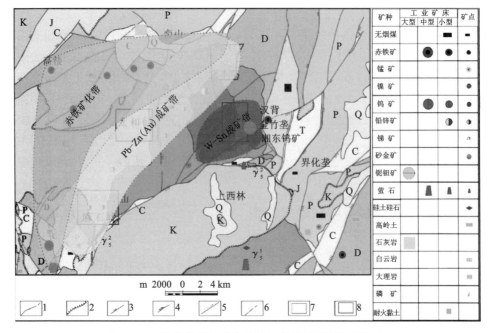

矿种	工业矿床			矿点
	大型	中型	小型	
无烟煤			▬	▬
赤铁矿	◉	●	●	•
锰矿				⊙
镍矿				◐
钨矿	◑		●	◐
铅锌矿			◑	◑
锑矿				△
砂金矿				⊙
铌钽矿	◍			
萤石	▲		▲	▲
硅土硅石				◆
高岭土				▭
石灰岩	▦			
白云岩				▥
大理岩				▥
磷矿				◈
耐火黏土			▦	

图 4-90　邓阜仙矿田矿床分带示意图(扫码查看彩图)

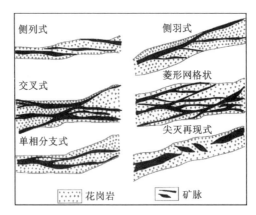

图 4-91　湘东钨矿矿脉排列形式示意图

(注：底图据黄鸿新，2014)

图 4-92　湘东钨矿中含矿石英脉平行分布特征(扫码查看彩图)

各组脉体在矿化形式上也有一定的规律。在水平面上，北组脉以高温热液钨铜矿化为主，矿物组合为黑钨矿、白钨矿及毒砂等[图4-93(a)]；中组脉以高温热液钨钼矿化为主，矿物组合为黑钨矿±辉钼矿[图4-93(b)]；南组脉以中高温热液钨砷矿化为主[图4-93(c)]。在垂向上，各组脉在茶汉断层上下两盘大致平行产出，从上到下脉体略有收敛趋势。各矿脉在中部或偏上部位，往往脉幅较大，在顶部可见云英岩线[图4-93(d)]。

大垄铅锌矿的矿化组合也具有一定的分带性，从中心到两侧分别为石英±黄铁矿±黄铜矿±方铅矿±深色闪锌矿组合→石英±黄铁矿±黄铜矿±黄褐色闪锌矿→石英±萤石±浅色闪锌矿组合，指示其成矿温度逐渐降低。

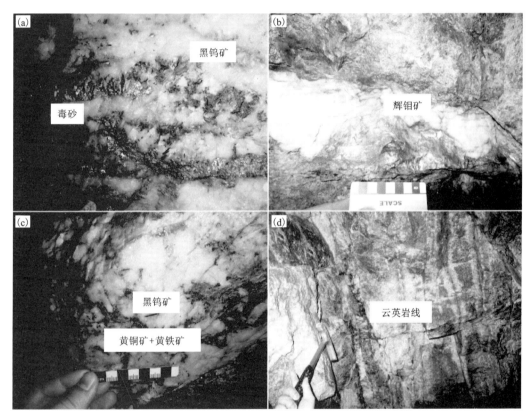

图4-93　不同矿化分带井下特征(扫码查看彩图)

3. 蚀变分带

各典型矿床中除在矿体特征和矿化组合上具有一定的规律外，在蚀变上也具有一定的分带性。如湘东钨矿，矿脉具有向西侧伏的规律，同时其西部矿化蚀变为低温矿物组合(图4-94)，存在由东向西由高温到低温的蚀变分带。另外，在大垄铅锌矿，硅化是发育较强的蚀变作用，常指示蚀变温度相对较高，发育于矿床各断裂带及其顶底围岩；萤石化、叶蜡石化、绿泥石化和碳酸盐化等中低温蚀变主要见于成矿晚期，常发育于断裂带两侧或矿脉的顶底板。

图4-94 湘东钨矿西部方铅矿化、萤石化等低温蚀变特征(扫码查看彩图)

(三)成矿过程和成矿模型

华南地区中生代出现了三个主要的金属成矿阶段,分别为晚三叠世(230~210 Ma)、中晚侏罗世(170~150 Ma)和早中白垩世(134~80 Ma)(毛景文等,2008;Mao et al.,2013)。邓阜仙复式岩体位于钦杭结合带与南岭成矿带交会区,钦杭结合带为华南弧后拉张带的一部分,是由软流圈上涌导致岩石圈地幔熔融而形成的(Jiang et al.,2005)。邓阜仙岩体可以分为三个期次,分别为晚三叠[(225.7±1.6)Ma]、晚侏罗世[(154.4±2.2)Ma]和早白垩世[(110~136)Ma],与华南地区中生代出现的三个主要的成矿阶段时间相符,其成矿与邓阜仙岩体密切相关(黄卉等,2011,2013;Cai et al.,2015;张景荣,1984;宋新华等,1988)。据前人研究和本研究成果,邓阜仙矿田内存在两期岩浆期后热液成矿作用,主要的成矿时代为晚侏罗世(即燕山早期),并在早白垩世(燕山晚期)叠加了一期热液 W-Sn 成矿,矿田内各岩浆热液矿床的形成与燕山期的岩浆活动关系极为密切。

前人及本项目对邓阜仙矿田内湘东钨矿、鸡冠石钨矿、太和仙金铅锌矿和大垄铅锌矿四个典型矿床的元素地球化学、流体包裹体、稳定同位素及放射性同位素定年的联合研究表明,这些矿床具有相似的成矿构造背景、成矿时代、成矿环境、成矿流体和成矿物质来源,其成矿作用均为岩浆期后热液作用,但其成矿流体具有不同的演化过程,并因此导致成矿元素在不同的成矿空间发生了沉淀。在晚侏罗世,华南地区位于伸展环境的地壳重熔或壳幔同熔形成的岩浆区,在有利的构造条件下侵入邓阜仙地区晚三叠世岩体之下,岩浆逐渐冷凝形成邓阜仙燕山早期花岗岩,少量晚期岩浆水和岩浆期后热液携带成矿物质,充填岩体裂隙。成矿流体运移到侵入中心附近时,在裂隙发育的湘东钨矿和鸡冠石钨矿等地区形成钨锡矿化。随着成矿作用的继续进行,成矿流体在连通的断裂或岩体裂隙中运移到太和仙地区附近,陆续萃取了邓阜仙岩体和寒武系地层中的成矿物质,由于浅变质地层变质水和大气降水的不断加入,受流体沸腾、流体混合、自然冷却作用的影响,富含成矿物质的流体在适宜的环境和构造有利部位沉淀成矿,形成太和仙金铅锌矿床。当成矿流体运移到离成矿中心相对较远的大垄地区时,由于大气降水的不断加入、温度压力的持续降低等原因,成矿流体在裂隙发育的成矿有利地段,于适宜的环境下充填形成铅锌矿化(图4-95)。在早白垩世,邓阜仙矿田处于减压拉伸、弧后拉张、岩石圈伸展、壳幔作用强烈的环境中,燕山晚期岩浆活动加热了邓阜仙印支期岩体和燕山早期岩体中残留的水和含矿热液,使之具有较大的动能。在较大内压的驱使下，成矿流体沿着大规模断裂和岩体裂隙上涌，萃取和吸收了燕山早期矿体内的成矿物质，使该流体成矿物质更加富化，并最终在有利的成矿空间、合适的成矿环境中再次叠加成矿（图 4-96）。其具体的成矿过程如下。

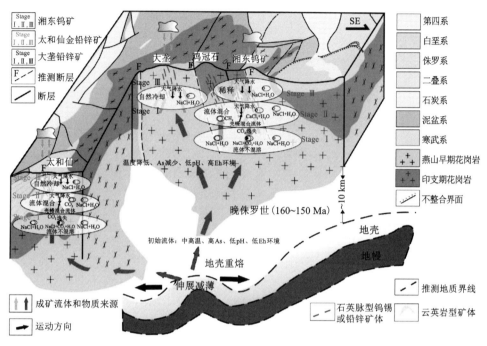

图 4-95　邓阜仙矿田燕山早期成矿模式图（扫码查看彩图）

在晚侏罗世，具有较大内压的成矿流体运移到湘东钨矿地区时，在岩浆期后热动力的作用下，沿矿床发育的断裂向裂隙发育的低压带运移。随着成矿作用的进行及成矿温度、压力的改变，成矿流体在 I 阶段发生了以 CO_2 等挥发分气体逸失为特征的不混溶作用。流体不混溶使含矿流体处于均一温度（$243 \sim 380℃$，平均 $299℃$）、盐度（$2.6\% \sim 22.7\%$ NaCl equiv）的环境中，成矿物理化学条件的变化，导致含矿流体中的络合物分解，且 CO_2 等挥发分的逸失导致残余流体浓度升高。同时，流体中的金属络合物分解，大量的 WO_4^{2-} 与流体中的 Fe^{2+}、Mn^{2+} 等金属阳离子结合而沉淀成矿。II 阶段成矿主要由流体的混合所导致，其成矿过程可能为：I 阶段的流体逐渐冷却后（均一温度 $129 \sim 230℃$，峰值为 $170 \sim 190℃$，对应盐度为 $12.8\% \sim 22.8\%$ NaCl equiv），与萃取了围岩和裂隙中一定量金属元素的含 $CaCl_2$ 流体（均一温度 $132 \sim 218℃$，盐度 $19.7\% \sim 24.4\%$ NaCl equiv）混合，同时金属络合物分解，Fe^{2+}、Cu^{2+}、Pb^{2+}、Zn^{2+}、S^{2-} 等离子在有利的构造地段沉淀成矿。在 III 阶段，随着大气水的不断加入，流体浓度被稀释（均一温度和盐度分别变为 $102 \sim 225℃$，平均 $181℃$，$0.5\% \sim 14.8\%$ NaCl equiv），流体中剩余的 Ca^{2+}、WO_4^{2-}、Fe^{2+}、S^{2-}、F^- 等离子在构造裂隙及前期形成的脉体的微裂隙中沉淀。

同样，成矿流体运移到鸡冠石地区时，在 I 阶段由于温度、压力的变化，成矿流体发生了不混溶作用，流体系统处于均一温度（$245 \sim 295℃$，平均 $271℃$）、盐度（$1.1\% \sim 5.1\%$ NaCl equiv，平均 3.1% NaCl equiv）的环境中。同时，流体中的金属络合物分解，大量的 WO_4^{2-} 与

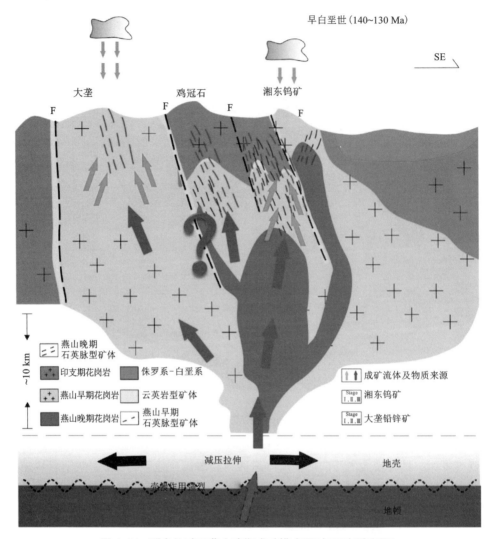

图 4-96　邓阜仙矿田燕山晚期成矿模式图(扫码查看彩图)

流体中的 Fe^{2+}、Mn^{2+} 等金属阳离子结合而沉淀成矿。在 II 阶段，由于大气降水的加入，温度和压力逐渐降低(均一温度降为 180~255℃，平均 213℃)，导致 CO_2 等挥发分逸失，使得剩余流体中的盐度升高(变为 0.2%~8.0% NaCl equiv，平均 3.7% NaCl equiv)，流体中的 Ca^{2+}、WO_4^{2-}、Fe^{2+}、S^{2-} 等成矿离子沉淀。随着成矿作用的进行，大气降水的持续加入，流体系统温度、盐度逐渐降低，在均一温度 103~192℃(平均 165℃)，盐度 0.4%~5.4% NaCl equiv(平均 2.0% NaCl equiv)的环境中，流体中剩余的 Fe^{2+}、Cu^{2+}、Pb^{2+}、Zn^{2+}、S^{2-} 等离子在有利的构造地段沉淀成矿。

与此同时，成矿流体往 NWW 方向运移到太和仙地区时，在岩浆期后热动力作用下，沿矿区内发育的断裂向裂隙发育的低压地带运移。在流体运移过程中，不断萃取了邓阜仙岩体和寒武系浅变质岩地层中的成矿物质，同时封存在寒武系地层中的变质水也不断加入成矿流体。在 I 阶段由于自身热能不断损耗，温度、压力及成分发生改变(均一温度 235~349℃，平均 296℃；盐度 2.0%~7.4% NaCl equiv，平均 5.1% NaCl equiv），成矿流体发生了以 CO_2 等挥发分逸出为特征的不混溶作用。CO_2 等挥发分的逸失导致残余流体浓度升高，流体中 Fe^{2+}、As^{2+} 等金属阳离子与 S^{2-} 结合形成黄铁矿及毒砂。流体由于早期初始岩浆热液常具有高温、高氧逸度及高碱金属离子含量，通过流体运移，不断活化、萃取了围岩中大量的 Pb、Zn 等成矿元素。在 Ⅱ 阶段，地层变质水和大气降水的加入引起流体系统物理化学条件的不断改变（均一温度变为 159~272℃，平均 190℃；盐度变为 1.4%~10.9% NaCl equiv，平均 5.1% NaCl equiv），同时金属络合物分解，Fe^{2+}、Cu^{2+}、As^{2+}、Pb^{2+}、Zn^{2+}、S^{2-} 等离子在层间裂隙、褶皱发育的虚脱空间及构造裂隙等有利的部位沉淀成矿。Ⅲ 阶段，剩余的 Fe^{2+}、S^{2-} 等离子由于流体系统的自然冷却（均一温度变为 129~205℃，平均 147℃；盐度变为 1.4%~7.6% NaCl equiv，平均 4.7% NaCl equiv）沉淀成矿。

而在离成矿中心较远处的大垄铅锌矿地区，随着成矿流体运移距离和冷却时间的增加，流体的温度、压力随之降低，在均一温度 102~297℃，盐度 2.8%~9.5% NaCl equiv 环境下，流体中 Fe^{2+}、Cu^{2+}、Pb^{2+}、Zn^{2+}、S^{2-} 等离子在有利的构造地段沉淀成矿。

在早白垩世，燕山晚期岩浆活动加热了邓阜仙印支期岩体和燕山早期岩体中残留的水和含矿热液，使之具有较大的动能，具有较大内压的成矿流体在成矿中心——湘东钨矿及其附近沿着断裂及裂隙上涌，流体中的金属络合物分解，大量的 WO_4^{2-} 与流体中的 Fe^{2+}、Mn^{2+} 等金属阳离子结合，在构造裂隙及前期形成的脉体微裂隙中叠加富集成矿。

第5章　三维可视化立体模型研究

扫码查看本章彩图

5.1　研究现状

随着近几十年对基础地质、矿产勘探及矿产普查工作的深入，地质工作者们获得了大量的地质、物探、化探及遥感数据；同时随着能源危机的加剧，全球范围内均重视能源的勘探开发工作，也导致地质数据现阶段仍然在急速膨胀。面对如此大量的数据，如何合理、有效地管理和利用，进而对地下深部地质体及矿体的特征及空间形态进行推断，揭露隐伏矿体，成为地质工作人员研究的项目之一。在20世纪短短的70年间，计算机发展迅速，依托当代计算机技术发展，在地学理论与方法日趋完善的前提下，地理信息系统（GIS）及三维地质建模（3DGM）技术逐渐成熟，大量三维可视化软件相继出现。三维可视化软件不仅提供了对海量、多源数据的处理及显示功能，同时提供了对这些数据的管理功能，即建立相关资料数据库。借助GIS技术的数据处理功能，从海量数据中定向提取相关有用信息，对数据的利用效率提升具有很大的促进作用。同时，三维建模技术将提取的二维数据以三维形式展示出来并建立相关三维模型，将抽象、复杂的地下地质体信息转换成形象、简单的模型进行展示，能更直观地表达地下地质体的信息，并且可以对隐伏矿体进行推测以及对矿体进行储量评估等工作。

近年来对三维地质建模的研究主要集中在三维建模软件的应用、开发以及三维数据模型的研究等方面。

5.1.1　三维可视化建模方法

根据国内外三维空间建模方面的文献，归纳总结出四种类型的建模方法：基于面的建模方法、基于体的建模方法、混合建模方法及泛权建模方法（表5-1，杨东来，2007）。

表5-1　三维可视化建模方法

面模型	体模型		混合模型
	规则体元	不规则体元	
不规则三角网（TIN）	结构实体几何（CSG）	实体（Solid）	TIN-CSG 混合
网格（Grid）	体素（Voxel）	四面体（TEN）	TIN-Octree 混合
边界表示模型（B-Rep）	八叉树（Octree）	金字塔（Pyramid）	Wireframe-Block 混合

续表5-1

面模型	体模型		混合模型
	规则体元	不规则体元	
线框(Wireframe)或相连切片(Linked Slices)	规则块体(Regular Block)	三棱柱(TP)，似三棱柱(QTPV)	Octree-TEN 混合
断面(Section)	针体(Needle)	地质细胞(Geocellular)	GTP-TEN 混合
断面-三角网混合		不规则块体(Irregular Block)	
多层(DEM)		3D Voronoi	
		广义三棱柱(GTP)	

1)基于面的建模方法

基于面模型的建模方法是以空间实体的表面，如地形表面、地质层面等为研究对象，运用表面表示空间实体的轮廓。其优点是便于显示和数据更新，缺点是缺少空间实体几何描述和内部记录信息。常用基于面的建模方法有 TIN 建模法、线框(Wireframe)建模法、断面(Section)建模法、断面-三角网混合建模法。

(1)TIN 建模法。

TIN(Triangulated Irregular Network)以不规则的三角面片构成地质模型，将区域中随机分布的采集点以某种相对合理的方式联系起来，建立形态上较为完美和功能上较为完善的三角形网格。三角面片连接方法分为三种：等角度法、距离等分法、最小面积法。利用该方法建立模型只能控制空间实体的表面，而不能控制地质体内部，是一种空心模型(李青元,2003)。

(2)线框(Wireframe)建模法。

线框建模法实质是把目标空间轮廓上相邻的采样点或特征点用直线连接起来，形成一系列多边形，然后把这些多边形面拼接起来形成一个多边形网格来模拟地质边界或开挖边界(杨东来,2007)。

(3)断面(Section)建模法。

断面建模法实质是传统地质制图方法的计算机实现，即通过平面图或剖面图来描述矿床，记录地质信息(杨东来,2007)。其优点是原始资料收集方便、快捷。将三维空间信息转化为二维空间信息，有利于程序设计简化。但是断面建模对空间实体的表达并不完整，断面之间要通过一定算法进行插值，因此其精确度较原始空间实体差距较大。

(4)断面-三角网混合建模法。

对二维地质剖面中一系列表示不同地层界线或有特殊意义的地质界线进行赋值，然后将相邻剖面上属性相同的界线用三角面片连接。其建模步骤为：剖面界线赋值→二维剖面编辑→相邻剖面赋值→3D 场景重建(杨东来,2007)。

2)基于体的建模方法

基于体的建模方法是以对空间实体的体元分割与实体表达为主要表现。此处主要介绍基于体的建模方法中的规则块体建模法、结构实体几何建模法、四面体网格建模法、八叉树建模法和广义三棱柱建模法。

(1)规则块体(Regular Block)建模法。

规则块体建模法将能够容纳待建模空间实体的立方空间分割成规则的三维立方网格，称为 Block(块段)。块段被定义为均质同性,其在计算机制红的储存位置与在实际地质情况的位置对应,用一定的算法与原则(克里格法、距离加权平均等方法和优势原则确定各块段中的品位或质量参数。其特点是可以节省储存空间和运算时间;但对于具有边界约束的地质构造或空间建模,自模型中心向边界,需要不断缩小单元尺寸来适应边界,因此会导致数据急剧膨胀。但该方法对于边界渐变的三维模型很有效。

(2)结构实体几何(Constructive Solid Geometry)建模法。

结构实体几何建模法是预定义形状规则的基本体元,如立方体、圆柱体及封闭样条曲面等,对体元之间进行几何变换和布尔操作(并、交、差),组合成一个物体。CSG 建模在描述结构简单的空间实体时十分有效,对于复杂不规则的空间实体则很不方便,并且效率大大降低(杨东来,2007)。

(3)四面体网格(TEN)建模法。

四面体网格建模法用不规则四面体网格来表示空间目标,是二维 TIN 结构在三维空间的扩展。将散乱的点集用直线连成三角面片,再以三角面片构成四面体网格模型。模型内部的点的属性值以四面体 4 个顶点的属性值为基准内插计算。由于该方法的变换可以是每个四面体变换组合,因此在处理复杂的空间数据时比较方便,对于不规则目标的描述较为有利并且可以表达实体内部情况;但对于三维连续曲面计算就会非常复杂。

(4)八叉树(Octree)建模法。

八叉树建模法将三维空间区域分为 8 个象限,若象限均质(即象限中每一个体元的类型相同或达到了一定的误差精度),就不再细分;否则,不均质的象限细分为 8 个象限,如此细分直到每个象限都是均质体为止。模型的主要优点赋予了数据与实际产状类似的存储位置,便于数据查找,利于对三维体数据进行空间分析;缺点在于将地质体形态变换为八叉树模型较为困难,并且由于边界效应,会在边界引起数据膨胀,不利于存储。

(5)广义三棱柱(GTP)建模法。

广义三棱柱模型是在最初的三棱柱(TP)模型基础上发展而来的,它经过了三棱柱(TP)、类三棱柱(ATP)、广义三棱柱(GTP)模型。广义三棱柱建模法用 TIN 表面来表达地层面,用空间四边形面来描述层面之间的空间关系,用柱体来表达层与层之间的空间实体。该方法最大的优点是模型的开放性和具有拓扑描述性,但这种拓扑关系只包含空间几何要素之间的拓扑描述,缺乏地质对象之间的拓扑描述。

3)混合建模法

在建模过程中,不论是利用基于面的建模方法还是利用基于体的建模方法,都无法避免建模方法自身存在的一些缺点,如 Octree 适合描述空间实体内部的形态,但是在处理空间实体表面或者边界的时候,会因为边界约束而加大数据量从而不利于运算和存储;而 TIN 则在空间实体的表面或者边界表达方面具有很高的效率。采用混合模型的目的则是综合面模型和体模型的优点以及综合规则体元与不规则体元的优点,取长补短。主要的混合建模法如下:

(1)TIN-CSG 集成建模法。

在地质勘探的应用中,描述的对象一般是地质体及地表建筑物等,地质体的形态是不规则的,用 TIN 模型进行描述较为合适;而地表建筑物的形状基本上是规则的,可以用 CSG 模型进行描述。基于以上考虑,可以采用基于 TIN 和 CSG 集成的三维数据模型来描述复杂地质情况和规则的地表建筑,但是这种混合建模方法只适用于简单的地质情况,对于复杂的地区或地质情况并不适用。

（2）TIN-Octree 混合建模法。

TIN 模型便于表达 3D 空间物体的表面，且结构简单；Octree 模型便于表达物体的内部结构，且便于数据查询。通过指针建立两者之间的联系，实现两者的混合，既能同时建立地质体的表面和内部结构，又能有效地进行数据的查询和搜索；但是 Octree 模型数据必须随 TIN 数据的改变而改变，否则会引起指针混乱，因此数据维护比较困难。

（3）Octree-TEN 混合建模法。

八叉树模型适合模拟较为简单的地质情况，其结构简单、操作方便；四面体网格能够保存原始观测数据，并能精确表示目标和较为复杂的空间拓扑关系，但其结构复杂。因此，将两种数据模型结合起来，用四面体网格进行局部描述，用八叉树进行整体描述，取长补短，可以达到比单一模型更好的效果。如在地质建模中，对于较为完整的地质体，采用八叉树结构效果较好；对于断层较多的相对复杂的地质体情况，可以采用四面体网格表示；而当地质体中断层较少时，采用混合结构就较为合适。但是同 Octree-TIN 混合建模法类似，Octree 模型数据必须随 TEN 数据的改变而改变，数据维护比较困难。

上述各类建模方法的优缺点对比见表 5-2。

表 5-2　三维可视化建模方法对比

建模方法		优点	缺点
基于面的建模方法	表面建模法	建模速度快，便于显示和更新数据	模型内部是空的，不能表达内部的属性，难以进行空间分析
	线框建模法	易于实现、操作简单，能描述任意形状的矿体	不能表达地质体内部的属性和地质对象之间的空间关系
	断面建模法	三维问题二维化，便于地质描述	矿床信息的表达不完整，难以表达三维矿床及其内部结构
基于体的建模方法	块段建模法	采用隐含定位技术，节省存储空间和运算时间，兼顾了精度与存储的矛盾	对于有边界约束的地质构造的建模必须缩小单元尺寸，从而引起数据急剧膨胀
	结构实体几何建模法	利于描述结构简单、形状规则的物体	不利于描述不规则物体；不具备拓扑关系，不利于图形显示
	四面体网格建模法	便于分析复杂的空间数据，利于描述不规则目标，可以表示实体内部	不能表示三维连续曲面，在表示和生成三维空间曲面时比较困难，算法设计复杂
	八叉树建模法	数据便于查找，利于对三维体数据进行空间分析	几何变换困难，在矿床地质构模中有较大局限性
	广义三棱柱建模法	模型具有开放性和拓扑描述性	拓扑关系只包含空间几何要素之间的拓扑描述，缺乏地质对象之间的拓扑描述
面-体混合的建模方法	TIN-CSG建模法	用 TIN 模型描述不规则矿体，用 CSG 模型描述规则地表设施	只适用于简单的地质情况
	TIN-Octree建模法	用 TIN 模型表达物体的表面，用 Octree 模型表达内部结构；用指针建立 TIN 模型和 Octree 模型之间的联系；拓扑关系搜索有效	Octree 模型数据必须随 TIN 数据的改变而改变，否则会引起指针混乱，导致数据维护困难
	Octree-TEN建模法	用 TEN 模型进行局部描述，用 Octree 模型进行整体描述，取长补短	Octree 模型数据必须随 TEN 数据的改变而改变，否则会引起指针混乱，导致数据维护困难

5.1.2　三维可视化软件

三维软件可以满足矿山成图需要, 亦可以通过三维模型的建立和模拟, 对矿体的空间分布、勘探数据的空间分析进行辅助勘查工作; 同时对品位、储量及工程量进行计算, 为矿山生产提供便利。随着三维可视化理论的完善, 国内外都涌现出一批在矿业领域广泛应用的三维地质建模软件, 包括 Datamine、Micromine、Vulcan、Surpac、Minexplorer(探矿者)、3DMine 等。

(1)Datamine 由英国 MICL(Mineral Industries Computing Limited)公司开发, 主要应用于地质勘探储量评估、矿床模型、地下及露天开采设计、生产控制和仿真、进度计划编制、结构分析、场址选择以及环保等领域(毛先成, 2008)。

(2)Micromine 由澳大利亚 Micromine 公司开发, 是主要应用于地质勘查、矿山开采设计、生产过程控制与管理的三维 GIS(立体空间)平台软件(郑文宝, 2011)。

(3)Vulcan 由澳大利亚 MAPTEK 公司开发, 是主要应用于地质工程、环境工程、地理地形、测量工程、采矿工程、水库工程、地震分析等的大型软件包(宋子岭, 2000)。

(4)Surpac 由澳大利亚 SMG(Surpac Minex Group)公司开发, 主要应用于矿山勘探和三维地质模型建立、工程数据库构建、露天和地下矿山开采设计、采矿生产和开采进度计划编制、尾矿库和土地复垦设计等工作, 能将其完全图形化(王斌 2011)。

(5)Minexplorer(探矿者)是由中国地质科学院矿产资源研究所创新性开发的适合地质勘探三维数字化、可视化和科学分析的软件。其主要优势特点包括: ①能够有机地将地质勘查获取的三维空间地质测量、钻孔编录、物化探信息, 以及遥感等图形、图像、数据表等进行集成管理分析和三维可视化表达; ②能高效快捷完成矿体单工程圈定、勘探剖面图交互制图、三维矿体圈定、多种规范储量计算及动态管理分析; ③包含各种高质量的地质制图工具, 包括勘探钻孔柱状图、剖面图、平面地质图、工程布置图、物化探异常等值线图等, 并将二维制图与三维建模可视化、一体化; ④软件使用方便易学, 和多个 GIS、数据库系统有交换格式(肖克炎, 2010)。

(6)3DMine 由北京东澳达科技有限公司和中国地质大学(北京)合作开发, 是一款更符合国内矿山需求的民族矿业三维软件, 重点解决了基础数据处理的简单化、软件工具的实用性以及与现行软件的全面兼容性问题, 易于被使用者理解和接受。另外, 由于与国外主流三维矿业软件的功能模块和操作流程保持一致, 免去了二次学习的成本投入, 无须适应与学习。

5.1.3　三维数据

三维数据具有来源广、种类多、数据量大等特征, 给科学研究及矿山管理带来了困难, 因此需要在对多源、海量数据进行收集和整理的基础上, 提取有用信息, 剔除无用信息, 从而建立准确的三维可视化模型。

一般来讲, 三维数据具有以下三个特征:

(1)多源性: 指数据来源广, 通过使用不同方法或基于不同目的获取海量的地质、钻探、矿山生产坑道、物探、化探及遥感等多源数据，例如应用现代地质、地球物理综合研究手段获得地质构造信息，通过遥感、野外地质观察等获得地质地貌信息，通过钻孔、岩芯取样获得分析成果，通过二维和三维地震、测井等获得地下地质体几何、物理信息等（李青元，2000）。

（2）复杂性：地质体位于地下深部，其空间分布特征及分布规律异常复杂，加之地质条件和地质作用的复杂多变，因此，地质研究过程中获得的多源、海量数据也相当复杂，加大了数据的处理难度（赵利民，2007）。

（3）不确定性：由于地质体深埋地下，地质人员无法直接获得地质体的各种特征，只能通过钻探、物探等手段获得部分数据，并对这些数据进行分析和解释来推断地质体的基本信息以及研究过程中遇到的各种不确定的问题。但是，由于研究人员的主观意识，数据的不全面性，断层、褶皱等的影响，对地质信息的推断结果同样具有不确定性，这些不确定性就导致了三维数据的不确定性，进而影响了三维模型的准确性（赵利民，2007）。

5.2 3DMine 建模平台功能介绍

3DMine 矿业工程软件是国内第一款拥有自主知识产权、全中文开发、达到国外同类软件模块功能、符合国际行业标准且易于操作的三维矿业软件系统。3DMine 软件为我国地矿行业实现信息化和数字化提供了专业的软件平台，是一套重点服务于矿山地质、测量、采矿与技术管理工作的三维可视化软件。这一系统可广泛应用于包括煤炭、金属、建材等固体矿产的地质勘探数据管理和矿床地质、构造模型建模以及传统和现代地质储量计算、露天及地下矿山采矿设计、生产进度计划编制、露天境界优化及生产设施数据的三维可视化管理。3DMine 软件充分发挥国人自主知识产权优势，按照国内用户的思维进行开发。

3DMine 软件主要模块功能包括：矿山地质数据的获取、输入与管理，建立矿床地质模型，实现矿山地质图件编制，运用地质统计学进行品位估值，引入块体模型的概念进行储量估算，进行三维采矿设计，等等。图 5-1 为 3DMine 软件界面。

3DMine 软件设计模块的优点主要有：

1. 强大的三维操作和显示功能

其通过对建立的三维模型进行任意的移动、缩放、旋转以及任意方位、任意高程、任意角度的剖面设计，实现三维模型的真三维动态显示。

2. 优异的数据兼容性

其不仅可以兼容其他三维建模软件的数据格式，如 MapGIS、AutoCAD 等，而且对于其他无法直接兼容的数据，可以将其转换为上述格式中的一种再进行利用，便于数据共享。

3. 线框模型建立的合理性

软件提供了三种连接三角网建立线框模型的方法，分别是最小面积法、等三角形法及等距离法。最小面积法连接出的线框模型具有最小表面积，等三角形法按照等边或等角的原则对线框进行三角剖分，等距离法沿线条最均匀地划分三角形。因此，在建立线框模型时，可以根据不同的需要进行选择。

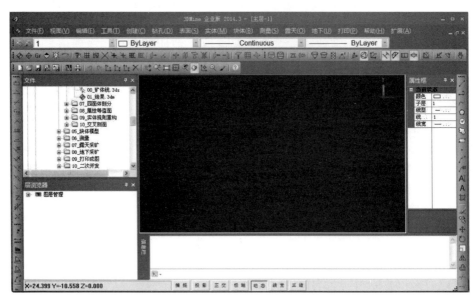

图 5-1　3DMine 软件界面(扫码查看彩图)

4.混合建模方法的优越性

软件采用表面模型与实体模型混合的建模方法,用表面模型中的线框模型模拟地形面及地质构造、地质体等的表面,用实体模型中的块段模型及次级块对线框模型进行填充,进行矿石量和品位计算。3DMine 相对于其他三维建模软件,最大的优势是使用了次级块,保证了矿体边缘的块体尽量与矿体的边界相一致,从而得到更加准确的储量值。

5.储量计算的方便性

目前进行储量计算的方法主要有两种,一种是利用纵投影法和断面法进行储量计算,另一种是利用地质统计学进行计算。纵投影法是对工程样品即钻孔进行组合,沿纵投影方向切割一系列剖面线(即储量块段线),以形成地质体的空间形态,再对储量块段线进行连接,求出平均品位;断面法是指利用不同储量级别的多边形与地质实体进行交切运算,求出不同块段的三维体积,进而求出对应块段的储量。3DMine 软件按照一定的尺寸大小,将空间区域(即地质体的线框模型)划分为一系列块段及次级块,对钻孔测得的矿体的品位值进行组合,利用地质统计学方法中的距离幂次反比法、克里格法或最近距离法等,给每个块体赋值,使得每个块的属性都可以定量化,这样就把空间上连续的模型离散化,通过建立的块体模型,实现对矿体储量的计算,对矿产进行定量预测。

由于该软件的以上优点,经过综合比较和基于实际情况,本次三维可视化模型的应用研究采用了 3DMine 软件。

5.3　邓阜仙矿田三维立体矿体建模

邓阜仙石英脉型钨矿床三维可视化模型包括地表模型、巷道模型、矿体模型及断层模型。

1. 数据处理

为了从三维角度体现矿区的地质形态,需要建立矿区三维可视化模型,而模型的优劣与矿区开展的大量地质工作及基础数据密切相关,因此充分搜集原始数据资料是首要的任务。

邓阜仙石英脉型钨矿数据主要包括:

①平面地质图:邓阜仙矿区地质图(1:5000)。

②勘探线剖面图:包括 110、111、112、113、114、115、116、117、118、119、120、121、122、123、124、125、126、127、129、131 号勘探线剖面图。

③中段图:包括 7 中段(高程 661 m)、9 中段(高程 580 m)、10 中段(高程 518 m)、13 中段(高程 421 m)、15 中段(高程 336 m)、16 中段(高程 290 m)。

数据处理分为地形地质图处理、坑道平面图处理及矿脉信息处理等。

1)地形地质图处理

邓阜仙矿区地质图(1:5000)MapGIS 数据格式存储。

对地形地质图的处理可以在 MapGIS 中进行,流程如图 5-2 所示,具体为:在 MapGIS 软件的输入编辑模块,从地形地质图上提取出等高线数据,根据离散高程点,为每条等高线赋高程值,需要注意的是等高线的疏密程度会影响地形三维模型的精确性,即等高线的间隔越小,建立的三维地形模型的精度就越高,越贴近地表的实际起伏情况;在 MapGIS 软件的误差校正模块,按照公里坐标对其进行校正,以便与钻孔等其他资料相吻合。

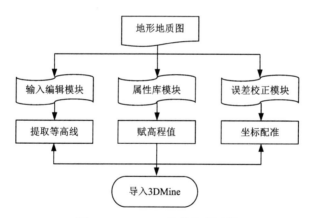

图 5-2　MapGIS 软件处理过程

另外,还可以提取出公路、河流、居民点等感兴趣的信息,用相同的方法,对这些数据进行处理。

将等高线数据导入 3DMine 中以后,可通过"工具"菜单中"属性数学属性计算"选项将高程值(Z 值)直接赋予等高线,形成具有不同高程值的线框模型;若原始 MapGIS 文件中等高线并无高程属性信息,则需要在 3DMine 中进行等高线赋值操作,通过"工具"菜单—"线赋高程"—"等值线赋高程",打开"等高线高程设置"对话框,进行设置。

2)坑道平面图处理

邓阜仙钨矿床处理的坑道资料主要为 6 个坑道中段平面图(图 5-3),包括 7 中段(高程661 m)、9 中段(高程 580 m)、10 中段(高程 518 m)、13 中段(高程 421 m)、15 中段(高

336 m)、16 中段(高程 290 m)。

对坑道的处理过程与地形处理过程大致相同,不同之处是无须对每条线分别赋值,这是由于每个中段的标高相同,以 9 中段为例,赋予"580"(m 为单位)。表示了该中段的实际标高,因此高程值即为 580 m。

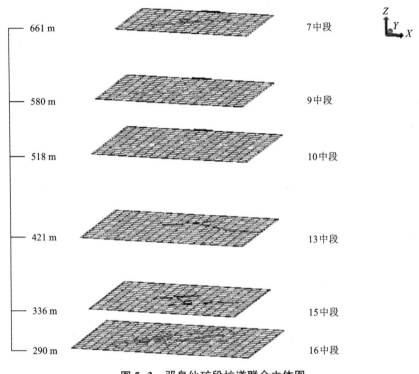

661 m	7 中段
580 m	9 中段
518 m	10 中段
421 m	13 中段
336 m	15 中段
290 m	16 中段

图 5-3　邓阜仙矿段坑道联合立体图

3)矿脉信息处理

记录矿脉信息的资料主要分为两部分:①勘探线剖面图记录的矿脉平面与垂面的展布;②中段平面图记录的矿脉平面与垂面的展布。处理过程中,以勘探线剖面图中的矿脉信息控制矿脉在平面上的展布,而以中段平面图中记录的矿脉信息控制其在垂向上的展布。

处理过程主要在 3DMine 中进行,在经过三维坐标校正及剖面竖立的三维剖面图中,依次提取各个勘探线中的矿脉信息;在中段平面图中提取不同中段矿脉信息。综合二者信息进行矿体模型的建立(图 5-4)。

本次主要提取的矿体主要包括:88 号脉、89 号脉、89-1 号脉、89-2 号脉、95 号脉、96 号脉、97 号脉、97-1 号脉、201 号脉。

2.地形三维数据建模

地表模型由若干三角面组成上下不漏气的面,是对地表面高低起伏形态的展现,其是一个面模型,不具备封闭与内部模型的概念。同时,其可以根据不同高程值进行"实体渲染",更形象地表达地表起伏状态。地表模型以线框上的连点作为三角形顶点,由无数个三角形形成表面。

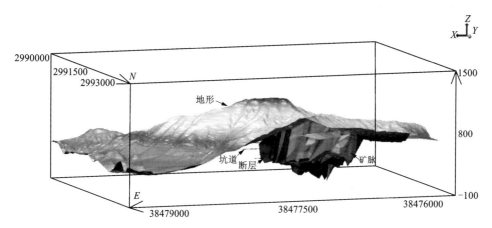

图 5-4　邓阜仙石英脉型钨矿三维模型(扫码查看彩图)

　　将等高线数据导入 3DMine 之后,再转换为线框模型,即可直观显示地形的连续起伏,同时可以根据对线框模型分层设色,使其具有立体感。如图 5-5,从邓阜仙矿区的地形三维可视化模型可以直观地看出,该区海拔绝大部分处于 1100 m 以下。

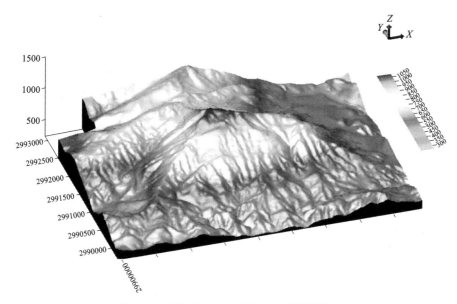

图 5-5　邓阜仙矿段地形图(扫码查看彩图)

3. 坑道三维数据建模

　　建立坑道的三维可视化模型,不仅可以直观地反映坑道的开采情况及其与矿体、围岩乃至地表的空间关系,还可以提高矿山管理水平及工作效率,对指导矿山开采设计具有重要意义。

　　将矿区 6 个中段的坑道数据导入 3DMine 软件,建立坑道的三维可视化模型,可以从任意角度和方向对坑道内部开采情况进行观察,有助于指导矿山管理及安全生产。坑道三维模型如图 5-6 所示(用不同的颜色表示不同中段的坑道)。

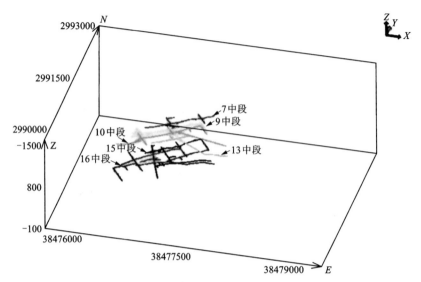

图 5-6　邓阜仙矿段坑道三维模型(扫码查看彩图)

4. 矿体三维地质建模

国内外对三维地质建模的研究,大部分是利用勘探线或者钻孔数据,完成层状或者块状矿体的建模,而对于复杂多变的细脉的建模研究还较少。邓阜仙钨矿床属于石英脉型钨矿,矿体赋存于石英脉中,因此石英脉的形态基本就表示了矿体的形态,但是石英脉绝大部分都小于 1 m,大部分矿脉具有细小、分支复合、尖灭再现以及局部见膨大缩小等现象,钨矿矿脉的这些特殊性和复杂性,使得钻孔或勘探线数据难以对其空间展布及形态特征进行控制,而钻探或勘探程度的加强又无疑会大幅度增加投入的成本,因此矿体建立的一般方法不适用于细脉建模。

而对于石英脉型钨矿的开采,矿山基本上采用沿脉开采的方式,即坑道的延伸基本上顺着矿脉的延伸方向,因此考虑利用石英脉型钨矿与坑道的关系来构建模型。本次建模区中钨矿脉主要有 88 号脉、89 号脉、89-1 号脉、89-2 号脉、95 号脉、96 号脉、97 号脉、97-1 号脉(图 5-7)。以 89 号脉为例,根据 6 个中段上的 89 号脉的坑道数据及勘探线剖面图,提取出坑道边界线,导入三维软件中,将 7 个边界线上下连接,即可建立矿体的实体模型,如图 5-8所示(蓝色矿体为邓阜仙矿床 89 号矿脉)。

从不同的水平角度和垂直角度对坑道和矿体切割的剖面可以看出,矿体呈脉状,形态变化较小,脉幅稳定,延伸较深的 89 号脉的三维可视化模型直观显示出该脉近 80°,北东向延伸。

5. 断层三维地质建模

断层模型的建立与矿脉建模相同,在 6 个中段平面图中提取断层线信息,并在平面地质图中提取断层线,将地质图中的断层线投影到地形图上提取到断层线与地表的相交线,作为断层的顶部边界,依次连接断层线即可得到断层模型,如图 5-9 所示。

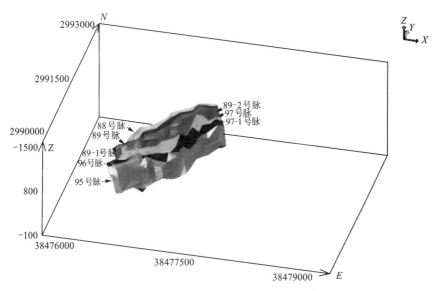

图 5-7　邓阜仙矿段矿脉三维模型（扫码查看彩图）

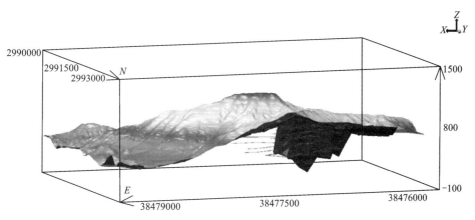

图 5-8　邓阜仙矿段 89 号脉三维模型（扫码查看彩图）

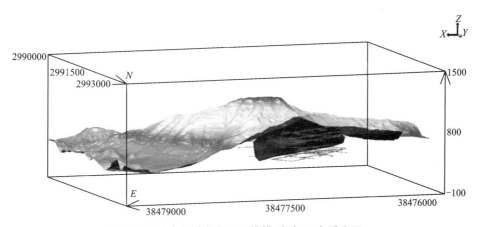

图 5-9　邓阜仙矿段断层三维模型（扫码查看彩图）

5.4　锡田矿田三维可视化立体建模

5.4.1　垄上矽卡岩型钨矿三维立体矿体建模

垄上矿段三维可视化模型包括钻孔模型、地表模型、地层模型、岩体模型及矿脉模型。由于垄上矿段的矿体与矽卡岩关系密切,而且矽卡岩的形成与泥盆系的灰岩关系密切,因此地层模型中进一步划分建立了泥盆系地层模型与矽卡岩地层模型。

1. 数据处理和数据库建立

垄上矿段数据处理包括钻孔数据处理、地形数据处理及剖面数据处理。剖面数据主要为各个勘探线剖面图。

1)钻孔数据处理

垄上矿段进行化验的钻孔共 34 个,包括 ZK603、ZK604、ZK801、ZK10A04、ZK10A05、ZK10B02、ZK10B03、ZK1203、ZK1205、ZK1207、ZK1208、ZK1405、ZK1406、ZK1408、ZK1410、ZK1411、ZK1604、ZK1605、ZK1606、ZK1607、ZK1608、ZK1802、ZK1803、ZK1804、ZK1805、ZK1807、ZK2003、ZK2004、ZK2005、ZK2006、ZK2007、ZK2008、ZK2009、ZK2403。

3DMine 钻孔数据库是根据定位表、岩性表、化验表、测斜表 4 个 Excel 表格形式来建立的,而原始资料多是以 MapGIS 格式存储的工程文件,因此就需要提取工程文件中对应的 4 个表格的信息。需要录入的 Excel 表格格式如表 5-3。

表 5-3　钻孔数据表

岩性表	工程号	从 (起始深度)	至 (终止深度)	岩性描述		
定位表	工程号	开孔坐标 E (X 坐标)	开孔坐标 N (Y 坐标)	开孔坐标 R (Z 坐标)	最大孔深	
测斜表	工程号	深度	方位角	倾角(负值)		
化验表	工程号	从 (起始深度)	至 (终止深度)	WO_3 ($\times 10^{-6}$)	Sn ($\times 10^{-6}$)	……

(1)定位表。

定位表记录钻孔的空间坐标及孔深,其记录内容如图 5-10 所示。

本次建立的钻孔数据库中定位表包括 34 个钻孔,共记录工程号、开孔坐标 E(X 坐标)、开孔坐标 N(坐标 Y)、开孔坐标 R(坐标 Z)与最大孔深共计 170 条数据。

(2)岩性表。

岩性表记录各个钻孔中的岩性分布情况,其记录内容如图 5-11 所示。

岩性表记录信息包括工程号、从(起始米数)、至(终止米数)及岩性描述,共计 2476 条,记录的采样岩性有灰岩、石英砂岩、变质砾岩、变质石英砂岩、变质细砂岩、石英角岩、云英岩、硅化角砾岩、硅化碎裂岩、大理岩、大理岩化灰岩、符山石矽卡岩、透辉石矽卡岩、矽卡

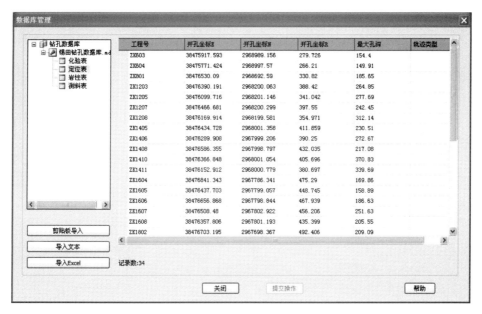

图 5-10　定位表

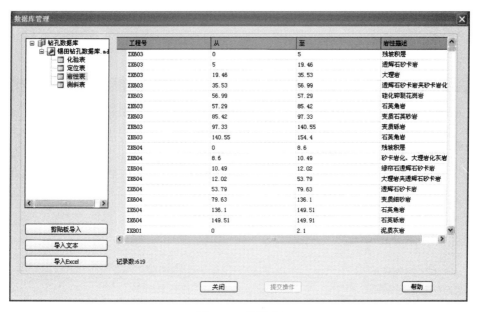

图 5-11　岩性表

岩化灰岩、花岗细晶岩、黑云母花岗岩、二云母花岗岩等。

　　(3)测斜表。

　　测斜表控制钻孔三维空间的形态信息,其记录内容如图 5-12 所示。

　　测斜表记录工程号、深度、方位角、倾角信息,共计 369 条。深度记录倾角变化处的米数;方位角按照系统默认值赋值;倾角以地表面为 0° 面,向下为负值,因此均为负数。

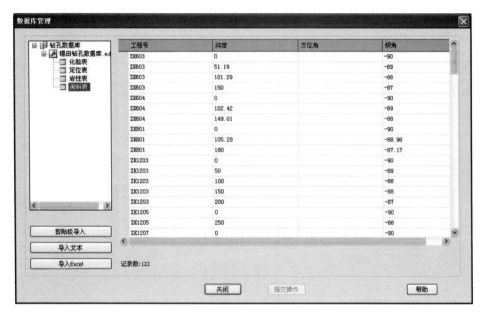

图 5-12　测斜表

（4）化验表。

化验表记录此次进行荧光分析的数据结果，其记录内容如图 5-13 所示。

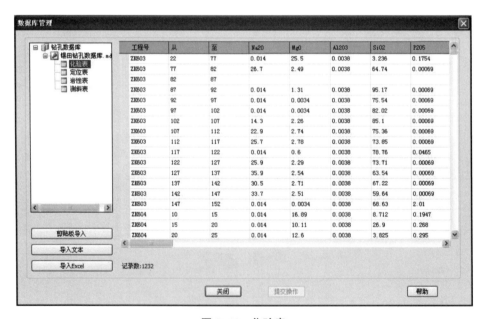

图 5-13　化验表

化验表记录内容包括表 5-4 的内容。

表 5-4　荧光分析测试项目

Na$_2$O (%)	MgO (%)	Al$_2$O$_3$ (%)	SiO$_2$ (%)	P$_2$O$_5$ (%)	S (×10^{-6})	Cl (×10^{-6})	K$_2$O (%)	CaO (%)	TiO$_2$ (%)
V$_2$O$_5$ (×10^{-6})	Cr$_2$O$_3$ (×10^{-6})	MnO (×10^{-6})	Fe$_2$O$_3$ (%)	CoO (×10^{-6})	NiO (×10^{-6})	CuO (×10^{-6})	ZnO (×10^{-6})	Ga (×10^{-6})	Ge (×10^{-6})
As$_2$O$_3$ (×10^{-6})	Se (×10^{-6})	Br (×10^{-6})	Rb$_2$O (×10^{-6})	SrO (×10^{-6})	Y (×10^{-6})	ZrO$_2$ (×10^{-6})	Nb$_2$O$_5$ (×10^{-6})	MoO (×10^{-6})	Ru (×10^{-6})
Rh (×10^{-6})	Pd (×10^{-6})	Ag (×10^{-6})	Cd (×10^{-6})	In (×10^{-6})	SnO$_2$ (×10^{-6})	Sb$_2$O$_5$ (×10^{-6})	Te (×10^{-6})	I (×10^{-6})	Cs (×10^{-6})
BaO (×10^{-6})	La$_2$O$_3$ (×10^{-6})	Ce$_2$O$_3$ (×10^{-6})	Er (×10^{-6})	Yb (×10^{-6})	Hf (×10^{-6})	Ta$_2$O$_5$ (×10^{-6})	WO$_3$ (×10^{-6})	Au (×10^{-6})	Hg (×10^{-6})
Tl (×10^{-6})	Pb (×10^{-6})	Bi (×10^{-6})	Th (×10^{-6})	U (×10^{-6})					

注：合计 55 个化验参数，共计 70029 条数据。

2）地形数据处理

垄上矿段地质图（1∶2000）图件为 MapGIS 数据格式存储，处理形式同上节。

3）剖面数据处理

垄上矿段勘探线剖面图包括：7、7A、5、3、1、0、2、2A、2B、4、4A、6、6B、8、8A、8B、10A、10B、10C、12、12A、12B、12C、14、14A、14B、14C、16、16A、18、18A、20、22、24、26、28、210 号。矿区最具代表性的剖面 12A 如图 5-14 所示。

对勘探线剖面图的处理主要为将二维剖面图进行坐标转换，将其与平面地质图整合形成垄上矿段三维剖面图（图 5-15）。

2. 钻孔三维地质建模

通过上述 4 个 Excel 表格建立钻孔三维可视化模型，并可以通过样品组合圈定出成矿元素达到工业品位及边界品位的区段，如图 5-16 所示。

3. 地形三维地质建模

通过垄上矿段地表模型（图 5-17）可以看出，垄上矿段地形北低南高、东高西低。矿区海拔标高在 300~1000 m。

4. 矿体三维地质建模

垄上矿段的矿脉信息主要记录在勘探线剖面图中，利用勘探线剖面图，结合垄上详查报告中关于矿体的描述，在建立的垄上矿段三维剖面图中，可提取各个剖面图中的矿脉信息进行不同断面间的连接与整合。

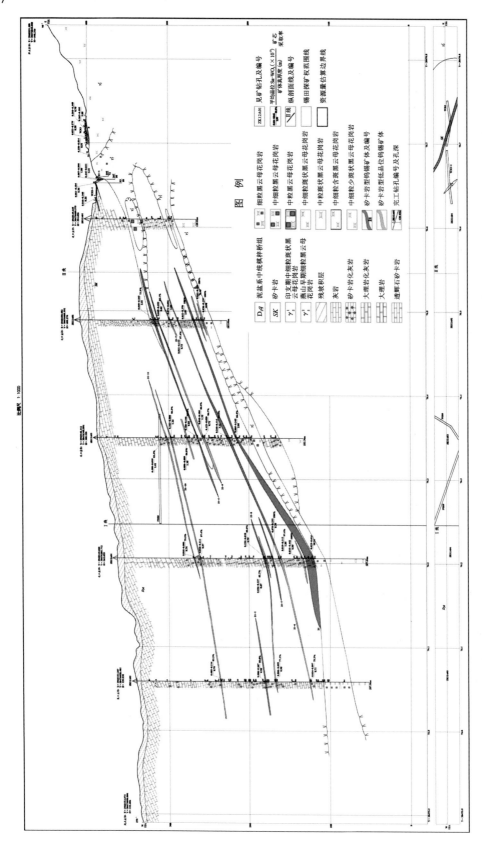

图5-14 垄上矿段12A号勘探线剖面图(扫码查看高清大图)

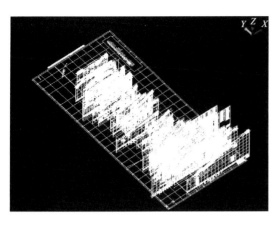

图 5-15 垄上矿段三维剖面图(扫码查看彩图)

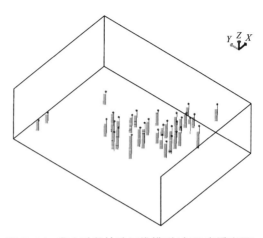

图 5-16 垄上矿段钻孔三维模型(扫码查看彩图)

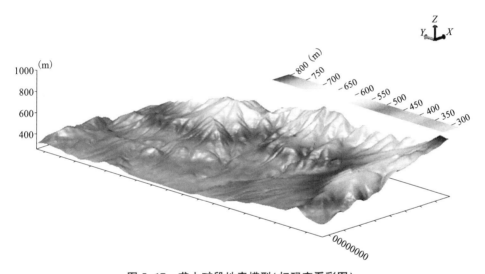

图 5-17 垄上矿段地表模型(扫码查看彩图)

垄上矿段矿体建模方法为基于面的建模方法,利用在三维剖面中提取的矿体线框模型,连接不同断面中的相同属性的矿体形成模型(图 5-18)。

5. 地层三维地质建模

通过查阅资料可知,垄上矿段大面积出露地层为上古生界泥盆系。与原生成矿关系最密切的地层为泥盆系中统棋梓桥组碳酸盐岩建造,赋矿围岩存在不同程度的矽卡岩化,因此,本矿段地层模型主要包括两部分:①泥盆系地层;②矽卡岩及矽卡岩化部分。提取剖面图中与泥盆系和矽卡岩相关的区段,将线框模型转换为实体模型,如图 5-19 和图 5-20 所示。

通过模型观察可以发现泥盆系地层与矽卡岩化地层的空间形态特征相似,二者均呈现出南高北低的形态;矽卡岩底层主要产于泥盆系地层与花岗岩的外接触带附近,即主要分布在泥盆系地层之中。

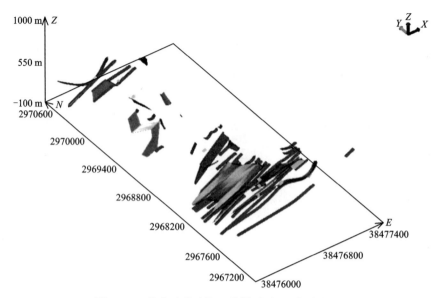

图 5-18　垄上矿段矿体三维模型(扫码查看彩图)

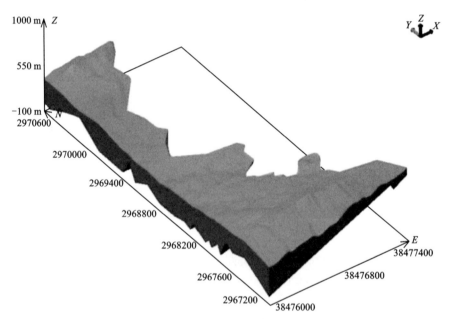

图 5-19　垄上矿段泥盆系地层三维模型(扫码查看彩图)

6. 岩体三维地质建模

垄上矿段岩体主要分为印支期和燕山早期两期,由于在剖面图中燕山期花岗岩并未详细表达,因此,将印支期和燕山期花岗岩综合提取,形成一个岩体模型。

通过模型观察可以发现,岩体接触面呈现出东高西低的形态,而岩体与碳酸盐岩地层的接触面南北两侧的高程变化不大(图 5-21)。

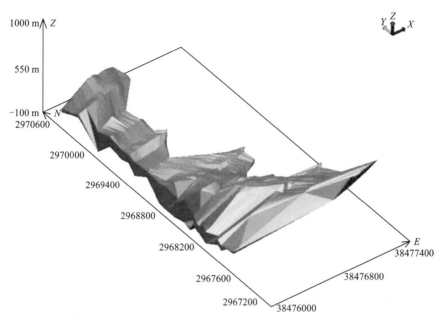

图 5-20　垄上矿段矽卡岩化地层三维模型(扫码查看彩图)

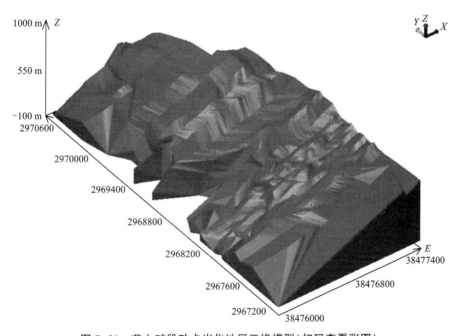

图 5-21　垄上矿段矽卡岩化地层三维模型(扫码查看彩图)

　　观察模型可以发现垄上矿段的钨锡矿化主要集中在整个矿段的南侧,形态以似层状、透镜状及脉状为主;矿体的高程分布主要集中在−76.862~560.649 m。矿体分布与矽卡岩化地层存在密切联系,在空间形态上,二者联系紧密,整个矿段总的矿体分布与矽卡岩化地层的分布范围相似(图 5-22~图 5-24)。

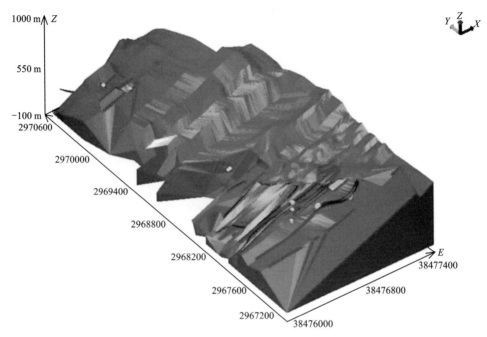

图 5-22　垄上矿段岩体及矿体三维模型(扫码查看彩图)

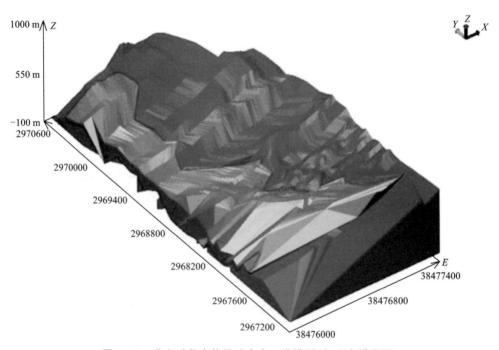

图 5-23　垄上矿段岩体及矽卡岩三维模型(扫码查看彩图)

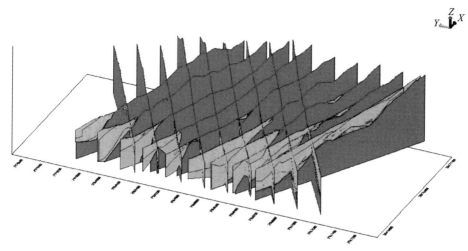

图 5-24　垄上矿段岩体及矽卡岩三维切片模型（扫码查看彩图）

5.4.2　垄上矿床地球化学数据三维可视化

在开展地质三维建模的过程中，考虑到锡田地区的垄上矿段已开展了较多的钻探揭露，而且岩芯保存较好，因此尝试开展地球化学的三维可视化研究工作。垄上地球化学数据主要采集于 416 队位于茶陵的岩芯库中的垄上矿段的岩芯，分为两次进行采集。采样岩芯的钻孔设计为面状分布的样式。采样原则为同一钻孔样品采样间距为 5 m，起始采样位置排除上部风化壳，对不同类型矽卡岩以及靠近花岗岩的内、外接触带加密采样。采样钻孔分布位置如图 5-25。

样品在 Spectro Xepos 型能量色散偏振 X 射线荧光光谱仪中进行测试，实验前将样品粉碎到 200 目以下，将样品装入实验专用的样杯中，样品约占样杯的 2/3，用试管（或者其他工具）将其压实，盖上杯盖，并用记号笔将样号标在杯盖上，做样过程中需要保证样杯底部膜干净、平整。

通过测试可获得一系列关于全岩的主量、微量及稀土元素结果。测试目的在于利用矽卡岩、花岗岩、相关矿产不同地球化学数据来进行区分，建立岩性及矿体的分界面，通过地球化学数据还原出矽卡岩及花岗岩的分界面，从而与利用剖面图建立的三维可视化模型进行对比。需要选取矽卡岩与花岗岩地球化学分析数据中数值相差较大的成分代替相应岩性，首要目的就是找出代表各个岩性的地球化学参数。

1. 不同岩性地球化学参数

1）花岗岩的判别参数

锡田地区垄上矿段的矿化为在碳酸盐岩与花岗岩体的接触面上内外接触带矽卡岩及层间破碎带上形成矽卡岩型钨锡矿体，外接触带形成构造蚀变带-矽卡岩复合型钨锡铅锌矿体，内接触带受构造控制在矽卡岩内形成构造蚀变带-矽卡岩复合型钨锡矿体。花岗岩与围岩的内、外接触带是赋矿的有利位置，因此，需要确定花岗岩与碳酸盐岩、蚀变碳酸盐岩的分界面，即找出花岗岩与围岩（变质岩）的地球化学参数差异，以该参数作为不同岩性的代表进行

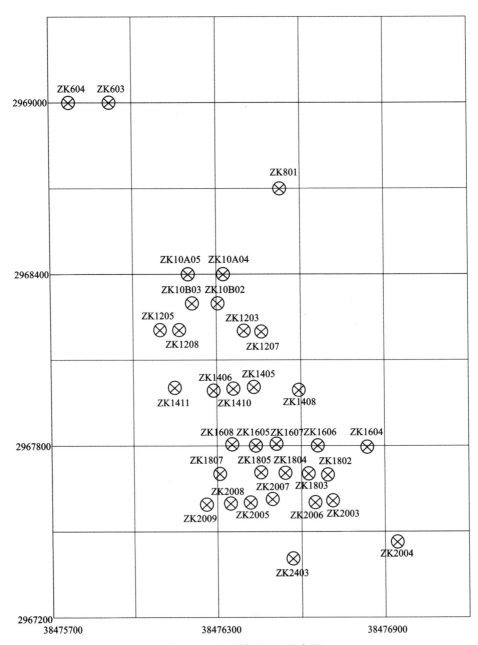

图 5-25 采样钻孔平面分布图

岩性的区分。

通过资料的查阅与对比可以发现，花岗岩中 U、Th 含量变化范围较大，Th 含量在 $10.7 \times 10^{-6} \sim 94.3 \times 10^{-6}$ 区间变化，U 含量为 $4 \times 10^{-6} \sim 50 \times 10^{-6}$ 变化（表 5-5）；而变质岩中 U、Th 含量变化范围较窄，Th 主要集中在 $1 \times 10^{-6} \sim 20 \times 10^{-6}$，U 主要集中在 $0 \sim 6 \times 10^{-6}$。可见，花岗岩中的副矿物中存在大量的放射性元素 U、Th，而变质岩中的放射性元素含量相对较低。

表 5-5　锡田地区花岗岩 Th、U 含量统计表　　　　单位：10^{-6}

岩体		岩性	Th	U	资料来源
锡田地区	锡田岩体	黑云母二长花岗岩	32.5~94.3	8.66~24.5	陈迪等，2013
		细粒花岗岩、斑状花岗岩、黑云母二长花岗岩	25~101	23.8~44.7	周云等，2013
	邓阜仙岩体	二云母花岗岩	10.7~27	4.74~13.3	蔡杨等，2013
			20	10~20	郑明泓，2015

　　用 3DMine 软件进行对比发现，Th 含量的高值与钻孔柱状图中花岗岩岩性对应较好，因此选取 Th 含量作为花岗岩地球化学参数。

　　2）矽卡岩的判别参数

　　矽卡岩按照矿物组成及被交代碳酸盐围岩岩性的差别，可分为钙矽卡岩和镁矽卡岩，前者围岩为灰岩或大理岩，后者围岩为白云岩或白云质大理岩。此外，最新研究显示与 Pb、Zn、Ag 矿化密切相关的是锰质矽卡岩。

　　通过统计不同矿区有关文献中矽卡岩主量、微量元素信息（表 5-6）可以发现：

　　①矽卡岩中 SiO_2 含量一般为 30%~60%，普遍低于华南花岗岩中 SiO_2 含量（华南花岗岩 SiO_2 含量一般在 70% 左右）。

　　②矽卡岩中 CaO 含量一般为 20%~30%，高于花岗岩中 CaO 含量两个数量级。

　　③矽卡岩中 Be 含量高于花岗岩中 Be 含量两个数量级。

　　④矽卡岩中 Fe_2O_3、FeO、MnO、MgO 含量高出花岗岩一个数量级。

　　从统计表中可以明显看出，辉石矽卡岩中 SiO_2 含量较石榴子石矽卡岩高，前者含量一般在 40%~60%，后者一般在 30%~40%。而 CaO 含量，辉石矽卡岩则要低于石榴子石矽卡岩，前者一般在 10%~30%，后者则多在 30%~40%，虽然数值上有差别，但是均比花岗岩中 CaO 含量高出两个数量级，因此可选定 CaO 含量作为矽卡岩代表参数。Fe_2O_3、FeO、MnO、MgO 含量也可以作为矽卡岩与花岗岩区分的判别标准，但是 CaO 含量变化曲线与钻孔柱状图岩性描述变化更为吻合，也更加明显，故选取 CaO 含量作为矽卡岩的判别参数。

表 5-6　矽卡岩中部分地球化学参数含量统计表　　　　单位：%

矿区	岩性	SiO_2	Fe_2O_3	FeO	MnO	MgO	CaO	数据来源
湖南柿竹园钨锡多金属矿床	矽卡岩（石榴子石）	31.48	3.79	2.28	1.05	0.81	37.53	祝新友
西藏努日铜钨钼矿床	矽卡岩（石榴子石）	35.92~38.52		6.14~16.89	0.27~3.75	0.01~0.08	32.79~35.88	陈雷
湖南黄沙坪钨钼多金属矿床	矽卡岩	28.77~87.18	0.81~34.84	0.6~14.9	0.15~0.93	0.093~3.71	3.87~25.58	齐钒宇

续表5-6

矿区	岩性	SiO$_2$	Fe$_2$O$_3$	FeO	MnO	MgO	CaO	数据来源
鄂东北矿集区程潮铁矿床	矽卡岩（石榴子石）	36.11~38.67		11.25~23.95	0.15~0.55	0.01~0.33	33.07~34.86	姚磊
	矽卡岩（辉石）	49.65~55.74		1.49~13.36	0.04~0.94	12.45~17.12	15.48~25.71	
滇西红牛矽卡岩型铜矿床	矽卡岩（石榴子石）	35.06~37.69		15.05~22.25	0.18~0.46	0~0.07	33.07~36.35	高雪
福建马坑铁（钼）矿床	矽卡岩（石榴子石）	34.82~46.09	15.41~29.42	0.19~28.3	0.42~3.86	0~6.08	27.84~34.82	张志
	矽卡岩（辉石）	47.09~56.33	0.66~5.9	0.91~24.78	0.12~12.17	0.44~17.54	19.7~25.7	

3）参数检验

参数检验的目的是检查不同岩性所选地球化学参数是否相同，选择在锡田垄上矿区20线勘探线上采样钻孔（ZK2003、ZK2004、ZK2005、ZK2006、ZK2007、ZK2008、ZK2009），提取Th及CaO荧光分析数据进行投图，对钻孔岩性描述进行对比（图5-26）。

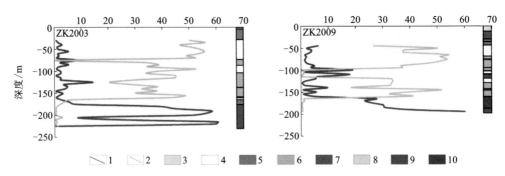

1—Th含量（×10^{-6}）曲线；2—CaO含量（%）曲线；3—坡积物；4—大理岩；5—透辉石矽卡岩；
6—矽卡岩化；7—石英砂岩；8—灰岩；9—印支期花岗岩；10—燕山早期花岗岩。

图5-26 不同钻孔及其Th、CaO含量对比图（扫码查看彩图）

通过Th、CaO含量与钻孔柱状图的对比可以发现，以Th含量代表花岗岩、CaO含量代表矽卡岩，其分界面与柱状图吻合程度较高，因此，本阶段对花岗岩及矽卡岩地球化学参数的确定较为合理。

通过Th与CaO含量关系图，可以发现二者含量表现出此消彼长的负相关关系，如图5-27。

根据上面分析，其主要原因是花岗岩和矽卡岩中两种组分含量差异很大，因此对二者进行综合分析可以得出岩性分界面；同时，可以利用Th与CaO含量来代表花岗岩与矽卡岩（包括矽卡岩化）分布。其他线钻孔样品同样具有相同的规律。

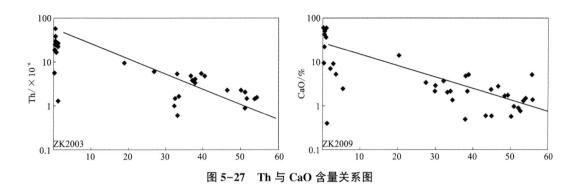

图 5-27　Th 与 CaO 含量关系图

通过 ZK2003 钻孔揭露数据与 Th、CaO 含量对比图发现在 ZK2003 钻孔 80 m 左右同样存在一个 Th 与 CaO 值强烈变化的区段，通过岩性柱状图对比，可以知道该处岩性并不是花岗岩，而在后续的赋矿面的建立过程中，该区段也是 WO$_3$ 含量激烈变化区段。该现象说明 Th、CaO 含量突变界面不仅可以是花岗岩和矽卡岩的分界面，同时也可以指示其他地质现象，并且该现象与钨矿富集存在一定关系。

2. 赋矿优势层位地球化学参数

据行业标准（DZ/T 0201—2020），钨矿床地质勘查一般工业指标如表 5-7 所示。

表 5-7　钨矿床地质勘查工业指标

边界品位 WO$_3$/%	最低工业品位 WO$_3$/%	可采厚度 /m	夹石剔除 厚度/m	备注
0.064~0.1	0.12~0.20	≥1~2	≥2~5	坑采厚度<0.8 m，用米百分值计算

注：（据《矿产资源工业要求手册》，地质出版社，2010。

根据钨矿床地质勘查工业指标（表 5-7），将钻孔中 WO$_3$ 值（×10^{-6}）测试数据分为 4 个区间：①[0, 639]；②[640, 1000]；③[1000, 1200]；④[1200, +∞]。区间[640, 1000]为边界品位，区间[1200, +∞]为工业品位，区间[1000, 1200]介于边界品位与工业品位间，区间[0, 639]低于工业品位，全部钻孔中 WO$_3$ 品位分布情况如图 5-28。

1）赋矿优势界面

本次研究目的是研究垄上矿区流体的演化规律，只看满足边界品位或者工业品位并不能揭示整个钻孔的流体演化趋势，为了研究流体的规律，不讨论 WO$_3$ 含量的多少、是否达到工业品位，而是研究 WO$_3$ 含量的变化与哪些地球化学参数有关，即研究 WO$_3$ 含量突变区段的地球化学参数变化情况。

根据 WO$_3$、CaO 及 Th 综合投图可以发现，WO$_3$ 含量变化强烈的部分可以分为两个区段：①花岗岩与矽卡岩接触带部位；②矽卡岩内部。以 20 号勘探线剖面上钻孔测试数据为例，如图 5-29，从对比图中可以明显看出，在 Th 与 CaO 含量变化界面，即花岗岩与矽卡岩接触界面附近，WO$_3$ 含量变化强烈。垄上矿区矿脉类型主要为矽卡岩型和构造蚀变带-矽卡岩复合型，所以矽卡岩与岩体的接触带是赋矿的有利位置。

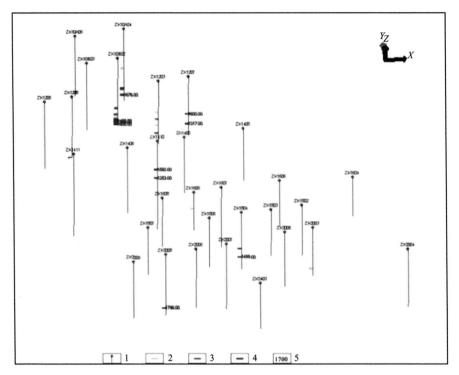

1—钻孔；2—WO_3 含量（$\times 10^{-6}$）边界品位区间[640,1000]；3—WO_3 含量（$\times 10^{-6}$）区间[1000,1200]；

4—WO_3 含量（$\times 10^{-6}$）工业品位区间[1200,$+\infty$]；5—工业品位区段具体含量数值。

图 5-28 垄上采样钻孔 WO_3 品位分布图（扫码查看彩图）

2）赋矿优势界面地球化学参数

通过对各个剖面采样钻孔样品荧光分析结果的研究发现，部分元素的含量变化与赋矿优势界面的空间分布存在一定关系，对比 WO_3 含量，可分为在优势面存在与 WO_3 含量曲线变化趋势相同和相反两种情况。现选取钻孔 ZK2003、ZK2009 的各个地球化学参数含量曲线图进行说明。

钻孔 ZK2003 由于上部 120 m 处有花岗岩脉的穿插，因此造成上部存在 Th、CaO 突变界面，该区段 WO_3 含量增加；ZK2009 没有出现花岗岩脉穿插的情况，但是在上部 70 m、120 m 左右的地方均存在 WO_3 相对高值区段。这两个钻孔可以代表整个矿区比较典型的钻孔，因此选择这两个钻孔进行对比。

（1）与 WO_3 含量曲线变化相同元素。

该类变化的主要地球化学参数有 Th、Na_2O、Cr_2O_3、SiO_2、Ga、Ge、Y、Nb_2O_2、MoO、Bi 含量等，主要表现为，在 WO_3 含量曲线出现高值的区段，该地球化学参数也在对应区段出现高值；在 WO_3 含量曲线出现低值的区段，该地球化学参数也在对应区段出现低值。

以 20 号勘探线上两个钻孔 ZK2003、ZK2009 为例，其高值出现的区段根据花岗岩穿插情况可分为两种情况：①有花岗岩岩脉穿插。该穿插的花岗岩是造成 ZK2003 上部 120 m 处 WO_3 含量出现高值的原因。②无花岗岩岩脉穿插。该部位单纯是有利于 WO_3 富集成矿界面。各元素含量对比如图 5-30、图 5-31 所示。

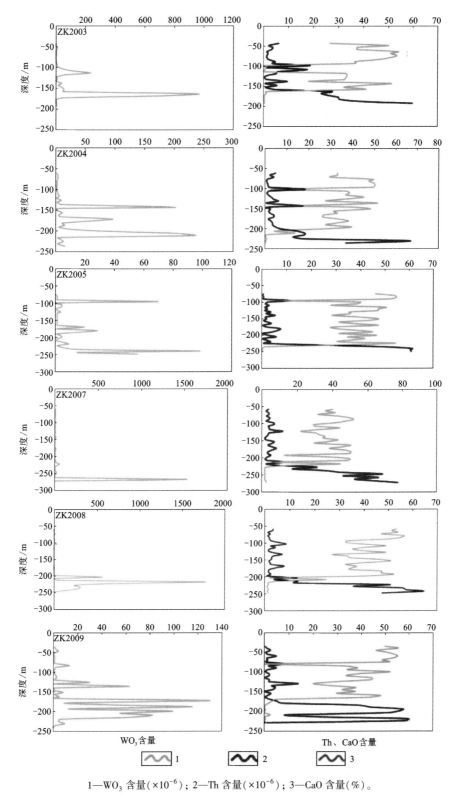

1—WO$_3$ 含量(×10^{-6})；2—Th 含量(×10^{-6})；3—CaO 含量(%)。

图 5-29　垄上矿区钻孔样品 WO$_3$ 含量与 Th、CaO 含量对比图(扫码查看彩图)

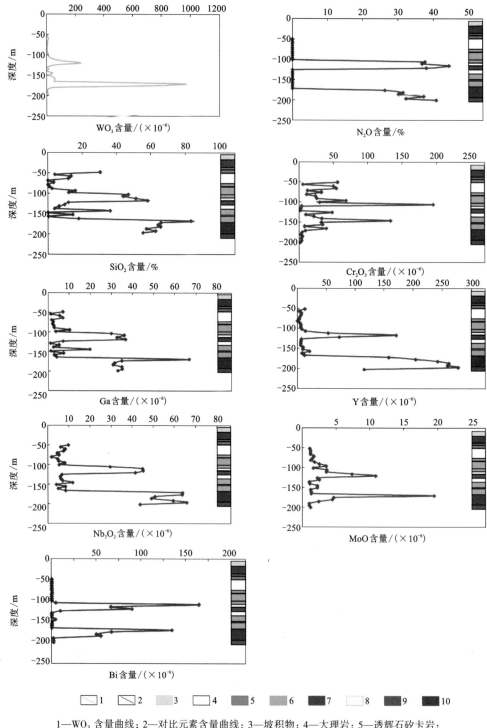

1—WO_3 含量曲线；2—对比元素含量曲线；3—坡积物；4—大理岩；5—透辉石矽卡岩；
6—矽卡岩化；7—石英砂岩；8—灰岩；9—印支期花岗岩；10—燕山早期花岗岩。

图 5-30　钻孔 ZK2003 WO_3 与 Na_2O 等元素含量对比图(扫码查看彩图)

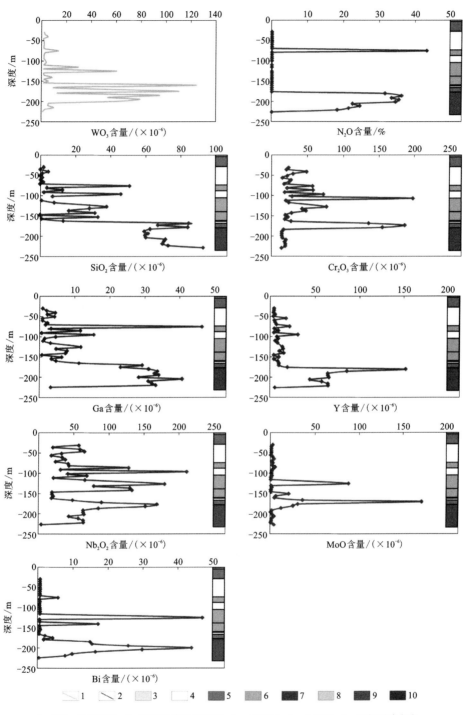

1—WO$_3$ 含量曲线；2—对比元素含量曲线；3—坡积物；4—大理岩；5—透辉石矽卡岩；
6—矽卡岩化；7—石英砂岩；8—灰岩；9—印支期花岗岩；10—燕山早期花岗岩。

图 5-31　钻孔 ZK2009 WO$_3$ 与 Na$_2$O 等元素含量对比图（扫码查看彩图）

（2）与 WO₃ 含量曲线变化相反元素。

该类变化主要就是 CaO、P₂O₅、SrO 含量等地球化学参数，其含量曲线变化与 WO₃ 呈现相反趋势（图 5-32、图 5-33）。

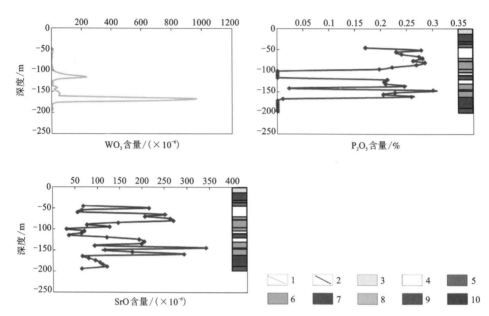

1—WO₃ 含量曲线；2—对比元素含量曲线；3—坡积物；4—大理岩；5—透辉石矽卡岩；

6—矽卡岩化；7—石英砂岩；8—灰岩；9—印支期花岗岩；10—燕山早期花岗岩。

图 5-32　钻孔 ZK2003 WO₃ 与 P₂O₅ 等元素含量对比图（扫码查看彩图）

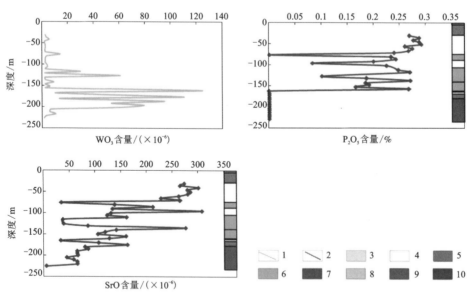

1—WO₃ 含量曲线；2—对比元素含量曲线；3—坡积物；4—大理岩；5—透辉石矽卡岩；

6—矽卡岩化；7—石英砂岩；8—灰岩；9—印支期花岗岩；10—燕山早期花岗岩。

图 5-33　钻孔 ZK2009WO₃ 与 P₂O₅ 等元素含量对比图（扫码查看彩图）

　　通过对比可以发现,在赋矿优势层位,相比较而言,围岩富集 Th、SiO_2、Na_2O、Cr_2O_3、Ga、Ge、Y、Nb_2O_2、MoO、Bi 等,而亏损 CaO、P_2O_5、SrO 等。该界面的地球化学参数明显区别于矽卡岩成分含量,而与花岗岩的地球化学参数存在一定联系,显示了对花岗岩岩浆演化的继承。随着岩浆的演化,含矿热液演化完全,形成了优势富矿界面高 Th、SiO_2、Na_2O、Cr_2O_3、Ga、Ge、Y、Nb_2O_2、MoO、Bi 含量,低 CaO、P_2O_5、SrO 含量的地球化学性质。

　　在 3DMine 软件中,提供了对钻孔数据的管理与显示功能,因此可以直接在 3DMine 软件中对钻孔各个地球化学参数含量曲线进行分析。下面以 WO_3 含量曲线为例,利用 3DMine 软件提取 WO_3 含量高的区段,来进行赋矿优势层面模型的建立。各个钻孔 WO_3 含量曲线分布如图 5-34。

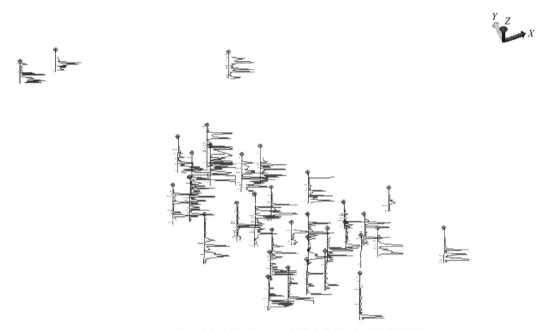

图 5-34　垄上矿段各钻孔 WO_3 含量曲线图(扫码查看彩图)

　　通过对垄上矿段 WO_3 含量曲线的统计与总结可以发现,优势赋矿层位大致可以分为两层:上层与下层。上层部分地段可以再细分出两个小层,其赋矿围岩以发生蚀变的碳酸盐岩为主;下层产出位置与花岗岩位置有关,主要产出于花岗岩和蚀变岩的接触部位。

　　对垄上矿段 W、Sn、Zn、Pb、Cu、Au、Ag 主要成矿元素的研究表明(图 5-35~图 5-38):W 的空间分布与 Sn 较为相似,部分会出现不同,例如,ZK2009 中,当 W 出现明显异常部位时,Sn 则未出现较为明显的异常;而 Zn、Pb、Cu、Au、Ag 等元素的异常部位,均与 W、Sn 的异常部位存在一定的联系。

　　空间分布的规律显示,垄上矿段钨与锡的形成并不是完全同时,存在一部分锡或钨单独成矿的情况,而 Zn、Pb、Cu、Au、Ag 等元素的富集则主要与 W、Sn 共同成矿的期次有关。

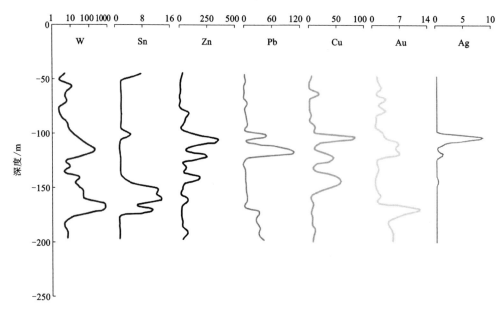

图 5-35　ZK2003 地球化学样品含量曲线对比 (扫码查看彩图)

(含量单位：×10^{-6})

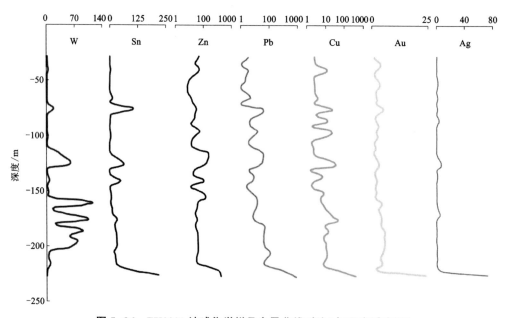

图 5-36　ZK2009 地球化学样品含量曲线对比 (扫码查看彩图)

(含量单位：×10^{-6})

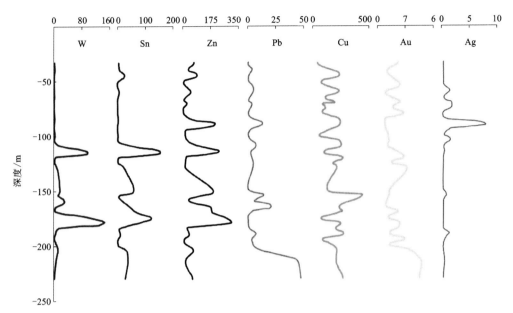

图 5-37　ZK1405 地球化学样品含量曲线对比（扫码查看彩图）

（含量单位：×10⁻⁶）

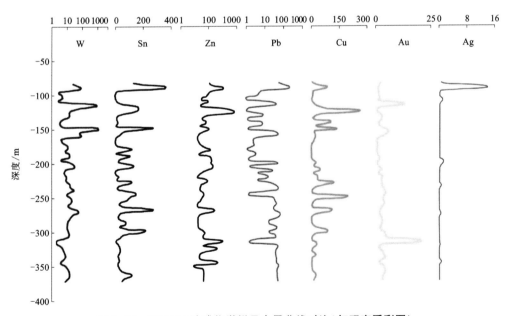

图 5-38　ZK1410 地球化学样品含量曲线对比（扫码查看彩图）

（含量单位：×10⁻⁶）

5.5 矿集区三维地质建模

5.5.1 三维概念模型建立

近 NE 向茶陵–郴州–临武断裂贯穿锡田地区，是控制该地区成岩、成矿的深大断裂，同时也是湘东南地区一条重要的 W–Sn–Pb–Zn–萤石成矿带。该矿化带以钨锡矿床数量多、储量大为特点，是我国重要的钨锡矿产基地。

1. 地层概念模型

要建立地层的概念模型，就必须弄清楚各个地层的产状及地层厚度。地层的产状与地层厚度会控制地层形态。

部分特征地层产状与断层产状可以通过资料查明（图 5-39），但是仍然存在无法得知产状信息的地层，为了查明地层信息，则需要借助地质图上等高线信息，在平面地质图上读出产状信息。

2. 矿床概念模型

锡田地区花岗岩包括邓阜仙复式花岗岩体与锡田复式岩体，二者主体均与印支期侵入的花岗岩空间位置紧密相连，邓阜仙复式岩体矿床类型主要为石英脉型钨矿床及岩体型铌钽矿床；锡田岩体则是以锡为主的多种类钨锡多金属矿床，主要类型有矽卡岩型、构造蚀变岩型、石英脉–云英岩脉型。

邓阜仙地区的矿床类型主要有石英脉型黑钨矿和花岗岩体型铌钽矿。花岗岩体型铌钽矿床主要赋存于金竹垄地区细粒白云母花岗岩上部的钠长石化花岗岩中。

垄上矿段主要包括矽卡岩型、构造蚀变岩型、石英脉–云英岩脉型等多种类型钨锡多金属矿床。矽卡岩化与钨锡矿化主要分布在泥盆系与岩体的接触部位。由于受到印支–燕山期构造运动影响，在围岩中形成了大量的裂隙，是脉型钨锡矿富集的有利空间。矽卡岩型矿床分布在泥盆系中统棋梓桥组和上统锡矿山组下段不纯净的碳酸盐岩接触带部位及其外接触带形成的矽卡岩层间破碎带中。构造–矽卡岩复合型矿床分布在岩体内外接触带受断裂构造控制的碳酸盐岩块形成的矽卡岩中，发育于外接触带者形成锡铅锌多金属矿，发育于内接触带者则多形成钨锡矿。构造蚀变岩型矿床产于岩体内或外接触带砂岩中，分布在牛形里、荷树下等地。石英脉–云英岩脉型矿床分布于垄上矿段南部花里泉一带和桐木山矿段中部荷树下、桐木山、狗打栏等地，产于锡田复式岩体之主体与补体花岗岩接触部位附近，形成钨锡多金属矿床。此外，在矿区外围西部严塘、尧水一带形成冲积型砂锡矿。

3. 构造概念模型

研究区属于"湘东新华夏构造体系"，区域内遍布北北东向构造。坊楼一带为中生代隆起性质的北北东向褶皱断裂带；茶永盆地为受北北东向构造控制的中新生代断陷带；茶陵严塘至宁冈一带为北东向挤压构造区，可能是湘东南华夏系构造的一部分，主要有北东向构造、北北东向构造等（图 5-40）。

北东向构造：主要包括研究区东南部茶陵严塘至宁冈三湾一带及中部太和仙附近。

①太和北东向构造：主要位于研究区中部茶陵潞水以北太和仙一带，发育在寒武系中上

图 5-39 锡田地区部分地层产状(扫码查看彩图)

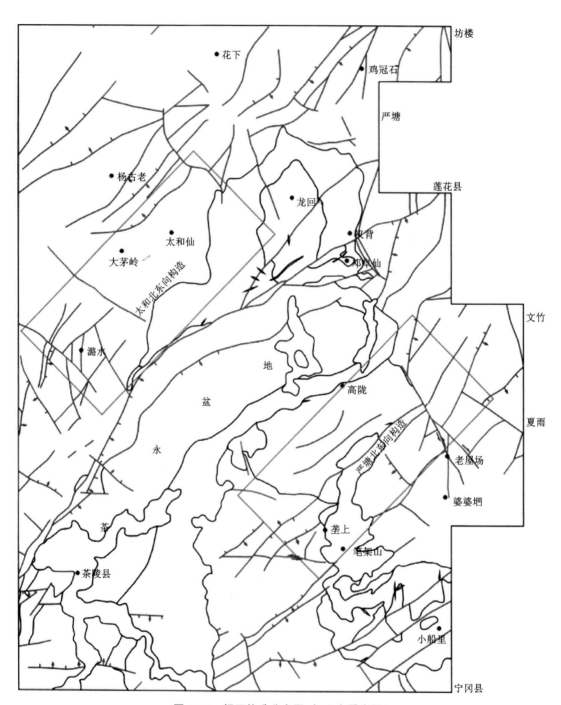

图 5-40 锡田构造分布图(扫码查看彩图)

统地层中，南北两端为泥盆系地层不整合接触。寒武系地层中多发育北东向褶皱。太和北东向构造形迹对太和穹窿核部寒武系地层有影响，其他部位被加里东期以后各种构造所截。因此可以推断，太和隆起形成于加里东期以前，是研究区内早期北东向构造。

②严塘北东向构造：分布于研究区东南部高陇—文竹与坑口—三湾之间，为一系列北东向压性构造，构造带宽约 30 km，可分为南带与北带。南带位于夏雨—狗打栏一线以南，至坑口—三湾之间，由一系列平行的北东向逆断层组成，断层均倾向南东；北带位于夏雨—狗打栏以北，至高陇—文竹之间，发育一系列北东向挤压构造形迹。南、北带的构造及相伴的张扭性断层组成了严塘北东向构造带，南带发育在早古生代古老带的构造形迹之上，北带则对晚古生代地层存在一定影响，且切割了锡田岩体，说明其形成于加里东期之后，可能开始于印支期，并在燕山期最后完成，是研究区内晚期的北东向构造。

北北东向构造：主要分布在茶永构造盆地至莲花县城一线，以西为一系列 20°～30° 的挤压结构面，并伴有北西张扭性断层，邓阜仙岩体中亦可见北北东向裂隙，并于北北西向组成成矿剪切裂隙。北北东向构造主要对晚古生代地层产生影响，并在侏罗系及燕山早期花岗岩体中存在，说明构造运动起始于印支期并一直延续至燕山期，构造运动强度由高变低。

茶永盆地构造：茶永盆地东面以高陇—滋坑为界，西面以石陂—夏家为界，北至古城，南至永兴，走向 20°，至高陇则变为 60°。盆地堆积白垩系至古新统红色碎屑沉积物，与周围地层呈不整合或断层接触。盆地东翼较西翼厚，呈现出一种不对称向斜盆地。盆地中茶陵县西南见厚度近 400 m 的古新统地层。以上现象说明茶永盆地沉积开始于晚白垩世，并且沉积中心出现迁移，早期沉积中心位于中心偏东南处；晚期沉积中心迁移至盆地中心偏西，处于腰陂—茶陵一带。该现象反映了基底构造变化情况。

基于以上对锡田地区构造的研究，建立的构造概念模型如图 5-41 所示。

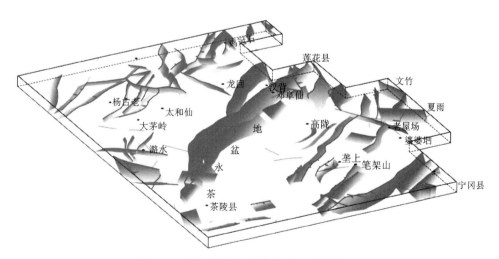

图 5-41　锡田构造概念模型（扫码查看彩图）

4. 锡田地区三维概念模型

概念模型中主要包括地层、断层、岩体及矿床，模型中地层包括寒武系、泥盆系、石炭系、二叠系、侏罗系、白垩系等；断层包括在茶永盆地内的茶陵-郴州-临武深大断裂；岩体为邓阜仙岩体及锡田岩体；矿床则是发育在岩体与泥盆系地层接触带的矽卡岩型钨锡矿及发育在邓阜仙复式花岗岩岩体中的石英脉型钨锡矿（图 5-42）。该模型作为现实经人脑转化的产物，也是展示锡田地区三维可视化模型的第一步。

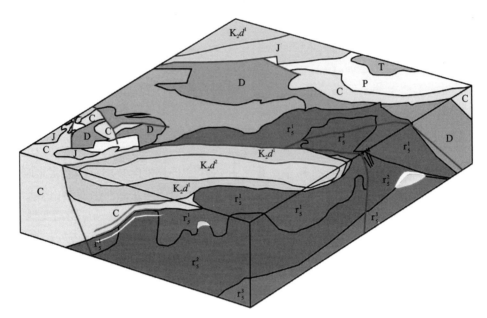

图 5-42　矿集区概念模型（扫码查看彩图）

5.5.2　数据处理和数据库建立

建立锡田地区区域三维可视化模型所收集的资料包括：

①皇图岭幅、新市幅、腰陂幅、高陇幅、银坑幅、莲花县幅 1：5 万图幅矿产地质说明书。

②1：20 万攸县幅矿产图及攸县幅区域地质报告。

③1：1 万建模区域地质地形图。

④利用 Section 软件在 1：1 万建模区域地质地形图中切割的 132 条图切剖面。

数据处理主要包括地形数据处理、剖面数据处理及断层数据处理。

1）地形数据处理

进行锡田地区区域地表模型等高线赋值工作时，由于等高线原始数据庞大，计算机无法计算，出现"内存不足"的情况，因此，在对等高线赋值前，视具体情况对等高线进行抽稀工作。MapGIS 中等高线抽稀工作可以分为两种情况。①抽稀点：不改变线文件的总数量，对线文件上的点进行抽稀，抽稀间距自由设定，过大的抽稀间距会极大地改变地表形态。②抽稀线：将等间距分布的等高线抽稀，使得相邻的等高线的高程差变大，达到抽稀效果，由于不同比例尺对于等高线间的高程差有一定要求，因此并不推荐该方法对等高线进行抽稀。

同时，3DMine 软件中也提供冗余点清除功能，如果由于数据量的问题仍无法进行地表模型建立，可通过"工具"→"清理/查错"→"清理多段线冗余点"功能进行清理。

2）剖面图处理

由于以 MapGIS 格式储存的锡田地区 1∶10000 地质图文件存在一定的成区及成线问题，因此导致利用 Section 软件切取的剖面中会存在各种问题，需要花费较大量的时间去修改切取的剖面。为了方便对剖面图的修改，首先将切取的剖面图在平面图上的地质信息赋值到剖面图上，即在切取图切剖面时将该勘探线控制的平面地质图信息赋值到剖面图的下部，该步骤可以通过 Section 软件的"2 辅助工具"→"剖面图补充"→"读取平面数据"命令实现。

将地质信息赋值到剖面图上的主要目的：便于之后对剖面图遗漏的地层信息进行补充；经常可以见到剖面图上缺少地质图中某一地层或者断层的标识，因此为了方便检查和处理这些遗漏，进行赋值；方便对错动地层进行修改。

对所有剖面进行检查及赋值的过程，也是对所有剖面信息熟悉检查的过程。对剖面图统一赋值完成后进行剖面图的修改工作，其中主要存在的问题及需要开展的工作包括以下几个方面。

（1）地质图与剖面图地层不对应。

例如剖面 2021（图 5-43）中，剖面中地层的颜色比平面地质图的颜色整体错动，需要将剖面中颜色依次调整回来。

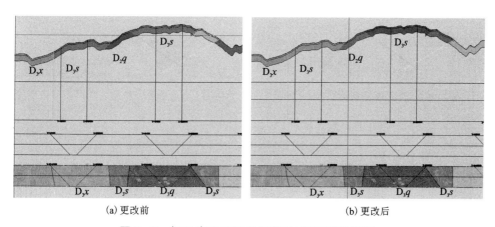

(a) 更改前　　　　　　　　　　　　　　(b) 更改后

图 5-43　锡田地区 2021 图切剖面（扫码查看彩图）

（2）地层及断层产状缺失。

例如剖面 1056（图 5-44）中，3 条断层并无产状信息（图 5-44 中红线部分）。根据地质图的绘图推测产状，应以野外地质测量的详细数据为准。

剖面图中部分地层及断层的产状缺失，只是标注出或者未标注出地层及断层的接触位置，理论上，解决办法是根据几何作图法、三点法等方法，在地质图上读出相应产状。对于不能较准确读取数据的边界，通过查阅相关资料及文献确定地质体产状。

（3）原剖面图成区混乱。

利用 Section 软件切取剖面的过程中，可能由平面地质图的错误，导致部分剖面图 拓扑关系错误，因此会超出正常地层边界，例如剖面 2015（图 5-45）。

此类问题虽然会影响视图，但一般成区错误的地层，其原本地层的成区是正确的，所以

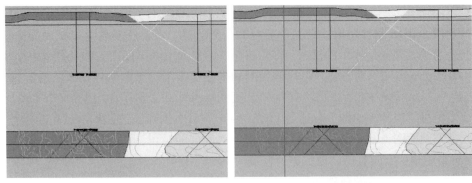

(a)断层未标注　　　　　　　　　　　(b)断层标注

图5-44　锡田地区1056图切剖面(扫码查看彩图)

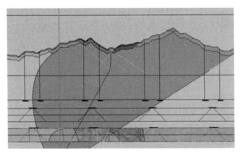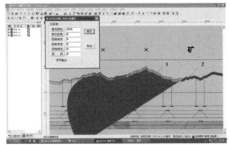

图5-45　锡田地区2015图切剖面图(左—错误区—绿色区域;右正确区—红色区域)(扫码查看彩图)

通过类似"选择区"功能,让该错误区处于闪烁状态,就较容易辨认。在剖面2015中,图右中2为地层的原本正确区域,而图左中1则是错误的区域,所以在看剖面图时只看2就可以了。之后在选取线的过程中,也只需要选取2区域内的线就可以了。

(4)第四系沉积物处理。

本地区第四系沉积物主要由两部分组成:全新统Q_h、更新统Q_p。第四系沉积物的厚度普遍小于100 m,但在图切剖面上,用软件切出的剖面只会按照地质图上的地层向下推测,所以出现了第四系沉积物厚几千米的情况,因此,我们首先对第四系沉积物进行约束。邓阜仙地区第四系沉积物厚度普遍在20 m以下,因此,约束作图时出现的第四系地层厚度为20 m,边界线以剖面上地表的地层线向下进行"阵列复制",例如剖面1044(图5-46)。

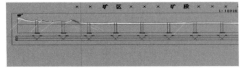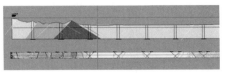

(a)第四系处理前　　　　　　　　　　(b)第四系处理后

图5-46　锡田地区1044图切剖面图(扫码查看彩图)

通过阵列复制向下复制一条表示实际厚度为 20 m 的平行线,通过两条平行线形成一个区,即认为是第四系沉积物的厚度。

处理过后就会出现另一个问题,在第四系地层覆盖之下的地层该如何进行处理。本次作图中,将被第四系覆盖的地层按其原有地层走向进行推断。

(5)原始剖面图线文件混乱。

原始剖面图中,部分图表面看起来并无错误,但是在用 Section 软件时会无法正常打开文件。后经过验证发现,导致图形无法正确打开的原因是剖面图中隐藏了部分无限延伸的线文件,例如剖面 1061(图 5-47)。

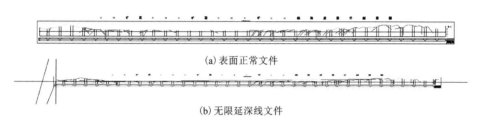

(a)表面正常文件

(b)无限延深线文件

图 5-47 锡田地区 1061 图切剖面

原始剖面在外观中并无错误,但统改线属性为一种颜色时,可以看见在剖面的起始点处有几条无限延伸的直线。这几条无限延伸的线就是导致文件无法打开的原因,右选有错误的线条,删除,然后保存文件。

(6)原始文件地表缺失。

部分地层在切割剖面的时候由于某种原因,并未显示出地表线,如剖面 1013(图 5-48),在隐藏区文件以后,可以发现并没有地表线。

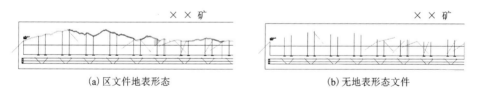

(a)区文件地表形态

(b)无地表形态文件

图 5-48 锡田地区 1013 图切剖面

由于这种问题,区文件还存在,而区文件保留了地表线形态,因此,以区文件转换线文件,即"弧段转线",然后提取转换后的线文件即可。

(7)线文件生成区文件。

利用 MapGIS 软件自动剪断线、线转弧段、拓扑重建等功能完成该步。

利用 Section 软件及 3DMine 软件可以在 MapGIS 软件的线文件中直接提取所用的线组成一个封闭的地层区域,可以根据自己的习惯来进行选择操作。

(8)提取剖面图起止点坐标。

提取各个剖面线以后得到下面的剖面起止点坐标数据库。

(9)提取 MapGIS 软件中各地层 RGB。

将 MapGIS 文件导入 3DMine 文件的过程中，会出现颜色改变的情况，据推测可能是两个软件所用的系统库中颜色的编号有差异，因此，为了在 3DMine 中能够准确地表示 MapGIS 的地层颜色信息，依次提取了各地层 RGB 信息（表 5-8）。

表 5-8　MapGIS 软件中各地层 RGB 信息表

年代		符号	MapGIS 中颜色	RGB		
				R	G	B
第四系	全新统	Q_h	1052	255	255	153
	更新统	Q_p	1054	255	255	125
下第三系	渐新统	E_3	804	255	140	25
	古新-始新统	E_{1-2}	805	242	140	20
	古新统	E_1	806	255	155	25
白垩系	上统戴家坪组上段	K_2d^2	607	191	255	153
	上统戴家坪组下段	K_2d^1	608	184	255	127
	上统戴家坪组	K_2d	609	191	242	165
	下统	K_1	610	176	235	143
侏罗系	中统	J_2	645/639	204	255	204
	下统	J_1	646/640	178	255	204
三叠系	上统	T_3	1005	255	186	204
	下统管子山组	T_1g	1006	255	176	195
	下统张家坪组	T_1z	1007	255	164	184
二叠系	上统大隆组	P_2dl	399	255	247	191
	上统龙潭组	P_2l	400	255	223	163
	上统当冲组	P_2d	401	225	223	135
	下统茅口组	P_1m	410	239	175	0
	下统栖霞组	P_1q	411	215	151	0
石炭系	中上统壶天群	$C_{2+3}hl$	1061	203	229	204
	下统大塘阶梓门桥段	C_1d^3	1062	178	229	204
	下统大塘阶测水段	C_1d^2	1063	178	219	204
	下统大塘阶石磴子段	C_1d^1	1064	176	204	204
	下统岩关阶	C_1y	1065	153	217	204

续表5-8

年代		符号	MapGIS 中颜色	RGB		
				R	G	B
泥盆系	上统锡矿山组	D_3x	166	255	151	135
	上统佘田桥组	D_3s	167	255	135	0
	中统棋梓桥组	D_2q	168	223	103	0
	中统跳马涧组	D_2t	169	191	71	0
奥陶系	上统	O_3	1073	206	255	151
	中统上组	O_{23}	871	178	242	178
	中统中组	O_{22}	1074	155	205	190
	中统下组	O_{21}	1075	146	200	179
	下统宁国组	O_1n	1076	134	196	170
	下统印渚埠组	O_1y	1077	122	190	159
寒武系	上统	$\epsilon 3$	1078	106	182	143
	中统	$\epsilon 2$	1079	95	176	129
	下统	$\epsilon 1$	1080	77	167	112
震旦系	上统江口组	Zb	173	255	163	163
	下统江口组	Zaj	174	255	135	135
元古界板溪群上亚群	拉橄组第四段	Ptbn2l4	172	255	191	191
	拉橄组第三段	Ptbn2l3	625	255	178	204
	拉橄组第二段	Ptbn2l2	626	255	166	191
	拉橄组第一段	Ptbn2l1	627	242	153	183
	加榜组	Ptbn2j	628	255	148	178
燕山晚期玄武岩		β_{53}	103	131	223	0
燕山早期	补充主期花岗岩	$\gamma_{52}-b$	1012	255	107	124
	主期花岗岩	$\gamma_{52}-\alpha$	1013	255	91	106
印支期花岗岩		γ_{51}	959	255	76	153
中生代	补充主期花岗岩	γ_5b	1014	255	79	96
	主期花岗岩	$\gamma_5\alpha$	1015	255	66	89
	花岗岩	γ_5	1016	255	48	71
加里东期主期二长花岗岩		$\gamma_3\alpha$	1017	255	33	50

3)断层数据处理

断层数据处理主要是在剖面数据处理完成以后,在建立的锡田地区三维剖面中提取相同断层在不同剖面中的断层线,通过线与线之间的连接,形成完整的断层形态。

4)区域的三维建模过程

根据锡田地区1:20万地质图进行锡田地区区域地质体三维可视化的工作,在结束相关数据预处理工作以后,便将其导入3DMine中进行下一步工作,包括以下几个方面。

(1)$Y-Z$面变换。

MapGIS制作的图是一个XY平面的图形,而在三维模型中,剖面的高程体现在Z平面中,而在Y平面无体现,处理剖面的第一步是将XY平面的图形转换到XZ平面。运用3DMine的YZ变换功能,仍然以1059剖面为例(图5-49)。

首先将MapGIS中的文件导入3DMine中,3DMine支持MapGIS软件的点文件(wt)、线文件(wl)、区文件(wp)直接转换,因此只需要在3DMine软件中直接加载点、线、区文件即可。

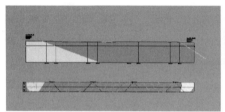 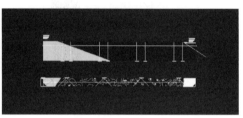

(a)MapGIS软件中形态 (b)3DMine软件中形态

图5-49　锡田地区1059图切剖面图(扫码查看彩图)

(2)地质图上XY平面投影。

接下来的工作就是要让剖面与地质图吻合,原理就是在地质图与剖面图上寻找两个共同存在的点,通过两点来定位剖面的位置。这次建模中,剖面起止点坐标就是最好的定位点坐标。但是,由于MapGIS作图为二维平面坐标,使得剖面线的起止点并不是实际的起止点坐标,需要进行一次坐标矫正。

首先在之前统计的坐标起止点中找到1059剖面的起止点坐标,记录下来。然后就是要查出现在剖面实际的起止点坐标,由于投影到XY平面,剖面竖立工作得到剖面的纵坐标,即Y值为0,只需要查出X坐标即可。使用3DMine的查询点功能:点击菜单"视图"→"查询"→"查询点"功能。点选剖面线的起止点处,点选成功时,会出现蓝色"×",即表明选点成功。选点成功的时候在最下面"信息栏"会显示两点的起止点坐标,同样记录这两点的坐标。查明实际起止点坐标之后,点击"测量"→"坐标转换"→"平面两点坐标转换"。

在弹出的对话框中,将实际查得的起止点坐标填入"坐标转换前坐标",将剖面在地质图上的起止点坐标填到"坐标转换后坐标"。这里需要注意,在切割剖面中,其起止坐标比地质图中的坐标小数点右移了一位,因此在填写转换后坐标时,需要将小数点前移一位。

点击"确定"→"执行"便得到可以竖立在地质图上的剖面了。

按照之前的步骤。

由于在MapGIS中直接将文件导入3DMine会出现颜色变化的问题(图5-50),因此需要按照之前查明的 MapGIS 软件中各地层 RGB 信息表(表 5-8)对各个地层颜色进行修改。

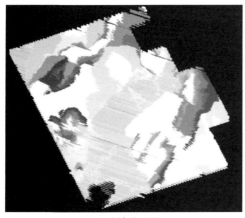 

(a)颜色修改前　　　　　　　　　　　(b)颜色修改后

图 5-50　锡田地区三维剖面图(扫码查看彩图)

(3)地层模型建立。

竖立好全部剖面之后,得到的是地层的区文件,要想得到相应的线文件,即线框模型,则需要用到"分解对象"功能。将区文件转换成线文件,得到线框模型,如图 5-51 所示。

按照以上步骤可以分别进行地形三维模型、地质体三维模型、岩体三维模型及断层三维模型等锡田地区三维可视化模型的建立。

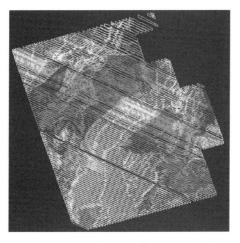

图 5-51　锡田地区地层线框模型(扫码查看彩图)

5.5.3　地形三维地质建模

该地区高程在 120~1400 m,受区域构造影响山脉走向近北东向。高程较高的地区主要集中在茶永盆地两侧,北部集中在大茅岭—太和仙—凤凰山—鸡冠石—九曲山东北向山脉;

东南部集中在金陵栋—西眉山—石峰仙—高车坳—婆婆坳东北向山脉群(图 5-52)。

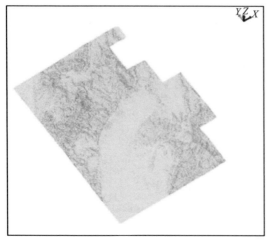 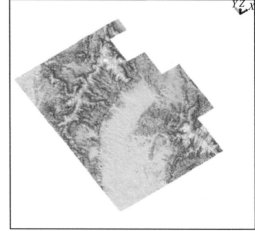

(a)实体渲染前   (b)实体渲染后

图 5-52 锡田地区地表模型(扫码查看彩图)

5.5.4 地层三维地质建模

地层与岩体通过断面-三角网混合建模法建模。现提取不同剖面中相同属性地层的线框模型,利用三角网连接相邻剖面中相同属性地层,建立对应地层的表面模型。剖面向水平面以下切取到-550 m,即水平面以下 550 m(图 5-53)。图 5-54 中根据主要地层给出了地层的三维示例,如泥盆系地层。

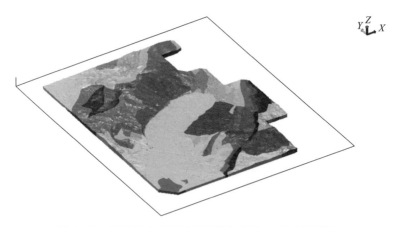

图 5-53 锡田地区地层三维可视化模型(扫码查看彩图)

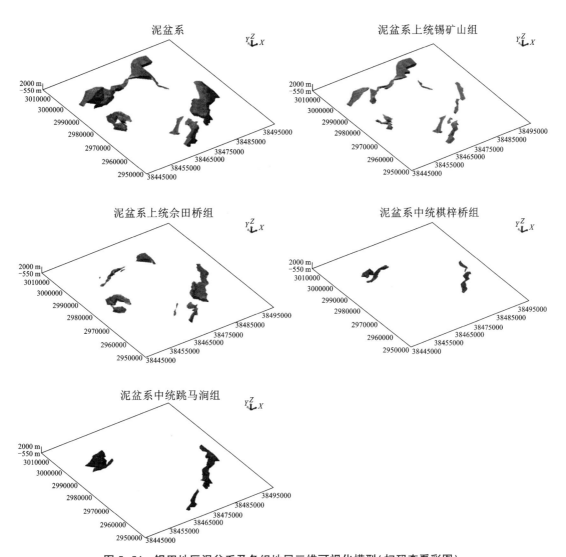

图 5-54　锡田地区泥盆系及各组地层三维可视化模型（扫码查看彩图）

5.5.5　岩体三维地质建模

岩体模型（图 5-55）按岩体的时代，分为印支期岩体、燕山早期岩体、燕山晚期岩体。

（1）印支期岩体（r_5^1）：印支期早期岩体主要为邓阜仙岩体外围的八团岩体。

（2）燕山早期主期岩体（r_5^{2-a}）：主要分布在邓阜仙岩体龙回头一带的邓阜仙岩体内部的汉背岩体中，以及锡田岩体梅坑、黄竹坪、关头一带，吕川山、西眉山、小船里一带。

（3）燕山早期补充期岩体（r_5^{2-b}）：主要分布于锡田岩体娘上寨、笔架山、大金山及鼓石附近，以岩株产于燕山早期岩体中。

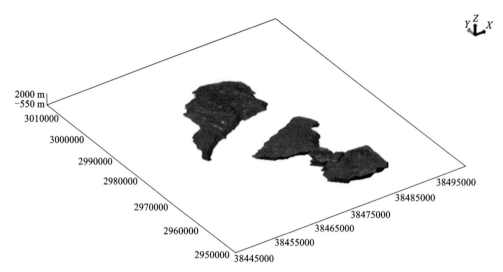

图 5-55 锡田地区岩体三维可视化模型(扫码查看彩图)

5.5.6 断层三维地质建模

断层模型以切取的剖面中断层位置为基础,根据掌握的地层信息赋值产状信息,从而在不同剖面中提取存在联系的同一断层的相关线条连接形成该模型(图 5-56)。

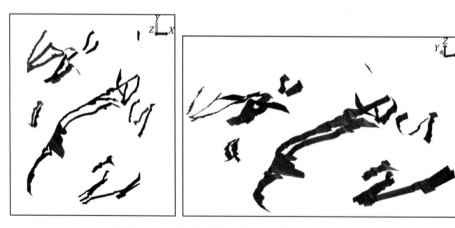

图 5-56 矿集区断层三维模型(扫码查看彩图)

5.6　建模流程及意义

5.6.1　图切剖面建模相关问题

平面地质图综合了地质野外勘查工作成果与地质专家知识，揭示了地区的岩石、地层和地质构造等信息，是人们了解区域地质最易获取和最直接的数据源。研究基于平面地质图的三维地质体建模方法，能够有效解决缺少甚至没有钻孔、剖面等数据的基岩区域的地下空间三维建模与模拟问题。目前基于平面地质图的三维建模研究中存在着产状信息分布稀疏、建模结果难以人工交互干预等问题，因此本节提出一种以图切剖面为中间数据，基于平面地质图的三维地质体建模方法。

图切剖面图是地质剖面图中重要的一种，其数据主要源于平面地质图，同时还融合了丰富的专家知识经验。图切剖面与平面地质图相配合，可以获得地质构造的立体概念，反映地质体与地质构造在空间上的相互关系及地质演化关系。用平面地质图和图切剖面构建三维地质体模型具有数据量足、覆盖面广的优点。本研究一方面实现了基于计算机的图切剖面自动生成，提高了地质图件的生成效率和利用价值；另一方面通过图切剖面对平面地质图的信息进行充分而有效地挖掘，用来为三维地质建模提供数据支持，增强了建模的可控性。该方法不仅为解决当前建模中存在的数据不足、建模自动化程度较低及精度不够的问题提供了新的思路，扩大了三维地质建模可利用的数据源，实现了宏观尺度上自上而下的浅表地层的模型构建，同时也为其他微观精细建模提供了引导和辅助，为进一步实现多源数据(钻孔、剖面、物探等)融合进行模型优化和逐步求精打下了基础。

当前关于三维地质建模的各类方法各有优缺点。它们大多是基于工程勘探资料、物探资料或多种数据融合进行的，这些数据的共同点是获取代价高昂、采样离散、作用范围有限，甚至有时相互冲突，无法满足现今三维地质建模的需求。平面地质图作为一种重要的地质数据，其蕴含的大量信息并未在三维地质建模中得到有效的利用。当前主流的三维地质建模研究缺乏对平面地质图数据的关注，忽略了它易获取、代价小、信息量丰富且融合了专家知识经验等特征，没有认识到它作为建模重要数据来源的重要性。

目前，基于平面地质图的三维地质建模方法仍处于探索阶段，现有的直接基于平面地质图的建模方法可控性较差，构建的地质体模型存在较大的误差。

图切剖面图是地质图中较特殊的一种，主要是其数据全部来源于地质图，是基于专家知识经验对平面地质图信息的解译。一般的剖面建模多是建立在实测剖面、钻孔剖面的基础上的，数据源单一且数量有限，虽然在建模过程中加入了专家知识交互，但仍然不可避免地存在较大的误差，而图切剖面则避免了这样的问题。然而传统的图切剖面是手工绘制而成的，绘图工作烦琐、计算量大、效率低且图件不易修改，因此有必要借鉴 GIS 技术实现图切剖面的自动生成，从而提高建模的自动化洋浦水平和效率。

总的来看，当前具有图切剖面生成功能的软件较多，如 GoCAD、AutoCAD、Section、MapGIS、南方 CASS 等，在数据处理过程中，对于切剖面数据的计算都依赖于前期人工交互。现有研究对断层、褶皱等复杂地质构造在图切剖面上表达不足，仅仅解决简单地质构造的剖面自动生成问题远远无法满足现今三维地质建模发展的需求。

建立矿区三维地质体模型，可以通过钻孔、剖面图等勘探数据进行较为精细的约束，但是对于建立大区域三维地质体模型，并没有详细的勘探数据进行约束。

区域平面地质图记录了相关区域地质体信息，例如岩层产状、与岩体接触关系及构造信息，在相对缺少区域勘探数据的情况下，平面地质图可以提供最直接和最易获取的数据。

基于区域平面地质图的图切剖面，通过人工切取一系列相互平行的地质剖面，对性质相同的地质体进行赋值，记录平面地质体信息，利用计算机技术结合人工干预，可以建立区域性三维可视化模型，为了解区域地质构造提供参考。

基于平面地质图的建模方法并不完善，建立的模型与真实地质体存在较大误差；同时，面对大区域地质信息大量的数据处理工作，若以人工干预，将耗费大量时间；并且，对于数据量较大的地质图，还存在数据量膨胀问题。

对研究区建立基于图切剖面的三维可视化模型的过程中，主要存在切剖面、拓扑关系处理等问题。

1. 切剖面

利用 Section 软件可以很方便地进行剖面切取。在设计好勘探线后，便可利用软件按照勘探线进行工作，流程如图 5-57。

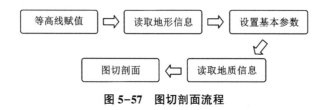

图 5-57 图切剖面流程

其中，"设置基本参数"时要对平面图及剖面图的比例尺进行设置；"读取地质信息"时可以对地质体产状进行赋值。

2. 拓扑关系处理

地层的拓扑关系处理建议在 MapGIS 或 Section 软件中进行，主要是因为这两种软件可以快捷地建立各个地层的区文件，导入 3DMine 软件后，利用 3DMine 软件中"分解对象"功能，将区文件分解成线文件即可。若能熟练运用 3DMine 软件，亦可在 3DMine 中直接提取线文件成区。通过 MapGIS 或 Section 软件进行拓扑重建的流程如图 5-58。

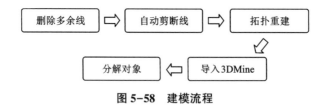

图 5-58 建模流程

5.6.2 基于面与基于体的建模方法对比

对本次建模过程中研究的两种主要建模方法进行讨论：断面(Section)-三角网混合模型

（基于面）；结构实体几何（CSG）建模（基于体）。

（1）断面（Section）-三角网混合模型（基于面）。

对二维地质剖面中一系列表示不同地层界线或有特殊意义的地质界线进行赋值，然后将相邻剖面上属性相同界线用三角面片连接（杨东来，2007）。锡田区域三维可视化模型建立过程中，首先提取不同剖面中同一地质体，赋值为指定颜色，并保存在一个图层中，然后利用三种三角网连接方式（最小面积法、等三角形法及等距离法）连接不同剖面中同一属性地层，达到建立地层模型的效果。该方法符合现阶段地质资料存储形式，即以剖面图形式呈现的断面图，将三维问题转换到二维空间进行思考，同时在建立模型的过程中，将二维剖面

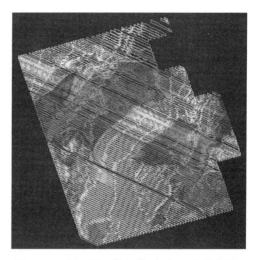

图 5-59　锡田地区线框模型（扫码查看彩图）

以三维形式展示出来，研究不同剖面间相同地质体的产状信息，确定地层产状。用该方法建立的模型能够表达有准确剖面图（断面）控制的部分地质体信息，但是对于没有剖面图（断面）控制的部分，对三维地质体内部的表达并不准确，如图 5-59。

（2）结构实体几何（CSG）建模（基于体）。

先预定义形状规则的基本体元，如立方体、圆柱体及封闭样条曲面等，然后对体元之间进行几何变换和布尔操作（并、交、差），组合成一个物体（杨东来，2007）。其主要流程如图 5-60。

结构实体几何建模法在描述结构简单的空间实体时十分有效，但是对于复杂不规则的空间实体则很不方便，且效率大大降低；并且，在进行大区域地层模型建立的时候，在进行几何变换与布尔计算

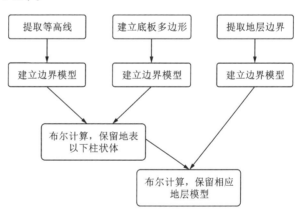

图 5-60　结构实体几何（CSG）建模流程图

的时候，面对较为庞大的数据，对计算机硬件设备有很高要求，因此，要根据建模的具体情况来选择合适的方法。

同时，对于信息量庞大的原始数据的处理也比较重要。例如在本次锡田区域地表模型建立过程中，对锡田地区 1∶20 万地表等高线上的点，在尽可能保存地表原始形态的情况下，在 MapGIS 软件中进行"点抽稀"操作。同时，在将等高线赋值完成以后，为了方便后续布尔计算，利用 3DMine 软件中的"工具"→"清理/查错"→"清理多段线冗余点"去除冗余数据点。

5.6.3　布尔计算

由于地质体模型与地表模型建立使用的原始数据有区别，即地质体以多个平行剖面提取的线框模型为基础，以三角网谅解相邻剖面中的地质体；地表模型是以等高线为线框模型，在相邻等高线间添加三角网，并且是以直线连接相邻线段，因此会导致地质体模型与地表模型间存在空隙或者地质体模型超出地表模型范围。

对于两个模型间的孔隙处理，可以综合利用地质界线及地形等高线进行建模，对两者的相交部位进行控制，使其尽可能无缝连接；而对于地质体露出地表的问题，可以利用解决空隙的方法进行改进或者通过布尔运算对地下地质体和地形进行相交运算，然后删除不应露出地表的部分(图 5-61)。

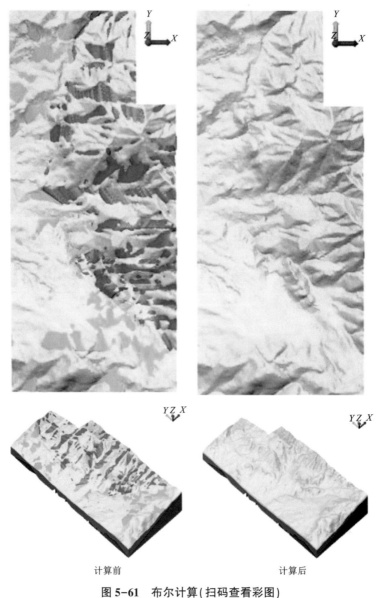

计算前　　　　　　　　　　计算后

图 5-61　布尔计算(扫码查看彩图)

5.6.4　实体验证

进行布尔计算的实体需要通过 3DMine 软件的"实体验证"环节。

3DMine 软件的"实体验证"包括三个方面：自相交、无效边、开放边。对开放边的处理比较简单，通过"生成开放边"功能将其闭合即可；对于自相交三角形错误，其最主要原因是同一条线本身就有相交的地方，找到自相交的点，将其删除即可；对于无效边，可以通过"删除无效边进行处理。"

要从根本上避免这些错误的出现，就必须从数据处理阶段入手，在 MapGIS 软件中进行矢量化或者直接利用矢量化完成图件时，需要确保数据不存在拓扑错误，要求线上的点数足够多，以更好地控制地质体的形状，同时又不出现冗余及重复。

5.6.5　地球化学三维可视化模型建立意义

地球化学模型(conceptual model for geo-chemistry)是把地球化学从传统的定性解释引到定量描述，从宏观的现象描述引到微观机理探索(王广才，1997)。模型分三大类：一是水溶液中的组分分布模型；二是研究水溶液体系中物质形成和转化的平衡热动力学模型；三是研究物质迁移转化反应途径模型(刘峰，2010)。本次建立的模型是热液中组分分布模型，并解释造成相关组分分布的原因，讨论成矿物质迁移的过程。利用锡田垄上矿段钻孔样品的荧光分析数据，尝试探讨垂向分带特征以及元素富集特征，对还原流体演化过程具有重要意义。对于地球化学模型的表达形式，本书中分为两种：①利用 3DMine 软件建立的赋矿优势界面的面模型；②总结文献中的矽卡岩演化、热液迁移及成矿物质富集的模型。

模型以地质背景与地球化学样品测试结果分析为基础，利用 GIS 技术的数据管理预处理功能，结合三维可视化软件建立钻孔数据库，并提取各个深度地球化学异常信息进行解释；然后根据掌握的资料，建立该地区从印支期到燕山期的岩性演化及成矿富集模型，为成矿预测作基础。

第 6 章 综合技术方法评价和物化探成果解译

扫码查看本章彩图

6.1 高精度重力剖面测量技术与质量

6.1.1 重力观测

湖南省锡田–邓阜仙矿集区钨锡矿成矿规律及靶区预测研究工作使用加拿大先得利公司生产的 CG-5 型石英弹簧重力仪进行重力基点联测和重力野外观测。该型仪器读数精度为 $\pm0.001\times10^{-5}$ m/s^2，可直接给出重力差值。

（一）重力仪性能试验

野外生产前进行了仪器静态、动态、一致性试验。静态掉格试验观测时间为 24 h，间隔 10 min，经过理论固体潮改正后静态试验曲线呈线性。2013 年该组型号仪器最大静态掉格为 0.077×10^{-5} m/s^2。

动态掉格试验观测时间为 12 h，观测时间间隔为 20 min，试验两点间重力差为 4.210×10^{-5} m/s^2，经过理论固体潮改正后绘制动态试验曲线。2013 年动态试验统计精度最大为 $\pm0.008\times10^{-5}$ m/s^2。

一致性试验观测了 30 个点，采用汽车运送的双程往返重复观测法，点距及路面状况与野外工作相似，试验点间与基点间重力差较大，最大平均差值达 4.292×10^{-5} m/s^2。经过理论固体潮改正和混合零点位移改正后绘制一致性试验曲线，3 台仪器所得曲线吻合。2013 年一致性试验统计精度为 $\pm0.013\times10^{-5}$ m/s^2。

重力仪性能曲线变化及各项精度均符合相关要求，性能正常，图 6-1~图 6-3 为野外生产前的仪器试验曲线。

（二）重力仪格值测定

该项目重力仪格值校正系数测定在庐山国家级和南岳省级格值标定场进行，观测时间是 2013 年 3 月 14 日、15 日、28 日。采用汽车运送的双程往返观测法，以 1-2-2-1……方式进行观测，读数时间 60 s。采用连续读数，当其中 2 个数据读数之差小于 0.005×10^{-5} m/s^2 时停止读数。固体潮改正由仪器自带程序进行。格值场段差分别为 -203.545×10^{-5} m/s^2 和 -78.615×10^{-5} m/s^2。

参加格值校正系数测定的仪器有 3 台：434 号、440 号、1035 号。每台仪器都取得了至少 6 个合格增量(重力差)，各个独立增量与平均增量之差都没有超过 $\pm0.020\times10^{-5}$ m/s^2。434

号重力仪校正系数为 0.999665 , 观测均方误差 $\Delta C = 1/61637 < 1/3000$；440 号重力仪校正系数为 1.000107, 观测均方误差 $\Delta C = 1/39775 < 1/3000$；1035 号重力仪校正系数为 1.000118, 观测均方误差 $\Delta C = 1/138615 < 1/3000$, 均满足规范和设计要求。

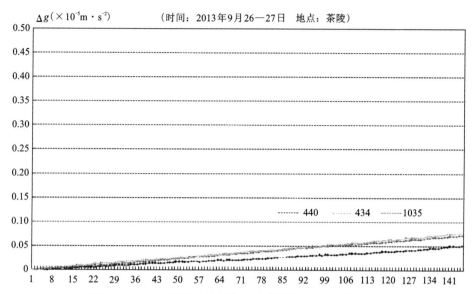

图 6-1　CG-5 型重力仪静态试验曲线图(扫码查看彩图)

(注：横坐标为时间, 用序号代替, 1=6:00, 读数间隔 10 min, 时长 24 h)

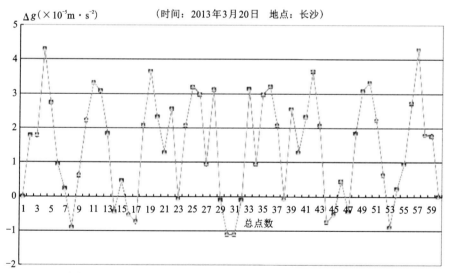

蓝色线条—434 号仪器；红色线条—440 号仪器；黄色线条—1035 号仪器。

图 6-2　CG-5 型重力仪一致性试验曲线图(扫码查看彩图)

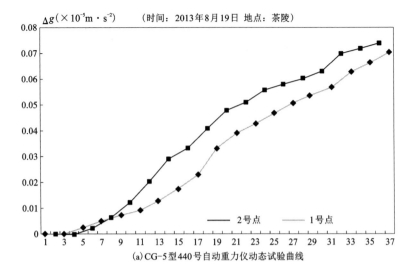

(a) CG-5型440号自动重力仪动态试验曲线

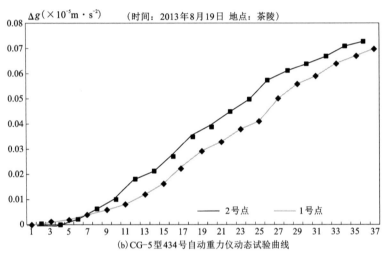

(b) CG-5型434号自动重力仪动态试验曲线

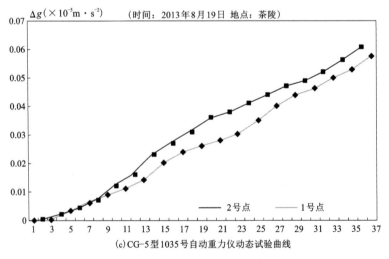

(c) CG-5型1035号自动重力仪动态试验曲线

图6-3 CG-5型重力仪动态试验曲线图

(注：横坐标为观测时间，用序号代替，1＝7：00，读数间隔20 min，时长12 h)

（三）重力基点选择与联测

1. 基点选择与分布

该项目基点联测资料直接采用在本地区同时进行的湖南腰陂-高陇地区1：5万重力调查所取得的资料。重力基点都建立在城镇（乡、村）固定建筑物的水泥台阶或水泥地面上，地基稳固、联测方便；周围没有固定震源，附近地形和其他引力质量近期内不会有大的变化，重力水平梯度较小。每一个基点都有油漆标志，拍摄了彩色照片存档。

重力基点网按自由网方式布设，由4个闭合环组成，每个闭合环边段数都没有超过12条。基点网中包含一个国家重力基本点——长沙（2061），并受其控制。一共建立了衡阳、攸县、醴陵、茶陵、银坑、鸾山、荷塘、神泉、高陇、八团、腰陂、潞水、严塘、小田、文竹、龙源口、三湾、东上、炎陵、桃坑、洮水21个重力基点。本次工作直接利用了腰陂重力基点（编号G5-18-1211），具体重力基点分布见图6-4。

2. 基点联测

重力基点网联测方法采用汽车运送的双程往返观测法，读数时间为60 s。共联测了22个基点，24条边段。基点联测工作于2012年进行，使用仪器为CG-5型高精度自动重力仪440号与434号。每条边段都取得了至少3个合格的独立增量。观测结果均经过固体潮改正和零点位移改正。

3. 基点网平差

基点网平差采用条件平差法，以各边段的独立增量数为权进行平差，平差程序自编（经规范算例校验正确）。起算点为长沙（2061）国家重力基点。各基点重力值通过国家重力基本网（1985网）统一于国家重力系统。基点平差关系如图6-4所示。

闭合差 $\omega < 2 \cdot \sqrt{N} \cdot \varepsilon b$，其中 N 为各闭（附）合路线的边段数，εb 为设计的联测精度；基点网的精度 εwa 优于 $\pm 0.30 \times 10^{-5} \mathrm{m/s^2}$。

精度统计：

（1）联测精度：$\varepsilon b = \pm 4.4 \times 10^{-8} \mathrm{m/s^2}$。

（2）单位权中误差：$\mu = \pm 5.92 \times 10^{-8} \mathrm{m/s^2}$。

（3）基点网精度：$\varepsilon wa = \pm 5.5 \times 10^{-8} \mathrm{m/s^2}$。

（4）最大闭合差：$\omega_{max} = 89.73 \times 10^{-8} \mathrm{m/s^2}$。

4. 重力测点观测

（1）重力工作采用剖面测量，点距为20 m。设计100 km，实际完成101 km。

重力测点观测采用单程观测法，每个闭合单元的观测都起止于重力基点。闭合时间最大为12.449 h，闭合段混合零点位移值最大为0.149×10⁻⁵ m/s²。

每个观测点都涂有油漆，埋好了竹木桩，并在附近建筑物、树干、电线杆、公路旁固定的石头等标志物上标明了点号，同时对每个重力点进行了彩色拍照，以便存档。

重力仪工作方式：①早基有辅助基点，早、晚基有两组合格的观测数据。②早、晚基点各观测3个数据，每次测量时间为60 s；测点上观测2个数据，每次测量时间为40 s。每次测量延迟（稳定）时间为5 s。③倾斜改正（TiltX、Y）≤±10弧秒。④读数误差（err）≤±0.010×10⁻⁵ m/s²。⑤标准偏差（SD）≤±0.050×10⁻⁵ m/s²。⑥各读数之间相差≤0.010×10⁻⁵ m/s²。

（2）资料整理：每天野外工作结束后，对原始资料都及时进行了整理和计算，然后由野外技术负责作初步验收，并对布格异常（未地改）进行展点，勾绘异常等值线草图，以便查找

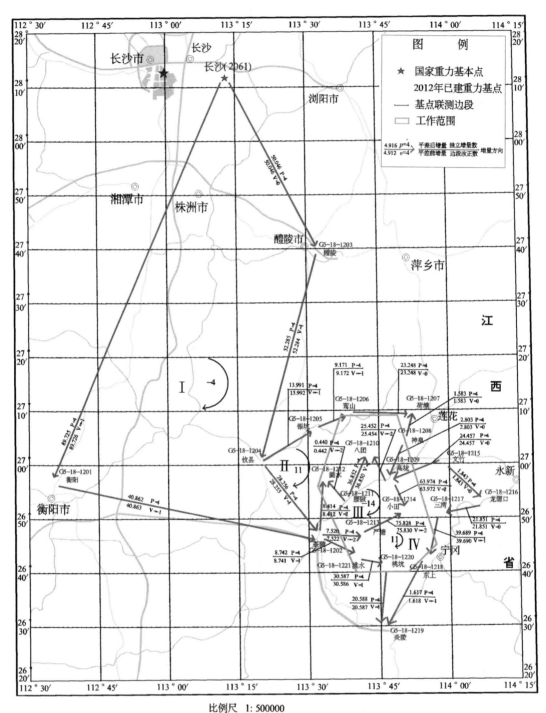

图6-4　锡田地区1:5万重力基点与平差关系图(扫码查看彩图)

异常点和突变点，发现问题及时进行检查处理，不留尾巴。

CG-5 型重力仪所测资料按《规范》公式采用 Excel 电子表格进行计算整理，并按统一的表格样式保存。每天收工后必须及时取出原始观测数据，并以 ∗.txt 文件格式按观测日期和类别保存，如"2013-11-18 仪器型号.txt"。计算时先将 ∗.txt 文件转换成 Excel 电子表格形式，然后对数据进行分列，删除不参与计算的数据列，保留点号、线号、观测值、观测日期、观测时间 5 列数据用于计算。

近区地形改正也采用 Excel 电子表格进行计算，只需将野外观测的高度差 ΔH 输入表格即可。

6.1.2　GPS 测量

(一)GPS 仪器及精度

测地工作的主要任务是确定测点和重力基点的平面位置及高程。测地工作采用全球卫星定位系统(GPS)进行重力测(基)点三维定位。测量模式采用实时动态定位(RTK)，使用仪器为上海华测公司生产的 X90/T5 GNSS 双频接收机。2013 年 2 月，仪器均经过了湖南省测绘仪器检测中心校验，检定结论为合格。校准结果见表 6-1。2013 年 7 月，RTK 仪器更新为能够收到中国、美国、俄罗斯"三星"卫星信号的 X900 GNSS 双频接收机。

(二)加密控制网联测

本项目加密控制点直接采用湖南腰陂-高陇地区 1:5 万重力调查所取得的资料。其中 2012 年建立了 21 个，2013 年建立了 21 个。实际控制点 46 个，其中一级点 4 个。本次工作直接利用了其中的 4 个控制点。

1.选点及埋设标志

选点时应根据踏勘结果以及国家高等级点的分布情况，掌握测区通信运输等方面的信息。点位选在交通条件较好、易于作业、视野开阔地区，其周围无视角≥15°的成片障碍物，并应离高压线及微波通道 50 m 以上，应离大功率发射源(电视发射塔、电台、微波站等)200 m 以上。架设仪器的地点必须安全可靠。GPS 加密控制点采用 5 cm×5 cm×50 cm 的水泥桩作标志，并统一编号，进行控制网联测时绘制概略点之用。GPS 加密控制点分布见图 6-5。

表 6-1　GPS 接收机性能校准结果表

仪器编号	检定结果	检定技术依据	备注
913027 910644 913041 051883 900738	捕获卫星能力：正常	①JJF 1118—2004 ②GB/T 18314—2009 ③CH/T 8018—2009	上海华测公司 X91 型/T5 型
	静态后处理精度： 平面：±2.5 mm+1×10⁻⁶ 高程：±5.0 mm+1×10⁻⁶ RTK 定位精度： 平面：±10 mm+1×10⁻⁶ 高程：±20 mm+1×10⁻⁶ 码差分定位精度：0.45 m(CEP) 单机定位精度：1.5 m(CEP)		
	天线任意指向误差：<2 mm		

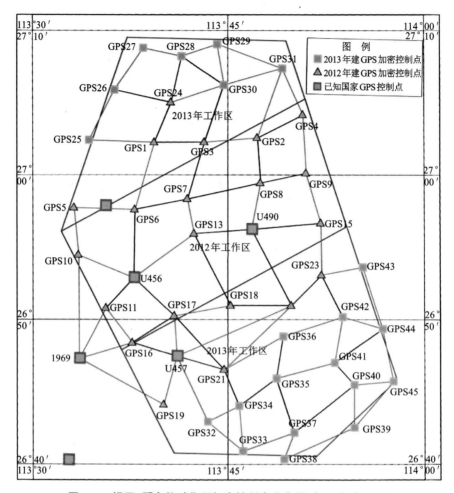

图6-5　锡田-邓阜仙矿集区加密控制点分布图(扫码查看彩图)

　　基准站都建在交通条件较好、易于作业、视野开阔的驻地楼顶或作业区山顶上,其周围无视角≥15°的成î障碍物,远离高压线及微波通道在50 m以上,远离大功率发射源(电视发射塔、电台、微波站等)在200 m以上。

　　2. 加密控制点联测

　　采用4台中海达HD-8200S型GPS接收机以静态定位方式(载波相对定位测量)建立加密控制点,如图6-6。布网方式采用多边形联测,由4个国家GPS控制点(水准等级4等以上)引出。同步网间尽量用重复边连接,整个控制网中重复边比例没有少于20%,独立两次设站点没有少于30%。其精度执行E级网要求:$Ms \leqslant \pm 0.15$ m,$Mh \leqslant \pm 0.15$ m。考虑到物探测量的特点和要求,基线联测长度放宽到10 km。

　　仪器参数设置:卫星高度角≥15°,有效卫星观测总数≥4颗,观测时段长度≥50 min,数据采集间隔10 s。

　　外业数据处理:外业观测后及时将数据输入电脑,并进行外业数据的检查,根据基线向量处理的最佳结果,检查基线向量的方差比(Ratio)、中误差(Rms)及天线高等,当所有基线的方差比>3以及中误差<20 mm时,就认为这些基线具有较高精度的固定解,可以参与网平差。

图 6-6　湖南锡田–邓阜仙矿集区 GPS 加密控制点观测与标志图（扫码查看彩图）

外业观测数据质量的检核：根据《GPS 规范》要求，各级 GPS 网基线精度计算公式为：$\sigma = \mathrm{SQRT}[a^2 + (b \times d)^2]$，按 E 级 GPS 网的精度要求，取 $a = 5$ mm，$b = 1 \times 10^{-6}$，$d = 10.0$ km，经计算得 $\sigma = 11.2$ mm。

（1）同步环检查：根据《GPS 规范》要求，同步环的坐标分量闭合差应分别 $< 8.65 \times 10^{-6}$，全长闭合差应 $< 15 \times 10^{-6}$，经检核全长闭合差最大为 15×10^{-6}，最小为 0.12×10^{-6}，均符合要求。

（2）异步环检查：经检核全长闭合差最大为 22.5×10^{-6}，最小为 0.49×10^{-6}，均符合要求。

3. 自由网平差和高程拟合

采用二维无约束自由网平差计算各加密控制点的平面坐标。根据《GPS 规范》要求，基线向量改正数 $VX = VY = VZ < m$，基线向量的相对中误差 $< 1/40000$。经检查，边长中误差为 0.0601 m，基线向量的相对中误差为 1/82780，二维平差后的点位中误差为 0.0802 m，符合设计要求。

用一定数量的高程已知点来曲面拟合计算出各加密控制点的正常高程值，其高程中误差为 0.0791 m，符合设计要求。

坐标系转换：以已知国家 GPS 控制点作起算点计算 WGS-84 坐标系成果，通过三参数转换为 1980 西安坐标系坐标。坐标系统转换参数见表 6-2。

表 6-2　坐标系统转换参数表

坐标系统	A	$1/F$	投影方式	椭球体
WGS-84 坐标系	6378137	298.257223563	墨卡托	WGS-84
1980 西安坐标系	6378140	298.257	高斯-克吕格	西安 80

4. 国家 GPS 控制点

国家 GPS 控制点成果资料由湖南省测绘部门发布，其控制网等级为 B 级和 C 级，水准等级分别为Ⅰ级、Ⅱ级、Ⅲ级。该控制网由湖南省测绘局和国家测绘局于2005—2006年联合建立,属华东、华中区域大地水准面精化GPS成果。GPS控制点平面坐标系统为国家1980西安坐标系,高程系统为国家1985高程基准,高程值为正常高。

高程异常改正:采用湖南省大地水准面精化模型进行改算。该模型分辨率为2.5分×2.5分(约合4.5 km×4.5 km),精度为±0.031 m,较之前的CQG2000大地水准面成果(精度0.3 m)整整提高了一个数量级。

5. 基准站的建立

基准站的建立采用RTK方式,观测时间为15~30 s。基准站由4个国家GPS控制点(水准等级4等以上)或者加密控制点引出,布网方式采用边联法,按单基准站方式进行。基准站与水准点间距离都没有超过20 km。

由于电台信号传播受到限制而多次架设基准站,则利用仪器自带的"重设当地坐标"功能来实现,每天重新建立一个文件夹。重置点在建立基准站时已建好(埋设了固定标志),或者利用埋设了固定标志的测点,重置点至少有2个,一个用于计算,一个用于检核。

由于使用的GPS仪器具有"自启动基准站"模式,架设基准站时可以通过重置点用蓝牙手簿启动基准站,因此基准站位置设置可以不固定,任意未知点都可以。这样就提高了工作效率。

由于工作区地形起伏较大,山体对RTK信号有很大的阻隔作用,因此经常在每天的工作测线区域内建立基准站,很多时候都是分测线段多次架设基准站(有2台基站主机)。

GPS接收机直接测量的数据是WGS-84经纬度坐标,可以通过仪器自带的"点校正"功能来实现坐标三参数的转换,转换参数表5。参与点校正的控制点分布合理,使用了4个GPS控制点的高程进行加权平均的高程拟合。水平参差不大于0.01 m,垂直参差不大于0.02 m。

6. 西安80坐标与北京54坐标的转换

由于RGIS2006软件使用的坐标系统是北京54坐标系,因此在进行数据整理时应先将实测的重力点西安80坐标转换为北京54坐标。转换方式:在野外利用已有的三角点与GPS控制点联测,计算出GPS控制点的北京54坐标,然后求取GPS控制点西安80坐标与北京54坐标之间的差值,此值即为该地段西安80坐标与北京54坐标之间的坐标转换参数,通过平移即可。54坐标=80坐标+转换参数。(湖南省测绘部门在建立GPS控制网时,对部分已知三角点进行了重新联测,取得了1980西安坐标,而三角点成果为1954北京坐标,其成果可以利用)

7. 测点定位观测

采用RTK实时动态定位。基准站控制半径不超过5 km,观测时间为5~10 s,并求得三维坐标的固定解。RTK观测的基本条件按表6-3执行。每天施测前后均须在已知坐标点上进行检校,位置较差不超过0.1 m。

施测前宜根据技术设计中剖面范围及长度,计算出测点的理论坐标并展布于测区地形图上,以利于外业路线选择、地形图定点等;亦可将理论坐标输入经过三参数校正的手持式导航型GPS中,导航至测点的概略点位,并在符合测点要求的地点实地做好醒目标志,以便后面高精度测地型GPS获取点位坐标及高程。

野外选择观测点时,应尽可能避开树林、大独立树、建筑物、大面积水域、山谷、高压输电线、微波站、无线电发射台等干扰源,并选择比较平坦,无陡坎、峭壁的地方。

表 6-3　RTK 观测的基本条件

观测窗口状态	卫星数/个	卫星高度角/(°)	PDOP 值
良好	≥6	≥15	<4
可用	5	≥15	≥4 且 ≤6

高程异常改正：采用湖南省大地水准面精化模型进行改算。该模型分辨率为 2.5 分×2.5 分(约合 4.5 km×4.5 km)，精度为±0.031 m，较之前的 CQG2000 大地水准面成果(精度 0.3 m)整整提高了一个数量级。

8. 测点观测

观测方法采用实时动态定位(RTK)方式，控制半径 10 km，观测时间 5 s，并求得三维坐标的固定解。RTK 测点观测的基本条件符合表 6-4 要求。

野外观测时，GPS 观测应尽一切可能避开树林、大独立树、建筑物、大面积水域、山谷、高压输电线、微波站、无线电发射台等干扰源。

表 6-4　RTK 测点观测的基本条件

观测窗口状态	卫星数/个	卫星高度角/(°)	PDOP 值
良好	≥6	≥15	<4
可用	5	≥15	≥4 且 ≤6
不可用	<5	≥15	>6

9. 测地资料整理

基准站和重力点(流动站)的平面坐标和高程由 GPS 观测结果通过四参数转换和加权平均高程拟合而得。计算过程由上海华测公司提供的华测 HCE-100 手薄"测地通"软件处理，实时取得坐标和高程，在收工后通过数据传输线与电脑连接，将数据导出用电子表格保存即可。

10. 原始电子记录备份

每天收工后及时将 GPS 接收机磁卡记录的卫星信号传输到笔记本电脑硬盘中并以每天一个目录保存下来，目录以日期命名，如"2013.11.18"，当野外有 2 台以上 GPS 接收机观测时，就加上仪器编号建目录。野外作业全部结束后即一起刻录到光盘上。

11. 测地总精度统计

以 GPS 基准站精度以及测点观测精度二者平方和的二次方根(均方误差)作为测地总精度。计算公式为 $\varepsilon_{测地} = \pm\sqrt{\varepsilon_{基}^2 + \varepsilon_{观}^2}$，包括平面位置均方误差和高程均方误差。由于控制点和基站观测精度很高，测地总精度实际上可以用测点观测精度代替。

6.1.3　地形改正

地形改正采用辅助工具实地测量八方位坡度角和国家测绘局高程数据模型库进行，分 0~20 m(近区)、20 m~2 km(中区)、2~166.7 km(远区)3 个区进行地形改正。

（一）近区地改（0~20 m）

根据野外地形条件，采用不同模型和相应公式进行地形改正。地形改正由有经验的人员进行。野外工作时，由于尽量选择地形变化相对较小的地方，简化了地改模型，地形改正更加接近实际，地改值更准确。在遇到台阶模型时采用偏移点位办法，故没有进行台阶模型改正。实际工作中，没有纯粹的斜坡模型，故也没有进行斜坡模型改正。本次工作主要进行锥形模型地形改正。

锥形模型地形改正：采用奥地利 Leica 公司生产的 Disto-D8 型手持式激光测距仪测量八方位地形坡度角，用锥形公式在电子表格中计算地改值，其方位由地质罗盘确定，从正北方开始观测。近区地改采用不同人员重复测定的方法进行质量检查，与重力质检同步。

手持式激光测距仪 2012 年 2 月由南京市计量监督检测院检定，结论是：符合 1 级。检定结果见表 6-5。资料表明：仪器设备性能均正常，满足工作要求。

表 6-5　手持式激光测距仪检定结果表

仪器编号	检定结果	检定技术依据	备注
510330138 510630034	测量重复性（mm）：0.1 误差（mm）：-2 测量范围：合格	JJG 966—2010	Leica 公司 Disto-D8 型

（二）中区地改（20 m~2 km）

采用共用点法和方域柱体公式进行计算。节点高程采用国家测绘局 1：1 万 DEM 高程数据库模型（网格距 5 m×5 m），网格距 10 m×10 m。采用中国地质调查局发展研究中心研发的"重磁电数据处理解释 RGIS2012"软件进行计算。另外，还进行了圆域与方域的接口处理计算。

中区地改质检采用加密网格节点方式进行，节点网为国家测绘局 1：1 万 DEM 高程数据库模型，网格距 5 m×5 m。任意选取不同地形和测线的测点 607 个进行质检统计，比例为 12.2%，质检统计精度为 $\pm0.028\times10^{-5}\mathrm{m/s^2}$，优于设计要求的 $\pm0.090\times10^{-5}\mathrm{m/s^2}$。

（三）远区地改（2~166.7 km）

远区地形改正又分远一区（2~20 km）、远二区（20~166.7 km）2 个区间进行。

远一区（2~20 km）地改：采用 1 km×1 km 节点高程和平面公式进行计算。

远二区（20~166.7 km）地改：采用 5′×5′节点高程和球面公式进行。

远一区地改质检采用加密网格节点方式进行，节点网为 1：5 万 DEM 高程数据库模型，网格距 200 m×200 m。任意选取不同地形和测线的测点 653 个进行质检统计，比例为 13.1%，质检统计精度为 $\pm0.026\times10^{-5}\mathrm{m/s^2}$，优于设计要求的 $\pm0.070\times10^{-5}\mathrm{m/s^2}$。

6.1.4　质量检查与精度统计

重力测量质检、GPS 测量质检同步进行，采用同精度重复观测的方式进行质量检查，测点重力及 GPS 观测质量检查严格按照"一同三不同"的原则，测点质检率要求大于 10%。实行项目承担单位、项目组、测量小组三级质量检查制度，同时项目承担单位还要接受项目主管单位对项目进行的中间性检查和最终野外工作质量验收。项目质量检查工作要求：

（1）质量检查工作要求使用专门记录本进行记录，项目组和项目承担单位要定期提供质量检查报告。

（2）质检点要有代表性，并在工作区中基本均匀分布。质检点要求在工作区内不同的地形环境、不同的重力场区、不同的地质背景区，以及已知成矿区带和非成矿区带均有分布。

（3）质量检查工作应加强对异常区、异常畸变点的检查；对异常区的质检密度可适当加大，对畸变点及其相邻测点要求进行100%检查；当畸变点大于总测点数的1%时，检查工作量加大到总测点数的10%。

（4）对于零点位移超限的闭合段应作专门性检查，检查工作量不得少于15%。

（5）重力质检和各级质检统计精度均应满足 εg 优于 $\pm 0.050\times 10^{-5}\,\mathrm{m/s^2}$，质量检查结果中 $\delta i/2$ 超过3倍设计测点均方误差的点数不得超过检查点数的1%，否则应增加检查工作量。

6.1.5 重力资料整理

根据规范"五统一"技术要求，对锡田-邓阜仙矿集区1：5000高精度重力资料进行了远区地形改正、高度改正、布格改正、正常重力值改正及重力异常等各项计算整理。

（一）布格改正

采用重力测点实测坐标和高程进行布格改正，公式为：

$$\delta_{gB} = \left[\, 0.3086(1+0.0007\cos 2\varphi)-0.72\times 10^{-7}h\,\right]h-0.0419\rho_1\left(1+\left|\frac{a}{h}\right|-\sqrt{1+\frac{a^2}{h^2}}\right)h$$

式中：$\rho_1 = 2.67\ \mathrm{g/cm^3}$；$h$ 为实测高程；$a = 20000\ \mathrm{m}$。

（二）正常场改正

采用实测高斯坐标进行正常场改正，公式为：

$$g_0 = 978032.7(1+0.0053024\sin^2\varphi-0.0000058\sin^2 2\varphi)$$

（三）高度改正

采用重力测点实测坐标和高程进行高度改正，公式为：

$$\delta_{gh} = \left[\, 0.3086(1+0.0007\cos 2\varphi)-0.72\times 10^{-7}h\,\right]h$$

（四）布格重力异常计算

计算公式为：$\Delta g_B = g-g_0+\delta_{gB}+g_{gT}$

（五）自由空间重力异常计算

计算公式为：$\Delta g_F = g-g_0+\delta_{gh}$

6.1.6 物性标本采集与测定工作方法技术与质量

测区密度资料直接采用腰陂-高陇地区1：5万区域重力调查成果。

本项目获取岩矿石物性数据拟采用标本测定法、野外露头观测法，在有条件的情况下也可以采用物理场观测反演计算法和井中观测法。其中，针对不同的电性层，均要采用野外露头观测法获取电阻率和极化率等电性参数。如果一个样品进行多种物性参数测量，宜先测量磁性（磁化率、剩磁强度及方向），再测量密度，最后测量电性（电阻率、极化率）。

资料收集重点放在工作区内以往钻孔岩芯标本密度资料上，以了解岩石密度随深度变化的规律。收集资料的内容包括资料来源、工作年代、采集地区、样品名称（包括岩性、层位、时代）、标本数量、测定方法、测定结果以及测定精度，并进行必要的分析，同时还要收集测区以往的物性资料。

为了使采集的岩（矿）石标本具有代表性，尽可能收集区内地质标准剖面资料，包括标准剖面的位置、岩性描述、地层厚度等。

（一）岩（矿）石标本采集

标本采集以面上工作为主，按地质单元分岩性采集岩石标本；并围绕异常定性、定量解释要求，重点在于主要异常区按地质单元分岩性采集岩（矿）石标本；在重力测量剖面上应沿剖面线采集岩（矿）石标本；在矿区要采集矿石标本。

采集标本时用1∶5万彩色地形图确定采集路线，用手持式GPS测定采集点的平面坐标和高程。对于沉积岩，主要选择地层发育比较完整，各类岩石产出比较齐全，出露良好的典型剖面采集。对于岩浆岩，要按岩性和侵入期次采集。当在典型剖面上采集物性标本时，要采集该单元不同岩性的标本，并现场记录各岩性段的厚度，以厚度最大岩性段的采集地点作为该单元在该地的采样位置。

采集点分布要有代表性，要考虑岩性的横向变化，即大致均匀分布在地质体的各个部位。采集标本时一个采样位置的标本数量不大于5块，一般每种岩石标本数量不少于30块。主要岩（矿）石标本采集的数量为50~200块。

本次工作根据地质单元和出露面积，在工区范围内采集了29个点标本，采集岩矿石标本共计998块。

为了解深部密度变化情况，要求对无岩（矿）石密度资料的钻孔进行处理，有选择地采集部分钻孔的岩芯标本。

采集的标本力求新鲜，重量在200~300 g，现场及时准确定名、编号，记录采样位置、地层层位及产状，并作简要的地质描述。

固结岩矿石手标本一般为15 cm×7 cm×7 cm至10 cm×10 cm×4 cm的长方体，岩芯标本一般是直径2.5 cm、长5~10 cm的单个定向圆柱状标本。仅测量岩矿石密度的手标本宜为3 cm×4 cm×4 cm的长方体至4 cm×4 cm×4 cm的立方体。标本上应使用记号笔编号，并与样品袋编号一致。因项目区表层土壤覆盖厚度较小，本项目拟不采集未固结的松散沉积物物性标本；若有必要，松散沉积物的电性可在野外测定。

根据野外物性采集记录卡（表6-6）、物性测定报告等资料进行数据整理与综合，形成工作区的物性数据集。每条物性记录的项目应有样品编号、坐标、岩矿石名称、岩矿石类型（岩矿石亚类、岩矿石类、岩矿石大类）、地层单元（群、组、段或统、系）或岩体单元（侵入体、单元、超单元）、地层区划（地层小区、分区、区、大区）或岩浆岩区划（岩区、岩带、岩省）、时代（世、纪、期、代）、物性参数（密度、磁化率、剩磁强度、剩磁倾角、剩磁偏角、电阻率、极化率及测定仪器）等。针对建立起的物性数据集（库），应把各记录打印成册，作为物性调查成果表。

表 6-6　湖南腰陂-高陇地区物性标本采集表

时代	层位		主要岩性	标本块数
中生代	白垩系	红花套组 K_2h	长石石英砂岩	10
		罗镜滩组 K_2l	块状砾岩	
	三叠系	张家坪组 T_1z	泥质粉砂岩	30
晚古生代	二叠系	龙潭组 P_2l	石英砂岩、粉砂质页岩	60
		孤峰组 P_2g	泥质硅质岩、页岩	
		小江边组 P_2x	钙质页岩	
		栖霞组 P_2l	粉晶灰岩	
	石炭系	大埔组 C_2d	块状白云岩	50
		梓门桥组 C_1z	白云岩	
		测水组 C_1c	石英砂岩、粉砂岩	
		石磴子组 C_1s	灰岩	
	泥盆系	岳麓山组 D_3y	灰岩、砂岩	50
		吴家坊组 D_3w	石英砂岩、粉砂岩	
		棋梓桥组 $D_{2-3}q$	泥晶灰岩	
		易家湾组 D_2y	泥灰岩、钙质页岩	
		跳马涧组 D_2t	石英砂岩	
早古生代	奥陶系	天马山组 O_3t	石英杂砂岩	90
		烟溪组 $O_{2-3}y$	硅质岩、碳质板岩	
		桥亭子组 $O_{1-2}q$	绢云母板岩	
	寒武系	小紫荆组 ϵ_2x	石英杂砂岩、绢云母板岩	60
燕山早期 (J₂)	锡田岩体		黑云母二长花岗岩	180
印支期 (T₃)	邓阜仙岩体	八团岩体	二云母花岗岩	90
		汉背岩体	黑云母花岗岩	120

（二）标本密度测定及质量检查

采用台湾群隆兴业有限公司生产的 MH-600Z 型矿物岩石专用电子密度计（精度 0.001 g/cm³）测定标本密度值，方法为水浸法。施测前按仪器说明的规定利用已知标准样校验，确保仪器工作正常。

（1）标本在清水中浸泡达到水饱和，浸泡时间一般为 24 h，半固结的样品约 4 h，以不泡烂为宜。未固结的松散沉积物样品可不进行水饱和，按大样法测量密度。

（2）测量在水中的样品质量时，应使用纯净水，并保持水的清洁。

（3）应使用砝码进行仪器标定与监控测量过程。

采用重复测定的方法，按"一同三不同"（同一标本、不同一仪器、不同人、不同日期）方

式进行质量检查,检查量大于总量的 10%。按下式计算密度测定的均方误差:

$$\varepsilon = \pm \sqrt{\frac{\sum\limits_{i=1}^{n} \Delta^2}{2n}}$$

式中: n 为检查的标本块数; Δ 为检查值与原测值之差。

要求 ε 优于 ± 0.02 g/cm^3。各类统计须经 100% 检查。

6.2 高精度磁法测量技术与质量

本区磁法测量为 1∶5000 磁法剖面测量,磁法测量仪器采用 GSM-19 t 高精度质子磁力仪。磁场测量精度优于 ± 1 nT,分辨率达 0.1 nT。磁法测量执行《地面高精度磁测技术规程》(DZ/T 0071—1993)(以下简称《技术规程》)。

6.2.1 测网敷设

测线尽可能垂直地质构造线走向布设,测线编号为 100、110、120、130、140、150、160、170、180、190,共计 10 条,设计总长 100 km,点距在重力点位的基础上加密到 20 m。实际完成情况是: 100 线 10 km,110 线 10.76 km,120 线 10 km,130 线 8 km,140 线 18.18 km,150 线 7.22 km,160 线 7.36 km,170 线 10.54 km,180 线 6.96 km,190 线 11.94 km,共计 100.96 km。完成任务比例为 100.96%。

磁法测量与重力测量同时同点位测量。用 1∶10000 地形图进行定点,用 GPS(RTK)控制半自由网及测点位置及高程。点位平面误差一般 5 m;高程误差一般小于 0.3 m。

6.2.2 总基点、分基点(日变站)、校正点的选择和联测

根据规范和设计的规定首先建立总基点,然后在住地附近选择分基点(日变站)并与总基点进行联测,每天都要进行早、晚基校正。总基点、分基点(日变站)、校正点的选择方法如下。

总基点: 为整个工区的零点,即异常起算点。总基点满足下列条件: ①位于正常场内;②磁场的水平梯度和垂直梯度变化较小,具体要求是在半径 2 m 以及高差 0.5 m 的范围内磁场变化不超过设计总均方误差的 1/2;③附近没有磁性干扰物(特别是人为的可移动的磁性干扰物),并远离建筑物和工业设施(如铁路、厂房、高压线、通信线、广播线等);④所在地点能长期不被占用,有利于标志的长期保存。具体的选择方法是在区域性的航磁异常图上选择一个位于正常场内的大致地方,通过作长十字剖面(以基点为中心,向四个方向辐射≥500 m)确定。

分基点(日变站): 除选择在平稳场内,靠近驻地,使用方便等项外,其他与总基点的选择要求基本一致(可不作长十字剖面)。根据《技术规程》,总基点与分基点可以直接进行联测,但它们的磁场值应是在日变相对平稳的时间内测定。其方法是: 采用两台仪器,分别置于两个不同的基点上,同时作日变观测,探头高度尽量一致,取样间隔为 20 s,读数次数>100 次或观测 2 h 以上,取其算术平均值之差值作为该分基点(日变站)上的基点改正值。

校正点：主要作用是了解一天或一段时间内仪器性能是否正常，一般设在观测路线上或其他便于使用的地方，附近没有可移动的磁性干扰物，而且必须位于磁场梯度较小处，并设立标志，避免设立在异常上。

基点选择和联测成果及使用情况见表 6-7。

表 6-7　基点坐标、磁场差值、使用情况一览表

基点名称	X 坐标	Y 坐标	高程	联测日期	联测值	差值	备注
腰陂总基点	2977158	757940	140	2013 年 10 月 3 日	47490.26		总基点
腰陂分基点	2977366	762082	154	2013 年 10 月 3 日	47472.15	-18.11	10 月 3 日至 11 月 19 日使用
南北梯度	0.005121311 nT/m						
东西梯度	0.001416922 nT/m						
总基点值	47375.18 nT						

6.2.3　仪器性能测定的方法和统计结果

在施工中采用加拿大生产的高精度 GSM-19 t 质子旋进式磁力仪 5 台套进行观测，仪器编号分别为：605#、635#、698#、838#、926#。磁场测量精度优于±1 nT，分辨率达 0.1 nT。对所要用于生产的仪器，在开工前和全部工作结束后对仪器的噪声、本身精度及一致性等性能进行了测定，其结果见表 6-8 及图 6-7~图 6-16。

仪器噪声水平的测定方法是：选择一平稳磁场，且无人为的干扰处，多台仪器同时进行日变观测，每台仪器探头间距 20 m 以上，以免互相干扰。一般取样间隔为 20 s，读数次数为 100~120，用下面公式计算噪声值：

$$S = \sqrt{\frac{\sum_{i=1}^{n}(\Delta X_i - \overline{\Delta X_i})^2}{n-1}}$$

式中：ΔX_i 为第 i 时的观测值与起始观测值 X_0 的差值；$\overline{\Delta X_i}$ 为这些仪器同一时间观测差值的平均值。

当 $S<\pm 2$ nT 时，认为参加观测的各台仪器的噪声水平符合要求。

多台仪器一致性的测定方法是：在有一定异常且大于 10 倍设计均方误差的 50 个以上的点上，参与生产的各台仪器进行往返重复观测。用如下公式进行计算：

$$\varepsilon = \pm \sqrt{\frac{\sum_{i=1}^{n} V_i^2}{m-n}}$$

式中：V_i 为某次观测值与该点各次观测值平均数之差；n 为观测点数，$i=1,2,3,\cdots,n$；m 为总观测次数。

当计算所得均方误差 $\varepsilon<2/3$ 设计总均方误差，且各仪器间无明显系统误差时，认为各仪

器间一致性符合要求,可投入生产而无须进行系统误差改正。

表 6-8 1：5000 高磁剖面质子旋进式磁力仪性能一览表   单位：nT

仪器类型	仪器编号	测定日期					
		2013 年 10 月 3 日测定			2013 年 11 月 19 日测定		
		噪声误差	本身精度	一致性	噪声误差	本身精度	一致性
GSM-19T	605#	±0.067	日变	±0.66	±0.336	日变	±0.66
	635#	±0.066	±1.03		±0.394	±1.01	
	698#	±0.064	±0.44		±0.254	±0.59	
	838#	±0.066	±0.82		±0.281	±0.48	
	926#	±0.066	±0.62		±0.213	±0.40	

注：605#从 2013 年 10 月 3 日至 2013 年 11 月 19 日做日变。

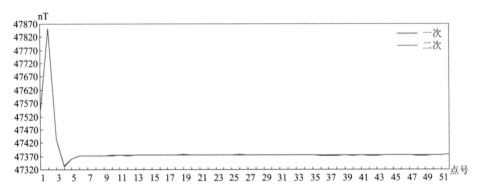

图 6-7 10 月 3 日测定 635#本身精度对比曲线 (扫码查看彩图)

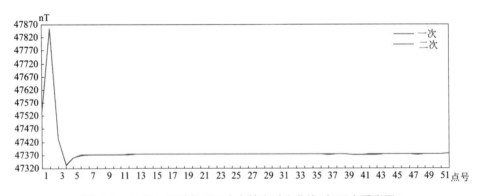

图 6-8 10 月 3 日测定 698#本身精度对比曲线 (扫码查看彩图)

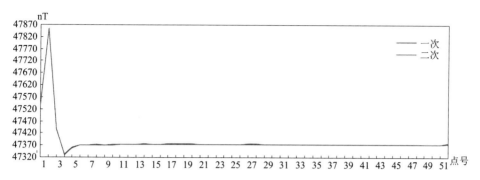

图 6-9　10 月 3 日测定 838#本身精度对比曲线（扫码查看彩图）

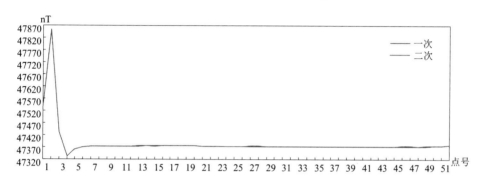

图 6-10　10 月 3 日测定 926#本身精度对比曲线（扫码查看彩图）

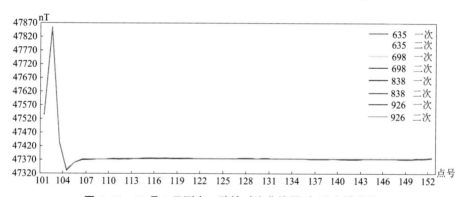

图 6-11　10 月 3 日测定一致性对比曲线图（扫码查看彩图）

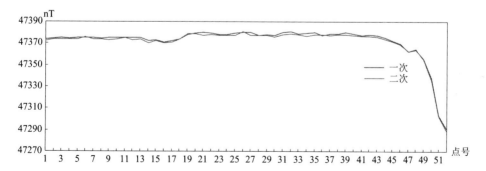

图 6-12　11 月 19 日测定 635#本身精度对比曲线（扫码查看彩图）

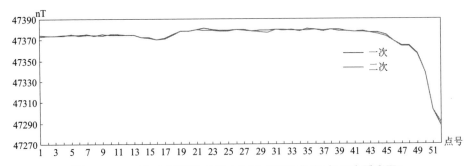

图6-13　11月19日测定698#本身精度对比曲线（扫码查看彩图）

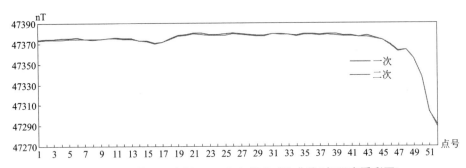

图6-14　11月19日测定838#本身精度对比曲线（扫码查看彩图）

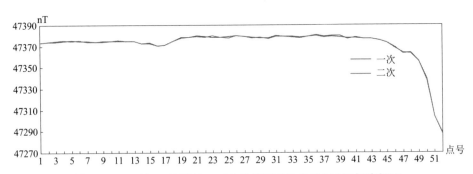

图6-15　11月19日测定926#本身精度对比曲线（扫码查看彩图）

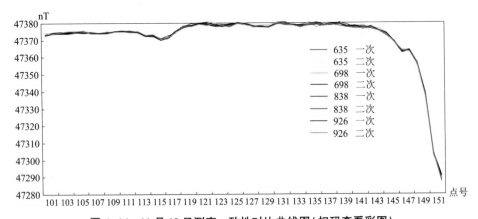

图6-16　11月19日测定一致性对比曲线图（扫码查看彩图）

从表 6-8 和图 6-7~图 6-16 可以看出,投入本区生产的仪器性能良好,完全可以满足高精度磁测工作对仪器的要求。

6.2.4 基、测点观测和原始数据的计算

每个闭合观测单元必须始于校正点,终于校正点。早、晚校经日变改正的读数,其差值应小于 2 倍观测均方误差,否则表明仪器性能不稳定,当天的工作应报废。闭合时间上,一般应在当天闭合。观测过程中应对异常点、突变点进行必要的重复观测和回点检查。

日变观测所用仪器 605# 是投入生产的同类型仪器中性能最好的。观测前与野外仪器时间达到秒级同步。观测时间应早于野外仪器早校,晚于野外仪器晚校。观测时,每天的探头高度应尽量保持不变,操作人员严格遵守"去磁"要求,探头距离仪器操作员 1.5 m,随行定点人员和操作员须保持足够的距离,以避免影响观测质量。

原始数据的计算:测点上的磁场差值 ΔT 按公式 $\Delta T = T_a - T_0 + T_G + T_T$ 计算。

式中: T_a 为测点上经日变改正后的读数; T_0 为总基点磁场值; T_G 为高度改正值,当测点比总基点高时,改正值为正,反之则负。

T_T 为正常梯度改正,利用国际地磁参考场(IGRF)2010 模型提供的相应年度的高斯系数以及计算点的坐标,以及《地面高精度磁测技术规范》(DZ/T 0071—1993)附录 A 中 A1 公式计算出各点的磁场三分量值,由公式 $T_0 = \sqrt{X^2 + Y^2 + Z^2} = \sqrt{H^2 + Z^2}$ 计算正常地磁场的总强度。

在一级近似的情况下,沿南北向的磁场梯度: $\dfrac{\partial T_0}{\partial X} = -\dfrac{3ZH}{2RT_0}$。沿垂向的磁场梯度: $\dfrac{\partial T_0}{\partial R} = -\dfrac{3}{R} t_0$。

式中: R 为地球平均半径, $R = 6371$ km。

6.3 可控源音频大地电磁测深技术与质量

本次可控源音频大地电磁测深工作要求和技术方法按照《可控源声频大地电磁法勘探技术规程》(SY-T 5772—2002)及设计方案执行。

本次野外工作使用美国 Zonge 公司生产的 GDP-32 多功能电法仪,该多功能电法仪具备尖端的同步技术、直观的观测系统、接近工业极限的采样分辨率。

6.3.1 场源布置

(1)本次场源(A、B 极)布设根据实际地形、地物情况,在一定范围内选择合适的场地布设,发射偶极距在 1~1.5 km,方位角偏差都在 2° 以内。

(2)供电电极用大面积铝板处理作接地电阻,深度大于 50 cm,导电材料上浇灌盐水,压实埋土,保证了接地条件,供电电流都在 10~16 A,其中只有 130 线接地效果不佳,电流在 8~10 A。

6.3.2 测量装置

(1)本次可控源音频大地电磁法测量每一个排列为 1 个磁道带 4 个电道,接收电极距为 40 m,测量方式是标量 TM 模式,水平方向电场(MN)平行于场源(AB),水平磁场垂直于场源布设(图 6-17)。

（2）采用不极化电极，浇水压实。

（3）水平磁棒方位采用罗盘定位并确保水平，误差在 1°左右。

（4）电极、磁棒连线均沿地面铺设。

（5）测点观测在场源 AB 的垂直平分线两侧 30°角扇形范围内进行。

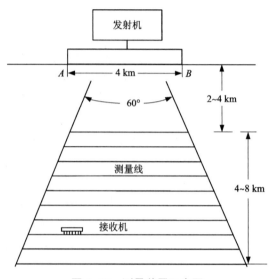

图 6-17　测量装置示意图

6.3.3　仪器准备及收发距实验

（1）仪器在使用前，由于长时间放置和大距离运输，都会产生漂移，在正式测量前进行了仪器内部校准和检查。

（2）为了保证测得的数据具有足够的信噪比且能达到更大的探测深度，本研究进行收发距实验，按照规范要求收发距应为探测深度的 3~6 倍，因此分别进行 6 km 收发距和 8 km 收发距试验。通过测量结果（图 6-18）可以看出，收发距为 8 km（红色）和 6 km（蓝色）的电阻率和阻抗相位曲线都比较稳定，虽然趋势差别不大，但收发距为 8 km 时能更早地进入远区，考虑到需要更深的趋肤深度，因此把收发距确定为 8 km 左右。

6.3.4　数据采集

（1）每个排列开始测量之前，先检查电极与磁棒接线是否正确、牢固，并降低接地电阻，使其尽量小于 2 kΩ。

（2）确认各项操作正确后通知发射，测量从 1~8192 Hz。

（3）实时检查各个测点、频点的数据质量，发现异常或数据不稳定时，重复观测。

（4）观测时把周围干扰及地质概况填入每天的班报记录表中。

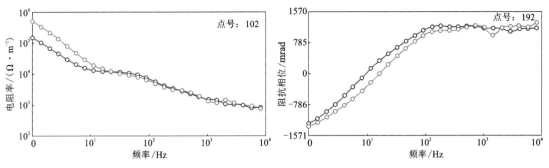

图 6-18　收发距试验曲线对比图(扫码查看彩图)

6.3.5　物性测量和统计

标本采集具体到每条剖面及附近,在测量前将标本用水浸泡 2~8 h 后用切割机把原岩切割为四方形的规则形态,再利用加拿大 SCIP 岩芯测试仪进行测量,观测记录电阻率参数,并统计结果。

6.3.6　工作质量检查

本次可控源音频大地电磁测深工作按照"一同二不同"的原则,对工区数据有突变、可疑地段的以及测线采用不同操作员和不同时间段的数据做了全面的检查和误差计算,以相位 φ、电阻率 ρs 的均方相对误差来衡量,其中 ρs 均方相对误差的计算公式如下:

$$M = \pm \sqrt{\frac{1}{2n}\sum_{i=1}^{n}\left(\frac{\rho_{ai} - \rho'_{ai}}{\bar{\rho}_{ai}}\right)^2}$$

式中: ρ_{ai} 为第 i 点原始观测数据; ρ'_{ai} 为第 i 点系统检查观测数据; $\bar{\rho}_{ai}$ 为 ρ_{ai} 与 ρ'_{ai} 的平均值; n 为参加统计计算的测点数。

相位 φ 的均方相对误差计算公式与 ρs 相同,只需将 ρs 改为 φ。

本次电法工作抽取了全区 48 个测深点进行质检,通过与原始实测数据进行对比,发现两次曲线形态一致且圆滑,经统计计算得出视电阻率均方误差为 8.9%,相位均方误差为 8%,满足设计精度要求。

下面附上 3 张具有代表性的质检曲线对比图(图 6-19、图 6-20、图 6-21)。

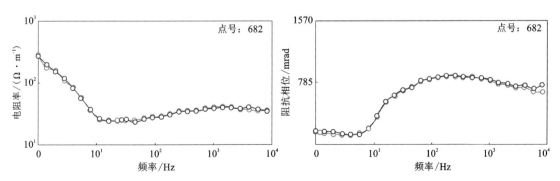

图 6-19　110 线 682 质检视电阻率、相位对比曲线图(扫码查看彩图)

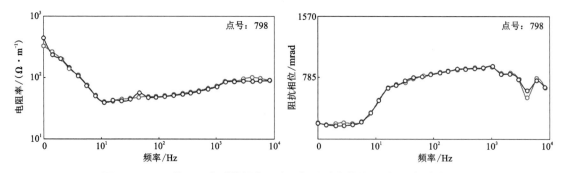

图 6-20 110 线 798 点质检视电阻率、相位对比曲线图(扫码查看彩图)

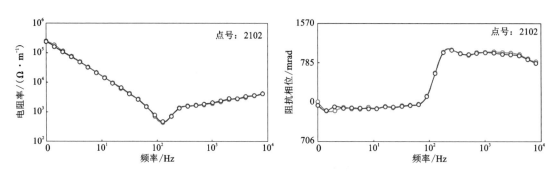

图 6-21 190 线 2102 点质检视电阻率、相位对比曲线图(扫码查看彩图)

从图中可以看出，通过质检对比，数据异常整体形态趋势完全一致，仅个别频点存在微小差异，说明该次测量其原始数据的可靠性，均反应为地下某一深度的地质体的响应。

6.3.7 资料的验收和整理

在野外数据采集过程中，按设计要求填写了野外班报和原始数据记录表。野外班报填写内容包括日期、工作内容、附近干扰情况、地质情况、存在问题等。野外班报当日填写，并由班组负责人每天进行检查，对野外观测过程中存在的问题及时进行了处理。

所有原始资料每天都由室内组长进行检查和验收，验收合格后作为正式原始资料交室内进行数据整理。

6.3.8 资料处理

对可控源音频大地电磁测资料主要进行了以下处理：

(1)对测点中偏离大、明显畸变的数据进行平滑，主要采用多点圆滑滤波处理。

(2)进行了远区数据判断，删除近场数据。

(3)静态位移校正。测量在非水平地层的不均匀介质地表上进行，近地表地层的电阻率较高，由于天然电磁场的作用，在近地表高阻不均匀体的分界面上产生积累电荷，这些积累电荷在高阻围岩中不能及时逃逸，将产生畸变电场，影响可控源音频大地电磁测的实测结果。因此，根据已知地质资料和视电阻率、相位断面图及地形起伏情况，进行了静态位移校正。

（4）采用博斯蒂克反演模型，对视电阻率进行了一维博斯蒂克反演。

（5）利用美国 Zonge 公司配套的 SCS-2D 软件进行二维带地形反演，最后导出反演结果数据，利用 MapGIS 软件成图。

（6）结合地质资料对二维反演结果进行定性、定量解释。

可控源音频大地电磁测深数据处理及资料解释流程如图 6-22。

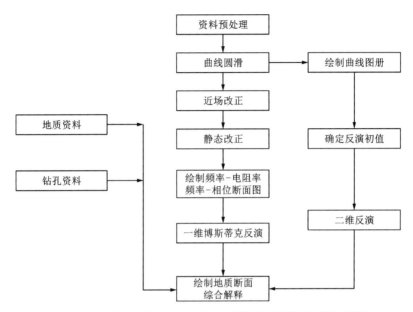

图 6-22　可控源音频大地电磁测深数据处理及资料解释流程图

6.4　地气剖面测量质量

6.4.1　野外工作质量

为保证工作质量，野外采样各项工作严格执行相关规范，具体做法：

（1）根据已经完成的物探和地质剖面工作，计算好每点具体经纬度，注明采样点编号，打印好后，野外操作时利用 GPS 定位，将采集后的地气和土壤样品分别装入写好样品编号的地气样品专用瓶和布样袋中。详细记录采样点土壤及周围的环境特征。

（2）野外样品采集、记录及样品整理，实行样品自检、采样组互检，检查工作量为 100%。

（3）每天野外工作结束后，各采样组及时将所采集的样品整理好，并对土壤样品进行晾晒工作，以防发霉、变质、污染等。

野外原始资料齐全，工作质量可靠。

6.4.2　分析测试质量

样品主要为地气样品和土壤样品两类，对地气和土壤样品均测试了 Sn、W、Pb、Zn、Ag、Cu、Ni、Co、Sb、Bi、Mo 11 种元素。样品均由地科院物化探所中心实验室完成分析测试。

地气样品用高分辨等离子体质谱法（HR-ICP-MS）分析测试 Sn 等 11 种元素。土壤样品用发射光谱法（ES）测试 Ag、Sn，用等离子体质谱法测试 W、Pb 等其他 9 种元素。

地气样品用重复测试的合格率和精密度控制分析测量进行质量监护。土壤样品则利用土壤一级标准物质样品（GSS21、GSS22、GSS25、GSS26）和重复测量进行质量监控。

分析测试指标及分析质量见表 6-9 和表 6-10。

表 6-9　地气样品分析测试质量报告

分析项目	分析方法	检出限 /(ng·mL⁻¹)	合格率/%	精密度/%
Ag	高分辨等离子体质谱法（HR-ICP-MS）	0.01	100	46.4
Bi	高分辨等离子体质谱法（HR-ICP-MS）	0.002	100	5.2
Co	高分辨等离子体质谱法（HR-ICP-MS）	0.005	100	75.8
Cu	高分辨等离子体质谱法（HR-ICP-MS）	0.059	100	5.3
Mo	高分辨等离子体质谱法（HR-ICP-MS）	0.007	100	1.5
Ni	高分辨等离子体质谱法（HR-ICP-MS）	0.046	100	27.1
Pb	高分辨等离子体质谱法（HR-ICP-MS）	0.069	100	5.6
Sb	高分辨等离子体质谱法（HR-ICP-MS）	0.010	100	27.6
Sn	高分辨等离子体质谱法（HR-ICP-MS）	0.128	100	5.4
W	高分辨等离子体质谱法（HR-ICP-MS）	0.008	100	8.2

总体分析质量良好，结果可靠。

表 6-10　土壤样品分析测试质量报告

分析项目	分析方法	检出限 /(ng·g⁻¹)	合格率/%		准确度 /%	精密度 /%
			标准物质	重复样		
Ag	发射光谱法（ES）	0.00002	100	100	12.37	6.45
Bi	等离子体质谱法（ICP-MS）	0.05	100	100	11.26	3.29
Co	等离子体质谱法（ICP-MS）	1	100	100	-3.75	1.33
Cu	等离子体质谱法（ICP-MS）	1	100	100	-1.01	2.55
Mo	等离子体质谱法（ICP-MS）	0.2	100	100	-8.51	4.15
Ni	等离子体质谱法（ICP-MS）	2	100	100	-2.17	1.02
Pb	等离子体质谱法（ICP-MS）	2	100	100	3.58	2.17
Sb	等离子体质谱法（ICP-MS）	0.05	100	100	6.56	2.25
Sn	发射光谱法（ES）	1	100	92.3	-9.44	2.72
W	等离子体质谱法（ICP-MS）	0.2	100	100	6.55	3.41
Zn	等离子体质谱法（ICP-MS）	2	100	100	0.54	0.84

6.5　锡田–邓阜仙矿集区物性参数特征

6.5.1　密度特征

　　锡田–邓阜仙矿集区岩（矿）石密度测定统计结果见表 6-11，本区岩（矿）石的密度存在一定的差异。

表 6-11　锡田–邓阜仙矿集区岩石密度测定统计结果表

岩（矿）石名称	标本块数	密度变化范围/(g·cm⁻³)	密度平均值/(g·cm⁻³)	统计方法
长石石英砂岩	198	2.50~2.72	2.63	加权平均
花岗岩	565	2.50~2.66	2.61	加权平均
灰岩	132	2.66~2.75	2.70	加权平均
砂岩	166	2.54~2.72	2.63	加权平均
硅质板岩	20		2.62	算术平均
硅质页岩	25		2.54	算术平均
含砾砂岩	30		2.56	算术平均
绢云母板岩	18		2.58	算术平均
绢云母石英砂岩	23		2.69	算术平均
赤铁矿	11	3.12~3.62	3.41	加权平均
铅锌矿	122	2.90~3.78	3.53	加权平均
铜矿	52		2.95	算术平均
硅石	57		2.65	算术平均
钠长石矿	67		2.62	算术平均
萤石矿	120		2.60	算术平均

　　测区出露地层较为完全，其中分布最广的是上古生界二叠系、石炭系、泥盆系，下古生界奥陶系、寒武系及中生代白垩系、侏罗系、三叠系。由密度统计表可知，上古生界地层平均密度最高，达 2.71 g/cm³，下古生界地层平均密度 2.69 g/cm³，邓阜仙岩体及锡田岩体密度为 2.60~2.64 g/cm³，白垩系地层平均密度 2.59 g/cm³，铅锌矿、铁矿、铜矿等矿床平均密度为 3.0 g/cm³ 以上。多金属矿床为高密度体，岩体与围岩存在着明显的密度差异，因此利用岩石地层密度差异划分地层界限，圈定隐伏岩体边界，是提供重力物性的前提条件。

6.5.2　磁性特征

　　锡田–邓阜仙矿集区岩（矿）石磁法物性参数测定结果见表 6-12、图 6-23，本区岩（矿）石的磁性存在明显的差异。

表6-12　锡田-邓阜仙矿集区磁参数测定统计结果表

岩(矿)石名称		块数	磁化率 $K/(10^{-6}\times4\pi SI)$			剩余磁化强度 $Jr/(10^{-3}A\cdot m^{-1})$		
			变化范围	几何平均值	算术平均值	变化范围	几何平均值	算术平均值
麻石岭	寒武系砂岩	30	2~47	16	19	4~31	14	16
	花岗岩	20	2~34	11	14	6~27	12	13
	泥盆系砂质板岩	10	14~27	18	19	37~58	49	49
	异常段砂岩	25	3~143	15	22	11~3045	36	192
	铁矿	10	586~3051	981	1100	28~2454	361	654
	合计	95						
水晶岭	泥盆系泥岩	15	1~32	13	15	4~25	12	13
	白云质灰岩	11	1~22	4	6	6~25	9	10
	花岗岩	15	1~18	5	7	5~12	8	8
	砂质板岩	10	8~45	29	32	19~60	32	36
	砂岩	5	15~34	21	22	16~91	43	53
	合计	56						
羊古脑	砂质板岩	19	7~553	36	109	6~1380	48	206
	砂岩	30	3~617	22	100	3~1082	20	61
	合计	49						
弯里村上冲	砂岩	30	57~188	104	107	5~151	32	46
	铁矿	30	65~475	164	184	10~2925	68	265
	合计	60						

　　磁性参数柱状图(图6-23)显示,磁铁矿、矽卡岩的磁化率及剩余磁化强度几何平均值远高于其他岩性,其中麻石岭地区铁矿磁化率及剩余磁化强度最高,分别为 981×10^{-6} $4\pi SI$ 和 361×10^{-3} A/m;湾里村上冲铁矿磁化率及剩余磁化强度几何平均值分别为 164×10^{-6} $4\pi SI$ 和 68×10^{-3} A/m;垄上矿段矽卡岩磁化率及剩余磁化强度几何平均值分别为 189×10^{-6} $4\pi SI$ 和 91.5×10^{-3} A/m,磁化强度较强的还有垄上地区的灰岩和湾里村上冲砂岩。比较测区其他地点的砂岩及灰岩发现,垄上、弯里村上冲两区的灰岩及砂岩磁性参数相对较高,地质资料表明两区位于岩体接触带附近,且采集的标本磁铁矿化明显,灰岩及砂岩是接触带附近围岩的主要岩性,极可能受到热液接触交代的影响,产生蚀变作用,故磁性参数较高。

　　从标本磁性参数变化范围看,寒武系和泥盆系地层磁性较弱,花岗岩体磁性微弱,钨锡多金属矿床主要为矽卡岩型及蚀变构造型,测区地层与成矿母岩物性平稳,磁场呈难以觉察的微弱异常,因此低缓背景场上叠加的局部高磁异常为寻找该类矿床起到了一定指示作用。

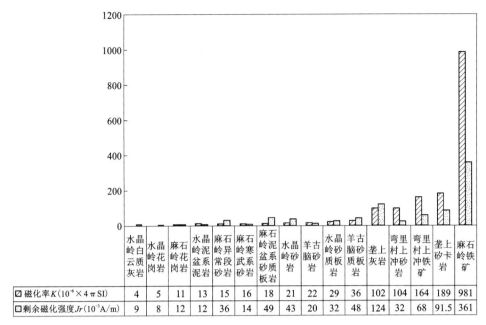

	水晶岭白云质灰岩	水晶岭花岗岩	麻石岭花岗岩	水晶岭泥盆系泥岩	麻石岭异常段砂岩	麻石岭寒武系砂岩	麻石泥盆系砂质板岩	水晶岭砂岩	羊古脑砂岩	水晶砂质板岩	羊古脑砂质板岩	垄上灰岩	弯里村上冲砂岩	弯里村上冲铁矿	垄上矽卡岩	麻石岭铁矿
☑ 磁化率 $K(10^{-6}\times4\pi\,\mathrm{SI})$	4	5	11	13	15	16	18	21	22	29	36	102	104	164	189	981
☐ 剩余磁化强度 $Jr(10^{-3}\mathrm{A/m})$	9	8	12	12	36	14	49	43	20	32	48	124	32	68	91.5	361

图 6-23　锡田-邓阜仙矿集区磁性参数几何平均值一览表

6.5.3　电性特征

岩石物性参数是研究地球物理场响应的基础，此次物性测量工作使用加拿大 SCIP 岩芯测试仪，参数测定结果见表 6-13。

表 6-13　锡田-邓阜仙矿集区电阻率参数测定统计结果表

岩（矿）石名称	块数	变化范围 /(Ω·m)	电阻率算术平均值 /(Ω·m)	电阻率几何平均值 /(Ω·m)
泥盆系泥质灰岩	30	4800~238999	49853	34925
锡田岩体花岗岩	29	6045~24820	14280	13759
石炭系灰岩	30	3184~19970	9997	8525
石英砂岩（含星点状黄铁矿）	29	924~5656	2962	2623
石英砂岩	22	500~6446	2475	2030
石英脉（蚀变个别含黄铁矿）	31	2175~21654	10241	6582
蚀变灰岩（含少量黄铁矿、矽卡岩化）	17	973~13036	3214	3219
黄色砂岩	24	214~5950	900	872
印支期黑云母花岗岩（含零星矿物）	26	265~3990	2047	1560
石炭系灰岩（岩体边，已变质）	29	931~13877	5625	3751
白垩系粉色砂岩	30	40~188	94	86
二叠系硅质页岩	7	2061~5254	3525	3403
邓阜仙岩体花岗岩	10	4737~13484	7783	6794

续表6-13

岩(矿)石名称	块数	变化范围 /(Ω·m)	电阻率算术平均值 /(Ω·m)	电阻率几何平均值 /(Ω·m)
矽卡岩	67	39~29710	2517	573
铅锌矿	29	10~8000	1353	325
含锡硫化物磁铁矿矿石	2	59~88	74	72

取岩(矿)石电阻率几何平均值,分别编制成简单直观的柱状图(图6-24)。电阻率柱状图显示,泥盆系灰岩—邓阜仙花岗岩电阻率几何平均值大于 6000 Ω·m,属高电阻率;泥盆系灰岩灰岩—含零星矿物黑云母花岗岩大于 1000 Ω·m,属中电阻率;矽卡岩、砂岩、铅锌矿为 300~900 Ω·m,属中低电阻率;白垩系砂岩、含锡石磁铁矿矿石小于 100 Ω·m,属于低电阻率。

本矿区主要矿床类型为矽卡岩型,矽卡岩型矿床与岩体有密切联系,根据表中统计可知矿石、矽卡岩以及蚀变灰岩与锡田岩体有超过 5 倍的电阻率差异,从而为该方法找矿提供了物性前提。另外,据表可知不同地层的岩石之间电阻率差异也很大,如白垩系地层电阻率就很低,与其他地层岩石的电阻率差异可达数十倍以上,这为划分深部地层界限提供了物性差异。因此,运用电阻率参数来划分地层构造、圈定(隐伏)岩体以及发现赋矿有利地段是可行的。

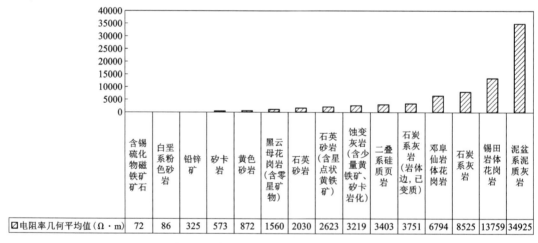

	含锡硫化物磁铁矿矿石	白垩系粉色砂岩	铅锌矿	矽卡岩	黄色砂岩	黑云母花岗岩(含零星矿物)	石英砂岩	石英砂岩(含星点状黄铁矿)	蚀变灰岩(含少量黄铁矿、矽卡岩化)	二叠系硅质页岩	石炭系灰岩(岩体边,已变质)	邓阜仙岩体花岗岩	石炭系灰岩	锡田岩体花岗岩	泥盆系泥质灰岩
电阻率几何平均值(Ω·m)	72	86	325	573	872	1560	2030	2623	3219	3403	3751	6794	8525	13759	34925

图6-24 锡田-邓阜仙矿集区岩(矿)石电阻率参数柱状图

6.6 物探结果解译

6.6.1 重力反演岩体的空间分布情况

重力:利用密度差查明深部隐伏岩体整体形态、深度,划分岩体与碳酸盐地层接触带部位。综上所述,查明内生型多金属钨锡矿床必须先圈定岩体与围岩接触带的边界部位。测区广泛分布的灰岩,密度值为 2.67 g/cm³ 左右,邓阜仙、锡田岩体的平均密度为 2.60~2.64 g/cm³,岩体与围岩差异明显,利用高精度重力手段圈定岩体与围岩的边界,探知岩体形态、顶面深度及起伏情况是最有效的方法。

幅值为 -20 mGal 的布格重力异常符合南岭地区花岗岩岩体的异常特征,推测该剖面的负重力异常主要为花岗岩岩体的反映。花岗岩早于白垩系侵入,白垩系地层规模不可能很大,低密度的白垩系地层不可能产生该幅值重力异常。

170 延长线 2D 密度自动反演(图 6-25~图 6-27)显示:白垩系地层南北两侧的花岗岩在深部推测是相连的,两侧出露的花岗岩是主岩体的一部分,主岩体位于白垩系地层的下方;岩体往南东方向侵入,倾向北西,深度小于 20 km。

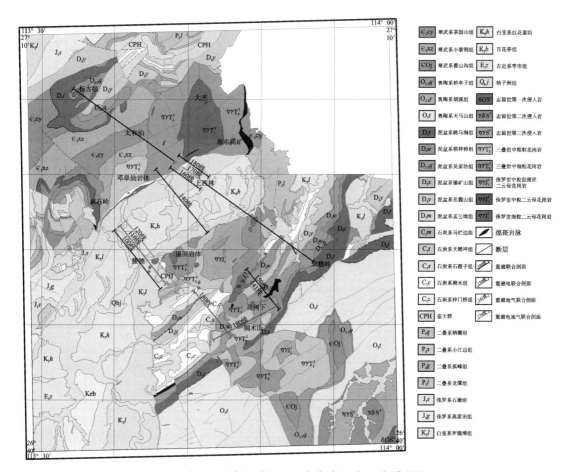

图 6-25　锡田-邓阜仙矿集区区域地质图(扫码查看彩图)

根据区域资料统计,白垩系地层和花岗密度非常接近,均为低密度。但本剖面反演结果显示白垩系地层密度略高于花岗岩岩体。白垩系地层与花岗岩界面是起伏的,深度为 2 km 左右,地下 2~5 km 密度有所增加,推断可能为石炭系-泥盆系地层。因该剖面长度较大,反演的白垩系与花岗岩边界误差可能较大,故应结合电法结果推断白垩系覆盖的花岗岩岩体深度。

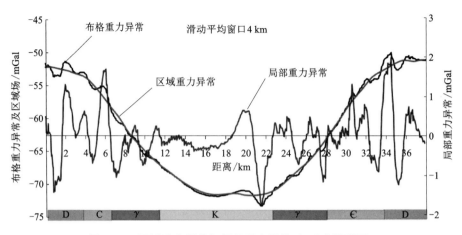

图 6-26　区域重力异常与局部重力异常（扫码查看彩图）

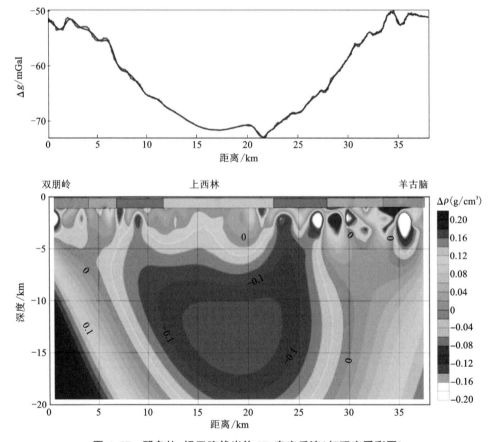

图 6-27　邓阜仙–锡田隐伏岩体 2D 密度反演（扫码查看彩图）

6.6.2 剖面重磁异常特征及初步解释

为更加详细查明岩体边界形态、顶面埋深、侵入情况及白垩系沉积盖层的深度，在邓阜仙–锡田岩体与围岩接触带布设了 11 条高精度重力、地磁剖面，数据比例尺为 1∶5 万。测线布设方向上，除 190 线垂直穿越锡田岩体哑铃柄状部位，呈 NEE 方向，其他测线均呈 NW 方向布设，分别位于邓阜仙–锡田岩体与白垩系红层的外缘接触带。测线展布情况如图 6-28、图 6-29 所示。

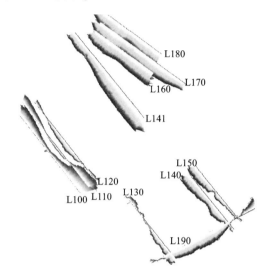

图 6-28　重力平面剖面图(扫码查看彩图)

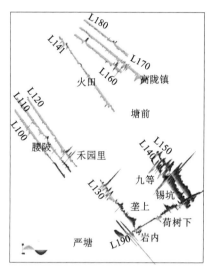

图 6-29　地磁平面剖面图(扫码查看彩图)

(一)重力剖面 2D 密度反演

岩体密度范围为 $-0.07 \sim -0.03$ g/cm^3，由图 6-29 剩余密度反演结果可以看出，位于锡田岩体西北端外缘与白垩系红层接触带的 100~120 线，主岩体位于白垩系地层下方，整体往南东方向侵入，倾向北西，岩体边界清晰，根部埋深由 110 线至 120 线加深明显，推断 110 线所在位置为隐伏岩体外缘边界。

141、160、170、180 测线位于邓阜仙岩体中部，北西端出露有邓阜仙岩体，测线大部分位于白垩系沉积盖层覆盖地区。由图 6-30 看出，主岩体位于测线下方，根部埋深较深，与区域资料统计的白垩系地层和花岗岩密度非常接近，均为低密度。测线下方 1000 m 以内岩体与白垩系地层边界不清晰，岩体形态复杂，结合电法结果推断白垩系覆盖的花岗岩岩体深度为 500~1000 m。

130 线和 140 线、150 线分别位于锡田岩体哑铃柄状外围接触带，接触地层为泥盆系、石炭系碳酸盐地层，为有利的成矿地段。130 线西北端大部分地区下方无隐伏岩体，140 线及 150 线岩体形态复杂，边界较陡，在测线约 3 km 和 6 km 的地方岩体呈凹槽状，形成良好的赋矿空间。

各剖面线重力异常特征描述及初步推断解释详见表 6-14。

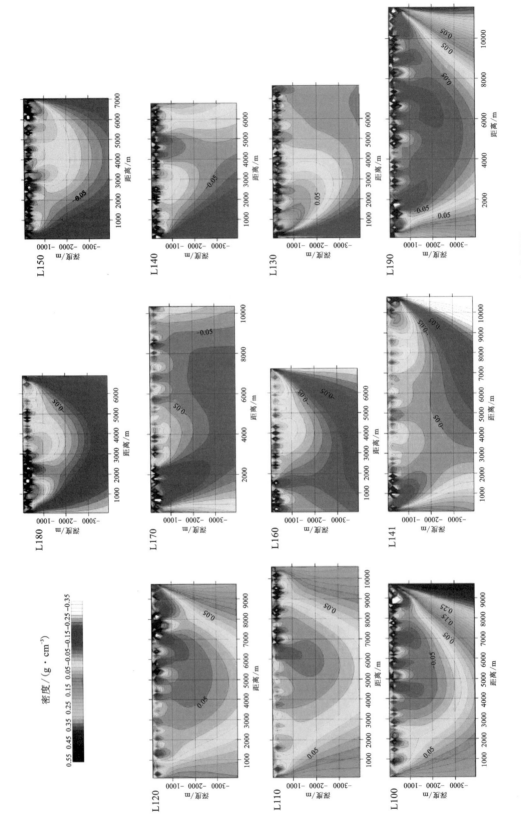

图6-30 L100~L190线重力数据2D反演结果（扫码查看彩图）

（二）地磁剖面异常初步分析

由航磁平面图及地磁高精度平剖图看出，锡田岩体哑铃柄状部位西接触带垄上地区和东接触带晒禾岭、桐木山、荷树下存在明显的局部正磁异常，出露地层为泥盆系中上统地层，为赋矿主要地层。结合地质资料可知，次级 SN 向、NEE 向断裂在内接触带叠加了碳酸盐块，经多次热液填充，形成可构造蚀变带-矽卡岩复合型钨锡矿脉。130 线与 140 线、150 线分别位于锡田岩体哑铃状细轴部位两侧，航磁局部正磁场明显，呈环状分布在岩体外缘接触带部位，地磁异常强度升高，幅值大，低缓背景场上叠加的局部正磁异常，且异常位于岩体接触带部位。因此，该部位是寻找矽卡岩型多金属矿有利部位。

各剖面线地磁异常特征描述及初步推断解释详见表 6-14。

表 6-14　重磁异常特征描述及初步推断解释

测线名称	长度/km	重力异常形态	地磁异常形态	初步推断解释
100	10	布格重力异常特征主要表现为相对重力低，异常值在 $(-64.271\times10^{-5})\sim(-56.085\times10^{-5})$ m/s^2 范围变化，整个异常表现为两边高、中间低的特征	磁场表现以平缓的磁负异常为主，仅南东少部地区有低缓正磁，起伏变化范围为 $-1\sim21$ nT	低密度岩体根基延伸深度由两侧至中间逐步加大，磁异常反映不明显
110	10.76	异常值在 $(-66.217\times10^{-5})\sim(-60.091\times10^{-5})$ m/s^2 变化，异常表现为两边高、中间低的特征	磁场特征与 100 线相似，ΔT 值变化范围为 $-38\sim19$ nT	低密度岩体根基延伸深度由两侧至中间逐步加大，磁异常反映不明显
120	10	异常值在 $(-68.002\times10^{-5})\sim(-63.279\times10^{-5})$ m/s^2 范围变化，其特征表现与 100 线、110 线相似，不过其极值更低	异常总体表现为相对稳定的弱磁场特征，南东地区 810~970 点，磁异常变化比较剧烈，负值范围在 $-80\sim69$ nT	本区段地质条件比较复杂，分别有石炭系中上统、下统及花岗岩出露，低密度岩体根基延伸深度由两侧至中间逐步加大。结合磁性岩性资料可以初步推断这些异常是由地下各地层中磁性不均匀体引起的
130	8	异常值在 $(-69.032\times10^{-5})\sim(-62.615\times10^{-5})$ m/s^2 范围变化，异常值由北西至南东逐渐减小	异常变化比较明显，ΔT 值变化范围为 $-58\sim173$ nT，从剖面图上可以看出，156~202 点磁异常变化比较剧烈，达到 460 m	可能仅在测线南东部部分地区有隐伏岩体存在；剖面所处地质条件比较复杂，处在垄上矿段上，推断磁异常可能是由地下磁性体所引起，异常大小受地质体大小及埋深影响
141	7.18	异常值在 $(-73.243\times10^{-5})\sim(-67.087\times10^{-5})$ m/s^2 变化	异常总体表现为相对稳定的弱磁场特征	地下隐伏岩基主体部位；磁异常可能是由地质体磁性不均匀引起的

续表6-14

测线名称	长度/km	重力异常形态	地磁异常形态	初步推断解释
140	11	异常值在(−70.503×10⁻⁵)~(−64.583×10⁻⁵) m/s² 范围变化	局部正磁异常增多,异常变化幅值加大,从2434点到2082段,异常幅值范围为−938~234 nT,变化幅度比较大。2434点到2530点之间异常基本以局部正磁异常为主	地下隐伏岩基主体部位;剖面位于锡田岩体接触带部位,围岩有泥盆系、石炭系等成矿有利地层出露,多条北东向断裂发育,因此推断此处是成矿有利部位,区段可能是有地下矿体引起。整条剖面的磁异常值都比较高,结合地质及岩石磁性资料,可以推断此区域有很好的找矿前景
150	7.22	异常值在(−69.86×10⁻⁵)~(−63.977×10⁻⁵) m/s² 范围变化,异常值由北西至南东逐渐升高	局部正磁异常增多明显,ΔT值变化范围为−469~116 nT,异常形态与140线类似	隐伏岩体埋深深度由北西至南东逐步加大,剖面位于锡田岩体接触带部位,与140线比邻,地质条件基本一致,推断此处是成矿有利部位区段可能是有地下矿体
160	7.36	异常值在(−72.109×10⁻⁵)~(−68.371×10⁻⁵) m/s² 范围变化,异常变化比较平缓,无明显局部异常	以负磁场为主,幅值变化不大,其中从250点到260点,异常最大值也达到了41 nT,异常幅度有200 m	地下隐伏岩基主体部位;结合地质情况推断此处可能是由小规模的不均匀磁性体引起。其他区段异常变化不大,主要反映的是岩层的磁性
170	10.54	异常值在(−73.133×10⁻⁵)~(−68.466×10⁻⁵) m/s² 范围变化,异常总体变化不明显	以负磁场为主,幅值变化不大,1462~1488点和1700~1790点,异常极小值为−135 nT,异常幅度大约900 m	地下隐伏岩基主体部位;局部磁异常可能是由地质体磁性不均匀引起的
180	6.96	异常值在(−72.133×10⁻⁵)~(−70.129×10⁻⁵) m/s² 范围变化,形态与170线相似	整体呈现弱负磁异常,ΔT异常范围通常为−15~0 nT,个别点达−30 nT,基本没有磁异常	地下隐伏岩基主体部位
190	11.94	异常值在(−73.277×10⁻⁵)~(−59.430) m/s² 范围变化,异常总体形态为中间低、两边高特征	测线南北两侧局部异常强度大,幅值变化大,中间大部分地区为低缓磁异常,ΔT值变化范围为−585~266 nT	整条剖面所处的地质条件比较复杂,且有大规模的花岗岩体出露。南侧从976点到1140点,异常幅度达到1.64 km,推断此异常可能是由磁性矿体引起。其他局部不规则异常主要是由岩层接触带及断裂破碎带引起

6.6.3 重磁电综合物探成果解译

（一）110 线

110 线位于锡田岩体北西侧外缘，地层出露较为简单，大部分为白垩系红色砂岩，接近出露岩体部位夹少量石炭系地层。

地磁异常以低负磁场为主，表现较为平缓，无明显局部异常。

重力布格曲线中间低两边高，曲线变化为北西陡、南东缓，说明地下隐伏岩体由南东侵入，倾向北西（图 6-31）。

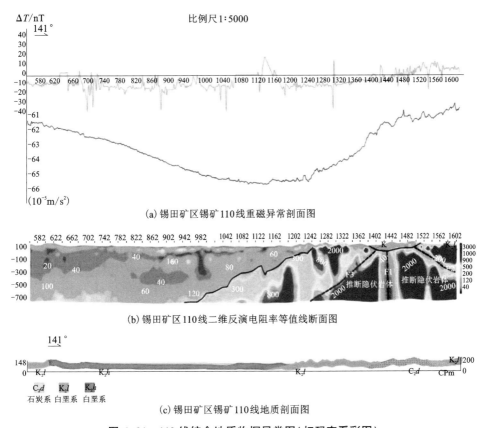

(a) 锡田矿区锡矿 110 线重磁异常剖面图

(b) 锡田矿区 110 线二维反演电阻率等值线断面图

(c) 锡田矿区锡矿 110 线地质剖面图

图 6-31 110 线综合地质物探异常图（扫码查看彩图）

电阻率测深初步推断解释：

（1）地层：电阻率测深图显示，浅部孤立封闭异常反映为第四系干燥的冲洪积物、砂土及黄土状黏土层，厚度一般为 15~60 m。电阻率测深剖面由东至西分为低阻、中低阻、高阻区域。562 点到 1242 点之间视电阻率小于 60 Ω·m，等值线变化平缓，为明显的低阻异常区，推断为白垩系红层；在 -700 m 标高处电阻率有升高的趋势，说明白垩系红层延伸深度不大，推断可能在 -1000 m 左右见底。

（2）岩体：562 点到 982 点之间为凹陷区域，未见基底，在 984 点下界面至 1242 点浅表电阻率值呈 30° 仰角缓慢抬升。局部分布有大于 2000 Ω·m 的高阻异常，区域电阻率为 300 Ω·m，为中低阻区域，结合重力、地质资料推断该区域存在隐伏岩体。1402 点至 1602 点为明显的高阻区域，符合花岗岩电阻率大于 2000 Ω·m 的物性特征，推断为隐伏岩体所在处。

（3）构造：该测线推断了 3 条隐伏断裂，分别命名为 F1、F2、F3。

①F1 断裂：范围较大，位于 1436 点至 1462 点之间，控制宽度约 260 m、深度约 1000 m，推断是后期受构造运动影响产生的断裂，断裂破碎带被低阻物体填充；属于深大断裂，控制着南东段岩体的分布规律。

②F2 断裂：范围较小，位于 1500 点至 1620 点之间，产状南东，断裂破碎带被低阻体填充，该断裂范围偏小，宽约 100 m，性质应与 F1 断裂相似。

③F3 断裂：位于 1242 点至 1402 点之间，产状北西，断裂两侧高阻异常扭曲变化明显，该断裂切割岩体，控制岩体与围岩的接触。

（二）130 线

130 线位于岩体北西侧外缘，出露地层为泥盆系、石炭系和白垩系，锡田花岗岩体在测线南东段和北西段均有部分露头。

重力异常由北西至南东逐渐降低，结合地质资料推断，隐伏岩体倾向北西。

地磁异常变化剧烈，经上延 30 m 处理后，大部分锯齿状跳动曲线趋于光滑，整体上看，地磁异常与航磁异常吻合较好，在测线 162 点至 462 点和 622 点至 802 点，地磁异常变化剧烈，强度和幅值有所增大（图 6-32）。

电阻率测深初步推断解释：

（1）岩体：将电阻率大于 2000 Ω·m 的异常推断为隐伏岩体，结合地质资料可知，在测线南北两端出露岩体处，均表现为电阻率大于 2000 Ω·m 的高阻异常区；同理，182 点至 342 点、382 点至 622 点的高阻区推断为隐伏岩体，这与布格曲线的降低对应良好。

（2）断裂：电阻率等值线由地表至地下 800 m 扭曲明显，推断有多条次级断裂存在，由西至东在隐伏岩体附近推断断裂 6 条；其中，F1、F2 断裂倾向南西，F3 断裂切割较浅（约600 m），F4、F5 断裂倾向南东，F6 断裂将隐伏岩体分割成两个部分。断裂充填的破碎带物质为低电阻，切割岩体使其作为物质运移通道连接浅地表，数条断裂的交会为成矿提供热液来源和赋矿空间。

（三）170 线

170 线位于邓阜仙岩体南缘，穿越岩体与白垩系红盆，岩石主要为邓阜仙花岗岩，地层出露简单，仅为白垩系红色砂岩。

重力异常表现为北低南高，最低值在邓阜仙出露岩体外围约 1 km 宽范围，布格异常达 $-74×10^{-5} m/s^2$。

地磁异常以低缓磁负异常为主，异常幅值变化大，局部异常不明显（图 6-33）。

电阻率测深初步推断解释：

（1）岩体：电阻率测深剖面显示，772 点到 852 点之间电阻率大于 2000 Ω·m，为高阻区域，推断为邓阜仙花岗岩体，其产状近似直立；852 点至 972 点分布 4 个串珠状局部高阻异常，结合重力资料发现布格异常为测线最低值所在，推断存在隐伏花岗岩；电阻率及布格曲线变化剧烈，说明此处地质体构造较为复杂。1712 点到 1888 点之间的高阻体推断为隐伏的锡田花岗岩体，但分布整体性不好，该岩体往北西方向的深部也有零星侵入，说明其在深部还有往北西方向延伸的趋势。

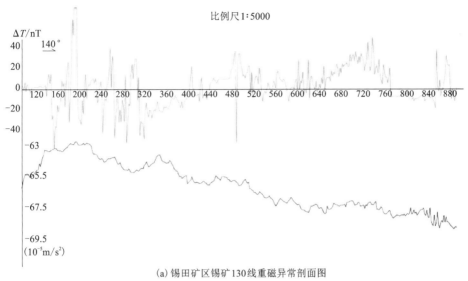

(a) 锡田矿区锡矿130线重磁异常剖面图

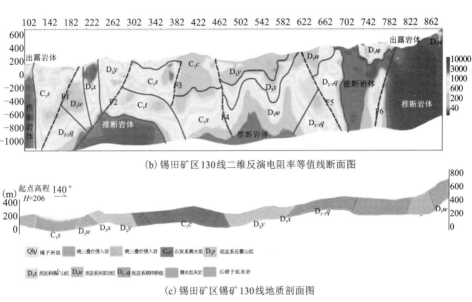

(b) 锡田矿区130线二维反演电阻率等值线断面图

(c) 锡田矿区锡矿130线地质剖面图

图 6-32　130 线综合地质物探异常图（扫码查看彩图）

（2）地层

①呈"勺"状的低阻体分布范围最广，且从地表一直往深部延伸，深部有凹陷，推断为白垩系红层砂岩，在 1132 点至 1252 点延伸深度达到 -1100 m 标高。

②912 点至 1712 点标高大致在 -200 m 以下的中阻区域推断为二叠系隐伏地层。

（3）断裂：本测线推断断裂 2 条。

①断裂 F1 位于 872 点附近，电阻率等值线不连续，近垂直状的低阻带推断为 F1 断裂所在处，产状几近垂直，切割深度较大，断裂上方有一水库，低阻，推断可能是断裂控制破碎带。局部裂隙充水，导致局部电阻率降低。

②断裂 F2 位于 1172 点下方，产状近垂直，地表出露地层为白垩系红层，电阻率表现平稳的低阻区，电阻率曲线沿断裂切割方向凸出，下延深度大。

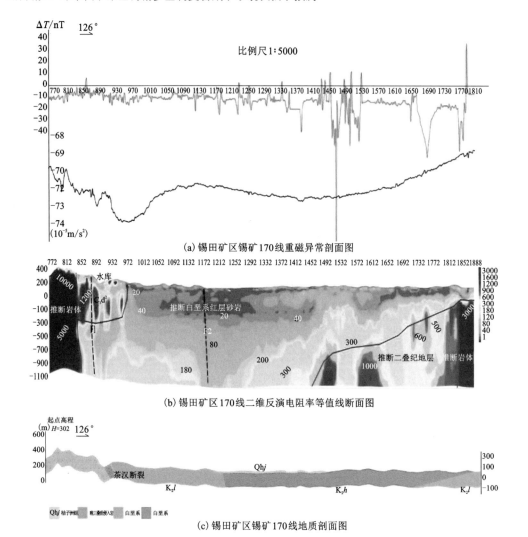

(a) 锡田矿区锡矿170线重磁异常剖面图

(b) 锡田矿区170线二维反演电阻率等值线断面图

(c) 锡田矿区锡矿170线地质剖面图

图 6-33 170 线综合地质物探异常图（扫码查看彩图）

（四）190 线

190 线穿越锡田岩体哑铃柄状部位，岩体两侧出露泥盆系地层，重力布格异常总体形态呈中间低、两边高特征，反映岩体在深部呈岩基产出。特别突出的是，磁异常在出露岩体两侧接触带部位幅值及强度有所提高，推断接触带部位发生了热液蚀变作用，将南北两侧磁异常分别编号为垄上段异常及晒禾岭段异常。

锡田岩体北侧、垄上矿段南侧地磁局部异常强度高，$\Delta T_{max} = 266$ nT，$\Delta T_{min} = -585$ nT，正负异常之间差距大，等值线梯度陡，范围小，异常所在地表岩性主要为泥盆系砂岩，物性较为稳定，较为平稳，经上延 50 m 处理后，异常基本消失，磁性体具有浅源特征。岩体南侧接触带，测线 1480 点至 2020 点之间出现正负伴生的磁异常，经上延 20 m 处理，降低地表磁性不均匀影响后，整体上表现为两个正负伴生、南正北负的局部正磁异常，异常连续性好，幅值宽缓，总长约 2 km，上延 300 m 后；并未完全消失，而是呈一平稳、低缓的正磁异常，约 5 nT，推断岩体南侧磁异常埋深较大。结合地质资料与采集的磁性标本、测线布置方位角，利用二维磁化率成像反演技术大致了解地下磁性体的分布情况，如图 6-34 所示。

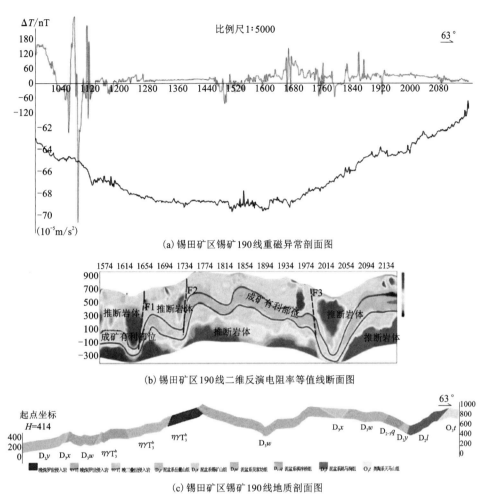

(a) 锡田矿区锡矿190线重磁异常剖面图

(b) 锡田矿区190线二维反演电阻率等值线断面图

(c) 锡田矿区锡矿190线地质剖面图

图 6-34　190 线综合地质物探异常图(扫码查看彩图)

电阻率测深初步推断解释:

电阻率断面图显示,第一层电阻率高低不一,等值线变化剧烈,不连续,推断为泥盆系盖层,部分等值线扭曲处推断可能有断裂存在;中部距地表 600~850 m 区域,视电阻率为 60~200 Ω·m,呈波浪状分布,为成矿有利部位;第三层分布在地表 1 km 以下,具高阻特征,推断可能是岩体引起的。

190 线垄上矿段异常位于锡田岩体南西侧外接触带部位,航磁局部异常带明显,为平静背景场叠加的局部异常,呈长条带状,走向与锡田岩体一致,$\Delta T_{max} = 25$ nT。选取异常段约 700 m,地磁异常由数个正负伴生的局部异常组成,异常强度高、梯度陡、规模较小,上延 100 m 后局部异常基本消失,说明该异常具有浅源特征。

受地表物质磁性不均匀影响,异常段单点峰值较多,干扰反演结果的拟合,经上延 20 m处理后,单点峰值异常基本消失,两正夹一负主异常规模、形态明显,$\Delta T_{max} = 254$ nT,$\Delta T_{min} = -344$ nT。地质资料显示 1 号异常段位于锡田花岗岩体西南侧外接触带约 1 km 部位,接触带地层岩性为泥盆系砂岩、灰岩。

由磁性标本可以看出，花岗岩、砂岩等岩性磁性较弱，无法引起异常，因此根据磁铁矿的磁性参数，以及剖面测线方位角等多个参数计算出磁铁矿的有效磁化强度及磁化倾角（拟合条件约束（$20×10^{-3}$～$5500×10^{-3}$ A/m）；利用二维视磁化率成像技术，可用软件自动拟合出地下磁性体形态、产状及规模等要素，从而对磁性体有了初步的定性定量认识（图 6-35）。

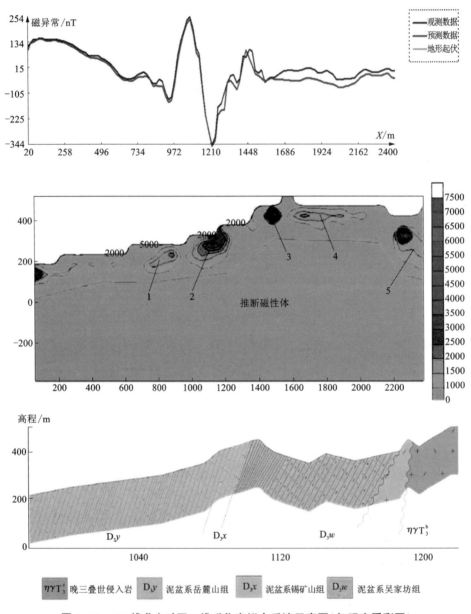

图 6-35　190 线垄上矿区二维磁化率拟合反演示意图（扫码查看彩图）

（1）1 号、2 号磁性体位于泥盆系岳麓山组和锡矿山组地层，倾向南西，长轴长约 200 m，视磁化强度（$2000×10^{-3}$）～（$4000×10^{-3}$）A/m，其倾向与地层倾向大致相同，经剖面磁源深度计算，1 号、2 号磁性体平均埋深约 25 m，这与 2D 反演结果基本一致，2 号磁性体顶深接近地表或已出露地表。

（2）3 号磁性体位于剖面 1.5 km 处，出露地层为泥盆系吴家坊组，磁性体呈似球状，直径约 100 m，磁化强度较高，最高达 6500×10^{-3} A/m，顶面埋深较浅，几乎接近地表。

（3）4 号磁性体所在位置出露地层为泥盆系吴家坊组，呈板状，长度 350 m，磁化强度为 $(2000 \times 10^{-3}) \sim (3000 \times 10^{-3})$ A/m。

（4）5 号磁性体位于剖面最东侧，2200～2400 m 处，晚三叠世侵入岩中，倾向北东，呈椭圆状，曲线未封闭，长约 260 m，磁化强度为 $(2000 \times 10^{-3}) \sim (6000 \times 10^{-3})$ A/m。

190 号线桐木山段选取剖面点 1574～1934，长约 4.2 km，位于锡田花岗岩体外接触带约 0.8 km 处，出露地层泥盆系锡矿山组、吴家坊组、棋梓桥组，岩性以砂岩，石英砂岩为主，有热液型钨锡矿在此开采（图 6-36）。

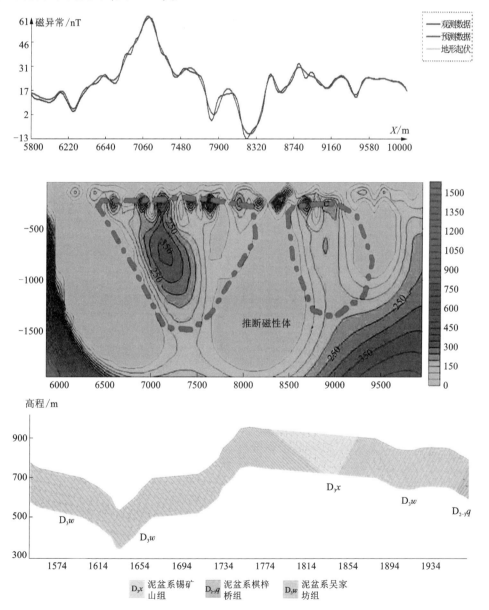

图 6-36　190 线桐木山矿区二维磁化率拟合反演示意图（扫码查看彩图）

花岗岩、砂岩磁性较为稳定，均呈无磁性或弱磁性。磁异常整体上较弱，受地表不均匀影响，磁异常表现较为杂乱，经上延40 m高度处理，浅部次一级异常基本消失，剖面中部出现两处主体异常，异常强度较弱，梯度宽缓，长度大约为3 km；上延200 m后，异常主体仍存在，显示磁性体埋深较深。

由磁性标本可以看出，花岗岩、砂岩等岩性磁性较弱，无法引起异常，异常段为岩体外接触带，接触地层为泥盆系灰岩，成矿条件良好，曾有发现矽卡岩型钨锡矿。矽卡岩的磁化率几何平均值为$(85 \times 10^{-3}) \sim (853 \times 10^{-3})$ A/m，剩余磁化强度几何平均值为$(39 \times 10^{-3}) \sim (241 \times 10^{-3})$ A/m，表明其磁性相对较强。

因此，根据矽卡岩的磁性参数、剖面测线方位角等多个参数计算出磁铁矿的有效磁化强度及磁化倾角［拟合条件约束$(50 \times 10^{-3}) \sim (1500 \times 10^{-3})$ A/m］；利用二维视磁化率成像技术，可用软件自动拟合出地下磁性体形态、产状及规模等要素，从而对磁性体有了初步的定性定量认识。

1号磁性体顶深距地表约60 m，延伸深度至1400 m左右，整体上倾向北东，在7800 m处有一"丫"伸枝，整体上磁化强度为$(200 \times 10^{-3}) \sim (350 \times 10^{-3})$ A/m。

2号磁性体顶深和延伸深度与1号磁性体大致相同，倾向北东，规模相对较小、磁化强度相对较弱，为$(100 \times 10^{-3}) \sim (200 \times 10^{-3})$ A/m。

6.7 化探成果解译

6.7.1 地气测量

对地气剖面120线、141线和170线进行统计，各元素地球化学特征见表6-15。

表6-15 湖南锡田-邓阜仙矿集区地气测量元素地球化学特征

元素	Ag	Bi	Co	Cu	Mo	Ni	Pb	Sb	Sn	W	Zn
最小值	0.00	0.002	0.003	0.19	0.01	0.06	0.11	0.01	0.09	0.005	3.5
最大值	0.06	0.48	0.59	1490	0.19	14.24	1150	1.27	10.97	0.18	2824
均值	0.005	0.02	0.04	120.12	0.03	1.00	47.6	0.08	0.85	0.02	209
中值	0.003	0.01	0.01	39.45	0.02	0.29	7.0	0.02	0.22	0.01	104
标准差	0.007	0.05	0.08	215.8	0.02	1.96	139.2	0.17	1.67	0.03	323
变异系数	1.32	2.34	1.799	1.797	0.87	1.96	2.93	2.01	1.97	1.15	1.54

注：元素含量单位为ng/L，样品数n为202。

总体上，地气中组分含量差异极大，范围为$(n \times 10^{-3}) \sim (n \times 10^{4})$ ng/L。对本区成矿有重要指示意义的Sn、W等元素，地气含量一般为$(n \times 10^{-3}) \sim (n \times 10)$ ng/L；但Cu、Pb、Zn含量相对较高，其均值达到$(n \times 10^{2}) \sim (n \times 10^{4})$ ng/L，最高值分别为1490 ng/L、1150 ng/L、2824 ng/L。同种元素，地气含量最大值与最小值一般相差几十到几百倍，相差较小的Co也有十几倍，相差上千倍的元素有Cu、Ni，Pb尤甚，相差万倍以上。

上述元素除 Mo 外,其他元素含量变异系数均在 1.0 以上,变异系数最大的 Pb 达 2.93,变异系数>2 的还有 Sb 和 Bi;变异程度为 Pb>Bi>Sb>Sn>Ni>Co>Cu>Zn>Ag>W>Mo。变异系数越大,成矿的可能性也越大。

地气测量元素地球化学背景值和异常下限是在对原始数据经无限次迭代剔除($\bar{x}±3s$)值域外数据处理后,计算出各元素的背景值(平均值)($\bar{x}$)、标准离差(s),再采用 $T=\bar{x}±2s$ 求得异常的下限值(表 6-16)。

表 6-16 湖南锡田-邓阜仙矿集区地气测量元素地球化学背景值及异常下限

元素	Ag	Bi	Co	Cu	Mo	Ni	Pb	Sb	Sn	W	Zn
背景值	0.003	0.006	0.014	54.26	0.02	0.29	7.26	0.013	0.32	0.016	112
标准差	0.002	0.003	0.010	62.62	0.01	0.21	7.93	0.004	0.28	0.010	103
异常下限	0.006	0.011	0.034	179	0.039	0.71	23.1	0.022	0.87	0.037	318
迭代次数	11	16	9	8	5	13	10	13	6	6	6
异常点数	35	53	41	27	17	45	44	72	29	24	26

注:元素含量单位为 ng/L,样品数 $n=202$。

(一)120 线

120 线位于腰陂镇东北方向约 3 km。地气中元素地球化学特征见表 6-17。

表 6-17 湖南锡田-邓阜仙矿集区 120 线地气测量元素地球化学特征

元素	Ag	Bi	Co	Cu	Mo	Ni	Pb	Sb	Sn	W	Zn
最小值	0.001	0.002	0.004	0.24	0.008	0.06	0.13	0.01	0.09	0.005	3.5
最大值	0.020	0.48	0.59	1490	0.19	14.24	1150	1.27	10.97	0.18	1628
均值	0.004	0.034	0.058	129.3	0.022	1.18	79.4	0.10	0.97	0.02	170.5
中值	0.002	0.006	0.015	22.0	0.019	0.29	4.67	0.02	0.20	0.01	57.0
标准差	0.004	0.08	0.11	244.9	0.022	2.34	213.3	0.22	1.93	0.03	276.7
变异系数	1.03	2.28	1.88	1.89	1.00	1.98	2.69	2.20	1.98	1.17	1.62

注:元素含量单位为 ng/L,样品数 $n=71$。

地气中不仅不同元素之间,而且同种元素之间,含量差异均极大。离散度最大的为 Pb,其变异系数为 2.69,最小的 Mo 为 1.0。

地气异常出现于东岭至尧江(13 号点至 33 号点)地段,简称东岭地气异常,见图 6-37 和图 6-38。

该地气异常由 Sn、W、Pb、Zn、Ag、Cu、Ni、Co、Sb、Bi、Mo 等多元素组成,异常宽约 2.0 km,主要出现于燕山期黑云母花岗岩上方地段。各元素异常形态基本一致,且重合性好;除 W 外,Sn、Pb 等其他元素异常最强地段位于 18 号点(东岭)附近,Sn、Pb 异常强度(最大值/异常下限)分别为 12.6、49.8;W 异常最强地段为 13 号点,异常强度为 4.9。

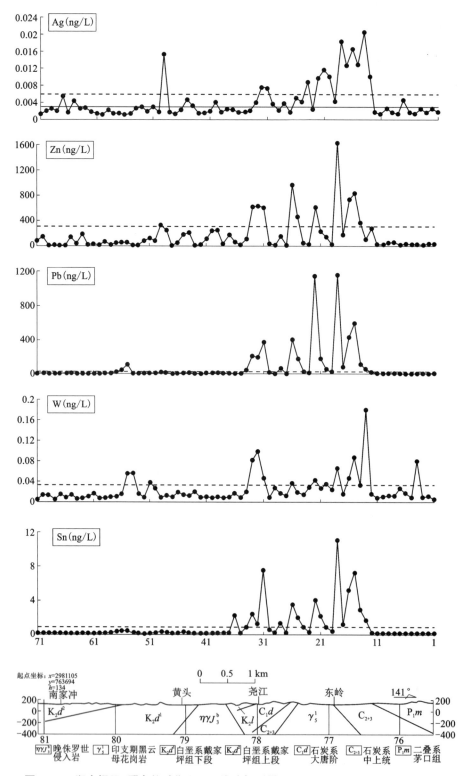

图 6-37　湖南锡田–邓阜仙矿集区 120 线地气测量 Sn、W、Pb、Zn、Ag 地球化学图

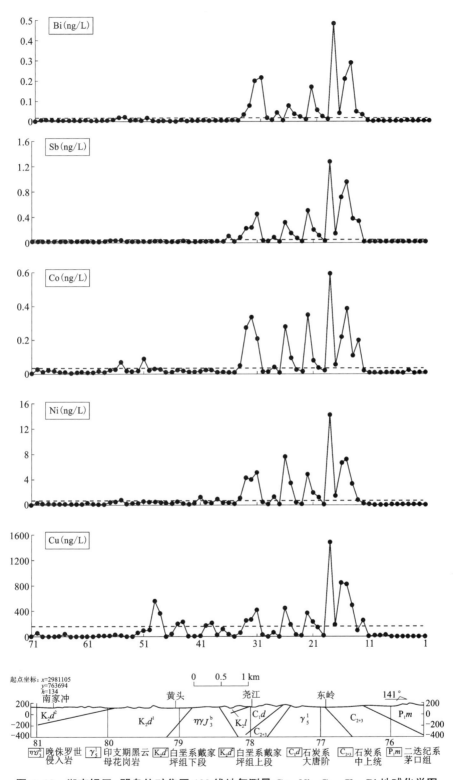

图 6-38　湖南锡田-邓阜仙矿集区 120 线地气测量 Cu、Ni、Co、Sb、Bi 地球化学图

Sn、W 异常在岩体两侧明显较强，呈驼峰（双峰）状。

Pb、Zn、Ag 等元素异常从东岭至尧江，呈现北西向倾伏状，在东岭地段最强。

Cu、Ni、Co、Sb、Bi 等元素异常形态与 Pb、Zn、Ag 等异常形态基本一致。另外，Cu、Ag 在 49 号点附近出现较弱的异常。

（二）141 线

141 线位于茶陵县高陇镇南约 10 km，大体上从晒禾岭北至茅坪一线。

141 线地气中元素地球化学特征见表 6-18。

表 6-18　湖南锡田-邓阜仙矿集区 141 线地气测量元素地球化学特征

元素	Ag	Bi	Co	Cu	Mo	Ni	Pb	Sb	Sn	W	Zn
最小值	0	0.002	0.004	0.19	0.009	0.08	0.11	0.01	0.10	0.01	7.6
最大值	0.024	0.16	0.32	792	0.156	11.39	470	0.55	10.36	0.18	1439
均值	0.004	0.015	0.04	87.7	0.024	0.80	29.8	0.06	0.73	0.02	233.0
中值	0.003	0.006	0.01	38.4	0.015	0.23	7.04	0.01	0.22	0.01	125.4
标准差	0.004	0.028	0.06	147.0	0.024	1.83	73.8	0.11	1.59	0.03	285.1
变异系数	1.00	1.86	1.63	1.68	0.997	2.28	2.48	1.70	2.18	1.23	1.22

注：元素含量单位为 ng/L，样品数 $n=61$。

同 120 线一致，地气中元素组分含量差异极大。总体上，地气中 Ag、Bi、Co、Sb、W、Mo 含量相对较低，低于 0.6 ng/L；Cu、Pb、Zn 含量则相对较高，基本>1 ng/L。均值以 Ag 含量最低，仅 0.004 ng/L；Zn 含量最大，达 233 ng/L（图 6-39、图 6-40）。

地气中含量差异最大的为 Pb，其变异系数为 2.48，变异系数>2 的还有 Sn、Ni；变异系数最小者为 Mo，变异系数为 1.0。变异系数大小 Pb>Ni>Sn>Bi>Sb>Cu>Co>W>Zn>Ag>Mo。

总体上，141 线出现 2 处多元素组合异常，一处位于剖面西北段（已知矿脉地段），由 Sn、W、Pb、Zn、Ag、Cu、Ni、Co、Sb、Bi 等元素组成；另一处出现于 17 点至 22 点（金鸡塘），由 Sn、W、Pb、Ag、Cu、Ni、Co、Sb、Bi 等组成。

剖面西北段异常向西北方向尚未封闭。本处 Sn、Cu、Ni、Bi、Co、Sb 等元素异常强度相对较低；Sn、W、Ag 等元素异常出现双峰，峰值为 55、60 点，从锡田-邓阜仙矿集区地质图看，55 点为已知锡矿脉。

17~22 点组合异常明显，重合性好，Sn、Pb、Cu、Ni、Co、Sb、Bi 等元素异常强度相对较大，Sn、Pb 的异常强度分别为 11.9、20.3。该异常中心基本位于 19 点，即金鸡塘地段，因此，简称金鸡塘地气异常。

（三）170 线

170 线位于茶陵县火田镇东北约 5 km 的垄上—垄里屋一线。该线近一半地段为第四系覆盖（上西岭—垄里屋段，1~33 点）。

该线地气中元素地球化学特征见表 6-19。

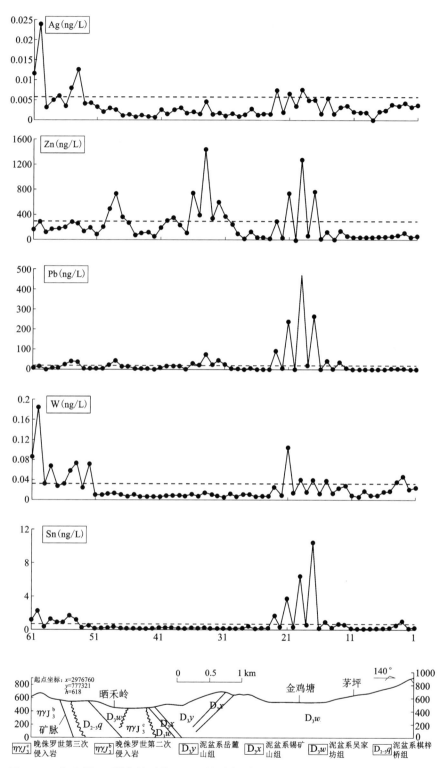

图6-39　湖南锡田-邓阜仙矿集区141线地气测量Sn、W、Pb、Zn、Ag地球化学图

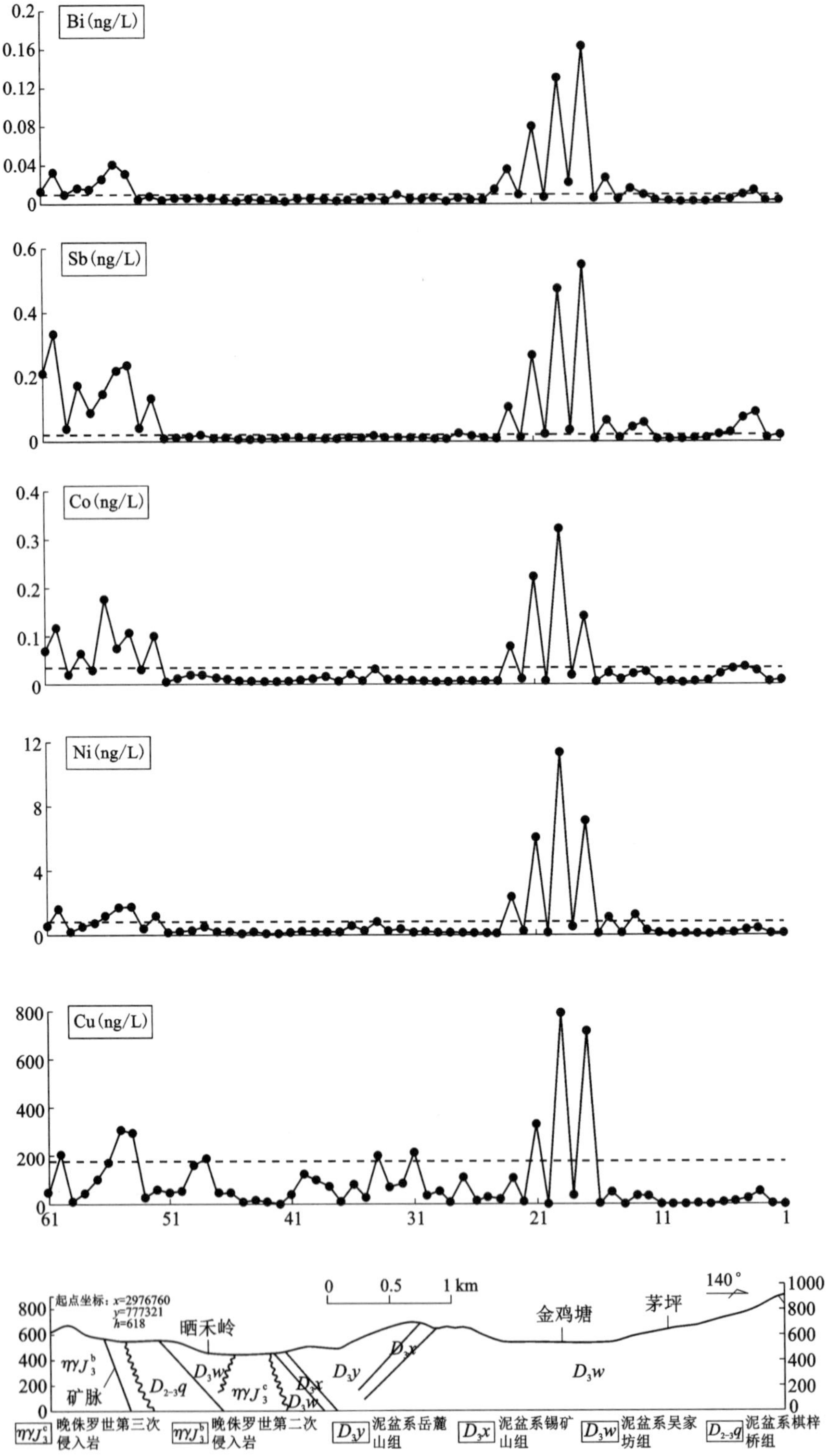

图 6-40　湖南锡田–邓阜仙矿集区 141 线地气测量 Cu、Ni、Co、Sb、Bi 地球化学图

表 6-19　湖南锡田-邓阜仙矿集区 170 线地气测量元素地球化学特征

元素	Ag	Bi	Co	Cu	Mo	Ni	Pb	Sb	Sn	W	Zn
最小值	0.001	0.002	0.003	0.37	0.01	0.08	0.14	0.01	0.09	0.01	3.6
最大值	0.062	0.15	0.18	1473	0.12	10.07	424	1.01	8.56	0.16	2824
均值	0.008	0.016	0.03	139.1	0.03	0.98	30.84	0.09	0.83	0.02	228.1
中值	0.004	0.006	0.02	56.7	0.03	0.46	8.31	0.02	0.29	0.01	109.1
标准差	0.010	0.024	0.04	233.7	0.02	1.63	63.06	0.16	1.47	0.03	391.9
变异系数	1.27	1.57	1.21	1.68	0.66	1.65	2.04	1.82	1.77	1.08	1.72

注：元素含量单位为 ng/L，样品数 $n=61$。

本剖面中地气各组分含量也差异极大，均值最高的 Zn 为 228.1 ng/L；其次为 Cu、Pb，分别为 139.1 ng/L 和 30.84 ng/L；其他元素平均含量均在 1ng/L 以下，均值最小的 Ag 仅 0.008 ng/L。

变异系数>2 的仅 Pb，为 2.04；大于 1.5 小于 2 的则有 Sb、Sn、Zn、Cu、Ni、Bi 等元素；除 Mo 外，其他元素的变异系数均>1.0。

本剖面地气中各有关元素地球化学特征见图 6-41、图 6-42，出现一处较强的多元素组合异常。分析测试的 Sn、W 等 11 个元素均出现异常，且异常中心明显，位置也基本一致，异常出现地段为 30~44 点。32 点为上西岭，本异常简称上西岭地气异常。

其中，Sn、W、Pb、Ag、Cu、Ni、Co、Sb、Bi 等元素异常形态基本一致，且高值均出现于44 点。Sn、Pb 异常强度分别为 9.8、18.4。

Cu、Ni、Co 异常形态基本相同，Pb 与 Zn 异常形态相同，这可能与它们的地球化学性质有关。

总体上，120 线、141 线、170 线 3 条地气剖面测量结果显示：

(1)地气中 Sn、W、Pb、Zn、Ag、Cu、Ni、Co、Sb、Bi、Mo 11 种重要元素含量差异极大；如 Ag 平均含量仅 0.005 ng/L，而 Zn 为 209 ng/L。

(2)同种元素含量差异也极大，最高值为最小值的几十甚至几百倍。

(3)已知锡矿脉地段(141 线 55 点附近)出现主要成矿元素 Sn 及 W、Ag、Cu、Ni、Co、Sb、Bi 等伴生指示元素异常，可能是因为矿脉规模不大，主成矿元素 Sn 异常强度较小，仅为1.98。

(4)3 条剖面各出现一处 Sn、W、Pb、Zn、Ag、Cu、Ni、Co、Sb、Bi 等多元素组合异常，分别为东岭地气异常、金鸡塘地气异常和上西岭地气异常。3 处组合异常，异常元素重合性好，多元素形态基本一致，且多元素异常强度大，如 Sn 的异常强度为 10 左右，Pb 的异常强度在18 以上。

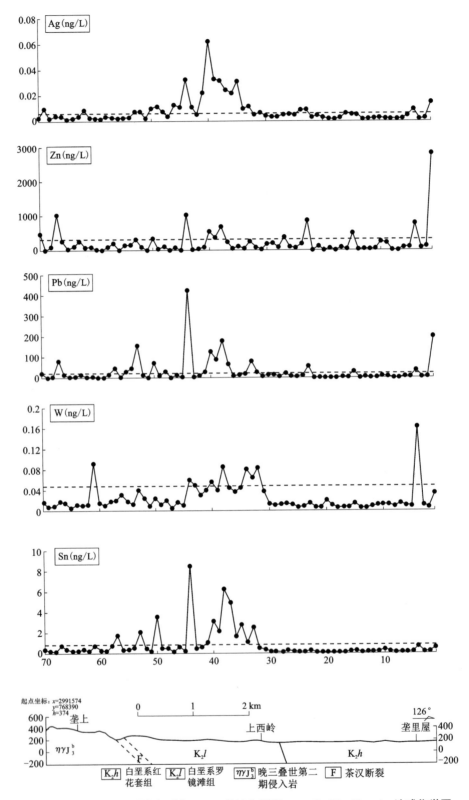

图 6-41 湖南锡田-邓阜仙矿集区 170 线地气测量 Sn、W、Pb、Zn、Ag 地球化学图

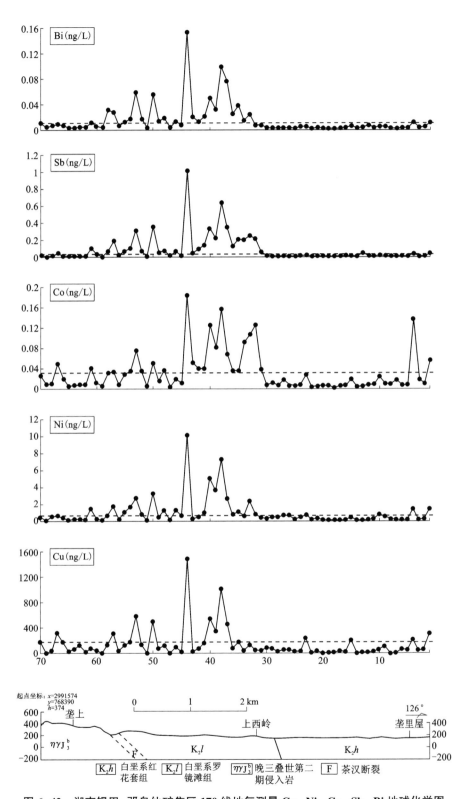

图 6-42　湖南锡田-邓阜仙矿集区 170 线地气测量 Cu、Ni、Co、Sb、Bi 地球化学图

6.7.2 土壤测量

本次工作对研究区进行了 120 线和 170 线两条土壤剖面地球化学测量,土壤测量与地气测量同步采样。

两条剖面土壤中元素地球化学特征见表 6-20。

表 6-20 湖南锡田-邓阜仙矿集区土壤测量元素地球化学特征

元素	Ag	Bi	Co	Cu	Mo	Ni	Pb	Sb	Sn	W	Zn
最小值	51.5	0.4	1.1	3.8	0.2	3.7	21.0	0.6	2.7	1.5	21.1
最大值	2374	23	35	309	5	311	617	46	112	122	322
均值	181.8	2.9	7.4	32.4	1.1	23.5	61.6	3.1	19.1	17.9	73.3
中值	105.3	1.5	6.1	23.2	0.8	17.2	47.6	1.5	9.4	11.0	63.8
标准差	296.4	3.8	5.4	41.8	0.9	33.2	61.1	4.6	22.1	21.5	43.6
变异系数	1.63	1.30	0.73	1.29	0.77	1.41	0.99	1.50	1.16	1.20	0.59
土壤背景 *	105	0.32	11.2	20.0	1.2	23.4	23.6	1.06	2.3	2.22	67.7

注:元素含量单位 Ag 为 ng/g,其他为 mg/g;样品数 $n=141$;" * "指全国土壤背景值,据魏复盛,1991。

本区土壤中 11 种元素含量差异明显。与全国土壤背景值相比,含量(中值)明显偏高的元素有 Sn、W、Pb、Bi、Sb,明显偏低的仅 Co,大致持平的元素为 Ag、Cu、Ni、Mo、Zn。

变异系数<0.8 的元素有 Zn、Mo、Co,在 0.9~1.2 的有 Sn、Pb、W,变异系数>1.2 的元素有 Ag、Bi、Cu、Ni、Sb。

与地气测量计算方法一样(见前述),用迭代法计算土壤测量元素地球化学背景值与异常下限,结果见表 6-21。

表 6-21 湖南锡田-邓阜仙矿集区土壤测量元素地球化学背景值及异常下限

元素	Ag	Bi	Co	Cu	Mo	Ni	Pb	Sb	Sn	W	Zn
背景值	109.9	1.4	6.7	22.4	0.9	16.9	52.8	1.4	12.5	14.2	64.4
标准差	41.5	0.9	3.5	8.2	0.5	7.8	23.6	0.5	9.9	12.1	18.4
异常下限	192.9	3.2	13.7	38.9	1.8	32.5	99.9	2.4	32.3	38.3	101.3
迭代次数	7	11	2	4	8	5	4	15	7	2	2

注:元素含量单位为 ng/L,样品数 $n=141$。

本区土壤异常强度最高的元素为 Sb,其值为 18.9;其次为 Ag,其值为 12.3;Sn、W、Pb、Zn 的异常强度分别为 3.5、3.2、6.2 和 3.2;Cu、Ni、Bi 的异常强度分别为 7.9、9.6、7.1;Mo 和 Co 的异常强度最小,分别为 2.6、2.5。

(一)120 线

120 线土壤剖面测量结果见图 6-43、图 6-44。

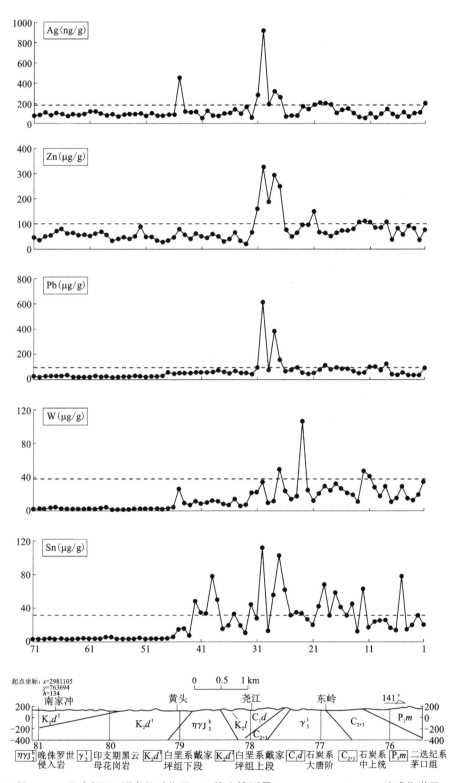

图 6-43　湖南锡田-邓阜仙矿集区 120 线土壤测量 Sn、W、Pb、Zn、Ag 地球化学图

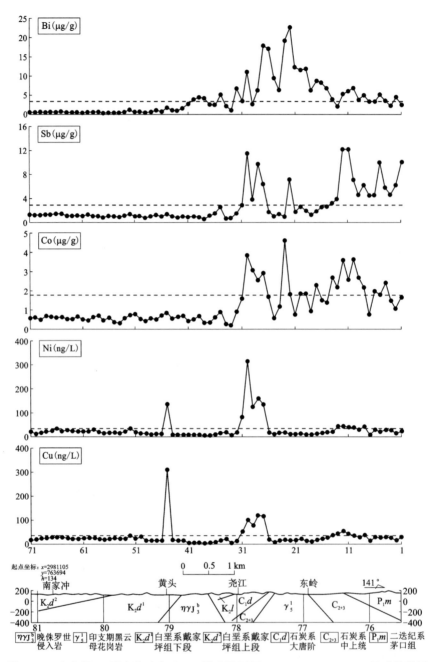

图 6-44 湖南锡田–邓阜仙矿集区 120 线土壤测量 Cu、Ni、Co、Sb、Bi 地球化学图

Sn 和 W 元素异常：土壤 Sn 异常出现地段为 12~42 点，即花岗岩岩体和石炭系地层地段上方，宽约 3 km，岩体上方和岩体边部异常强度相对较高，最高值出现在 30 点，达 112 mg/g；其次为 27 点，为 102 mg/g。W 异常则仅在燕山期花岗岩上方出现 2 个单点异常，分别为 23 点和 27 点。

Pb、Zn、Ag、Cu、Ni 元素异常：Pb、Zn、Ag 异常出现于 27~30 点，宽约 400 m，异常明显，其强度分别达 6.2、3.1 和 4.7。Cu、Ni 异常位于 27~31 点，稍宽于 Pb、Zn、Ag 元素异常。

Mo、As、Bi 异常：Mo 与 As 出现多处异常，即以 30 点为峰值的 27~30 点地段异常和以 10 点为峰值的 4~14 点地段异常。Bi 异常相对较宽，出现于 14~32 点，以 22 点为峰值，异常浓集中心明显，异常强度大，达 7.1。

（二）170 线

170 线土壤剖面测量结果见图 6-45、图 6-46。

Sn、Ag、Ni 和 W 元素异常：Sn、Ag、Ni 异常位于 24~29 点地段，26 点出现峰值，9 号点出现单点异常；W 元素除 52~53 点地段异常外，其他地段与 Sn 一致，异常主要位于 24~29 点地段，26 点出现峰值。

Pb、Zn、Mo、Bi 异常：Pb、Zn、Mo、Bi 多为单点异常。

Sb 异常：Sb 异常出现于 49~63 点，异常清晰，在 52 点出现峰值，强度为 19.3。

总体上，土壤剖面测量异常具有如下特点：

①局部地段出现多元素组合异常，异常重合性好，如 120 线的 27~30 点异常；170 线的 24~29 点。

②部分元素异常较宽，达几千米宽，如 120 线的 Sn 异常，170 线的 Sb 异常，难以判断矿致地段。

③局部出现单点或双点多元素组合异常，难以判断是矿致还是断裂或偶然因素所致。

6.7.3　推断解释

（一）东岭地气异常

东岭地气异常位于 13 号点至 33 号点，异常宽 2 km，Sn、W 异常峰值出现于花岗岩岩体与石炭系地层接触带，具体见图 6-47 和图 6-48。

地气异常地处成矿有利部位，且异常由 Sn、W、Pb、Zn、Ag、Cu、Ni、Co、Sb、Bi、Mo 等多元素组合，与本区成矿元素组合一致。另外，该地段存在 Sn、W、Pb、Zn、Ag 等土壤异常，推测该土壤异常为矿致异常。

根据地气异常形态，除花岗岩体两侧均可能存在矿体，花岗岩体内也可能有矿（化）体存在，推测 18 点附近和 31 点附近应为矿体头部。18 点附近矿体呈南东向倾伏，31 点矿（化）体呈北西向倾伏。据地气异常强度判断，18 点附近可能的隐伏矿体规模应大于 31 点隐伏矿（化）体。

（二）金鸡塘地气异常

141 线的金鸡塘地气异常（17~22 点），由 Sn、W、Pb、Ag、Cu、Ni、Co、Sb、Bi 等多元素组成，不仅元素异常重合性好，而且异常强度大，推测为矿致异常。

从地质剖面看，尽管该地气异常出现地段为泥盆系吴家坊组，但地表均为第四系覆盖，结合该地区地质图，异常点 20~22 点地段西南垂直方向 200 m 处为泥盆系锡矿山组地层，1 km 处为花岗岩体，且为已知矿脉（荷树下，构造-蚀变复合型锡多金属矿脉）延伸方向，说明该地段成矿地质条件有利。

对比该剖面已知构造蚀变岩型锡铅锌矿脉地段（55 点附近）地气异常，金鸡塘地气异常无论是元素组合，还是元素异常强度，均强于已知矿脉地段，因此，推测金鸡塘地气异常为隐伏锡多金属矿所致。根据蔡新华等（2006）关于该区的矿化分带［从岩体中心向外依次为岩体型钨锡矿床、云英岩脉型钨锡矿、构造蚀变带（脉）型钨锡矿床、矽卡岩型（复合型）锡钨矿床、裂隙充填型锡铅锌矿床］，结合该地气异常位置和元素组合特征，推测该隐伏矿类型为矽

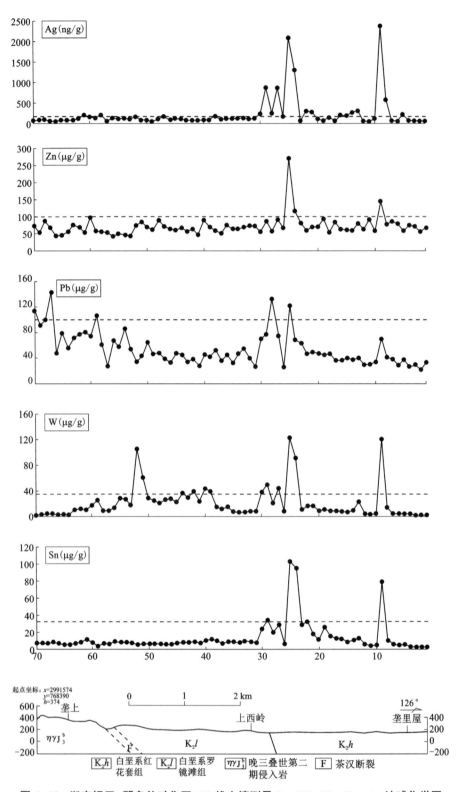

图 6-45　湖南锡田-邓阜仙矿集区 170 线土壤测量 Sn、W、Pb、Zn、Ag 地球化学图

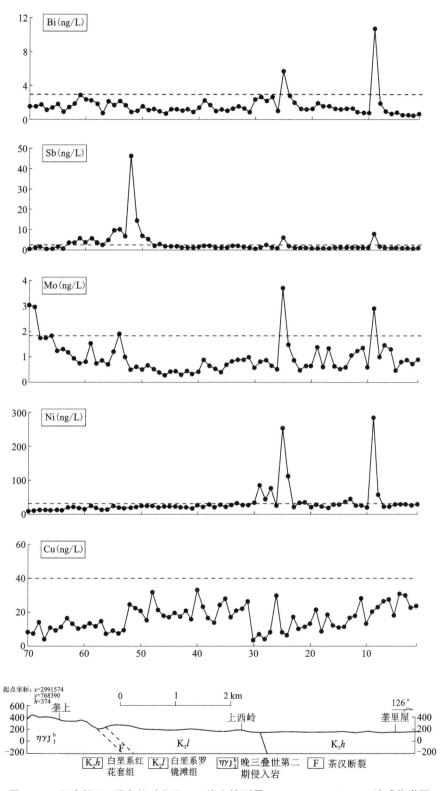

图 6-46　湖南锡田-邓阜仙矿集区 170 线土壤测量 Cu、Ni、Co、Sb、Bi 地球化学图

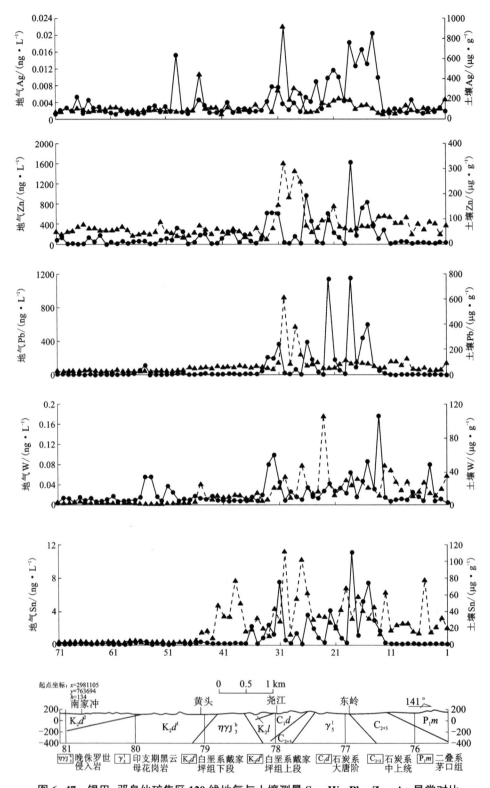

图 6-47 锡田-邓阜仙矿集区 120 线地气与土壤测量 Sn、W、Pb、Zn、Ag 异常对比

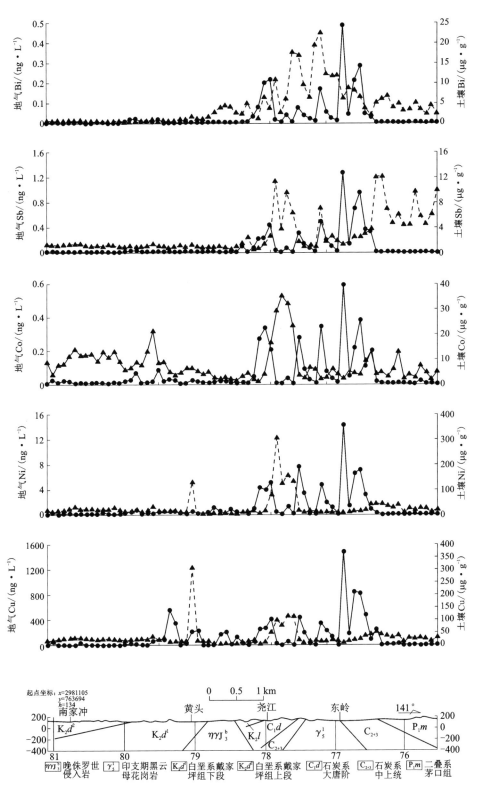

图 6-48　锡田-邓阜仙矿集区 120 线地气与土壤测量 Cu、Ni、Co、Sb、Bi 异常对比

卡岩型(复合型)锡多金属矿,且矿体中心部位隐伏于 19 号点附近。

(三)上西岭地气异常

上西岭地气异常位于 170 线的 30~44 点,异常宽约 1.4 km,下伏地层为白垩系红色砾岩,地表为第四系全新统覆盖,具体见图 6-49、图 6-50。

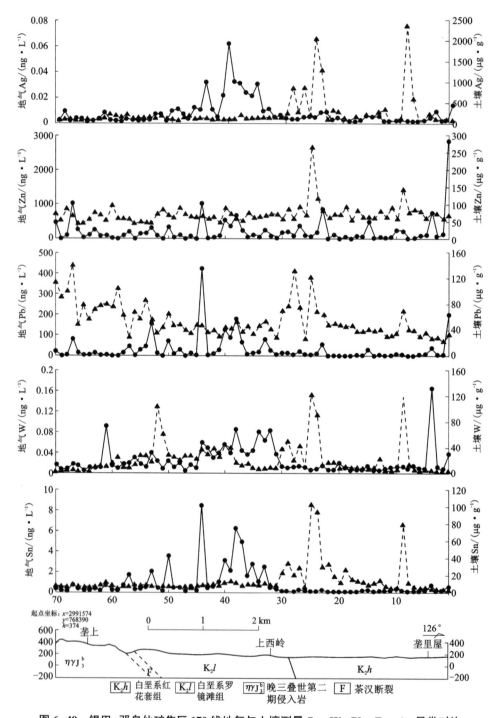

图 6-49 锡田-邓阜仙矿集区 170 线地气与土壤测量 Sn、W、Pb、Zn、Ag 异常对比

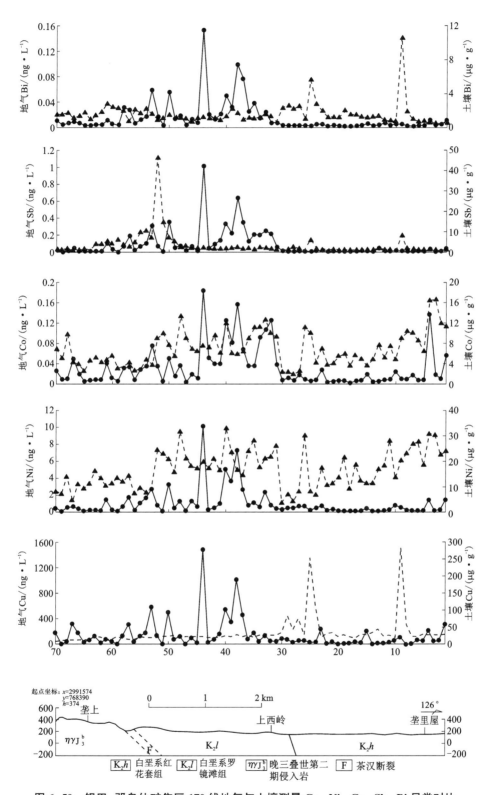

图 6-50　锡田–邓阜仙矿集区 170 线地气与土壤测量 Cu、Ni、Co、Sb、Bi 异常对比

该地气异常除 Sn、W 等成矿元素外，尚有 Pb、Zn、Ag、Cu、Ni、Co、Sb、Bi 等伴生指示元素。异常元素组合齐全，除 W、Ag 略宽外，其他元素异常形态基本一致，重合性好，Sn 和 Pb 异常强度与东岭、金鸡塘地气异常强度相当。

该线土壤异常中 Sn、W、Pb、Ag 等多元素异常位于地气异常北东方向约 1.5 km，考虑到土壤异常可能的位移，推测上西岭地气异常为矿致异常。据异常形态进一步推测该异常为岩浆热液所致，44 点附近为矿体或含矿断裂头部，矿体倾向南东，矿体富集部位应在 38 点附近。

总之，在锡田-邓阜仙矿集区 20 余千米的地气测量中，出现的东岭、金鸡塘、上西岭 3 处地气异常应为矿致异常。

6.8 矿集区边深部评价技术体系

根据物探所取得的成果与研究思路，初步总结锡田-邓阜仙矿集区深边部评价技术体系，如图 6-51 所示。

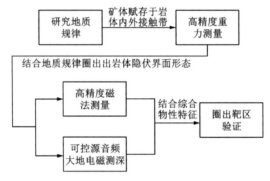

图 6-51 矿集区深边部评价技术体系

第7章 成矿预测及工程验证

7.1 找矿模型

扫码查看本章彩图

7.1.1 预测模型区

锡田-邓阜仙矿集区面积为 2000 km²，预测模型区整区全面考虑。

7.1.2 矿集区成矿模型

(一)锡田-邓阜仙矿集区成矿模型

成矿地质模型由岩浆、围岩、构造、成矿作用四大要素组成，结合矿化特征及空间分布关系，进行成矿地质模型建立，并结合成矿后地质作用而从生命周期角度表达矿化最终模式。

1. 岩浆因素

工作区燕山期花岗岩体的源区至少包括元古代、早古生代地层，同时极有可能还包括部分晚古生代地层以及部分印支期花岗岩，使得燕山期岩浆岩较印支期岩体更富成矿元素，为燕山期成矿提供了更为丰富的成矿物质；燕山期岩体相对于印支期岩体有更高的分异程度，保证了燕山期岩浆中的成矿物质有更好的富集条件。

燕山期岩浆热液为成矿物质的迁移富集提供了有效载体及成矿空间，在其顶部及上方形成云英岩型和石英脉型矿，局部与泥盆系地层接触带可能形成矽卡岩型矿，但由于主要侵入印支期岩体中，与地层接触空间较为有限，因此其接触带处形成矽卡岩型矿规模有限。

燕山期岩浆作用的另一个重要作用是其对印支期岩浆岩的占位侵入，燕山期岩浆主要侵位于印支期岩浆岩中，一方面促进印支期岩体的上隆，遭受更强烈的剥蚀；另一方面与印支期岩浆岩产生同化混染，或使深部印支期岩浆岩重熔，使其成为"无根"岩体，同时对印支期的矿造成较大程度的泯灭。

2. 成矿构造对成矿物质的定位约束

本项目研究结果表明，岩浆侵位和成矿同时发生。邓阜仙燕山期的花岗岩体中所含的W、Sn、Cu等成矿元素的克拉克值远超地壳平均值(邓慧娟等，2013)，暗示岩浆侵位和湘东钨矿的形成有成因上的联系，即岩浆演化提供了成矿所需的物质基础。

对湘东钨矿宽度大于 20 cm 的矿脉进行统计，结果表明矿脉可以分为倾向 SE 和 NW 的两组[图 7-1(a)]，将之与老山坳主剪切拆离带产状一起投图，发现两组矿脉分别与主剪切带拆离作用过程中派生的 R 和 R′节理对应[图 7-1(b)(c)]。这说明成矿流体所需的结晶-

沉淀-富集空间是由拆离剪切作用所形成的节理提供。同时，锡田岩体的矿脉与剪切带的关系也符合里德尔破裂准则。由此可见，伸展拆离作用所造成的节理不仅为岩浆侵位带来的成矿热液提供了容纳空间，更重要的是对成矿元素起到了进一步萃取、沉淀的作用。

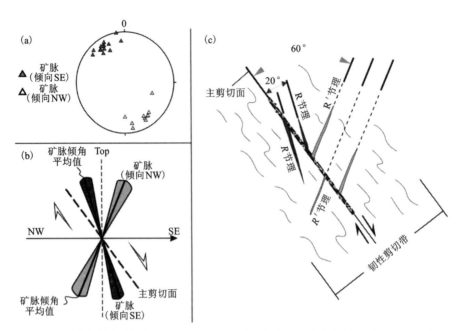

（a）湘东钨矿矿脉产状极射赤平投影图；（b）矿脉倾角平面投影，阴影部分为矿脉倾角的取值范围，黑色直线为矿脉倾角的平均值；（c）NW-SE剖面上矿脉与脆性断层的角度关系，SE向拆离作用产生R和R′共轭剪节理。

图7-1　矿脉赤平投影图及矿脉产状与老山坳断层关系图

同时，岩浆侵位也对构造活动起到了促进作用。例如，邓阜仙岩体在燕山期侵位过程中也引起了老山坳剪切带的伸展拆离作用，且可能持续到晚白垩世，在不同层次和部位分别发生了脆性变形和韧性变形。特别是在剪切带韧性变形域的糜棱岩中，局部高压流体作用，一方面降低了岩石的强度，另一方面导致局部应变速率增加从而导致脆性破裂，即R和R′节理。脆性破裂的产生使得裂隙内的流体压力迅速降低，流体的溶解度随之降低，致使流体中较富集的W、Sn等元素析出，形成薄的成矿层。破裂（裂隙）的扩展和成矿过程是一个"应力集中—破裂产生—应力（流体压力）降低—溶解度降低—元素析出"的循环往复过程，在此过程中形成一层层成矿层。湘东钨矿也正是在八团岩体侵入-老山坳剪切带伸展拆离过程中形成的。这一成矿过程与加拿大魁北克卡迪拉克断层和西格玛等著名剪切带金矿的成矿过程十分类似。因此，本研究认为，在有充分流体参与的情况下，剪切带韧性域中发育的同期脆性破裂（T节理，R和R′节理）的扩展过程为流体析出成矿提供了重要条件，这可能是剪切带成矿的重要方式之一。

这与Sibson（1988）提出的断层阀中高角度逆断层中流体压力的波动情况类似，都是流体的参与使得韧性剪切带发生脆性破裂，导致热液中成矿元素的溶解度降低，进而形成沉淀，断层阀模式的多次"破裂—愈合—滑动"过程很好地解释了剪切带脉状矿床产生的原因，这个模式已经为许多断层、矿床和地震活动的成因提供了合理的解释（Boullier et al.，1992；

Stephen，1995；Nguyen et al.，1998；迟国祥等，2011；Peterson，2014；Shelly et al.，2015；Lupi et al.，2014）。但值得注意的是，它与本书所述的成矿模式还是有所区别的：首先，构造应力场不同，断层阀模式是指在水平挤压力下高角度逆断层形成矿脉，而本书中湘东钨矿成矿模式是在伸展作用下，经拆离作用形成的；其次，断层阀指出成矿部位位于脆韧性转换带处，而湘东钨矿可在较深层次的韧性变形区域发生脆性破裂，且不仅限于韧性变形转换带或脆性域中。综上所述，我们认为剪切带不仅起到控矿作用，更是导致成矿的直接原因。其与多期岩浆-流体的相互作用，是成矿作用的关键因素。

研究区的成矿受矿田及矿床两级、两期构造控制；受燕山期北西西伸展背景的约束，锡田矿田构造表现为北东东向的地堑系，发育系列北东—北东东向正断层，为成矿物质的运移提供了良好通道，在部分地段形成了规模型热液蚀变，将工作区的矿床/点均约束于蚀变断层的两侧。

北西向的伸展背景控制下，工作区可形成北东—北东东向及北西—北北西向的次级断裂。同时，北西向的伸展与岩浆上侵时的应力场的综合作用，在岩体上方产生楔状断裂系，成为成矿物质的聚集空间，在有利地段形成矿床，如湘东钨矿、垄上-合江口多金属矿等。有些断裂延伸方向上发育"五层楼"裂隙系的上部分，上部线型裂隙中富含水矿物电气石、云母及石英，向下过渡到石英-云英岩和石英细脉带-含矿石英细脉带。

工作区的叠加构造则是成矿的最有利构造样式，表现为燕山期的断裂构造与印支期岩体接触带的叠加，二者产状可以不同，在二者交会处发生矿床/体的叠加富化，如垄上、荷树下等。

3. 成矿作用的控制

燕山期的成矿作用与印支期的相似，仍为岩浆期后热液成矿，除独立的云英岩型、石英脉型、萤石石英脉型的系列矿床/体外，燕山期热液还可以与印支期形成的矽卡岩、大理岩产生交互反应，使矽卡岩产生矿化的叠加富化，并使大理岩产生矿化。

基于以上认识，建立了矿集区成矿地质模型，如图 7-2 所示。

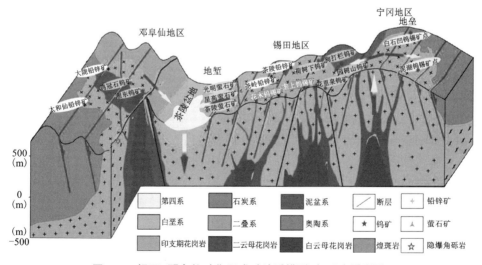

图 7-2　锡田-邓阜仙矿集区成矿地质模型（扫码查看彩图）

4. 成矿后构造及外生作用对矿化定位的综合控制

研究区的地堑系(拆离)运动在成矿后仍保持活动,在其持续活动过程中,其两侧的正断层的活动作用,或许导致地堑中心向两侧外缘沿正断层的上盘阶梯性抬升,对矿化格局产生影响,形成近盆地中心矿化埋深大、远离盆地、矿化埋深浅或出露的格局。或许有些断层后期(老山坳)由于表现逆冲的性质,把矿体抬升至地表(湘东钨矿)。

燕山期岩体的云英岩化矿化仍处于地下深处,地下浅部出现萤石-石英脉型的多金属矿及石脉型矿,萤石和部分石英脉的流体包裹体测温显示其均一温度小于250℃,由计算的包裹体压力指示其成矿在地下2~3 km处,因此只有达到1~2 km的剥蚀深度,矿床才能显露。矿田北部的邓阜仙地区现有矿床处的地层缺乏,外围为震旦系、寒武系地层,不发育"五层楼"裂隙-蚀变系,燕山期早期岩体呈岩株状,而南部的锡田地区以泥盆系为主,出现"五层楼"裂隙-蚀变系上部,燕山期岩体以岩枝、岩脉状为主,这些事实说明其北部相对于南部隆升更高、剥蚀更强。

(二)成矿规律和找矿标志

1. 成矿规律

成矿规律包括成因规律、时间分布规律、空间分布规律和物质共生组合规律等。

1) 成因规律

邓阜仙矿田分布的花岗岩型金竹垄铌钽矿床、热液脉状湘东钨锡矿床、鸡冠石钨矿床、太和仙金铅锌矿床和大垄铅锌矿床均与燕山期岩浆活动有关,并在湘东钨锡矿床发现了晚侏罗世和早白垩世的多期次钨锡成矿作用叠加。但在邓阜仙矿田,尚未发现印支期矿化和矽卡岩型矿化。锡田矿田也存在类似的高、中、低温热液演化矿化。

2) 时间分布规律

结合本书以及前人研究成果(黄卉等,2013;何苗等,2018;Li et al.,2019;Xiong et al.,2020),锡田-邓阜仙矿集区的岩浆活动至少可以分为四期:

第一期:加里东期(志留纪,438~430 Ma);

第二期:印支期(晚三叠世,约225 Ma);

第三期:燕山早期(晚侏罗世,约155Ma);

第四期:燕山晚期(早白垩世,约140 Ma)。

其中,钨锡多金属成矿作用至少存在三期,分别与第二、三、四期岩浆活动时限对应。

3) 空间分布规律

本区钨锡多金属成矿在空间上多产出于花岗岩体内及其周边,矿集区北部邓阜仙矿田显示出金竹垄铌钽矿床→湘东钨锡矿床→鸡冠石钨矿床→太和仙金铅锌矿床→大垄铅锌矿床的形成温度逐渐降低,成矿元素组合由花岗岩型的Nb-Ta矿床逐渐演化为W-Sn和Pb-Zn-(Au)的热液脉状矿床。Nb-Ta矿床主要产出于岩体侵入中心的顶部,通常与高分异的白云母花岗岩密切相关,并呈现一定的垂向岩相分带;W-Sn矿床通常产于岩体侵入中心顶部的云英岩化带及岩体凸起上覆围岩的裂隙构造中;Pb-Zn等脉状矿化多发育于岩体侵位中心3~10 km范围的围岩裂隙中(围岩可以为早期花岗岩或者非碳酸盐地层)。

南部锡田矿田具有由南部向北的NE走向的W-Sn、Pb-Zn、萤石等脉状矿化分带,并显示了成矿温度由南向北降低的空间格局,同时还在印支期花岗岩体与灰岩凹形接触带构造带发育矽卡岩型矿化(如垄上矿床),并存在印支期矽卡岩型和燕山期热液脉型钨锡矿化的叠加。

2.找矿标志

印支期矽卡岩型找矿标志主要为印支期岩体与碳酸岩围岩接触形成的矽卡岩化,以及大理岩化、硅化、绿泥石化等。

燕山期花岗岩型 Nb-Ta 矿床找矿标志主要为淡色花岗岩(白云母花岗岩、钠长花岗岩等)、钠长石化、电气石化、高岭土化等;而燕山期热液脉型矿床的找矿标志主要为云英岩化、硅化、电气石化、萤石化和绿泥石化等。

7.1.3　物化探找矿方法及有效性评价

湖南锡田地区物化探工作始于 20 世纪 80 年代,先后开展了 1∶20 万水系沉积物测量、1∶50 万区域重力调查、1∶5 万水系沉积物测量;20 世纪以来,先后在区内开展了多个部、省级重点地质调查和矿产勘查项目,完成了全区 1∶5 万水系沉积物测量 2348 km^2、(可控源)音频大地电磁测深 2850 点、重力剖面测量 100.6 km、土壤剖面测量 341 km、地气剖面测量 20 km、高精度磁法剖面测量 180 km、时间域激电测深 70 点(表 7-1)。上述工作为查明锡田地区地质特征,尤其是岩浆岩和构造特征,寻找钨锡铅锌多金属矿床提供了有利的依据和支撑。

表 7-1　锡田地区物化探工作完成情况

工作项目	工作手段	完成工作量
湖南锡田地区锡铅锌多金属矿勘查	1/5 万水系沉积物测量	1440 km^2
	可控源音频大地电磁测深	553 点
	1/5 千土壤剖面测量	58 km
湖南省茶陵县锡田矿区锡矿普查	可控源音频大地电磁测深	1007 点
湖南茶陵太和仙-鸡冠石锡多金属矿远景调查	可控源音频大地电磁测深	200 点
	1/1 万土壤测量	40 km^2
	1/5 千土壤剖面测量	130 km
	1/5 千高精度磁法剖面测量	80 km
湖南茶陵锡田整装勘查区锡多金属矿调查评价与综合研究	1/5 千土壤剖面测量	111.4 km
	可控源音频大地电磁测深	100 点
湖南锡田地区钨锡矿成矿规律及靶区预测研究	可控源音频大地电磁测深	800 点
	1/5 千高精度磁法剖面测量	100 km
	1/5 千重力剖面测量	100.6 km
	1/5 千地气剖面测量	20 km
湖南茶陵锡田锡铅锌多金属矿整装勘查区专项填图与技术应用示范	音频大地电磁测深	190 点
	时间域激电测深	70 点
湖南茶陵锡田锡铅锌多金属矿整装勘查区矿产调查与找矿预测	1/5 万水系沉积物测量	908 km^2

众所周知，在排除干扰异常和保持自然景观的条件下，土壤化探异常地段是寻找地表和浅部矿化带、矿脉的最有效找矿标志之一，此处对此不再详细阐述。下面主要对重力测量、磁法测量、音频大地电磁测深、时间域激电测深 4 种物探找矿方法进行简要分析和评述。

（一）重力测量及有效性评价

重力测量主要用于反演岩体的空间分布情况，利用密度差查明深部隐伏岩体整体形态、深度，划分岩体与围岩接触带部位。区内广泛分布灰岩地层，密度值在 2.67 g/cm³ 左右，邓阜仙、锡田岩体的平均密度值在 2.60~2.64 g/cm³，岩体与围岩差异明显，利用高精度重力手段圈定岩体与围岩的边界、探知岩体形态、顶面深度及起伏情况是最有效的方法。

如本书第 3 章所述，根据 1∶50 万重力测量成果，锡田地区属于重力低异常区，异常带呈北北西向展布，与邓阜仙-锡田岩浆岩带分布一致。异常分布范围比岩体出露面积大，反映岩体往周边隐伏延伸。

据 170 延长线 2D 密度自动反演显示，白垩系地层南北两侧的花岗岩在深部推测是相连的，两侧出露的花岗岩是主岩体的一部分，主岩体位于白垩系地层的下方；岩体往南东方向侵入，倾向北西，深度小于 20 km；岩体的具体形态和边界如图 7-3 所示。

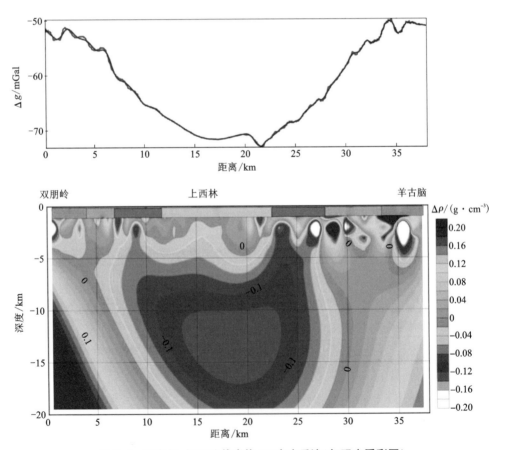

图 7-3 邓阜仙-锡田隐伏岩体 2D 密度反演（扫码查看彩图）

根据区域资料的统计，白垩系地层和花岗岩密度非常接近，均为低密度，但上述剖面反演结果显示白垩系地层密度略高于花岗岩岩体。白垩系地层与花岗岩界面是起伏的，深度为2 km 左右，地下 2~5 km 密度有所增加，推断可能为石炭系—泥盆系地层。因为该剖面长度较大，反演的白垩系与花岗岩边界误差可能较大，故应结合电法结果推断白垩系覆盖的花岗岩岩体深度。

（二）磁法测量及有效性评价

锡田地区岩（矿）石磁法物性参数测定结果表明，本区岩（矿）石的磁性存在明显的差异。

磁性参数柱状图（图 7-4）显示，磁铁矿、矽卡岩的磁化率及剩余磁化强度几何平均值远高于其他岩性，其中垄上矿段矽卡岩磁化率及剩余磁化强度几何平均值分别为 $189\times10^{-6}\,4\pi SI$ 和 91.5×10^{-3} A/m。比较测区其他地点的砂岩及灰岩发现，垄上、弯里村上冲两区的灰岩及砂岩磁性参数相对较高，地质资料表明两区位于岩体接触带附近，且采集的标本磁铁矿化明显，灰岩及砂岩是接触带附近围岩的主要岩性，极可能受到热液接触交代的影响，产生蚀变作用，故磁性参数较高。

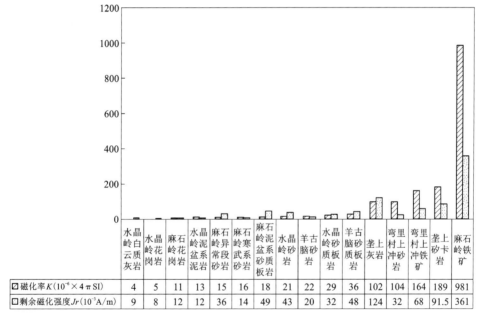

图 7-4　锡田地区磁性参数几何平均值一览表

从标本磁性参数变化范围看，寒武系和泥盆系地层磁性较弱，花岗岩体磁性微弱，测区地层与成矿母岩物性平稳，因此低缓背景场上叠加的局部高磁异常为寻找矽卡岩型钨锡矿床起到了一定指示作用。

130 线位于岩体北西侧外缘，出露地层为泥盆系、石炭系和白垩系，锡田花岗岩体在测线南东段和北西段均有部分露头。地磁异常变化剧烈，整体上看，地磁异常与航磁异常吻合较好，在测线 162~462 点和 622~802 点（垄上矿段），地磁异常变化剧烈，强度和幅值有所增强（图 7-5）。推断磁异常可能是由地下磁性体即矽卡岩型钨锡矿体所引起，异常大小受地质体大小及埋深影响。

"湖南诸广山-万洋山地区锡铅锌多金属矿评价"项目对垄上矿段磁异常特征开展了检

查，施工的浅表工程大多见到了较好的矽卡岩型、构造–矽卡岩复合型钨锡矿体，但深部施工的钻孔却未见矿体，全孔所见印支期花岗岩普遍具黄铁矿化、磁黄铁矿化。因此，高精度磁测对指导区内浅表工程施工具有较好的指导价值，但对指导深部钻探验证，则需配合地质及其他物探手段，效果可能会更佳。

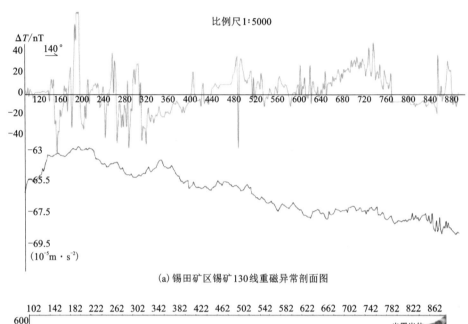

(a) 锡田矿区锡矿130线重磁异常剖面图

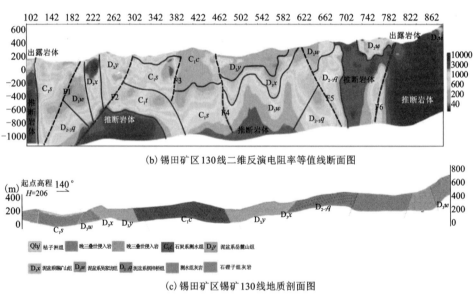

(b) 锡田矿区130线二维反演电阻率等值线断面图

(c) 锡田矿区锡矿130线地质剖面图

图7-5　锡田地区130线综合地质物探异常剖面图（扫码查看彩图）

（三）电磁测深、激电测深及有效性评价

据以往物探工作对锡田地区岩（矿）石物性参数的测试统计，石英角岩、灰岩、大理岩、石英白钨矿、黑云母花岗岩和花岗岩的平均电阻率较高，均大于 7000 Ω·m；石英砂岩、矽卡岩化大理岩、矽卡岩化灰岩平均电阻率在 2000~4000 Ω·m；矽卡岩、锡石硫化物矿石、含黄铁矿化石英平均电阻率较低，低于 1500 Ω·m。另外，锡石硫化物矿石和黄铁矿化石英的极化率值最高，其余的极化率值相对较低。

由此可见，比较分析岩(矿)石的极化率、电阻率参数值，矿脉与围岩、围岩与围岩之间的物性差异，为音频大地电磁测深、时间域激电测深成果图的解译提供了有力依据。

1. 大地电磁测深(AMT)剖面特征及反演

据锡田桐木山 100 线音频大地电磁测深反演剖面(图 7-6)，可以清晰地划分出灰岩地层与岩体的界线，以及印支期花岗岩与燕山期花岗岩的大致界线。在剖面 440 号点、410~480 m 标高段的低阻异常和 640~800 号点、470 m 标高附近的低阻异常，推测由矽卡岩型矿体引起，位于与花岗岩体接触的附近泥盆系棋梓桥组地层中。另外，多个钻孔所揭示的云英岩型钨锡矿对应剖面中阻区域，位于与泥盆系棋梓桥组灰岩地层接触的印支期花岗岩中，与本区云英岩型钨锡矿地质找矿模式相吻合，电阻率在 600~1200 Ω·m 变化。此外，240 号点附近推测有断层 F 通过。

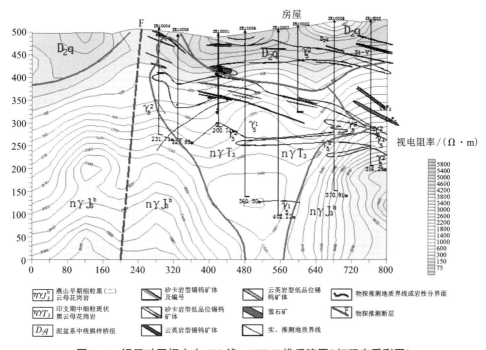

图 7-6　锡田矿区桐木山 100 线 AMT 二维反演图(扫码查看彩图)

邓阜仙鸡冠石矿区 0 线音频大地电磁测深二维反演图(图 7-7)显示，受岩石风化作用影响，剖面浅部电阻率低，随深度的增加，电阻率逐渐升高。由已知地质资料可知，6 号脉位于剖面的 420 号点附近，钻孔控制深度为 250 m。通过音频大地电磁反演结果分析可知，420 号点物探低阻条带异常(或串珠状低阻异常)产状与钻孔控制的 6 号矿脉产状基本相同，低阻异常在深部继续延伸至标高 350 m 处，深部低阻异常有变弱的趋势。另外，在标高 750 m 以上存在多条低阻带异常，但异常延伸深度不大，推测为次级矿脉引起的，分别位于 0 号点、240 号点、680 号点附近。

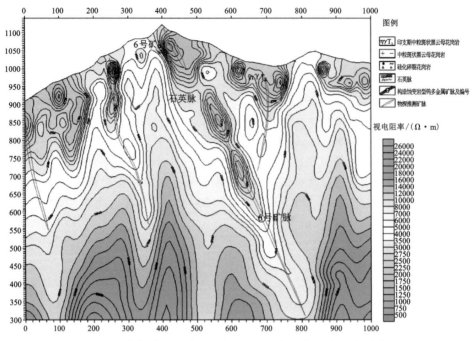

图 7-7　邓阜仙鸡冠石矿区 0 线 AMT 二维反演图(扫码查看彩图)

2. 激电测深剖面特征及反演

桐木山 100 线激电测深充电率、电阻率反演剖面图(图 7-8、图 7-9)显示,高充电率异常区与云英岩型钨锡矿对应较好,基本可达到直接找矿效果。除已知钻孔控制矿体外,在 40 号点、250 m 标高处圈定一高充电率异常区,也推测为矿体所致。泥盆系棋梓桥组灰岩地层表现为中低阻特征,花岗岩体表现为中高阻特征。浅部矽卡岩型钨锡矿体充电率值较小,反映不是很明显,同时表现为低阻特征。另外,推测地面 240 号点附近有断层 F 通过,推测断层产状较陡立。

鸡冠石矿区 0 线激电测深反演剖面图(图 7-10、图 7-11)显示,420 号点附近存在一低阻、高充电率异常带,向大号点方向倾斜,延伸至 600 m 标高,浅部与钻孔控制的矿脉基本吻合。0 号点附近也存在一低阻、高充电率条带异常。另外,在 240 号点、680 号点存在相对高充电率团状异常,向下延伸约 300 m,推测为次级矿脉引起的。

综上所述,就锡田地区而言,音频大地电磁测深法和时间域激电测深法均是有效的,但侧重点有所差异,AMT 法对划分地层与岩体界线、两期花岗岩的界线,以及破碎蚀变岩型和矽卡岩型钨锡矿体比较有效;时间域激电测深法对云英岩型和破碎蚀变岩型钨锡矿体反映明显,但其反演深度明显小于前者。

考虑到大功率激电测深设备笨重,探测深度又受供电极距或收发距限制,而南方绝大部分矿山地形条件复杂、植被发育,山区交通条件又不便利,使得大功率激电测深设备(尤其是发电机)搬运困难、供电线布设困难,从而野外工作效率低下,从工作经济的角度看,大功率激电测深法不太适合在复杂山区开展大面积工作。

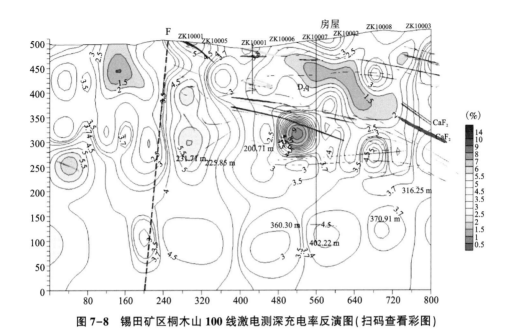

图 7-8　锡田矿区桐木山 100 线激电测深充电率反演图（扫码查看彩图）

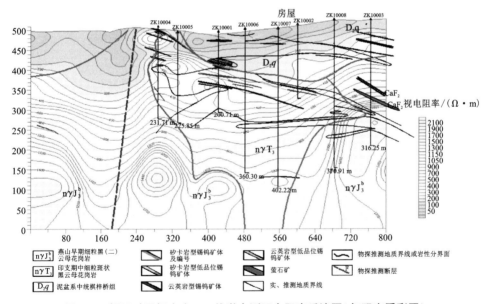

图例		
nγJ₃ᵇ 燕山早期细粒黑（二）云母花岗岩	矽卡岩型锡钨矿体	云英岩型低品位锡钨矿体
nγT₃ 印支期中细粒斑状黑云母花岗岩	矽卡岩型低品位锡钨矿体	萤石矿
D₂q 泥盆系中统棋梓桥组	云英岩型锡钨矿体	实、推测地质界线

图 7-9　锡田矿区桐木山 100 线激电测深电阻率反演图（扫码查看彩图）

音频大地电磁测深法设备轻便、探测深度大，适合复杂地形山区野外工作，不足之处是该方法是天然源，所探测的信号相对较弱，受电磁干扰影响较大，不适合强电磁干扰影响的工作区。

一方面，通过 AMT 法厘定灰岩与花岗岩体的岩性界线，矿体赋存在岩性界面附近，实现间接找矿的目的；另一方面，AMT 法能够探测两期花岗岩的界面起伏形态，矿体与界面形态

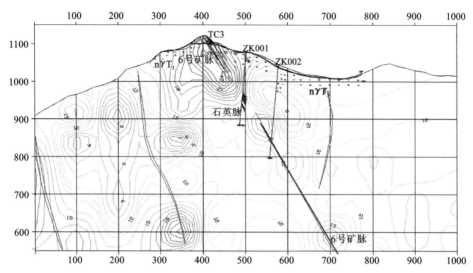

图 7-10 邓阜仙鸡冠石矿区 0 线激电测深充电率反演图(扫码查看彩图)

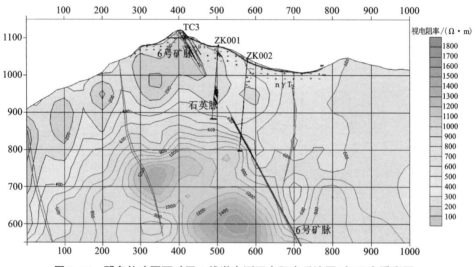

图 7-11 邓阜仙鸡冠石矿区 0 线激电测深电阻率反演图(扫码查看彩图)

有关,这也可以实现间接找矿目的。故物探电磁法找矿的技术优化方案是:首先,在测区内开展大比例尺的 AMT 工作,目的是划分灰岩与花岗岩体的岩性界线、两期花岗岩的界面形态,从而确定重大找矿靶位;然后,在 AMT 和地质成矿有利靶位开展大功率激电测深,判断异常的性质,提高钻孔成功率。

综上所述,针对不同的矿床类型及矿体地质特征,可以选择不同的物探方法进行组合应用,才能提高其有效性(表 7-2)。

表 7-2 物探找矿方法有效性评价简表

地质体 物探 方法	岩体/岩体与 围岩接触面		两期岩体 接触面		矽卡岩/矽卡 岩型矿体		构造蚀变岩型/ 石英脉型矿体		云英岩 型矿体	
	浅表 -中部	中深部	浅表 -中部	中深部	浅表 -中部	中深部	浅表 -中部	中深部	浅表 -中部	中深部
重力	★★	★★								
磁法	★				★★	★				
AMT	★★	★★	★★	★★	★★	★★?	★★	★★	★	
IP	★		★				★★		★★★	

注：★表示有效性，★★★为很好，★★为较好，★为一般。

7.2 预测区圈定及资源量估算

7.2.1 成矿预测模型

锡田地区研究程度较高，本次预测模型的建立主要利用了地质勘查和物探的地磁、航磁(含解译推断成果)工作的成果。对典型矿床分别提取成矿预测要素成果，在此基础上利用地质剖面图和物化遥的信息，并根据前人的研究成果，建立了锡田地区矿床成矿预测模型，如表 7-3 所示。

表 7-3 锡田-邓阜仙矿集区成矿预测模型(扫码查看彩图)

成矿 要素		描述内容	预测要 素分类
构造 背景		扬子地块与华南地块的接合带东侧，锡田地层中成矿元素较高	重要
赋矿 层位		泥盆系中统棋梓桥组或泥盆系上统锡矿山组下部灰岩段	重要
成矿 地质体	岩性特征	中粒似斑状二云母花岗岩、细粒二云母花岗岩、细粒白云母花岗岩(燕山期) 中粗粒似斑状黑云母花岗岩为次要成矿地质体(印支期)	必要
	年代学特征	主要岩体为中生代晚期 220 Ma、150 Ma 中酸性花岗岩、二长花岗岩及花岗斑岩和 140 Ma 的高分异白云母花岗岩，其中以 150 Ma 的岩体为主	
	岩石地球化学	属富硅、富碱质、高钾钙碱性系列岩石，富集轻稀土，右倾"V"字形，负铕异常明显。富集 Rb、K、Pb、Th、Yb、Y 等大离子亲石元素，亏损 Sr、Ba、Ta、P、Ti、Zr 等元素，主要为壳源物质熔融岩浆	

续表7-3

成矿要素		描述内容	预测要素分类
成矿构造及成矿结构面	接触带控矿系统	锡田岩体或邓阜仙岩体与泥盆系中统棋梓桥组的接触带	必要
	褶皱控矿系统	小田与严塘复式向斜复合部位的层间破碎带以及转折端虚脱部位	
	断裂控矿系统	锡田矿区表现为 NE 向与 NW 向构造的叠加复合部位控岩控矿	
	硅钙面	余田桥组石英砂岩与棋梓桥组碳酸盐岩间存在硅钙面	
	各类裂隙面	由流体扩容作用形成的不同方向的裂隙,作为磁铁矿体及铅锌钼多金属矿充填空间	
成矿作用标志	蚀变矿化标志	跳马涧组广泛发育的硅化带为重要的找矿标志,据此可以确定矿体底板,并进一步确定主矿体位置;石榴子石与透辉石共生是重要的成矿作用标志。云英岩化也是重要的成矿作用标志	重要
	矿化年龄	矽卡岩矿体与印支期花岗岩侵入时代基本一致,约 220 Ma,石英脉和云英岩型矿体与燕山期花岗质岩浆侵入时代基本一致,存在两期,分别为 150 Ma 和 140 Ma	
物探特征		具有较高的航磁或低缓异常过渡区域。剩余重力负异常区域	重要
预测模型图	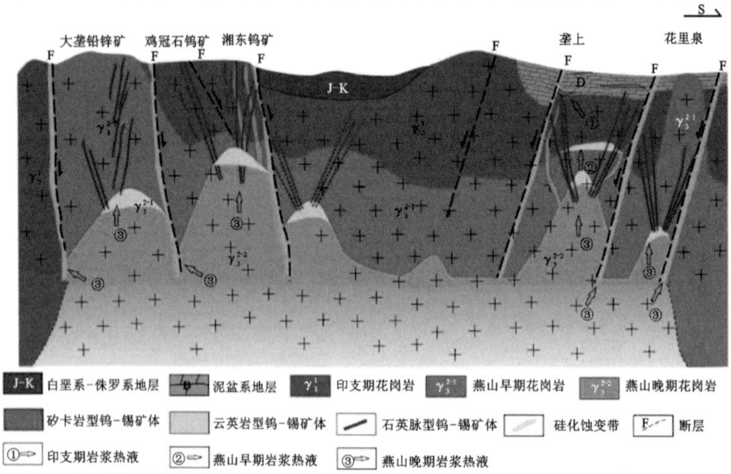		

7.2.2　预测资源储量

体积法是在预测远景区圈定、预测区优选和模型区建立的基础上进行,该法是将预测工作区内模型区单位体积钨锡铅锌矿资源平均含量估计值外推到预测区的体积范围,估计预测区的钨锡铅锌资源量。

(一)计算公式及参数确定

1.含矿率计算

首先确定模型区,根据模型区详细勘探资料求出含矿率。

由相关理论可知,资源量

$$Q = k \cdot D \cdot V \tag{7-1}$$

式中:k 为含矿率;D 为矿石体重;V 为含矿地质体体积。

所以,模型区含矿率可以根据下式确定:

$$k_{模型区} = \frac{Q_{模型区}}{V_{模型区} \cdot D_{模型区}} \tag{7-2}$$

模型区资源量 $Q_{模型区}$ 和矿石体重 $D_{模型区}$ 可以从地质勘探报告中获得。而模型区含矿地质体体积

$$V_{模型区} = S_{模型区} \cdot (h_1 - h_2) \tag{7-3}$$

式中:$S_{模型区}$ 为模型区面积;h_1 为勘探控制深度;h_2 为矿体埋藏深度。

由式(7-2)、式(7-3)确定的 k 即是模型区控制深度内的含矿率。

2. 求预测区内含矿地质体的体积

论证预测区是否与模型区具有相似的地质成矿条件。当确认两者基本相似后,推算预测区内含矿地质体的体积。预测区含矿地质体体积

$$V_{预测区} = S_{预测区} \cdot (h_3 - h_2) \tag{7-4}$$

式中:$S_{预测区}$ 为预测区面积;h_3 为矿体预测深度;h_2 为矿体埋藏深度。

3. 确定计算参数

根据模型区参数值和预测区与模型区的相似程度,对预测区各参数进行赋值。这些参数包括含矿率 $k_{预测区}$、矿石体重 $D_{预测区}$、矿体埋深及预测深度。

4. 计算预测区资源量

根据式(7-5)计算预测区资源量,即

$$Q_{预测区} = k_{预测区} \cdot D_{预测区} \cdot V_{预测区} \tag{7-5}$$

(二)资源量计算

1. 面积的圈定

预测单元(最小预测区)的圈定方法大致可分网格单元法和综合信息地质单元法,两种方法各具优、缺点,网格方法简单便于计算机操作,但缺乏地质意义,不便于预测变量的定义。通过评价要素叠加圈定地质体单元的方法具有明确的意义,方便与变量选择,但单元边界确定较困难。本次钨锡铅锌矿预测中采用的是综合信息地质单元法进行最小预测区的圈定。

经以上方法圈定及优选后的最小预测区共 10 处。其中,A 级预测区 2 个,B 级预测区 6 个,C 级预测区 2 个。

2. 延深参数的确定

各最小预测区的延深参数是按不同预测工作区的实际情况分别确定,一般在全面研究最小预测区含矿地质体地质特征、矿化蚀变、矿化类型及物化探异常等特征,并对比典型矿床特征,同时在参考德尔菲法估算钨锡铅锌矿资源量时专家所提供意见的基础上进行综合确定。

3. 矿石体重的确定

各预测区矿石品位和体重值均采用相关预测区矿床勘查报告中提供的平均数值。模型区内矿石的体重值在 $2.80 \sim 3.21$ t/m^3。

4. 含矿系数的确定

各预测工作区中含矿系数(体含矿率)按以下方法确定取值:

（1）典型矿床深部及外围的，用典型矿床的体含矿率：垄上 0.003222，八团铅锌矿 0.004371，太和仙 0.022022，湘东钨矿 0.039414。

（2）有多个模型区的，用模型区平均含矿系数。

（3）无模型且无典型矿床的，用相同矿产预测类型的模型区的平均含矿系数。

5. 相似系数的确定

相似系数确定原则：第一，对比模型区和预测区全部预测要素的总体相似系数；第二，对比定量估算参数的各项相似系数。关于矿床模型的相似系数，应采用综合方法确定。

相似系数的确定主要从 5 个方面考虑：地质体本身、地质构造、物化探、蚀变、成矿元素分带。

关于相似系数校正，主要有两种方法：①通过数学地质方法，如特征分析、证据权成矿概率确定；②根据模型区与预测区的相似程度，由专家确定。

本次相似系数的确定主要是利用项目办提供的 MRAS 软件功能，通过数学地质的方法计算得单元得分，最终确定结果。

6. 典型矿床资源量的估算

主要涉及的参数有矿区面积、延深、品位、体重等。

矿区面积采用各矿床核查区的面积，延深指该矿区已知见矿钻孔的最大垂深，品位及体重值均采用报告中提供的平均数值，体含矿率则据以下公式计算而得：体含矿率=查明资源量/（面积×延深）。

典型矿床查明资源储量表如表 7-4 所示。

表 7-4   典型矿床查明资源储量表

编号	名称	经度	纬度	查明资源储量/（万 t）		面积（m²）	延深（m）	品位/%	体重（t·m⁻³）	体含矿率
				矿石量	金属量					
1	湘东钨矿	113°46′27″E	27°02′25″N	319	5.07	10302500	1060	1.568	2.902	0.039414
2	八团铅锌矿	113°46′30″E	27°02′25″N	1187	50.19	1740000	500.01	5.231	2.735	0.004345
	平均值									0.0218

7. 模型区资源量的估算

模型区一般采用 MRAS 或 GEODAS 软件所圈定的平面范围，之后根据实际情况进行必要的人工校正所确定下来的最小预测区，主要通过对不同类型矿床圈定含矿地质体的方法来加以校正。

8. 最小预测区的资源量计算

钨锡铅锌矿的资源量用矿石量表示，最小预测区的资源量就是最小预测区的矿石量。其计算公式为：预测矿石量=最小预测区含矿层体积×矿石体重×（平均）含矿系数。

预测工作区资源量计算：预测工作区资源量等于各最小预测区资源量之和。

预测区资源量的确定及修正：预测区资源量通过式 7-5 确定。

由于地质体的复杂程度不同，模型区与预测区的地质条件不可能完全一致。为了进一步

减小这种误差,我们对预测区资源量进行了如下修正:

$$Q' = F \cdot Q \tag{7-6}$$

式中:F 为有利因子(即模型区与预测区的成矿特征或区域成矿模式的相似程度)。其值是对最小预测区成矿概率值进行标准化来获得,而最小预测区成矿概率值是通过 MRAS2.0 软件对预测区进行优选时确定的。

9. 预测区的分类

预测区分类原则:预测依据是否充分,模型区预测要素的匹配程度;预测资源量的大小;矿体埋藏深度;等等。

将预测区分为1、2、3 三类:

(1)1 类:成矿条件十分有利,预测依据充分,成矿匹配程度高,资源潜力大或较大,预测资源量为大型的最小预测区;综合外部环境较好,经济效益明显的地区。

(2)2 类:成矿条件有利,有预测依据,成矿匹配程度高,预测资源量为中型,或成矿匹配程度低、预测资源量为大型的最小预测区;可获得经济效益,可考虑安排工作的地区。

(3)3 类:根据成矿条件,有可能发现资源,可作为探索的其他预测区;现有矿区外围和深部有预测依据,据目前资料认为资源潜力较小的预测区。

对三类最小预测区分别进行地质评价,预测湖南茶陵锡田-邓阜仙地区钨锡金属量为35万 t,铅锌金属量为253 万 t,金金属量为9 t,见表7-5。

表7-5 湖南省茶陵锡田-邓阜仙矿集区最小预测区地质评价表

序号	预测工作区名称	预测矿种	预测资源量	预测靶区级别	成矿母岩	控矿构造	找矿标志	成矿地质评价
1	湘东钨矿-鸡冠石找矿预测区	钨锡铅锌	钨锡15 万 t,铅锌60万 t	A	晚侏罗世二云母花岗岩	北东向断裂构造	云英岩化、硅化、化探	北东向构造较发育。区内见有湘东钨矿、鸡冠石钨矿、大垄铅锌矿相关矿点标志。北西向航磁异常,As13、As15、As18 化探异常,剩余重力异常
2	锡田垄上-小田找矿预测区	钨锡铅锌	钨锡10 万 t,铅锌40万 t	A	晚三叠世黑云母花岗岩、晚侏罗世二云母花岗岩	北东向及北西向断裂构造、岩体与围岩接触带	矽卡岩化、云英岩化、地形、化探	北东向及北西向断裂构造较发育。区内有垄上、桐木山、荷树下,以及茶陵铅锌矿、婆婆仙钨矿靠等矿点标志,剩余重力负异常区,南北向航磁异常
3	水晶岭找矿预测区	钨锡铅锌	钨锡1 万 t,铅锌20 万 t	B	晚三叠世黑云母花岗岩、晚侏罗世二云母花岗岩	花岗岩与围岩接触带	矽卡岩化、化探异常	晚三叠世黑云母花岗岩与泥盆系上统锡矿山组下段灰岩接触,As4、As5、As8 化探异常,北西向航磁异常,剩余重力异常

续表7-5

序号	预测工作区名称	预测矿种	预测资源量	预测靶区级别	成矿母岩	控矿构造	找矿标志	成矿地质评价
4	太和仙-大垄找矿预测区	金铅锌	金6 t，铅锌50万 t	B	晚侏罗世二云母花岗岩	北东向及北西向断裂构造	硅化、化探异常	北东向及北西向断裂构造，区内寒武系地层含矿性较好，As12化探异常区，剩余重力异常
5	麦子坑找矿预测区	铅锌	铅锌20万 t	B	晚侏罗世二云母花岗岩	北东向及北西向断裂构造	硅化、化探异常	北东向及北西向断裂构造，区内寒武系地层含矿性较好，As14化探异常区，剩余重力异常
6	麻石岭找矿预测区	铅锌	铅锌20万 t	B	晚侏罗世二云母花岗岩	北东向及北西向断裂构造	硅化、化探异常	北东向及北西向断裂构造，区内寒武系地层含矿性较好，As12化探异常区，剩余重力异常
7	山田找矿预测区	钨锡	钨锡6万 t	B	晚三叠世黑云母花岗岩、晚侏罗世二云母花岗岩	花岗岩与围岩接触带，南北向断裂	矽卡岩化、化探	存在石炭系下统岩关阶地层与印支期黑云母花岗岩接触带，发育南北向断裂，见As25化探异常，剩余重力异常
8	皇图找矿预测区	钨锡铅锌	钨锡2万 t，铅锌20万 t	B	晚三叠世黑云母花岗岩、晚侏罗世二云母花岗岩	花岗岩与围岩接触带，北东向断裂	矽卡岩化、化探	在石炭系下统岩关阶地层与印支期黑云母花岗岩接触带，发育北东向断裂，As27与As29化探异常
9	羊古脑找矿预测区	金	金3 t	C	晚侏罗世二云母花岗岩	北东向及北西向断裂构造	化探	成矿元素具分带特征，发育北东向及北西向断裂构造，As10化探异常
10	火田找矿预测区	钨锡铅锌	钨锡1万 t，铅锌20万 t	C	晚侏罗世二云母花岗岩	盆地中心	化探异常	找矿远景区位于邓阜仙岩体与锡田岩体的中心，As17化探异常

7.3 工程验证

自项目开展以来，本项目组始终坚持科研与生产相结合的原则，对地质调查项目提供理论支撑与技术服务，邓阜仙矿田的太和仙-大垄、湘东钨矿-鸡冠石找矿预测区和锡田矿田的垄上-小田、山田找矿预测区等均取得了较为理想的找矿效果。

7.3.1 大垄铅锌矿深部

大垄铅锌矿位于邓阜仙矿田的太和仙-大垄找矿预测区，位于邓阜仙岩体的北部，围岩为燕山期细粒二云母花岗岩，矿体主要赋存在南北向V1号硅化破碎带中。本矿区铅锌矿床严格受南北向断裂控制。燕山早期八团岩体形成时产生的表面张裂隙，经过侏罗世之后的构造运动继承、发展而形成近南北向的压扭性断裂，为铅锌矿体的形成提供了良好的构造地质条件，随后岩浆期后的含矿溶液沿断裂带贯入，在构造有利部位沉淀形成铅、锌矿体。

在前期地质找矿工作过程中，勘查单位按照相应的普查网度，统计出其工程见矿率仅 60%，经济效益较差。本次深部钻孔验证工作，在总结以往地质勘查成果的时候，分析矿脉有向北侧伏的规律，侧伏角约为 70°，现矿脉深部施工设计了 4 个钻孔，钻孔见矿率为 100%。其中 ZK1706 见矿厚度为 6.14 m，铅锌矿主要呈斑点状充填到细脉中，平均品位 Pb 为 0.41%，Zn 为 4.81%，其中，Zn 单样最高品位高达 18.502%；ZK1306 见矿厚度为 3.06 m，品位 Pb 为 1.41%，Zn 为 4.58%，Zn 单样最高品位高达 9.748%（图 7-12）。新增（333+334）铅+锌 9.28 万 t。

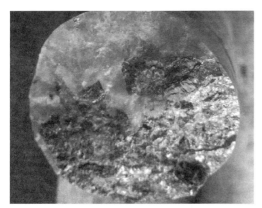 

(a) ZK1706　　　　　　　　　　　　　　　　(b) ZK1306

图 7-12　钻孔见矿照片（扫码查看彩图）

7.3.2　山田找矿预测区

针对垄上山田矿段 50-Ⅲ 号矿体开展找矿预测和深部钻探验证（图 7-13 和图 7-14），施工钻孔 ZK45602。在孔深 975 m 揭露钨锡矿体，厚度为 2.43 m，钨品位 0.2%，锡品位 0.22%。同时，在孔深 963 m 处，揭露一隐伏钨矿体，厚度为 0.6 m，钨品位 0.17%。该深部找矿靶区的钻探验证取得了非常好的经济效益，控制 50-Ⅲ 号矿体斜深达 1150 m，新增钨锡潜在资源量 1.9 万 t，达中型矿床规模。同时，也总结出了山田找矿靶区往深部钨锡矿的赋矿规律，一定程度上丰富了锡田地区钨锡矿成矿规律和成矿系列理论，具有显著的理论意义。

7.3.3　垄上-小田找矿预测区

针对云英岩型钨锡矿体，在桐木山一带开展找矿预测和深部钻探验证，在 106 号勘探线，施工科研验证孔 ZK10610。在孔深约 340 m 处揭露云英岩型钨矿体，厚度为 1.99 m，钨品位较富，达 0.99%（图 7-15、图 7-16）。控制矿体斜深 515 m，且往深部厚度变大，品位变富，新增钨远景资源量近 0.6 万 t，找矿成果较突出。

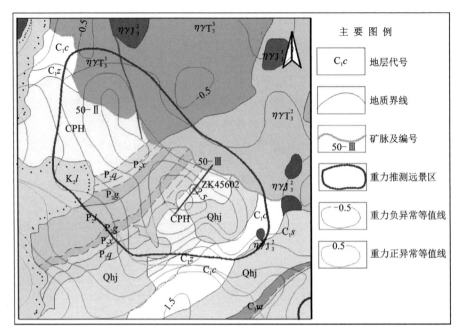

图 7-13　山田预测区地质简图(扫码查看彩图)

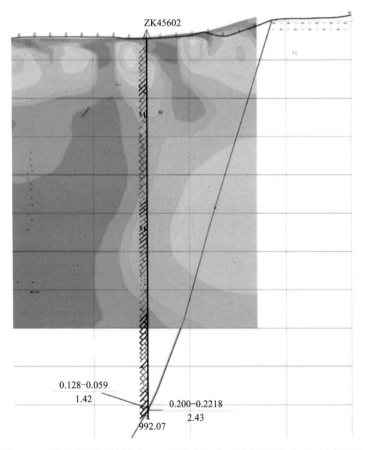

图 7-14　山田预测区钨锡矿 456 号视电阻率反演剖面图(扫码查看彩图)

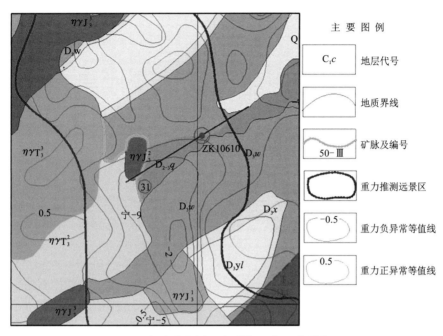

图 7-15　桐木山预测区地质简图（扫码查看彩图）

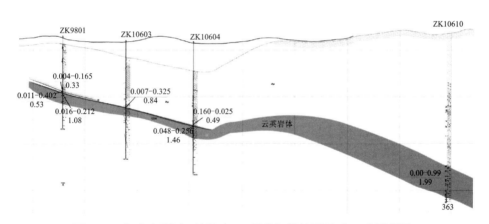

图 7-16　桐木山预测区钨锡矿 106 号勘探线剖面图（扫码查看彩图）

第8章　主要认识及成果

（1）锡田-邓阜仙矿集区北部邓阜仙复式花岗岩的岩浆活动主要可以分为三期，即晚三叠世（～225 Ma）、晚侏罗世（～155 Ma）和早白垩世（～140 Ma），同时早白垩世还发育有基性的煌斑岩脉。南部锡田复式花岗岩的岩浆活动可以分为四期：志留纪（～435 Ma）、晚三叠世、晚侏罗世和早白垩世。

（2）矿集区存在多期次钨锡多金属成矿作用，邓阜仙矿田存在晚侏罗世和早白垩世两期成矿作用叠加，锡田矿田存在晚三叠世、晚侏罗世和早白垩世三期成矿作用叠加。

（3）成矿受矿田及矿床两级、两期构造控制，矿集区构造表现为北东东向的地堑系，发育系列北东—北东东向正断层，为成矿物质的运移提供了良好通道。在北西向的伸展背景控制下，可形成北东—北东东向及北西—北北西向的次级断裂；同时北西向的伸展与岩浆上侵时的应力场的综合作用，在岩体上方产生楔状断裂系，成为成矿物质的聚集空间，在有利地段成矿。叠加构造则是成矿最有利的构造样式，表现为燕山期的断裂构造与印支期岩体接触带的叠加，二者产状可以不同，在二者交会处发生矿床/体的叠加富化，成矿构造与多期岩浆-流体的相互作用，是成矿作用的关键因素。

（4）矿集区钨锡多金属成矿在空间上多产出在花岗岩体内及其周边，且存在南北两个岩浆-热液多金属成矿系统。北部邓阜仙矿田显示出从金竹垄铌钽矿床→湘东钨锡矿床→鸡冠石钨矿床→太和仙金铅锌矿床→大垄铅锌矿床的形成温度逐渐降低，成矿元素组合由花岗岩型的 Nb-Ta 矿床逐渐演化为 W-Sn 和 Pb-Zn-（Au）的热液脉状矿床。Nb-Ta 矿床主要产出在岩体侵入中心的顶部，通常与高分异的白云母花岗岩密切相关，并呈现一定的垂向岩相分带；W-Sn 矿床通常产于岩体侵入中心顶部的云英岩化带及岩体凸起上覆围岩的裂隙构造中；Pb-Zn 等脉状矿化多发育于岩体侵位中心 3～10 km 范围的围岩裂隙中（围岩可以为早期花岗岩或者非碳酸岩地层）。

南部锡田矿田具有由南向北的沿 NE 走向的 W-Sn、Pb-Zn、萤石等脉状矿化分带，并显示了成矿温度由南向北降低的空间格局，同时还在印支期花岗岩体与灰岩凹形接触带构造带发育矽卡岩型矿化（如垄上矿床），并存在印支期矽卡岩型和燕山期热液脉型钨锡矿化的叠加。

（5）认为邓阜仙矿田分布的花岗岩型金竹垄铌钽矿床、热液脉状湘东钨锡矿床、鸡冠石钨矿床、太和仙金铅锌矿床和大垄铅锌矿床均与燕山期岩浆热液活动有关，并在湘东钨锡矿床发现了晚侏罗世和早白垩世的多期次钨锡成矿作用叠加。但在邓阜仙矿田，尚未发现印支期矿化和矽卡岩型矿化。锡田矿田也存在类似的由南往北的高、中、低温热液演化矿化。

（6）提出了明确的找矿标志，认为印支期矽卡岩型找矿标志主要为印支期岩体与碳酸岩围岩接触形成的矽卡岩化，以及大理岩化、硅化、绿泥石化等。燕山期花岗岩型 Nb-Ta 矿床找矿标志主要为淡色花岗岩(白云母花岗岩、钠长花岗岩等)、钠长石化、电气石化、高岭土化等;而燕山期热液脉型矿床的找矿标志主要为云英岩化、硅化、电气石化、萤石化和绿泥石化等。

(7)以地质背景与地球化学样品测试结果分析为基础,利用 GIS 技术的数据管理预处理功能,结合三维可视化软件建立钻孔数据库,并提取各个深度地球化学异常信息进行解释,建立了矿集区印支期到燕山期的岩性演化及成矿富集模型。

(8)基于成矿模型和物化探综合方法解译,对矿集区进行了成矿预测,提出了 10 个成矿预测区,并在理论指导下进行工程验证,探获了钨锡储量 5.1 万 t,铅锌储量 9.28 万 t,达到了大型规模;并且依据找矿模型指导地勘单位和矿山企业探获钨锡金属量近 40 万 t,潜在经济价值约 300 亿元。

主要参考文献

[1] Acosta-Gongora P, Gleeson S A, Samson I M, et al. Genesis of the Paleoproterozoic NICO iron oxide-cobalt-gold-bismuth deposit, Northwest Territories, Canada: evidence from isotope geochemistry and fluid inclusions [J]. Precambrian Research, 2015, 268: 168-193.

[2] Ague J J, Brimhall G H. Magmatic arc asymmetry and distribution of anomalous plutonic belts in the batholiths of California: effects of assimilation, crustal thickness, and depth of crystallization[J]. Geol Soc Am Bull, 1988, 100: 912-927.

[3] Anderson A, Marshall D. Fluid Inclusions Analysis and Interpretation. Mineralogical Association of Canada[J]. Short Course Series, 2002, 32: 9-53.

[4] Assadzadeh G E, Samson I M, Gagnon J E. The trace element chemistry and cathodoluminescence characteristics of fluorite in the Mount Pleasant Sn-W-Mo deposits: Insights into fluid character and implications for exploration[J]. Journal of Geochemical Exploration, 2017, 172: 1-19.

[5] Audetat A, Gunther D, Heinrich C A. Causes for large-scale metal zonation around mineralized plutons: Fluid inclusion LA-ICP-MS evidence from the Mole Granite, Australia[J]. Economic Geology and the Bulletin of the Society of Economic Geologists, 2000, 95(8): 1563-1581.

[6] Baker T, Van Achterberg E, Ryan C G, et al. Composition and evolution of ore fluids in a magmatic-hydrothermal skarn deposit[J]. Geology, 2004, 32: 117-120

[7] Barker, S L L, Bennett, V C, et al. Sm-Nd, Sr, C and O isotope systematics in hydrothermal calcite-fluorite veins: Implications for fluid-rock reaction and geochronology[J]. Chemical Geology, 2009, 268: 58-66.

[8] Bau M. Dulski P Comparative Study of Yttrium and Rare Earth Element Behaviors in Fluorine Rich Hydrothermal Fluids[J]. Contributions to Mineralogy & Petrology, 1995, 119: 213-223.

[9] Bau M, Moller P. Rare-Earth Element Fractionation in Metamorphogenic Hydrothermal Calcite, Magnesite and Siderite[J]. Mineralogy & Petrology, 1992, 4: 231-246.

[10] Bau M. Controls on the fractionation of isovalent trace elements in magmatic and aqueous systems: Evidence from Y/Ho, Zr/Hf, and lanthanide tetrad effect[J]. Contributions to Mineralogy & Petrology, 1996, 123: 323-333.

[11] Bau M. Rare-earth element mobility during hydrothermal and metamorphic fluid rock interaction and the significance of the oxidation state of europium[J]. Chemical Geology, 1991, 93(3-4): 219-230.

[12] Beeskow B, Treloar P J, Rankin A H, et al. A reas-sessment of models for hydrocarbon generation in the Khibiny nepheline syenite complex, Kola Peninsula, Russia[J]. Lithos, 2006, 91: 1-18.

[13] Benaouda R, Devey C W, Badra L, et al. Light rare-earth element mineralization in hydrothermal veins related to the Jbel Boho alkaline igneous complex, AntiAtlas/Morocco: the role of fluid-carbonate interactions in the deposition of synchysite-(Ce)[J]. Journal of Geochemical Exploration, 2017, 177: 28-44.

[14] Bendezú R, Fontboté L. Cordilleran epithermal Cu-Zn-Pb-(Au-Ag) mineralization in the Colquijirca district, central Peru: Deposit-scale mineralogical patterns[J]. Economic Geology, 2009, 104(7): 905-944.

[15] Bonsall T A, Spry P G, Voudouris P C, et al. The geochemistry of carbonate-replacement Pb－Zn－Ag mineralization in the Lavrion district, Attica, Greece: Fluid inclusion, stable isotope, and rare earth element studies[J]. Economic Geology, 2011, 106(4): 619-651.

[16] Bralia A, Sabatini G, Troja F. A revaluation of the Co/Ni ratio in pyrite as geochemical tool in ore genesis problems[J]. Mineralium Deposita, 1979, 14(3): 353-374.

[17] Buruss R. Analysis of phase equilibria in COHS fluid inclusions: mineralogy[J]. Assoc. Canada Short Course Handbook, 1981, 6: 39-74.

[18] Cai Y, Lu J J, Ma D S, et al. The Late Triassic Dengfuxian A－type granite, Hunan Province: age, petrogenesis, and implications for understanding the late Indosinian tectonic transition in South China[J]. International Geology Review, 2015, 57(4): 428-445.

[19] Cao M, Yao J, Deng X, et al. Diverse and multistage Mo, Au, Ag-Pb-Zn and Cu deposits in the Xiong'er Terrane, East Qinling: From Triassic Cu mineralization[J]. Ore Geology Reviews, 2017, 81: 565-574.

[20] Charlou J L, Fouquet Y, Bougault H, et al. Intense CH_4 plumes generated by serpentinization of ultramafic rocks at the intersection of the 15 20′ N fracture zone and the Mid-Atlantic Ridge[J]. Geochimica et Cosmochimica Acta, 1998, 62(13): 2323-2333.

[21] Chaussidon M, Lorand J P. Sulphur isotope composition of orogenic spinel lherzolite massifs from Ariege (N. E. Pyrenees, France): an ion microprobe study. Geochim[J]. Cosmochim Acta, 1990, 54: 2835-2846.

[22] Chen J, Lu J J, Chen W F, et al. W-Sn-Nb-Ta-bearing granites in the Nanling Range and their relationship to metallogengesis[J]. Geological Journal of China Universities, 2008, 14(4): 459-473.

[23] Chi G X, Ni P. Equations for calculation of NaCl/(NaCl+CaCl$_2$) ratios and salinities from hydrohalite-melting and ice-melting temperatures in the H_2O-NaCl-CaCl$_2$ system[J]. Acta Petrologica Sinica, 2007, 023(1): 33-37.

[24] Clayton R N, O'Neil J R, Mayeda T K. Oxygen isotope exchange between quartz and water[J]. Journal of Geophysical Research Atmospheres, 1972, 77(17): 3057-3067.

[25] Cook N J, Ciobanu C L, Mao J W. Textural control on gold distribution in As-free pyrite from the Dongping, Huangtuliang and Hougou gold deposits, North China Craton (Hebei Province, China)[J]. Chemical Geology, 2009, 264(1-4): 101-121.

[26] Dewaele S, Muchez P, Burgess R, et al. Geological setting and timing of the cassiterite vein type mineralization of the Kalima area (Maniema, Democratic RepublicofCongo)[J]. Journal of African Earth Sciences, 2015, 112: 199-212.

[27] Doe B R, Zartman R E. Plumbotectonics of the Phanerozoic. In: Barnes, H. L. (Ed.), Geochemistry of Hydrothermal Ore Deposits[J]. John Wiley, New York, pp. 1979: 22-70.

[28] Fan J, Ni P, Tian J. Fluid inclusion isotopes as tracers of ore fluids[J]. Conributions to geology and mineral resources research, 2000, 3: 10.

[29] Faure G. Principles of Isotope Geology[M]. 2nd Edition. New York: John Wiley & Sons, 1986: 183-199.

[30] Gan G L, Chen Z X. Compositional Characteristics of Wolframite in Tin Deposits, Dupangling, Guangxi[J]. Acta Geochimica, 1992, 11(2): 156-167.

[31] Garven G. The role of regional fluid flow in the genesis of the Pine Point Deposit, Western Canada sedimentary basin[J]. Economic Geology, 1985, 80(80): 307-324.

[32] Ghaderi M, Palin J M, Campbell I H, et al. Rare earth element systematics in scheelite from hydrothermal gold deposits in the Kalgoorlie-Norseman region, Western Australia[J]. Economic Geology, 1999, 94(3): 423-437.

[33] Goldmann S, Melcher F, HansEike Gäbler, et al. Mineralogy and Trace Element Chemistry of Ferberite/

Reinite from Tungsten Deposits in Central Rwanda[J]. Minerals, 2013, 3(2): 121-144.

[34]Goldstein R H, Reynolds T J. Systematics of Fluid Inclusions in Diagenetic Minerals[M]. Special Publications of Sepm, 1994: 199.

[35]Goldstein R H. Petrographic analysis of fluid inclusions[M]. Fluid Inclusions: Analysis and Interpretation, 2003: 9-53.

[36]Gulson B L, Jones M T. Cassiterite: Potential for direct dating of mineral deposits and a precise age for the Bushveld Complex granites[J]. Geology, 1992, 20(4): 355-358.

[37]Han J S, Yao J M, Chen H Y, et al. Fluid inclusion and stable isotope study of the Shagou Ag-Pb-Zn deposit, Luoning, Henan province, China: implications for the genesis of an orogenic lode Ag-Pb-Zn system [J]. Ore Geology Reviews, 2014, 62: 199-210.

[38]Hulsbosch N, Boiron M C, Dewaele S, et al. Fluid fractionation of tungsten during granite-pegmatite differentiation and the metal source of peribatholitic W quartz veins: Evidence from the Karagwe-Ankole Belt (Rwanda)[J]. Geochimica et Cosmochimica Acta, 2016, 175: 299-318.

[39]Jiang Y H, Jiang S Y, Zhao K D, et al. Petrogenesis of Late Jurassic Qianlishan granites and mafic dykes, Southeast China: implications for a back-arc extension setting[J]. Geol. Mag, 2006, 143(4): 457-474.

[40]Jiang Y H, Ling H F, Jiang S Y, et al. Petrogenesis of a Late Jurassic peraluminous volcanic complex and its high-Mg, potassic, quenched enclaves at Xiangshan, Southeast China[J]. Journal of Petrology, 2005(6): 1121-1154.

[41]Jiang Y H, Zhao P, Zhou Q, et al. Petrogenesis and tectonic implications of Early Cretaceous S- and A-type granites in the northwest of the Gan-Hang rift, SE China[J]. Lithos, 2011, 121(1-4): 55-73.

[42]Large R R, Danyushevsky L, Hollit C, et al. Gold and trace element zonation in pyrite using a laser imaging technique: implications for the timing of gold in orogenic and Carlin-style sediment-hosted deposits[J]. Economic Geology, 2009, 104: 635-668.

[43]Leach D L, Landis G P, Hofstra A H. Metamorphic origin of the Coeur d'Alene base-and precious-metal veins in the Belt basin, Idaho and Montana[J]. Geology, 1988, 16(2): 122-125.

[44]Li H, Liu M, Sun P, et al. Caustic decomposition of scheelite and scheelite-wolframite concentrates through mechanical activation[J]. Journal of Central South University of Technology, 1995, 2(2): 16-20.

[45]Li X H, Li W X, Li Z X. On the genetic classification and tectonic implications of the Early Yanshanian granitoids in the Nanling Range, South China[J]. Chin. Sci. Bull, 2007, 52(14): 1873-1885.

[46]Li H, Cao J, Algeo T J, et al. Zircons reveal multi-stage genesis of the Xiangdong (Dengfuxian) tungsten deposit, South China[J]. Ore Geology Reviews, 111: 102979.

[47]Li H, Sun H S, Algeo T J, et al. Mesozoic multi-stage W-Sn polymetallic mineralization in the Nanling Range, South China: An example from the Dengfuxian-Xitian ore field[J]. Geological Journal, 2018, 54(6): 3755 -3785.

[48]Liang X, Dong C, Jiang Y, et al. Zircon U-Pb, molybdenite Re-Os and muscovite Ar-Ar isotopic dating of the Xitian W-Sn polymetallic deposit, eastern Hunan Province, South China and its geological significance[J]. Ore Geology Reviews, 2016, 78: 85-100.

[49]Liu Y H, Fu J M, Long B L, et al. He and Ar isotopic components of main tin deposits from central Nanling region and its signification[J]. Journal of Jilin University(Earth science edition), 2006, 36: 774-780.

[50]Liu Y S, Hu Z C, Gao S, et al. In situ analysis of major and trace elements of anhydrous minerals by LA-ICP -MS without applying an internal standard[J]. Chemical Geology, 2008, 257: 34-43.

[51]Liu Y S, Hu Z C, Zong K Q, et al. Reappraisal and refinement of zircon U-Pb isotope and trace element analyses by LA-ICP-MS[J]. Chinese Science Bul-letin, 2010, 55(15): 1535-1546.

[52] Liu B, Li H, Wu Q, et al. Double-vein (ore-bearing vs. ore-free) structures in the Xitian ore field, South China: Implications for fluid evolution and mineral exploration[J]. Ore Geology Reviews, 2019, 115: 103 -181.

[53] Liu B, Wu Q, Li H, et al. Fault-fluid evolution in the Xitian W-Sn ore field (South China): Constraints from scheelite texture and composition[J]. Ore Geology Reviews, 2019, 114: 103-140.

[54] Liu B, Wu Q, Li H, et al. Fault-controlled fluid evolution in the Xitian W-Sn-Pb-Zn-fluorite mineralization system (South China): Insights from fluorite texture, geochemistry and geochronology[J]. Ore geology reviews, 2020, 116: 103-233.

[55] Liu D, Yang L, Deng X, et al. Re-Os isotopic data for molybdenum from Hejiangkou tungsten and tin polymetallic deposit in Chenzhou and its geological significance[J]. Journal of Central South University, 2016, 23(5): 1071-1084.

[56] Ludwig K R. Users manual for Isoplot/Ex, Verson 3.00. A geochronological Toolkit for Microsoft Excel[J]. Berkeley Geochronology Center, Special Publication, 2003, 4: 1-70.

[57] Mao J W, Ouyang H, Song S, et al. Geology and metallogeny of tungsten and tin deposits in China[J]. SEG Spec Pub, 2020, 22: 411-482

[58] Mao J W, Xie G Q, Guo C L, et al. Large-scale tungsten-tin mineralization in the Nanling region, South China: Metallogenic ages and corresponding geodynamic processes[J]. Acta Petrologica Sinica, 2007, 23 (10): 2329-2338.

[59] Mao J, Cheng Y, Chen M, et al. Major types and time-space distribution of Mesozoic ore deposits in South China and their geodynamic settings[J]. Mineralium Deposita, 2013, 48(3): 267-294.

[60] Marini O J, Botelho N F. A província de granitos estaníferos de Goiás[J]. Revista Brasileira de Geociências, 1986, 16(1): 119-131.

[61] Maslennikov V V, Maslennikova S P, Large R R, et al. Study of trace element zonation in vent chimneys from the Silurian Yaman-Kasay volcanic-hosted massive sulfide deposit (southern Urals, Russia) using laser ablation-inductively coupled plasma mass spectrometry (LA-ICPMS)[J]. Economic Geology, 2009, 104: 1111-1141.

[62] Oakes C S, Bodnar R J, Simonson J M. The system $NaCl-CaCl_2-H_2O$: I. The ice liquidus at 1 atm total pressure [J]. Geochimica Et Cosmochimica Acta, 1990, 54(3): 603-610.

[63] Ohmoto H, Rye R O. Isotopes of Sulfur and Carbon. In: Barnes H L. (Ed.), Geochemistry of Hydrothermal Ore Deposits, Second ed[J]. John Wiley and Sons, New York, pp, 1979: 509-567.

[64] Parnell J, et al. Geofluids'93 Extended Abstract 8: Ore Deposition from Fluid, 1993, 358-401.

[65] Polya D A, Foxford K A, Stuart F, et al. Evolution and paragenetic context of low δD hydrothermal fluids from the Panasqueira W-Sn deposit, Portugal: new evidence from microthermometric, stable isotope, noble gas and halogen analyses of primary fluid inclusions[J]. Geochimica Et Cosmochimica Acta, 2000, 64(64): 3357 -3371.

[66] Ramboz C, Schnapper D, Dubessy J. The $P-V-T-X-fO_2$ evolution of $H_2O-CO_2-CH_4$-bearing fluids n a wolframite vein: Reconstruction from fluid inclusion studies[J]. Geochim. Cosmochim. Acta, 1985, 49: 205- 219.

[67] Reich M, Kesler S E, Utsunomiya S, et al. Solubility of gold in arsenian pyrite [J]. Geochimica Et Cosmochimica Acta, 2005, 69(11): 2781-2796.

[68] Roedder E. Fluid inclusions[M]. Mineralogical Society of America, reviews in Mineralogy, 1984: 644.

[69] Schoell M. Multiple origins of methane in the Earth[J]. Chemical Geology, 1988, 71(1-3): 1-10.

[70] Shepherd T J, Rakin A, Alderton D H M. A Practical Guide to Fluid Inclusion Studies[M]. Blackie and Son

Limited, 1985: 1-154.

[71]Sillitoe R H. Porphyry copper systems[J]. Economic geology, 2010, 105(1): 3-41.

[72]Sparrenberger I, Tassinari C C. Subprovíncia do Rio Paraná (GO): um exemplo de aplicação dos métodos de datação U-Pb e Pb-Pb em cassiterita[J]. Revista Brasileira de Geociências, 1999, 29(3): 405-414.

[73]Stein H J, Hannah J L, Yang G, et al. Ordovician Source Rocks and Devonian Oil Expulsion on Bolide Impact at Siljan Sweden-The Re-Os Story[M]. 2014.

[74]Sun S S, Mcdonough W F. Chemical and isotopic systematics of oceanic basalts: implications for mantle composition and processes[J]. Geological Society London Special Publications, 1989, 42(1): 313-345.

[75]Sung Y H, Brugger J, Ciobanu C L, et al. Invisible gold in arsenian pyrite and arsenopyrite from amultistage Archaean gold deposit: Sunrise Dam, eastern goldfields province, Western Australia[J]. Mineralium Deposita, 2009, 44: 765-791.

[76]Taylor S R, Mclennan S M. The Continental Crust: Its Composition and Evolution[M]. Oxford: Blackwell, 1985: 257-277

[77]Thomas H V, Large R R, Bull S W, et al. Pyrite and pyrrhotite textures and composition in sediments, laminated quartz veins, and reefs at Bendigo gold mine, Australia: insights for ore genesis[J]. Economic Geology, 2011, 106: 1-31.

[78]Ueno Y, Yamada K, Yoshida N, et al. Evidence from fluid in-clusions for microbial methanogenesis in the early Archaean era[J]. Nature, 2006, 440: 516-519.

[79]Wei W, Hu R, Bi X, et al. Infrared microthermometric and stable isotopic study of fluid inclusions in wolframite at the Xihuashan tungsten deposit, Jiangxi province, China[J]. Mineralium Deposita, 2012. 47(6): 589-605.

[80]Wei W, Song C, Hou Q, et al. The Late Jurassic extensional event in the central part of the South China Block-evidence from the Laoshan'ao shear zone and Xiangdong Tungsten deposit (Hunan, SE China)[J]. International Geology Review, 2018: 1-21.

[81]Welhan J A. Origins of methane in hydrothermal systems. In: origins of methane in the Earth (Schoell Ed.)[J]. Chem. Geol, 1988, 71: 183-198.

[82]White N C. Porphyry-epithermal Cu-Au-Ag systems: Regional, district and local footprints, the guides to discovery[C]//Society of Economic Geologists Conference 2004 SEG 2004. The University of Western Australia, Centre for Global Metallogeny, 2004: 108-111.

[83]Whiticar M J. Carbon and hydrogen isotope systematics of bacterial formation and oxidation of methane[J]. Chem. Geol, 1999, 161: 291-314.

[84]Wiedenbeck M, Allé P, Corfu F, et al. Three natural zircon standards for U-Th-Pb, Lu-Hf, trace element and REE analyses[J]. Geostandards Newsletter, 1995, 19: 1-23.

[85]Winderbaum L, Ciobanu C L, Cook N J, et al. Multivariate Analysis of an LA-ICP-MS Trace Element Dataset for Pyrite[J]. Mathematical Geosciences, 2012, 44(7): 823-842.

[86]Wong J, Sun M, Xing G F, et al. Geochemical and zircon U-Pb and Hf isotopic study of the Baijuhuajian metaluminous A-type granite: extension at 125-100 Ma and its tectonic significance for South China[J]. Lithos, 2009, 112(3-4): 289-305.

[87]Wu Q, Cao J, Kong H, et al. Petrogenesis and tectonic setting of the early Mesozoic Xitian granitic pluton in the middle Qin-Hang Belt, South China: Constraints from zircon U-Pb ages and bulk-rock trace element and Sr-Nd-Pb isotopic compositions[J]. Journal of Asian Earth Sciences, 2016, 128: 130-148.

[88]Xiong Y Q, Shao Y J, Zhou H D, et al. Ore-forming mechanism of quartz-vein-type W-Sn deposits of the Xitian district in SE China: Implications from the trace element analysis of wolframite and investigation of fluid

inclusions[J]. Ore Geology Reviews, 2017, 83: 152-173.

[89] Xiong Y, Shao Y, Cheng Y, et al. Discrete Jurassic and Cretaceous Mineralization Events at the Xiangdong W (-Sn) Deposit, Nanling Range, South China[J]. Economic Geology, 2020, 115(2): 385-413.

[90] Xiong Y, Shao Y, Jiang S, et al. Distal relationship of the Taihexian Pb-Zn-(Au) deposit to the Dengfuxian magmatic-hydrothermal system, South China: Constraints from mineralogy, fluid inclusion, H-O-Pb and in situ S isotopes[J]. Ore Geology Reviews, 2022, 127: 103826.

[91] Xiong Y, Shao Y, Mao J, et al. The polymetallic magmatic-hydrothermal Xiangdong and Dalong systems in the W-Sn-Cu-Pb-Zn-Ag Dengfuxian orefield, SE China: constraints from geology, fluid inclusions, H-O-S-Pb isotopes, and sphalerite Rb-Sr geochronology[J]. Mineralium Deposita, 2019, 54(8): 1101-1124.

[92] Yang F, Wang G, Cao H, et al. Timing of formation of the Hongdonggou Pb-Zn polymetallic ore deposit, Henan Province, China: Evidence from Rb-Sr isotopic dating of sphalerites[J]. Geoscience Frontiers, 2017, 8 (3): 605-616.

[93] Yang S Y, Jiang S Y, Jiang Y H, et al. Geochemical, zircon U-Pb dating and Sr-Nd-Hf isotopic constraints on the age and petrogenesis of an Early Cretaceous volcanic-intrusive complex at Xiangshan, Southeast China [J]. Mineral. Petrol, 2011, 101(1-2): 21-48.

[94] Yang S Y, Jiang S Y, Zhao K D, et al. Geochronology, geochemistry and tectonic significance of two Early Cretaceous A-type granites in the Gan-Hang Belt, Southeast China[J]. Lithos, 2012, 150: 155-170.

[95] Yang X J, Wu S C, Fu J M, et al. Fluid inclusion studies of Longshang tin-polymetallic deposit in Xitian ore field, eastern Hunan Province[J]. Mineral Deposits, 2007, 26: 501-511.

[96] Ye L, Cook N J, Ciobanu C L, et al. Trace and minor elements in sphalerite from base metal deposits in South China: A LA-ICP-MS study[J]. Ore Geology Reviews, 2011, 39: 188-217.

[97] Yuan S, Mao J, Cook N J, et al. A Late Cretaceous tin metallogenic event in Nanling W-Sn metallogenic province: Constraints from U-Pb, Ar-Ar geochronology at the Jiepailing Sn-Be-F deposit, Hunan, China[J]. Ore Geology Reviews, 2015, 65: 283-293.

[98] Yuan S, Peng J, Hao S, et al. In situ LA-MC-ICP-MS and ID-TIMS U-Pb geochronology of cassiterite in the giant Furong tin deposit, Hunan Province, South China: New constraints on the timing of tin-polymetallic mineralization[J]. Ore Geology Reviews, 2011, 43(1): 235-242.

[99] Yuan S, Peng J, Hu R, et al. A precise U-Pb age on cassiterite from the Xianghualing tin-polymetallic deposit (Hunan, South China)[J]. Mineralium Deposita, 2008, 43(4): 375-382.

[100] Yuan S, Peng J, Shen N, et al. 40Ar-39Ar Isotopic Dating of the Xianghualing Sn-polymetallic Orefield in Southern Hunan, China and Its Geological Implications[J]. Acta Geologica Sinica, 2007, 81(2): 278-286.

[101] Yuan S, Williams-Jones A E, Romer R L, et al. Protolith-Related Thermal Controls on the Decoupling of Sn and W in Sn-W Metallogenic Provinces: Insights from the Nanling Region, China[J]. Economic Geology, 2019, 114(5): 1005-1012.

[102] Zartman R, Doe B. Plumbotectonics: the model[J]. Tectonophysics, 1981, 75: 135-162.

[103] Zhang J, Chen Y, Su Q, et al. Geology and genesis of the Xiaguan Ag-Pb-Zn orefield in Qinling orogen, Henan province, China: Fluid inclusion and isotope constraints[J]. Ore Geology Reviews, 2016, 76: 79 -93.

[104] Zhang R Q, Lu J J, Wang R C, et al. Constraints of in situ zircon and cassiterite U-Pb, molybdenite Re-Os and muscovite 40Ar-39Ar ages on multiple generations of granitic magmatism and related W-Sn mineralization in the Wangxianling area, Nanling Range, South China[J]. Ore Geology Reviews, 2015, 65: 1021-1042.

[105] Zhang R Q, Lu J J, Wang R C, et al. Constraints of in situ, zircon and cassiterite U-Pb, molybdenite Re-Os and muscovite 40 Ar - 39 Ar ages on multiple generations of granitic magmatism and related W - Sn

mineralization in the Wangxianling area, Nanling Range, South China[J]. Ore Geology Reviews, 2015, 65 (4): 1021-1042.

[106]Zhang R, Lu J, Lehmann B, et al. Combined zircon and cassiterite U-Pb dating of the Piaotang granite-related tungsten-tin deposit, southern Jiangxi tungsten district, China[J]. Ore Geology Reviews, 2017, 82: 268-284.

[107]Zhao F F, Liu X F, Chu Y T, et al. Immiscible characteristics of mantle-derived fluid inclusions in special xenoliths from Cenozoic alkalic-rich porphyry in west Yunnan[J]. Geochimica, 2011, 40: 305-323.

[108]Zhao K D, Jiang S Y, Zhu J C, et al. Hf isotopic composition of zircons from the Huashan-Guposhan intrusive complex and their mafic enclaves in northeastern Guangxi: Implication for petrogenesis[J]. Chinese Science Bulletin, 2010, 55(6): 509-519.

[109]Zhao P, Yuan S, Mao J, et al. Constraints on the timing and genetic link of the large-scale accumulation of proximal W-Sn-Mo-Bi and distal Pb-Zn-Ag mineralization of the world-class Dongpo orefield, Nanling Range, South China[J]. Ore Geology Reviews, 2017, 95, 2017. 1140-1160.

[110]Zheng Y, Zhang L, Chen Y J, et al. Metamorphosed Pb-Zn-(Ag) ores of the Keketale VMS deposit, NW China: Evidence from ore textures, fluid inclusions, geochronology and pyrite compositions[J]. Ore Geology Reviews, 2013, 54(8): 167-180.

[111]Zhou X M, Sun T, Shen W Z, et al. Petrogenesis of Mesozoic granitoids and volcanic rocks in South China: a response to tectonic evolution[J]. Episodes, 2006, 29(1): 26-33.

[112]Zhou Y, Liang X, Wu S, et al. Isotopic geochemistry, zircon U-Pb ages and Hf isotopes of A-type granites from the Xitian W-Sn deposit, SE China: Constraints on petrogenesis and tectonic significance[J]. Journal of Asian Earth Sciences, 2015, 105: 122-139.

[113]艾昊. 湖南黄沙坪多金属矿床成矿斑岩锆石 U-Pb 年代学及 Hf 同位素制约[J]. 矿床地质, 2013, 32(3): 545-563.

[114]蔡明海, 陈开旭, 屈文俊, 等. 湘南荷花坪锡多金属矿床地质特征及辉钼矿 Re-Os 测年[J]. 矿床地质, 2006, 25(3): 263-268.

[115]蔡杨, 陆建军, 马东升, 等. 湖南邓阜仙印支晚期二云母花岗岩年代学、地球化学特征及其意义[J]. 岩石学报, 2013(12): 4215-4231.

[116]蔡杨, 马东升, 陆建军, 等. 湖南邓阜仙钨矿辉钼矿铼-锇同位素定年及硫同位素地球化学研究[J]. 岩石学报, 2012(12): 3798-3808.

[117]蔡杨, 黄卉, 谢旭. 湖南邓阜仙钨矿地质及岩体地球化学特征[J]. 矿床地质, 2010(S1): 1067-1068.

[118]蔡杨, 马东升, 陆建军, 等. 湖南邓阜仙岩体和锡田岩体的地球化学及成矿差异性对比[J]. 矿物学报, 2011(s1): 4-6.

[119]蔡杨. 湖南邓阜仙岩体及其成矿作用研究[D]. 南京: 南京大学, 2013.

[120]曹荆亚. 湖南茶陵锡田锡多金属矿田成矿系统的建立及研究[D]. 长沙: 中南大学, 2016.

[121]陈迪, 马爱军, 刘伟, 等. 湖南锡田花岗岩体锆石 U-Pb 年代学研究[J]. 现代地质, 2013, 27(4): 819-830.

[122]陈富文, 付建明. 南岭地区中生代主要成锡花岗岩地质地球化学特征与锡矿成矿规律[J]. 华南地质与矿产, 2005(2): 12-21.

[123]陈光远, 孙岱生, 张立, 等. 黄铁矿成因形态学[J]. 矿物岩石地球化学通报, 1987, 6(3): 139-140.

[124]陈骏, 王汝成, 朱金初, 等. 南岭多时代花岗岩的钨锡成矿作用[J]. 中国科学(地球科学), 2014(1): 111-121.

[125]陈毓川, 李文祥, 朱裕生. 巨型、大型和世界级矿床地质——找矿的总趋势[J]. 地球科学进展, 1989(6): 37-41.

[126] 陈振胜，张理刚. 蚀变围岩氢氧同位素组成的系统变化及其地质意义——以西华山钨矿为例[J]. 地质找矿论丛，1990(4)：69-79.

[127] 陈郑辉，王登红，屈文俊，等. 赣南崇义地区淘锡坑钨矿的地质特征与成矿时代[J]. 地质通报，2006，25(4)：496-501.

[128] 陈子龙，孙振家，杨楚雄. 邓阜仙钨矿床地质地球化学特征及成因研究[J]. 中南矿冶学院学报，1991(2)：117-122.

[129] 程素华，汪洋. 壳幔岩浆相互作用过程对华南中生代 Sn-W 成矿作用的制约[J]. 矿物学报，2009(S1)：3-4.

[130] 池国祥，卢焕章. 流体包裹体组合对测温数据有效性的制约及数据表达方法[J]. 岩石学报，2008，24(9)：1945-1953.

[131] 邓湘伟，戴雪灵，刘广东，等. 钦-杭缝合带锡田合江口 SP 花岗岩地质地球化学特征及其对比研究[J]. 矿物岩石，2012，32(2)：45-55.

[132] 邓湘伟，刘继顺，戴雪灵. 湘东锡田合江口锡钨多金属矿床地质特征及辉钼矿 Re-Os 同位素年龄[J]. 中国有色金属学报，2015(10)：2883-2897.

[133] 邓渲桐，曹荆亚，吴堑虹，等. 湖南锡田和邓阜仙燕山期花岗岩的源区差异及其意义[J]. 中南大学学报(自然科学版)，2017(1)：212-222.

[134] 翟裕生. 关于构造-流体-成矿作用研究的几个问题[J]. 地学前缘，1996(4)：71-77.

[135] 翟裕生. 论成矿系统[J]. 地学前缘，1999(1)：14-28.

[136] 董超阁. 湖南锡田锡钨矿床和邓阜仙钨矿床成岩成矿年代学及动力学研究[D]. 广州：中国科学院大学(中国科学院广州地球化学研究所)，2018.

[137] 董超阁，余阳春，梁新权，等. 湖南湘东钨矿含矿石英脉辉钼矿 Re-Os 定年及地质意义[J]. 大地构造与成矿学，2018(1)：84-95.

[138] 范宏瑞，谢奕汉，郑学正，等. 河南祁雨沟热液角砾岩体型金矿床成矿流体研究[J]. 岩石学报，2000，16(4)：559-563.

[139] 方贵聪，童启荃，孙杰，等. 赣南盘古山钨矿床稳定同位素地球化学特征[J]. 矿床地质，2014(6)：1391-1399.

[140] 付建明，伍式崇，徐德明，等. 湘东锡田钨锡多金属矿区成岩成矿时代的再厘定[J]. 华南地质与矿产，2009(3)：1-7.

[141] 付建明，李华芹，屈文俊，等. 湘南九嶷山大坳钨锡矿的 Re—Os 同位素定年研究[J]. 中国地质，2007，34(4)：651-656.

[142] 干国梁，陈志雄. 广西都庞岭地区锡矿床黑钨矿主要、微量及稀土元素的组成特点及赋存状态[J]. 矿物学报，1991(2)：122-132.

[143] 顾晟彦，华仁民，戚华文. 广西姑婆山花岗岩单颗粒锆石 LA-ICP-MS U-Pb 定年及全岩 Sr-Nd 同位素研究[J]. 地质学报，2006(4)：543-553.

[144] 郭春丽，李超，伍式崇，等. 湘东南锡田辉钼矿 Re-Os 同位素定年及其地质意义[J]. 岩矿测试，2014(1)：142-152.

[145] 郭春丽，王登红，陈毓川，等. 赣南中生代淘锡坑钨矿区花岗岩锆石 SHRIMP 年龄及石英脉 Rb-Sr 年龄测定[J]. 矿床地质，2007，26(4)：432-442.

[146] 郝家璋. 某区黑钨矿中锰、铁、铌、钽和钪分布的初步规律[J]. 中国地质，1964(12)：20-29.

[147] 何苗，刘庆，侯泉林，等. 湘东邓阜仙花岗岩成因及对成矿的制约：锆石/锡石 U-Pb 年代学、锆石 Hf-O 同位素及全岩地球化学特征[J]. 岩石学报，2018，34(3)：637-655.

[148] 侯明兰，蒋少涌，姜耀辉，等. 胶东蓬莱金成矿区的 S-Pb 同位素地球化学和 Rb-Sr 同位素年代学研究[J]. 岩石学报，2006(10)：2525-2533.

[149] 胡楚雁. 黄铁矿的微量元素及热电性和晶体形态分析[J]. 现代地质, 2001, 15(2): 238-241.

[150] 胡受奚. 二十七届国际地质大会岩石分会会况[J]. 矿物岩石地球化学通报, 1985, 4(1): 34-38.

[151] 湖南省地质矿产勘查开发局四一六队. 湘东钨矿第三期详查报告. 2010.

[152] 华光. 中国南部某区黑钨矿及其成分的变化规律[J]. 地质科学, 1960, 3(4): 165-181.

[153] 华仁民, 李光来, 张文兰, 等. 华南钨和锡大规模成矿作用的差异及其原因初探[J]. 矿床地质, 2010, 29(1): 9-23.

[154] 华仁民, 陈培荣, 张文兰, 等. 华南中、新生代与花岗岩类有关的成矿系统[J]. 中国科学(D辑: 地球科学), 2003(4): 335-343.

[155] 华仁民, 张文兰, 姚军明, 等. 华南两种类型花岗岩成岩-成矿作用的差异[J]. 矿床地质, 2006(S1): 127-130.

[156] 华仁民. 南岭中生代陆壳重熔型花岗岩类成岩-成矿的时间差及其地质意义[J]. 地质论评, 2005, 51(6): 633-639.

[157] 黄鸿新, 陈郑辉, 路远发, 等. 湘东钨矿成矿岩体锆石U-Pb定年及地质意义[J]. 东华理工大学学报自然科学版, 2014, 37(1): 26-36.

[158] 黄鸿新. 湖南邓埠仙钨锡多金属矿床地球化学和成矿机制研究[D]. 荆州: 长江大学, 2014: 103.

[159] 黄卉, 马东升, 陆建军, 等. 湖南邓阜仙复式花岗岩体的锆石U-Pb年代学研究[J]. 矿物学报, 2011(s1): 590-591.

[160] 黄卉, 马东升, 陆建军, 等. 湘东邓阜仙二云母花岗岩锆石U-Pb年代学及地球化学研究[J]. 矿物学报, 2013, 33(2): 245-255.

[161] 黄惠兰, 常海亮, 付建明, 等. 西华山脉钨矿床的形成压力及有关花岗岩的侵位深度[J]. 矿床地质, 2006, 25(5): 562-571.

[162] 贾跃明. 地球上的第四大生命域: 地下深部的高温生物圈[J]. 中国地质, 1995(5): 23-24.

[163] 蒋少涌, 赵葵东, 姜海, 等. 中国钨锡矿床时空分布规律、地质特征与成矿机制研究进展[J]. 科学通报, 2020, 65(33): 3730-3745.

[164] 蒋少涌, 赵葵东, 姜耀辉, 等. 华南与花岗岩有关的一种新类型的锡成矿作用: 矿物化学、元素和同位素地球化学证据[J]. 岩石学报, 2006(10): 2509-2516.

[165] 蒋少涌, 赵葵东, 姜耀辉, 等. 十杭带湘南—桂北段中生代A型花岗岩带成岩成矿特征及成因讨论[J]. 高校地质学报, 2008, 14(4): 496-509.

[166] 李秉伦. 江西南部内生钨铍矿床矿物学[M]. 北京: 科学出版社, 1965.

[167] 李定谋. 哀牢山蛇绿混杂岩带金矿床[M]. 北京: 地质出版社, 1998.

[168] 李红艳, 孙亚利. 柿竹园钨多金属矿床的Re—Os同位素等时线年龄研究[J]. 地质论评, 1996, 42(3): 261-267.

[169] 李华芹, 路远发, 王登红, 等. 湖南骑田岭芙蓉矿田成岩成矿时代的厘定及其地质意义[J]. 地质论评, 2006(1): 113-121.

[170] 李顺庭. 湖南瑶岗仙钨多金属矿床特征与成因[J]. 北京: 中国地质大学(北京), 2011: 114.

[171] 李占轲. 华北克拉通南缘中生代银-铅-锌矿床成矿作用研究[D]. 武汉: 中国地质大学, 2013.

[172] 李长江, 徐有浪. 成矿物质来源的定量判别方法的探讨[J]. 矿床地质, 1995, 14(4): 369-375.

[173] 梁婷, 高景刚, 朱文戈. 成矿流体类型及研究方法综述[J]. 西安文理学院学报(自然科学版), 2005(4): 36-42.

[174] 林新多, 张德会, 章传玲. 湖南宜章瑶岗仙黑钨矿石英脉成矿流体性质的探讨[J]. 地球科学-中国地质大学学报, 1986(2): 39-46.

[175] 刘飚, 吴堑虹, 奚小双, 等. 湖南锡田钨锡多金属矿田成矿分带样式及机理[J]. 中南大学学报(自然科学版), 2018(3): 633-641.

[176]刘国庆，伍式崇，杜安道，等. 湘东锡田钨锡矿区成岩成矿时代研究[J]. 大地构造与成矿学，2008，32(1)：63-71.

[177]刘焕枢，张学渊. 湘东钨矿深部矿脉的发现及对矿山地质找矿的启示[J]. 中国钨业，1997(1)：11-14，7.

[178]刘建明，刘家军. 滇黔桂金三角区微细浸染型金矿床的盆地流体成因模式[J]. 矿物学报，1997(4)：448-456.

[179]刘曼，邱华宁，白秀娟，等. 湖南锡田钨锡多金属矿床流体包裹体研究[J]. 矿床地质，2015(5)：981-998.

[180]刘英俊，马东升. 金的地球化学[M]. 北京：科学出版社，1991.

[181]刘英俊，马东升. 钨的地球化学[M]. 北京：科学出版社，1987：1-232.

[182]刘玉平，李正祥，李惠民，等. 都龙锡锌矿床锡石和锆石 U-Pb 年代学：滇东南白垩纪大规模花岗岩成岩-成矿事件[J]. 岩石学报，2007，23(5)：967-976.

[183]刘云华，付建明，龙宝林，等. 南岭中段主要锡矿床 He、Ar 同位素组成及其意义[J]. 吉林大学学报（地球科学版），2006(5)：774-780+786.

[184]卢焕章，范宏瑞，倪培，等. 流体包裹体[M]. 北京：科学出版社，2004：406-419.

[185]罗洪文，姜端午. 茶陵锡田地区锡矿成矿条件及找矿远景[J]. 湖南地质，2003(1)：38-42.

[186]马德成，柳智. 湖南茶陵湘东钨矿控矿构造研究[J]. 南方金属，2010(5)：26-29.

[187]马东升，刘英俊. 江南金成矿带层控金矿的地球化学特征和成因研究[J]. 中国科学：化学，1991(4)：424-433.

[188]马丽艳，付建明，伍式崇，等. 湘东锡田垄上锡多金属矿床40Ar/39Ar 同位素定年研究[J]. 中国地质，2008，35(4)：706-713.

[189]马铁球，柏道远，邝军，等. 湘东南茶陵地区锡田岩体锆石 SHRIMP 定年及其地质意义[J]. 地质通报，2005(5)：415-419.

[190]马铁球，王先辉，柏道远. 锡田含 W、Sn 花岗岩体的地球化学特征及其形成构造背景[J]. 华南地质与矿产，2004(1)：11-16.

[191]毛景文，杨建民，韩春明，等. 东天山铜金多金属矿床成矿系统和成矿地球动力学模型[J]. 地球科学：中国地质大学学报，2002，27(4)：413-424.

[192]毛景文，李晓峰，Bernd Lehmann，等. 湖南芙蓉锡矿床锡矿石和有关花岗岩的 40Ar-39Ar 年龄及其地球动力学意义[J]. 矿床地质，2004，23(2)：164-175.

[193]毛景文，谢桂青，郭春丽，等. 华南地区中生代主要金属矿床时空分布规律和成矿环境[J]. 高校地质学报，2008，14(4)：510-526.

[194]毛景文，谢桂青，郭春丽，等. 南岭地区大规模钨锡多金属成矿作用：成矿时限及地球动力学背景[J]. 岩石学报，2007，23(10)：2329-2338.

[195]毛禹杰，邵拥军，熊伊曲，等. 湘东邓阜仙 Nb-Ta-W-Sn-Pb-Zn 岩浆热液成矿系统：铌钽锰矿 U-Pb 年代学约束[J]. 中南大学学报（自然科学版），2021，52(9)：2959-2972.

[196]倪师军，曹志敏. 成矿流体活动信息的三个示踪标志研究[J]. 地球学报，1998，19(2)：166-169.

[197]倪永进，单业华，伍式崇，等. 湘东邓阜仙-锡田印支期花岗岩体的侵位机制[J]. 大地构造与成矿学，2014(1)：82-93.

[198]裴荣富，王永磊，李莉，等. 华南大花岗岩省及其与钨锡多金属区域成矿系列[J]. 中国钨业，2008，23(1)：10-13.

[199]全铁军，孔华，王高，等. 黄沙坪矿区花岗岩岩石地球化学，U-Pb 年代学及 Hf 同位素制约[J]. 大地构造与成矿学，2012，36(4)：597-606.

[200]陕亮，郑有业，许荣科，等. 硫同位素示踪与热液成矿作用研究[J]. 地质与资源，2009，18(3)：197

-203.

[201] 邵拥军, 隗含涛, 郑明泓, 等. 湘东大垄铅锌矿床成矿机理[J]. 中国有色金属学报, 2017(9): 1916
-1928.

[202] 舒良树. 华南前泥盆纪构造演化: 从华夏地块到加里东期造山带[J]. 高校地质学报, 2006, 12(4):
418-431.

[203] 宋生琼, 胡瑞忠, 毕献武, 等. 赣南淘锡坑钨矿床流体包裹体地球化学研究[J]. 地球化学, 2011(3):
237-248.

[204] 宋新华, 周珣若, 吴国忠. 邓阜仙花岗岩熔融实验研究[J]. 地质科学, 1988(3): 247-258.

[205] 宋新华, 周珣若. 邓阜仙花岗岩的构造环境、岩浆来源与演化[J]. 现代地质, 1992(4): 458-469.

[206] 苏红中, 郭春丽, 伍式崇, 等. 锡田印支-燕山期复式花岗质岩浆-热液活动时限和物质来源[J]. 地质
学报, 2015(10): 1853-1872.

[207] 孙振家. 邓阜仙钨矿成矿构造特征及深部成矿预测[J]. 大地构造与成矿学, 1990(2): 139-150.

[208] 谭俊, 魏俊浩, 李艳军, 等. 南岭中生代陆壳重熔型花岗岩类成岩成矿的有关问题[J]. 地质论评,
2007(3): 349-362.

[209] 汪群英, 路远发, 陈郑辉, 等. 湖南邓埠仙钨矿流体包裹体特征及含矿岩体 U-Pb 年龄[J]. 华南地质
与矿产, 2015(1): 77-88.

[210] 王东升, 张宏远. 湘东南茶陵地区地质体断层、钨锡异常与控矿因素探讨[J]. 现代地质, 2014(06):
1225-1233.

[211] 王敏, 白秀娟, 胡荣国, 等. 湘东南锡田钨锡多金属矿床锡石 ~(40)Ar/~(39)Ar 直接定年[J]. 大地
构造与成矿学, 2015(6): 1049-1060.

[212] 王淑军. 湖南省茶陵邓阜仙钨、锡等多金属矿床地质特征、成矿规律及找矿[J]. 怀化学院学报,
2008, 27(11): 157-160.

[213] 王小娟, 刘玉平, 缪应理, 等. 都龙锡锌多金属矿床 LA-MC-ICPMS 锡石 U-Pb 测年及其意义[J]. 岩
石学报, 2014, 30(3): 867-876.

[214] 王旭东, 倪培, 袁顺达, 等. 江西黄沙石英脉型钨矿床流体包裹体研究[J]. 岩石学报. 2012, 28(1):
122-132.

[215] 王艳丽, 祝新友, 杨毅, 等. 湖南茶陵邓阜仙花岗岩中"眼球"状析出物地球化学特征及成因[J]. 矿床
地质, 2016(3): 618-632.

[216] 王郁, 金成洙, 关广岳. 辽宁青城子铅锌矿田成矿机理研究[J]. 地质与勘探, 1985(9): 12-16.

[217] 吴自成, 刘继顺, 舒国文, 等. 南岭燕山期构造-岩浆热事件与锡田锡钨成矿[J]. 地质找矿论丛,
2010, 25(3): 201-205.

[218] 伍静, 梁华英, 黄文婷, 等. 桂东北苗儿山-越城岭南西部岩体和矿床同位素年龄及华南印支期成矿分
析[J]. 科学通报, 2012, 57(13): 1126-1136.

[219] 伍式崇, 洪庆辉, 龙伟平, 等. 湖南锡田钨锡多金属矿床成矿地质特征及成矿模式[J]. 华南地质与矿
产, 2009(2): 1-6.

[220] 伍式崇, 龙自强, 曾桂华, 等. 湖南锡田地区锡铅锌多金属矿勘查主要进展及找矿前景[J]. 华南地质
与矿产, 2011(2): 100-104.

[221] 伍式崇, 龙自强, 徐辉煌, 等. 湖南锡田锡钨多金属矿床成矿构造特征及其找矿意义[J]. 大地构造与
成矿学, 2012(2): 217-226.

[222] 伍式崇, 罗洪文, 黄韬. 锡田中部地区锡多金属矿成矿地质特征及找矿潜力[J]. 华南地质与矿产,
2004(2): 21-26.

[223] 熊伊曲, 邵拥军, 刘建平, 等. 锡田矿田石英脉型钨矿床成矿流体[J]. 中国有色金属学报, 2016, 26
(5): 1107-1119.

[224]熊伊曲,杨立强,邵拥军,等. 滇西南墨江金厂金镍矿床金,镍赋存状态及成矿过程探讨[J]. 岩石学报, 2015, 31(11): 3309-3330.

[225]熊峥嵘,李信念,祁程,等. 锡石年代学和黑钨矿微量元素对湘东鸡冠石钨矿床的成因约束[J]. 岩石学报, 2021, 37(3): 769-781.

[226]徐斌,蒋少涌,罗兰. 江西彭山锡多金属矿集区尖峰坡锡矿床 LA-MC-ICP-MS 锡石 U-Pb 测年及其地质意义[J]. 岩石学报, 2015, 31(3): 701-70

[227]徐光平,翟建平,胡凯. 成矿过程中流体的作用及其主要研究方法[J]. 地质找矿论丛, 1999, 14(4): 1-7.

[228]徐辉煌,伍式崇,余阳春,等. 湖南锡田地区矽卡岩型钨锡矿床地质特征及控矿因素[J]. 华南地质与矿产, 2006(2): 37-42.

[229]许泰,王勇. 赣南西华山钨矿床硫、铅同位素组成对成矿物质来源的示踪[J]. 矿物岩石地球化学通报, 2014(3): 342-347.

[230]轩一撒,袁顺达,原垭斌,等. 湘南尖峰岭岩体锆石 U-Pb 年龄、地球化学特征及成因[J]. 矿床地质, 2014, 33(6): 1379-1390.

[231]薛春纪,祁思敬,隗合明. 基础矿床学[M]. 北京: 地质出版社, 2007.

[232]言奇,邵拥军,熊伊曲,等. 湘东南太和仙铅锌矿床流体包裹体研究[J]. 岩石矿物学杂志, 2018, 37(2): 281-295.

[233]晏超,陈郑辉,杨立强,等. 湖南邓阜仙钨锡多金属矿床氦氩同位素特征及成矿流体示踪[J]. 地质调查与研究, 2017(3): 196-202.

[234]杨晓君,伍式崇,付建明,等. 湘东锡田垄上锡多金属矿床流体包裹体研究[J]. 矿床地质, 2007(5): 501-511.

[235]杨毅,祝新友,王艳丽. 湖南湘东钨矿邓阜仙花岗岩种属研究[J]. 矿物学报, 2013(S2): 981-982.

[236]杨毅. 湖南邓阜仙钨矿花岗岩浆演化与成矿作用研究[D]. 昆明: 昆明理工大学, 2014.

[237]姚凤良,孙丰月. 矿床学教程[M]. 北京: 地质出版社, 2006.

[238]姚军明,华仁民,林锦富. 湘东南黄沙坪花岗岩 LA-ICPMS 锆石 U-Pb 定年及岩石地球化学特征[J]. 岩石学报, 2005, 21(3): 688-696.

[239]姚远,陈骏,陆建军,等. 湘东锡田 A 型花岗岩的年代学、Hf 同位素、地球化学特征及其地质意义[J]. 矿床地质, 2013(3): 467-488.

[240]叶诗文. 湖南邓埠仙钨矿流体包裹体研究[D]. 荆州: 长江大学. 2014, 67.

[241]余阳春,伍式崇,梁铁刚. 锡田地区成矿地质特征及找矿方向[J]. 资源调查与环境, 2006(2): 136-142.

[242]袁见齐,朱上庆,翟裕生. 矿床学[M]. 北京: 地质出版社, 1985.

[243]原垭斌,袁顺达,陈长江,等. 黄沙坪矿区花岗岩类的锆石 U-Pb 年龄、Hf 同位素组成及其地质意义[J]. 岩石学报, 2014(1): 64-78.

[244]张德会. 石英脉型黑钨矿床成矿流体性质的进一步探讨[J]. 地球科学, 1987(2): 75-82.

[245]张东亮,彭建堂,胡瑞忠,等. 锡石 U-Pb 同位素体系的封闭性及其测年的可靠性分析[J]. 地质论评, 2011(4): 549-554.

[246]张景荣. 邓阜仙花岗岩成岩机制及成矿的地球化学. In: 徐克勤, 涂光炽, eds. 国际 花岗岩学术讨论论文集. 江苏科学技术出版社, 南京, 1984, 555-570

[247]张景荣. 华南某地浸染型锯、钽花岗岩原生晕找矿的探讨[J]. 物探与化探, 1984, 8(4): 212-222.

[248]张理刚. 莲花山斑岩型钨矿床的氢氧硫碳和铅同位素地球化学[J]. 矿床地质, 1985, 4(1): 54-63.

[249]张理刚. 长石铅和矿石铅同位素组成及其地质意义[J]. 矿床地质, 1988, 7(2): 55-64.

[250]张文兰,华仁民,王汝成,等. 赣南大吉山花岗岩成岩与钨矿成矿年龄的研究[J]. 地质学报, 2006,

80(7)：956-962.

[251]张雄，伍式崇，陈梅，等. 湘东锡田地区太和仙金多金属矿找矿潜力分析[J]. 华南地质与矿产, 2015
    (2)：188-193.

[252]章崇真. 黑钨矿中铌钽含量变化的研究及意义[J]. 矿床地质, 1984(2)：61-69.

[253]章荣清，陆建军，朱金初，等. 湘南荷花坪花岗斑岩锆石 LA-MC-ICP-MS U-Pb 年龄、Hf 同位素制约
    及地质意义[J]. 高校地质学报, 2010, 16(4)：436-447.

[254]赵斌，李维显，蔡元吉. 黑钨矿、锡石、铌铁矿、细晶石、铌钽铁矿生成条件及黑钨矿和锡石中钽、铌
    含量变化的实验研究[J]. 地球化学, 1977(2)：123-135.

[255]赵朝霞，路远发，童启荃，等. 江西盘古山钨矿床多期次成矿作用的同位素年代学证据[J]. 华南地质
    与矿产, 2015, 31(4)：368-376.

[256]赵葵东，蒋少涌，姜耀辉，等. 湘西骑田岭岩体芙蓉超单元的锆石 SHRIMP U-Pb 年龄及其地质意义
    [J]. 岩石学报, 2006, 22(10)：2611-2616.

[257]赵睿成，邵拥军，熊伊曲，等. 锡田地区汇源钨矿床流体包裹体特征研究[J]. 南方金属, 2016(3)：11
    -14.

[258]郑明泓，邵拥军，隗含涛，等. 湘东八团岩体的成因：地球化学、锆石 U-Pb 年代学以及 Hf 同位素的
    制约[J]. 中国有色金属学报, 2015(11)：3171-3181.

[259]郑明泓，邵拥军，刘忠法，等. 大垅铅锌矿床硫化物 Rb-Sr 同位素和主微量成分特征及矿床成因[J].
    中南大学学报(自然科学版), 2016, 47(11)：3792-3799.

[260]郑明泓. 湖南大垄铅锌矿床成岩成矿机制研究[D]. 长沙：中南大学, 2016.

[261]郑永飞，陈江峰. 稳定同位素地球化学[M]. 北京：科学出版社, 2000.

[262]周云，梁新权，蔡永丰，等. 湘东锡田燕山期 A 型花岗岩黑云母矿物化学特征及其成岩成矿意义[J].
    地球科学, 2017(10)：1647-1657.

[263]周云，梁新权，梁细荣，等. 湖南锡田含 W-Sn A 型花岗岩年代学与地球化学特征[J]. 大地构造与成
    矿学, 2013, 37(3)：511-529.

[264]朱炳泉，李献华，戴橦谟. 地球科学中同位素体系理论与应用——兼论中国大陆壳幔演化[M]. 北京：
    科学出版社, 1998.

[265]朱浩锋，李兆宏，蔡维，等. 湖南湘东钨矿床地质特征及找矿方向[J]. 四川地质学报, 2019, 39(1)：
    68-71.

[266]朱金初，张辉，谢才富，等. 湘南骑田岭竹枧水花岗岩的锆石 SHRIMP U-Pb 年代学和岩石学[J]. 高
    校地质学报, 2005, 11(3)：335-342.

[267]朱文戈，陈向阳. 成矿流体类型综述[J]. 甘肃科技纵横, 2006 (4)：57-58.

[268]祝新友，王艳丽，程细音，等. 湖南瑶岗仙石英脉型钨矿床顶部的横向交代作用[J]. 中国地质,
    2015b, 42(2)：621-630.

[269]祝亚男，彭建堂，刘升友，等. 湘西沃溪矿床中黑钨矿的地质特征及微量元素地球化学[J]. 地球化
    学, 2014(3)：287-300.